U0347976

李宏宇 宋小静 郝倩 / 编著

Photoshop CC 2015 课堂实录

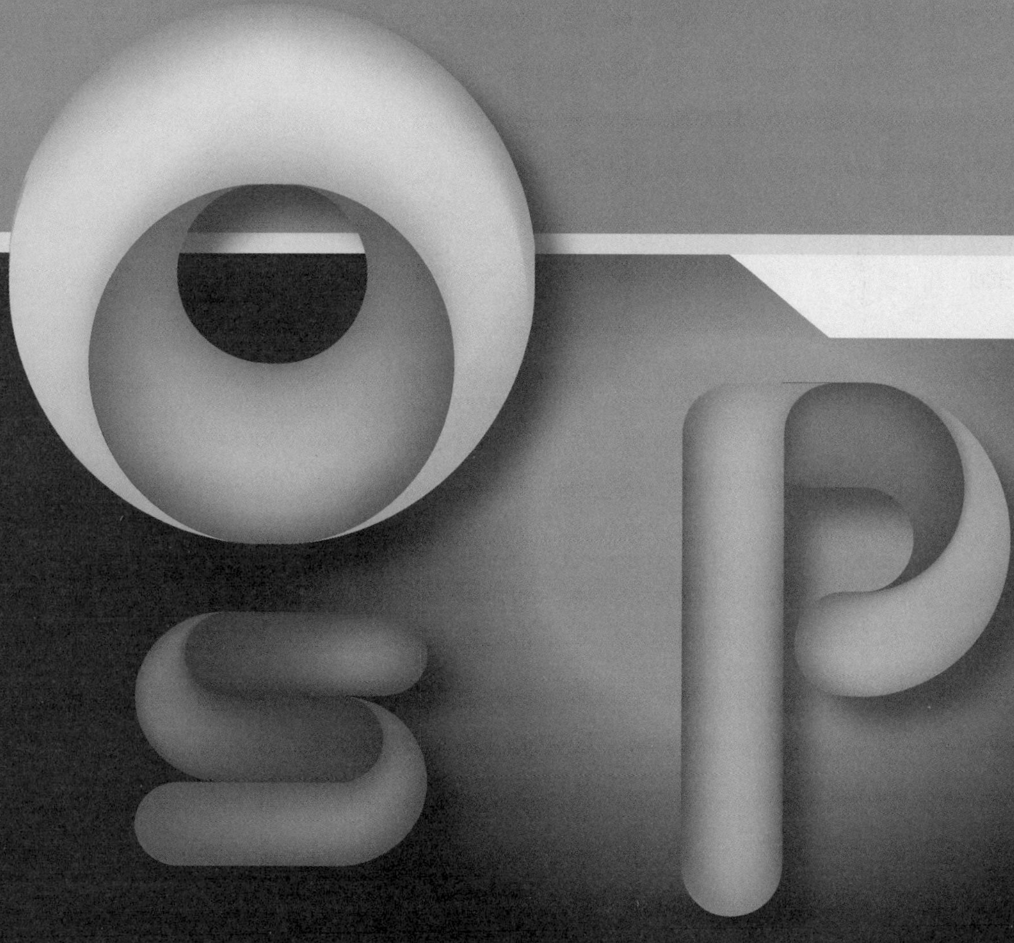

清华大学出版社
北京

内 容 简 介

本书全面系统地介绍了Photoshop CC 2015软件功能与使用技巧。全书共分为12章，包括图像基本知识、Photoshop CC 2015工作界面、文档操作、图层、选区、蒙版、通道、修图、调色、照片处理、抠图、滤镜、插件、图层样式、特效、文字、矢量工具、动画、视频和3D等。每一章都提供了课堂练习，实例类型丰富，可操作性强，涵盖了插画、包装、海报、平面广告、UI、特效、特效字、VI、动漫和动画等设计项目。

本书适合作为高等院校相关专业及社会培训班的教材，也可以作为从事平面设计、插画设计、包装设计、网页制作、三维动画设计、影视广告设计人员的学习资料。

图书在版编目（CIP）数据

Photoshop CC 2015 课堂实录 / 李宏宇，宋小静，郝倩编著 . – 北京：清华大学出版社，2018

（课堂实录）

ISBN 978-7-302-49194-1

Ⅰ . ① P… Ⅱ . ①李… ②宋… ③郝… Ⅲ . ①图像处理软件 Ⅳ . ① TP391.413

中国版本图书馆 CIP 数据核字 (2017) 第 330816 号

责任编辑：陈绿春
封面设计：潘国文
责任校对：徐俊伟
责任印制：沈　露

出版发行：清华大学出版社

网　　址：http://www.tup.com.cn，http://www.wqbook.com
地　　址：北京清华大学学研大厦 A 座　　**邮　　编：**100084
社 总 机：010-62770175　　**邮　　购：**010-62786544
投稿与读者服务：010-62776969, c-service@tup.tsinghua.edu.cn
质量反馈：010-62772015, zhiliang@tup.tsinghua.edu.cn
课件下载：http://www.tup.com.cn,010-62795954

印 装 者：三河市君旺印务有限公司
经　　销：全国新华书店
开　　本：188mm×260mm　　印　　张：17　　字　　数：590千字
版　　次：2018年6月第1版　　印　　次：2018年6月第1次印刷
印　　数：1～2500
定　　价：58.00元

产品编号：069878-01

前言

PRAFACE

Photoshop CC 2015 是当前最优秀的图像编辑软件之一，也是设计出版平台 Adobe Creative Cloud APP 的重要组成部分。它为使用者提供近乎无限的创作空间，其专业的图像编辑功能深受艺术家、专业设计人员和广大电脑艺术爱好者的喜爱，卓越的图像处理能力使它在平面设计、数码艺术、影像处理、网页设计、动画设计、CG 设计、效果图后期制作等领域发挥着不可替代的重要作用。

本书从 Photoshop CC 2015 基本操作入手，采用软件功能讲解与设计实例相结合的方式，循序渐进地介绍了 Photoshop CC 2015 的使用方法和技巧，每一章不仅提供了软件操作实例，更有针对于不同设计领域和设计项目的应用案例。贯穿于全书的“思考与练习”可以帮助读者进行学习测试和学习效果的自我检验。

1. 本书内容介绍

本书全面系统地介绍了 Photoshop CC 2015 软件功能与使用技巧。全书共分为 12 章，除软件知识外，每一章还介绍了设计理论，并提供课堂练习、上机练习和课后习题，用来巩固所学知识。

第 1 章介绍了创造性思维的方法、数字化图像基本知识、Photoshop CC 2015 工作界面。

第 2 章介绍了平面构成和色彩构成，讲解了怎样在 Photoshop 中创建和编辑文档、文档导航、设置颜色、使用渐变、图像的变换与变形操作等。

第 3 章介绍了版面编排的构成形式以及图层和选区。图层是 Photoshop 最为核心的功能之一，本章讲解了图层的创建和编辑方法、图层的不透明度与混合模式设置。此外，还详细介绍了几何形状选区、非几何形状选区、套索工具、魔棒工具、快速选择工具以及怎样编辑选区。

第 4 章介绍了书籍装帧设计、蒙版和通道，内容涉及矢量蒙版、剪贴蒙版、图层蒙版和高级混合颜色带。此外，还深入剖析了通道与选区的关系、通道与色彩的关系。

第 5 章介绍了摄影知识以及与影楼后期相关的修图与调色技巧，包括照片修饰、曝光调整、模糊与锐化、用仿制图章修图、制作液化特效、打造完美肌肤等。在色彩编辑方面，介绍了调整图层、色阶、曲线、直方图等，深入分析了色阶与曲线的异同之处，以及直方图与曝光的关系。

第 6 章介绍了广告摄影以及网店美工方面的知识，包括照片裁剪、修改像素尺寸、降噪、锐化、添加 Logo、制作全景图、制作网店宣传单和商品抠图等。

第 7 章介绍了海报设计、Photoshop 滤镜与插件，包括滤镜的使用规则和技巧、滤镜库、智能滤镜、插件的安装方法等。

第 8 章介绍了怎样通过图层样式制作特效、进行 UI 设计。在实例方面，提供了炫光花朵、立体标志、掌上电脑、金属徽标、霓虹灯发光字等。

第 9 章介绍了字体设计和文字编辑。Photoshop 的文字功能非常强大，本章讲解了点文字、段落文字、路径文字、变形文字的创建方法和编辑技巧，介绍了路径、钢笔工具、形状工具等矢量功能。

第 10 章介绍了卡通和动漫设计、Photoshop 视频与动画功能。

第 11 章介绍了包装设计，以及 Photoshop3D 功能。

第 12 章为综合实例，通过海报设计、光盘封套设计、特效字、绚丽光效、创意合成、时装画、手绘、手机主题 UI 设计等具有代表性的实例，全面地展现了 Photoshop 的高级应用技巧，突出了综合使用多种功能进行艺术创作的特点。

2. 本书的主要特色

■ **构思独特**

本书从创意设计、构成设计、版面编排、书籍装帧、影楼后期、网店美工、UI 设计等平面设计的诸多领域入手，将设计理论、作品欣赏、软件使用方法、实例操作有机结合，使读者在掌握软件功能的同时，能够轻松应对各种设计工作。

■ **系统全面**

本书从最基础的 Photoshop CC 2015 软件工作界面开始讲起，以循序渐进的方式详细解读 Photoshop CC 2015 使用方法，内容涵盖了 Photoshop CC 2015 中的各个重要功能。

■ **课堂练习**

本书各章都安排了课堂练习，所采用的实例与软件功能结合紧密，制作过程讲解详细，具有较强的实用性，读者通过操作就能够较为全面地掌握 Photoshop 应用技法和技巧，解决平面设计工作中的各种问题，同时方便教师组织授课内容。

■ **思考与练习**

每一章结尾提供了思考与练习，其中的习题读者可以用来测试对本章知识的掌握程度；上机练习主要训练读者的独立上机操作能力，亦可作为教师布置课后作业。

3. 本书使用对象

本书从 Photoshop CC 2015 基本操作入手，全面介绍了 Photoshop CC 2015 各项功能，及其在设计工作中的应用。书中内容丰富、实例精彩，既可作为高等院校相关专业及社会培训班的教材，也可以作为广告设计、平面创意、包装设计、插画设计、网页设计、动画设计人员的学习资料。

本书的配套素材请扫描封底的二维码进行下载，如果在使用本书的过程中碰到问题，请联系陈老师：联系邮箱：chenlch@tup.tsinghua.edu.cn。

作者

2018 年 1 月

目录
CONTENTS

第 4 章 书籍装帧：蒙版与通道

第 5 章 影楼后期：修图与调色

第 6 章 网店美工：照片处理与抠图

第 7 章 时尚海报：滤镜与插件

第 8 章 质感 UI：图层样式与特效

第 9 章 特效文字：文字与矢量工具

第1章

超凡创意：初识 Photoshop

1987 年秋，美国密歇根大学博士研究生托马斯·洛尔（Thomes Knoll）编写了一个称为 Display 的程序，用来在黑白位图显示器上显示灰阶图像。托马斯的哥哥约翰·洛尔（John Knoll）让弟弟编写一个处理数字图像的程序，于是托马斯重新修改了 Display 的代码，并改名为 Photoshop。后来 Adobe 公司买下了 Photoshop 的发行权，并于 1990 年 2 月正式推出 Photoshop 1.0。Adobe 公司是由乔恩·沃诺克和查理斯·格什克于 1982 年创建的，其产品除了大名鼎鼎的 Photoshop 外，还有矢量软件 Illustrator、动画软件 Flash、排版软件 InDesign、影视编辑及特效制作软件 Premiere 和 After Effects 等。

1.1 创造性思维

广告大师威廉·伯恩巴克曾经说过：“当全部人都向左转，而你向右转，那便是创意。”创意离不开创造性思维。思维是人脑对客观事物本质属性和内在联系的概括和间接反映，以新颖、独特的思维活动揭示事物本质及内在联系，并指引人去获得新的答案，从而产生前所未有的想法称为创造性思维。它包含以下几种形式。

1.1.1 多向思维

多向思维也叫发散思维，它表现为思维不受点、线和面的限制，不局限于一种模式。例如，图 1-1 为 LG 洗衣机广告，广告词：有些生活情趣是不便让外人知道的，LG 洗衣机可以帮你。不用再使用晾衣绳，自然也不用为生活中的某些情趣感到不好意思了。

1.1.2 侧向思维

侧向思维又称旁通思维，它是沿着正向思维旁侧开拓出新思路的一种创造性思维。正向思维遇到问题会从正面去想，而侧向思维则会避开问题的锋芒，在次要的地方做文章。图 1-2 为《Aufait 每日新闻》广告——定时炸弹篇，广告词：来料不加工；图 1-3 为澳大利亚邮政局广告——如果你真想拥抱他，那就给他写信吧。用文字表现的人物不仅惟妙惟肖、具有较强的视觉冲击力，更准确地传达了见字如见面的广告主题。

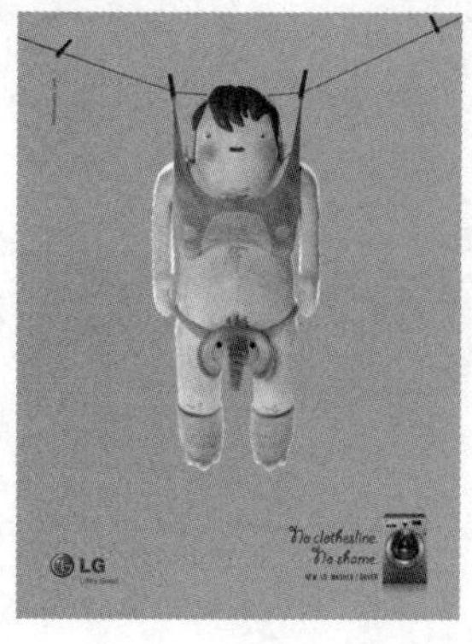

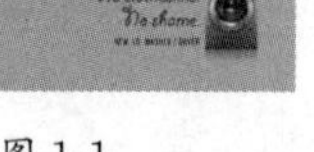

图 1-1

图 1-2

图 1-3

1.1.3 逆向思维

日常生活中，人们往往有一种习惯性思维，即只看事物的一方面，而忽视另一方面。如果逆转一下正常的思路，从反面想问题，便能得出创新性的设想。图 1-4 为 Stena Lines 客运公司广告——父母跟随孩子出游可享受免费待遇。广告运用了逆向思维，将孩子和父母的身份调换，创造出生动、新奇的视觉效果，让人眼前一亮。

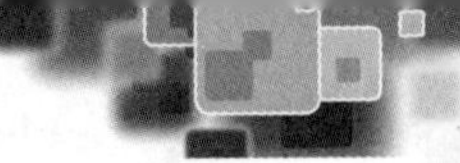

1.1.4　联想思维

联想思维是指由某个事物联想到与之相关的其他事物的思维过程。图 1-5 为 Wonderbra 内衣广告——专用吸管，超长的吸管让人联想到特制的大号胸衣；图 1-6 为 BIMBO Mizup 方便面的广告，顾客看到龙虾自然会联想到方便面的口味。

图 1-4

图 1-5

图 1-6

1.2　数字化图像基础

在计算机的世界里，图像和图形等都是以数字方式记录、处理和存储的。它们分为两大类，一类是位图，另一类是矢量图。

1.2.1　位图与矢量图

位图是由像素组成的，数码相机拍摄的照片、扫描的图像等都属于位图。位图的优点是可以精确地表现颜色的细微过渡，也容易在各种软件之间交换；缺点是受分辨率的制约只包含固定数量的像素，在对其缩放或旋转时，Photoshop 无法生成新的像素，只能将原有的像素变大以填充多出来的空间，产生的结果往往会使清晰的图像变得模糊。例如，图 1-7 为一张照片及放大后的局部细节，可以看到，图像已经有些模糊了。此外，位图占用的存储空间也比较大。

矢量图由数学对象定义的直线和曲线构成，因而占用的存储空间较小。矢量图与分辨率无关，任意旋转和缩放图形都会保持其清晰、光滑的状态，如图 1-8 所示。矢量图的这种特性非常适合制作图标、Logo 等需要按照不同尺寸使用的对象。

图 1-7

图 1-8

提示

位图软件主要有 Photoshop 和 Painter 等；矢量软件主要有 Illustrator、CorelDRAW、FreeHand 和 Auto CAD 等。

1.2.2 像素与分辨率

像素是组成位图图像的最基本元素。每个像素都有自己的位置，并记载着图像的颜色信息，一幅图像包含的像素越多，颜色信息就越丰富，图像效果也会更好，不过文件大小也会随之增大。

分辨率是指单位长度内包含的像素数量，它的单位通常为像素 / 英寸（ppi），如 72ppi 表示每英寸包含 72 个像素点，300ppi 表示每英寸包含 300 个像素点。分辨率决定了位图细节的精细程度，通常情况下，分辨率越高，包含的像素就越多，图像就越清晰。图 1-9～图 1-11 为相同打印尺寸但分辨率不同的 3 幅图像，可以看到，低分辨率的图像有些模糊，高分辨率的图像十分清晰。

分辨率为 72 像素 / 英寸

图 1-9

分辨率为 100 像素 / 英寸

图 1-10

分辨率为 300 像素 / 英寸

图 1-11

小技巧：分辨率设置技巧

在 Photoshop 中执行"文件 > 新建"命令新建文件时，可以设置分辨率。对于一个现有的文件，则可以执行"图像 > 图像大小"命令修改其分辨率。虽然分辨率越高，图像的质量越好，但这也会增加其占用的存储空间，只有根据图像的用途设置合适的分辨率才能取得最佳的使用效果。如果图像用于屏幕显示或者网络，可以将分辨率设置为 72 像素 / 英寸（ppi），这样可以减小文件的大小，提高传输和下载的速度；如果图像用于喷墨打印机打印，可以将分辨率设置为 100 ～ 150 像素 / 英寸（ppi）；如果用于印刷，则应设置为 300 像素 / 英寸（ppi）。

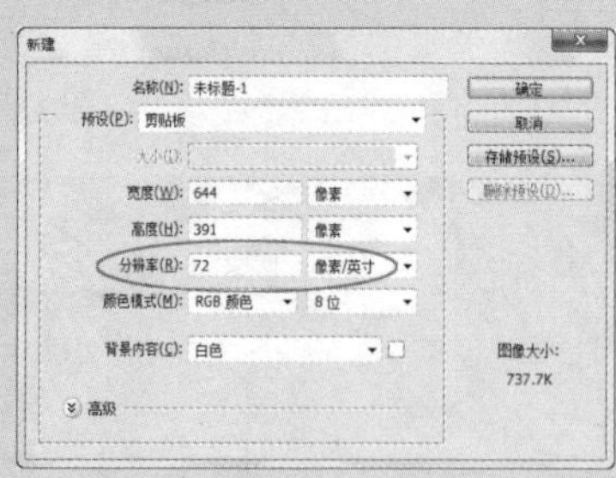

1.2.3 颜色模式

颜色模式决定了用于显示和打印所处理的图像的颜色方法。在 Photoshop 中打开一个文件，文档窗口的标题栏中会显示图像的颜色模式，如图 1-12 所示。如果要转换为其他模式，可以在"图像 > 模式"子菜单中选择一种模式，如图 1-13 所示。

图 1-12

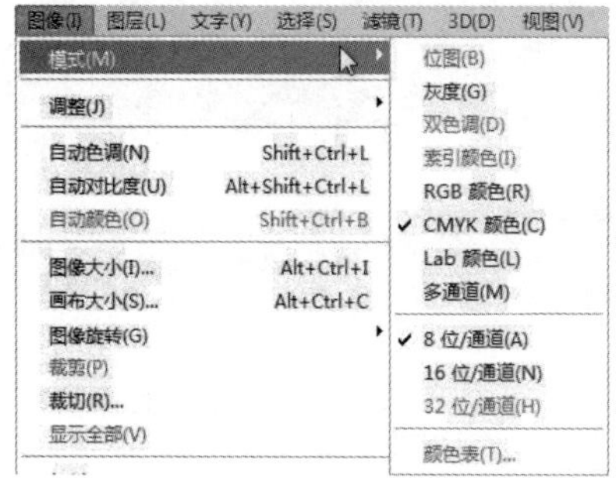

图 1-13

- 位图：只有纯黑和纯白两种颜色，适合制作艺术样式或用于创作单色图形。
- 灰度：只有256级灰度颜色，没有彩色信息。
- 双色调：采用一组曲线来设置各种颜色的油墨，可以得到比单一通道更多的色调层次，能在打印中表现更多的细节。
- 索引颜色：使用256种或更少的颜色替代全彩图像中上百万种颜色的过程称为“索引”。Photoshop会构建一个颜色查找表(CLUT)，存放图像中的颜色。如果原图像中的某种颜色没有出现在该表中，则程序会选取最接近的一种颜色来模拟该颜色。
- RGB颜色：由红（Red）、绿（Green）和蓝（Blue）3种基本颜色组成，每种颜色都有256种不同的亮度值，因此，可以产生约1670万种颜色（256×256×256）。RGB模式主要用于屏幕显示，如电视、计算机显示器等都采用该模式。
- CMYK颜色：由青（Cyan）、品红（Magenta）、黄（Yellow）和黑（Black）4种基本颜色组成，它是一种印刷模式，被广泛应用在印刷的分色处理上。
- Lab颜色：Lab模式是Photoshop进行颜色模式转换时使用的中间模式。例如，将RGB图像转换为CMYK模式时，Photoshop会先将其转换为Lab模式，再由Lab转换为CMYK模式。
- 多通道：一种减色模式，将RGB图像转换为该模式后，可以得到青色、洋红和黄色通道。

1.2.4 文件格式

文件格式决定了图像数据的存储方式（作为像素还是矢量）、压缩方法、支持什么样的Photoshop功能，以及文件是否与一些应用程序兼容。使用“文件 > 存储”或“文件 > 存储为”命令保存图像时，可以打开“另存为”对话框选择文件格式，如图1-14所示。

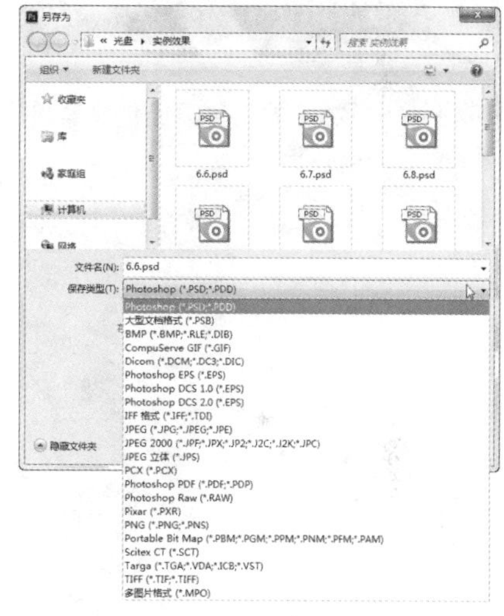

图 1-14

PSD是最重要的文件格式，它可以保留文档中的图层、蒙版、文字和通道等所有内容。编辑图像之后，如果尚未完成工作或还有待修改，则应保存为PSD格式，以便以后可以随时修改。此外，矢量软件Illustrator和排版软件InDesign也支持PSD文件，这意味着一个透明背景的PSD文档置入到这两个程序之后，背景仍然是透明的。JPEG格式是众多数码相机默认的格式，如果要将照片或者图像文件打印输出，或者通过E-mail传送，应采用该格式保存。如果图像用于Web，可以选择JPEG或者GIF格式。如果要为那些没有Photoshop的人选择一种可以阅读的文件格式，不妨使用PDF格式保存文件，借助免费的Adobe Reader软件即可显示图像，还可以向文件中添加注释。

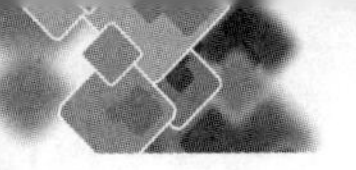

小技巧：文件保存技巧

保存文件有两个要点。第一是把握好时间。可以在图像编辑的初始阶段就保存文件，文件格式可选择PSD格式。编辑过程中，还要适时地按快捷键 Ctrl+S 将图像的最新效果存储起来，最好不要等到完成所有的编辑以后再存储。网上有一个 Photoshop 宣传视频《I Have PSD》（http://v.youku.com/v_show/id_XMjE4NDQ0NjQ4.html），它通过巧妙的创意，展现了 PSD 的神奇之处——假如我们的生活是一个大大的 PSD，如果房间乱了，可以隐藏图层，让房间变得整洁；面包烤焦了，可以用修饰工具抹掉；衣服不喜欢，可以用调色工具换一个颜色……如此这般，那我们的生活会多么美好？

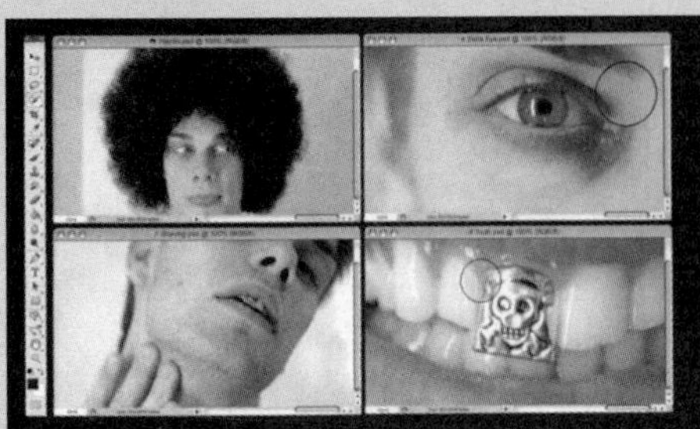

1.3 Photoshop CC 2015 工作界面

Photoshop CC 2015 的工作界面包含菜单栏、标题栏、文档窗口、工具箱、工具选项栏和面板等组件，如图 1-15 所示。

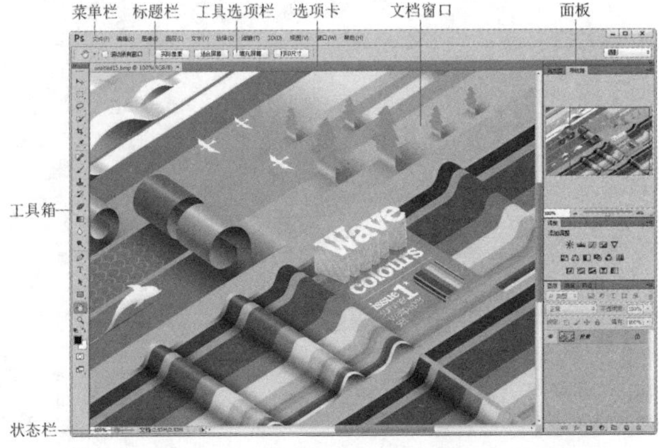

图 1-15

1.3.1 文档窗口

文档窗口是编辑图像的区域。在 Photoshop 中打开一幅图像时，会创建一个文档窗口。如果打开了多幅图像，则它们会停放到选项卡中，单击一个文档的名称，即可将其设置为当前操作的窗口，如图 1-16 所示。按快捷键 Ctrl+Tab 可按照顺序切换各个窗口。

如果觉得图像固定在选项卡中不方便操作，可以将光标放在一个窗口的标题栏上，单击并将其从选项卡中拖出，它就会成为可以任意移动位置的浮动窗口，如图 1-17 所示。浮动窗口与浏览网页时打开的窗口没什么区别，可以最大化、最小化或移动到任何位置，而且，还可以将其重新拖回选项卡中。单击一个窗口右上角的 ✕ 按钮，可以关闭该窗口。如果要关闭所有窗口，可在一个文档的标题栏上右击，打开快捷菜单，选择“关闭全部”命令。

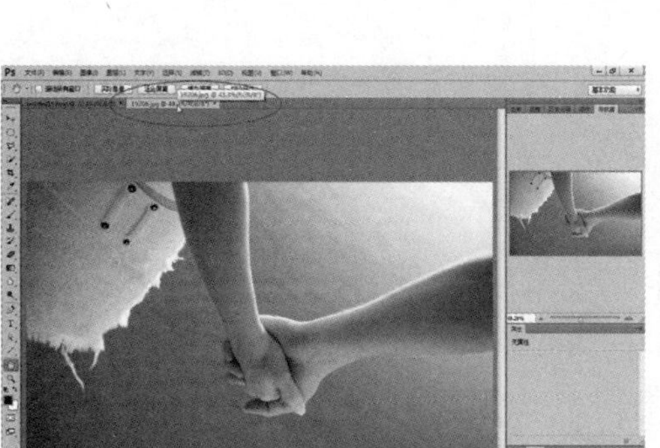

图 1-16

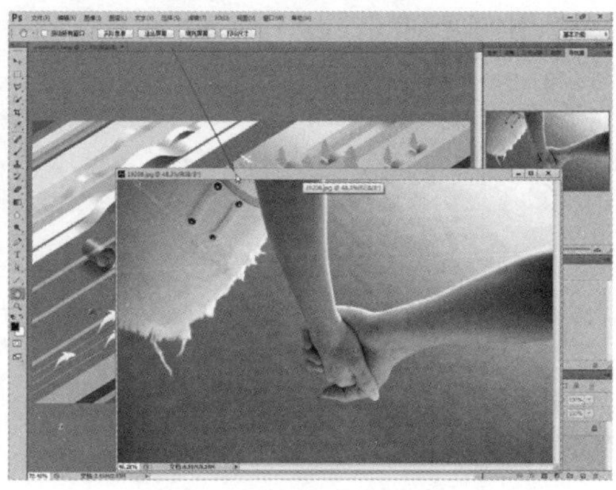

图 1-17

执行“编辑 > 首选项 > 界面”命令，打开“首选项”对话框，在“界面”选项中可以调整工作界面的亮度（从深灰色到黑色），效果如图 1-18 所示。

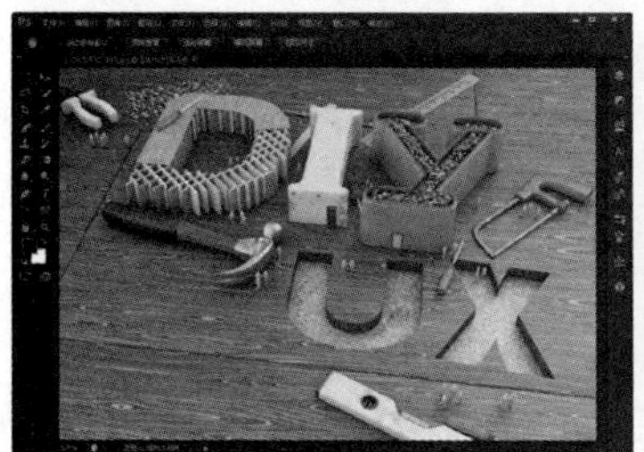

黑色界面

深灰色界面

浅灰色界面

图 1-18

提示

程序设计师为了纪念某款软件的诞生，常在软件中隐藏一些小功能，即复活节彩蛋。Photoshop 中也藏有彩蛋，只要按住 Ctrl 键并执行“帮助 > 关于 Photoshop”命令就能看到它。

1.3.2　工具箱

Photoshop CC 2015 的工具箱中包含了用于创建和编辑图像、图稿、页面元素的工具和按钮，如图 1-19 所示。这些工具分为 7 组，如图 1-20 所示。单击工具箱顶部的双箭头按钮，可以将工具箱切换为单排（或双排）显示。单排工具箱可以为文档窗口让出更多的空间。

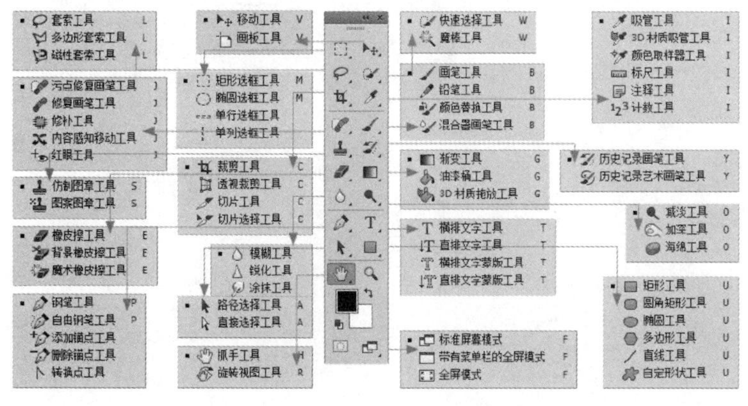

图 1-19

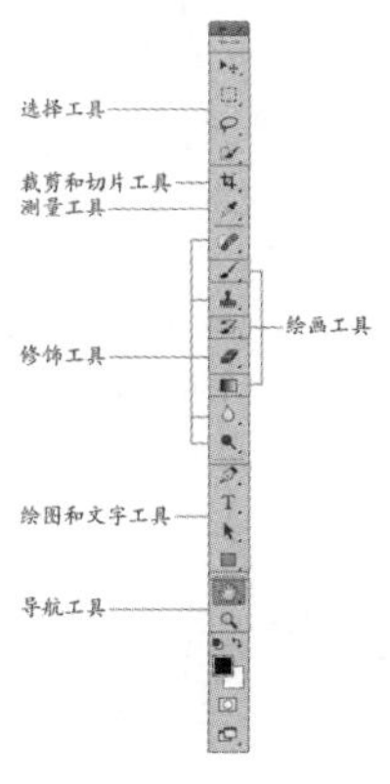

图 1-20

单击工具箱中的一个工具即可选择该工具，如图 1-21 所示。右下角带有三角形图标的工具表示这是一个工具组，在这样的工具上单击并按住鼠标按键会显示隐藏的工具，如图 1-22 所示，将光标移至隐藏的工具上然后释放鼠标，即可选择该工具，如图 1-23 所示。

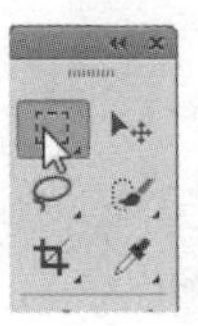

图 1-21

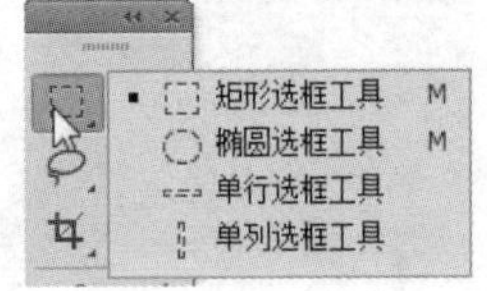

图 1-22

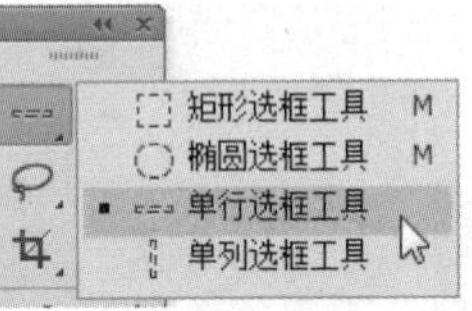

图 1-23

提示

按快捷键可以选择工具。按 Shift+ 工具快捷键，则可在一组隐藏的工具中循环选择各个工具。如果要查看快捷键，可以将光标放在一个工具上停留片刻，将会显示提示信息。

1.3.3 工具选项栏

选择一个工具后，可以在工具选项栏中设置它的各种属性。例如，图 1-24 为选择画笔工具时显示的选项。

图 1-24

单击按钮，可以打开一个下拉列表，如图 1-25 所示。在文本框中单击，然后输入新数值并按 Enter 键即可调整数值。如果文本框旁边有状按钮，则单击该按钮，可以显示一个滑块，拖曳滑块也可以调整数值，如图 1-26 所示。

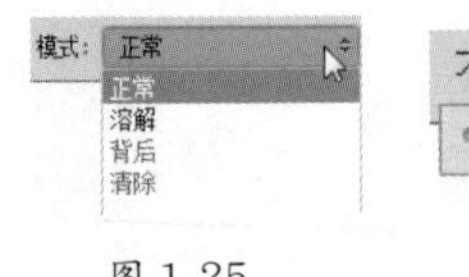

图 1-25

图 1-26

1.3.4 菜单栏

Photoshop 用 11 个菜单将各种命令分为 11 类，例如，“文件”菜单中包含的是与设置文件有关的各种命令；“滤镜”菜单中包含的是各种滤镜。单击一个菜单的名称即可打开该菜单。带有黑色三角标记的命令表示还包含子菜单，如图 1-27 所示。

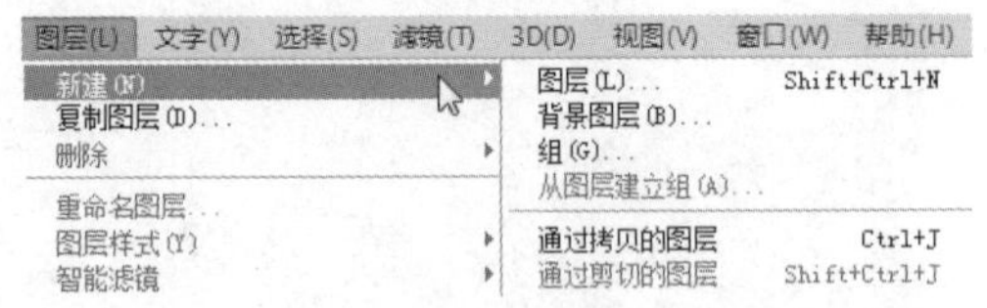

图 1-27

选择一个命令即可执行该命令，如果命令后面有快捷键，则可以通过按快捷键的方式来执行该命令。例如，按 Ctrl+A 快捷键可以执行“选择 > 全部”命令，如图 1-28 所示。有些命令只提供了字母，要通过快捷方式执行这样的命令，可按 Alt 键 + 主菜单的字母，打开主菜单，再按命令后面的字母，执行该命令。例如，按 Alt+L+D 键可以执行“图层 > 复制图层”命令，如图 1-29 所示。

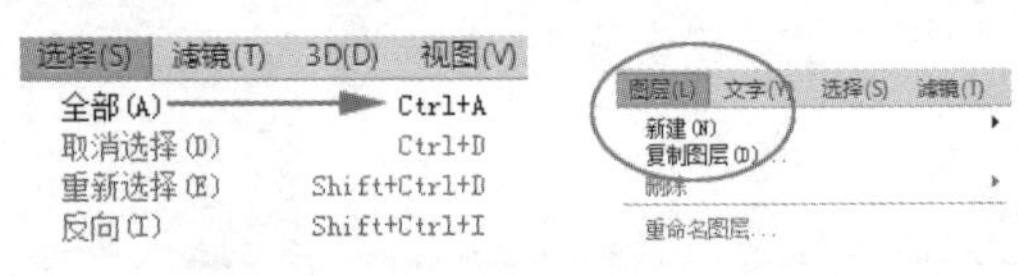

图 1-28　　图 1-29

在文档窗口的空白处、在一个对象上或在面板上右击，可以显示快捷菜单，如图 1-30 和图 1-31 所示。

图 1-30

图 1-31

提示

如果一个命令显示为灰色，就表示它们在当前状态下不能使用。例如，没有创建选区时，“选择”菜单中的多数命令都不能使用。如果一个命令右侧有“…”符号，则表示执行该命令时会弹出对话框。

1.3.5　面板

面板用于配合编辑图像、设置工具参数和选项。Photoshop 提供了 20 多个面板，在“窗口”菜单中可以选择需要的面板并将其打开。默认情况下，面板以选项卡的形式成组出现，并停靠在窗口右侧，如图 1-32 所示，用户可根据需要打开、关闭或自由组合面板。例如，单击一个面板的名称，即可显示面板中的选项，如图 1-33 所示。单击面板组右上角的三角按钮 ▸▸，可以将面板折叠为图标状，如图 1-34 所示。单击一个图标可以展开相应的面板。

图 1-32

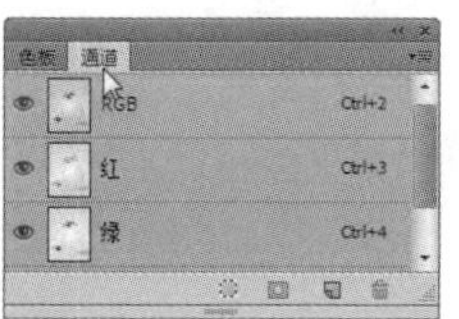

图 1-33

图 1-34

拖曳面板左侧边界，可以调整面板组的宽度，让面板的名称显示出来。将光标放在面板的标题栏上，单击并向上或向下拖曳鼠标，则可重新排列面板的组合顺序，如图 1-35 所示。如果向文档窗口中拖曳鼠标，则可以将其从面板组中分离出来，使其成为可以放在任意位置的浮动面板，如图 1-36 所示。

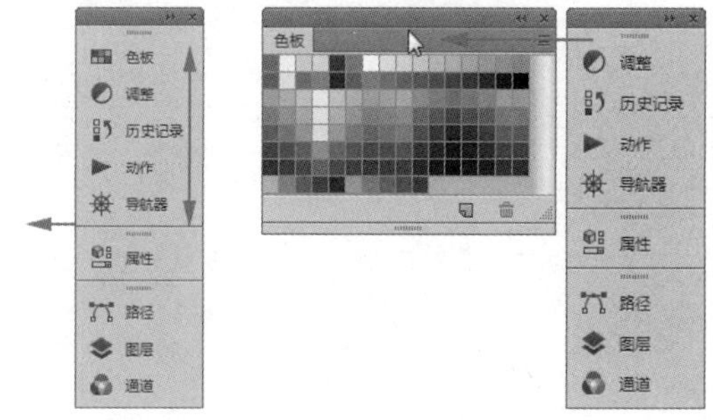

图 1-35　　图 1-36

单击面板右上角的 ▾≡ 按钮，可以打开面板菜单，如图 1-37 所示。菜单中包含了与当前面板有关的各种命令。在一个面板的标题栏上右击，可以显示快捷菜单，如图 1-38 所示，选择“关闭”命令，可以关闭该面板。

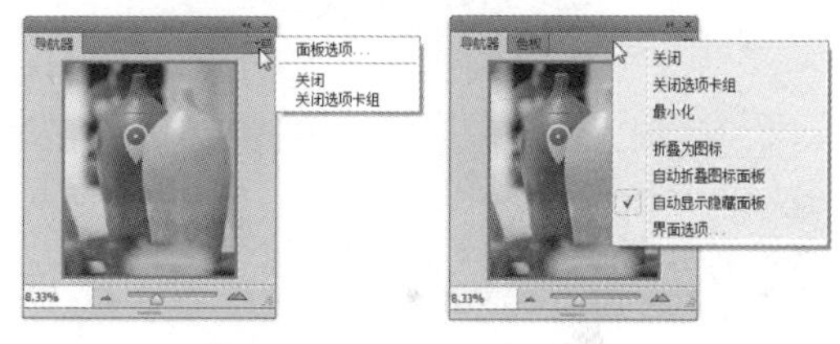

图 1-37　　图 1-38

提示

按 Tab 键，可以隐藏工具箱、工具选项栏和所有面板；按 Shift+Tab 键可以隐藏面板，但保留工具箱和工具选项栏。再次按相应的键可以重新显示被隐藏的内容。

1.3.6　画板和画板工具

Web 和 UI 设计人员需要设计适合多种设备的网站或应用程序。画板可以帮助用户简化设计流程，它提供了一个无限画布，该画布的布置适合不同的设备和屏幕。

如果要创建画板文档，可以执行“文件 > 新建”命令，在打开的“新建”对话框的“文档类型”下拉列表中选择“画板”命令，再从“画板大小”预设中选择一个预设即可，如图 1-39 所示。画板是一种特殊类型的图层组。它可以将任何所含元素的内容剪切到其边界中。画板中元素的层次结构显示在“图层”面板中，其中还有图层和图层组，如图 1-40 所示。

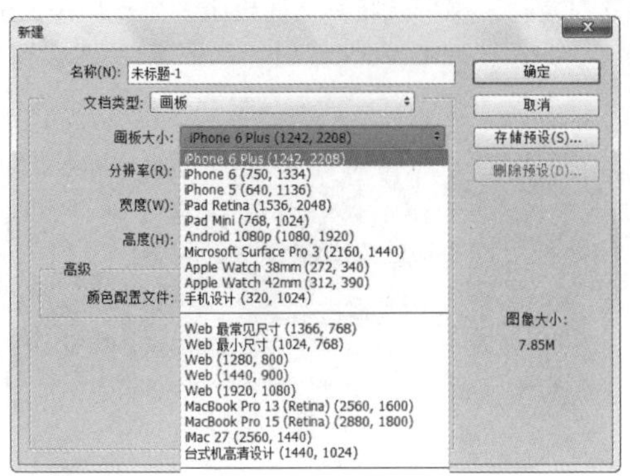

图 1-39

图 1-40

如果要创建多个画板，可以使用画板工具在文档窗口单击并拖曳鼠标绘制画板，如图 1-41 所示。拖曳画板周围定界框上的控制点可以调整画板的大小，在工具选项栏中还可以选择预设的画板尺寸，或输入数值自定义画板尺寸，如图 1-42 所示。

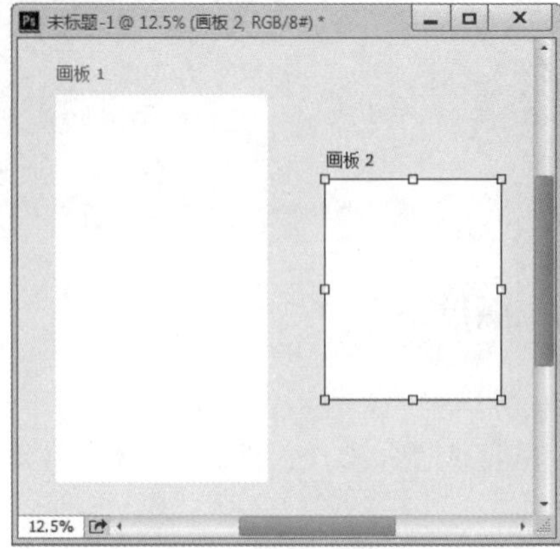

图 1-41

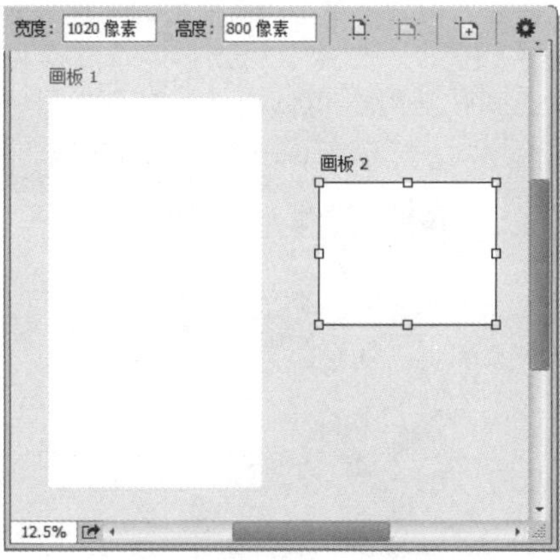

图 1-42

1.4 思考与练习

一、问答题

1．请描述矢量图与位图的特点及主要用途。

2．哪种颜色模式用于手机、电视和计算机屏幕？哪种模式用于印刷？

3．怎样使用快捷键选择工具组中的各个工具？

4．Photoshop 中带有透明背景的文档存储为哪种格式以后，在 Illustrator 和 InDesign 中打开时背景还是透明的？

5．Photoshop 的“帮助”菜单中提供了很多实用的帮助资源和技术支持，请判断其中的哪个命令可以链接到 Adobe 网站并显示 Photoshop 软件的功能介绍？

二、上机练习

1．调整工作区

在 Photoshop 的工作界面中，文档窗口、工具箱、菜单栏和面板的排列方式称为工作区。请使用“窗口 > 工作区”子菜单中的命令调整工作区，然后再恢复为默认的工作区。

2．自定义快捷键

Photoshop 中常用的工具、命令和面板都提供了快捷键，用户也可以根据自己的使用习惯通过“编辑 > 键盘快捷键”命令修改快捷键。在操作时，会打开“键盘快捷键和菜单”对话框，选择其中的一个工具（命令或面板）后，可重新输入其快捷键，也可以将快捷键删除。工具箱中的转换点工具没有快捷键，请使用该命令将抓手工具的快捷键（H）指定给转换点工具。

1.5 测试题

1．在 Photoshop 中，像素的形状只有可能是（　　）。

A．圆形　　B．三角形　　C．矩形　　D．长方形

2．如果图像用于印刷，分辨率应该设置为（　　）。

A．72 像素 / 英寸　　B．150 像素 / 英寸　　C．300 像素 / 英寸　　D．1000 像素 / 英寸

3．下列（　　）的主要用途是产生像素图。

A．Illustrator　　B．Photoshop　　C．Freehand　　D．Painter

4．下列（　　）是 Photoshop 默认的文件格式。

A．JPEG 格式　　B．TIFF 格式　　C．PSD 格式　　D．RAW 格式

5．下面（　　）由红、绿和蓝 3 个基本颜色组成，且每种颜色都有 256 种不同的亮度值。

A．Lab 模式　　B．RGB 模式　　C．多通道模式　　D．CMYK 模式

6. 图像分辨率的单位是（　　）。

A．dpi　　B．ppi　　C．lpi　　D．pixel

7．（　　）的色彩范围最广，甚至可以作为一种颜色模式转换为另一种模式时使用的中间模式?

A．RGB 模式　　B．CMYK 模式　　C．Lab 模式　　D．多通道模式

第2章

构成设计：Photoshop 基本操作

Photoshop 的基本操作包括文档设置、颜色设置和图像的变换与变形。在 Photoshop 中，用户可以创建全新的空白文件，也可以打开、置入或导入现有的文件，对其进行编辑。

使用画笔、渐变和文字等工具，以及进行填充、描边选区、修改蒙版和修饰图像等操作时，需要指定颜色。Photoshop 提供了非常出色的颜色选择工具，可以帮助用户找到需要的任何色彩。

图像编辑的基本操作包括复制、剪切、粘贴、在选区内粘贴，以及变换操作。此外，Photoshop 还可以对图像进行高级变形，如内容识别比例缩放和操控变形等。

2.1 构成设计

构成是指将不同形态的两个以上的单元重新综合成为一个新的单元，并赋予视觉化的概念。

2.1.1 平面构成

平面构成是视觉元素在二次元的平面上按照美的视觉效果和力学的原理进行编排与组合。点、线、面是平面构成的主要元素。点是最小的形象组成元素，任何物体缩小到一定程度都会变成不同形态的点，当画面中有一个点时，这个点会成为视觉的中心，如图 2-1 所示；当画面上有大小不同的点时，人们首先注意的是大的点，而后视线才会移向小的点，从而产生视觉的流动，如图 2-2 所示；当多个点同时存在时，会产生连续的视觉效果。

宜家鞋柜广告：节省更多的空间

图 2-1

Spoleto 酒店：性感美女从天而降

图 2-2

线是点移动的轨迹，如图 2-3 所示，线的连续移动形成面，如图 2-4 所示。不同的线和面具有不同的情感特征，如水平线给人以平和、安静的感觉，斜线代表了动力和惊险；规则的面给人以简洁、秩序的感觉，不规则的面会产生活泼、生动的感觉。

图 2-3

图 2-4

小知识：矛盾空间

矛盾空间是创作者刻意违背透视原理，利用平面的局限性以及视觉的错觉，制造出实际空间中无法存在的空间形式。

相对性（埃舍尔作品）

Treasury 赌场海报

矛盾空间包含以下构成形式：

- 共用面：将两个不同视点的立体形，以一个共用面紧紧地联系在一起。
- 矛盾连接：利用直线、曲线、折线在平面中空间方向的不定性，使形体矛盾连接起来。
- 交错式幻象图：将形体的空间位置进行错位处理，使后面的图形又处于前面，形成彼此的交错性图形。
- 边洛斯三角形：利用人的眼睛在观察形体时，不可能在一瞬间全部接受形体各个部分的刺激，需要有一个过程转移的现象，将形体的各个面逐步转变方向。

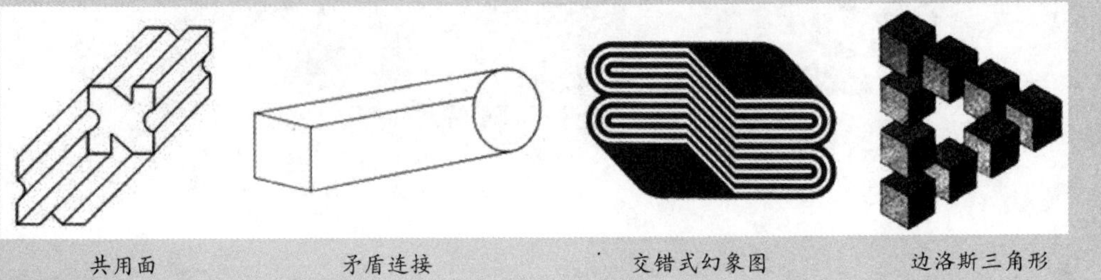

共用面　　矛盾连接　　交错式幻象图　　边洛斯三角形

2.1.2 色彩构成

色彩构成是从人对色彩的知觉和心理效果出发，用科学分析的方法，把复杂的色彩现象还原为基本要素，利用色彩在空间、量与质上的可变幻性，按照一定的规律去组合各构成之间的相互关系，再创造出新的色彩效果的过程。

研究色彩配置原则，是为了探求如何通过对色彩的合理搭配体现出色彩之美。德国心理学家费希纳提出：“美是复杂中的秩序”；古希腊哲学家柏拉图认为：“美是变化中表现统一”。由此可以看出，色彩配置应强调色与色之间的对比关系，以求得均衡美；色彩运用需注意调和关系，以求得统一美；色彩组合要有一个主色调，以保持画面的整体美。

（1）对比型色彩搭配

色彩对比是指两种或多种颜色并置时，因其性质等的不同而呈现出的一种色彩差别现象。它包括明度对比、纯度对比、色相对比和面积对比几种方式。如图 2-5 ～图 2-8 所示为色相对比的具体表现。

同类色对比

图 2-5

邻近色对比

图 2-6

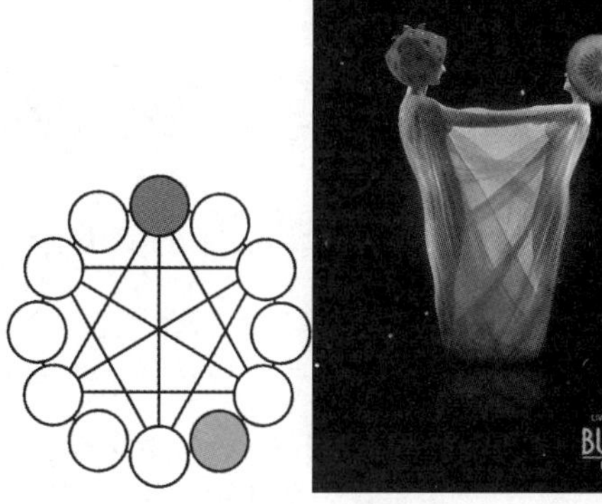

对比色对比

图 2-7

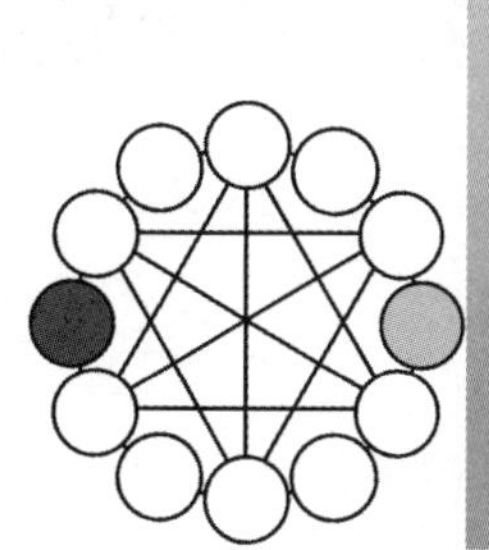

互补色对比

图 2-8

小知识：色相对比

因色彩三要素中的色相差异而呈现出的色彩对比效果为色相对比。色相对比的强弱，取决于色相在色相环上的位置。以 24 色或 12 色色相环做对比参照，任取一色作为基色，则色相对比可以分为同类色对比、邻近色对比、对比色对比、互补色对比等基调。

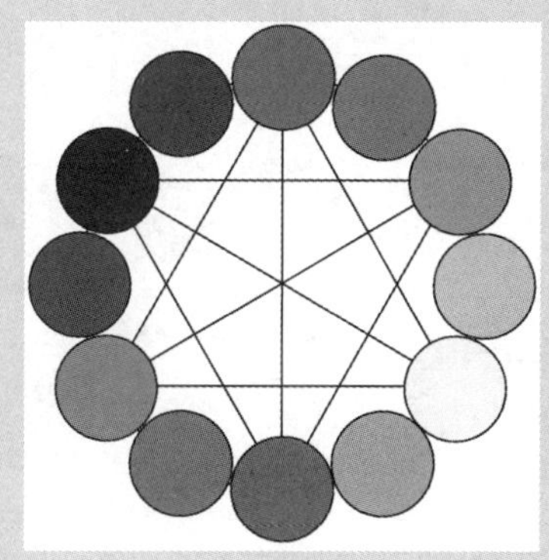

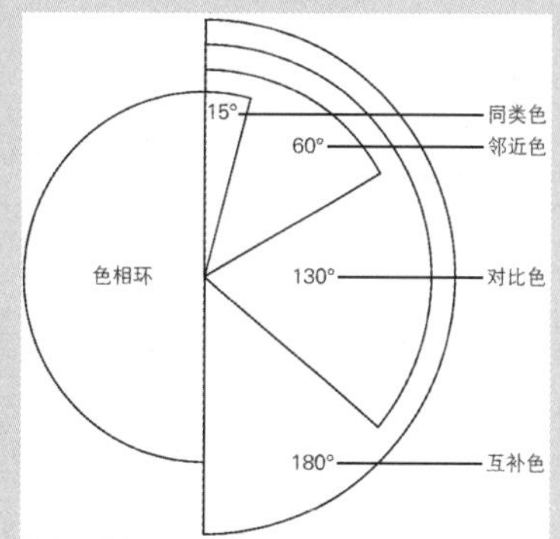

（2）调和型色彩搭配

色彩调和是指两种或多种颜色秩序而协调地组合在一起，使人产生愉悦、舒适感觉的色彩搭配关系。色彩调和的常见方法是选定一组邻近色或同类色，通过调整纯度和明度来协调色彩效果，保持画面的秩序感、条理性，如图 2-9 ～图 2-11 所示。

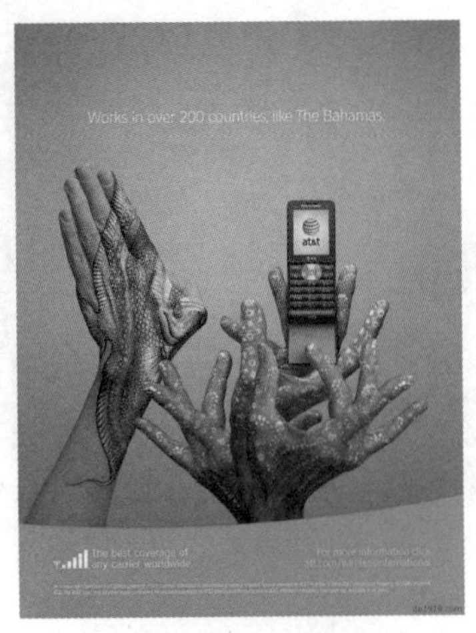

AT&T 广告（面积调和）

图 2-9

维尔纽斯国际电影节海报（明度调和）

图 2-10

澳柯玛电风扇海报（色相调和）

图 2-11

2.2 文档的基本操作

Photoshop 文档的基本操作方法包括新建、打开、保存和恢复文档，以及查看文档窗口中的图像。

2.2.1 新建文件

执行“文件 > 新建”命令或按 Ctrl+N 快捷键，打开“新建”对话框，如图 2-12 所示，设置文件的名称、大小、分辨率、图像的背景内容和颜色模式，然后单击“确定”按钮，即可创建一个空白文件。

2.2.2 打开文件

如果要打开一个现有的文件（如本书素材文件），然后对其进行编辑，可以执行“文件 > 打开”命令或按 Ctrl+O 快捷键，弹出“打开”对话框，选择一个文件（按住 Ctrl 键并单击，可同时选择多个文件），如图 2-13 所示，单击“打开”按钮即可将其打开。

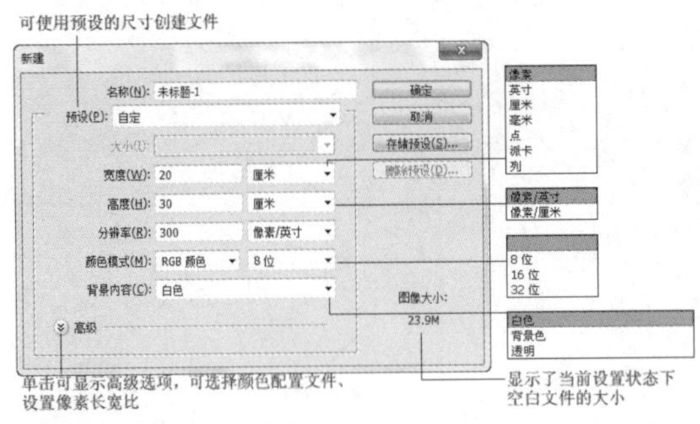

图 2-12

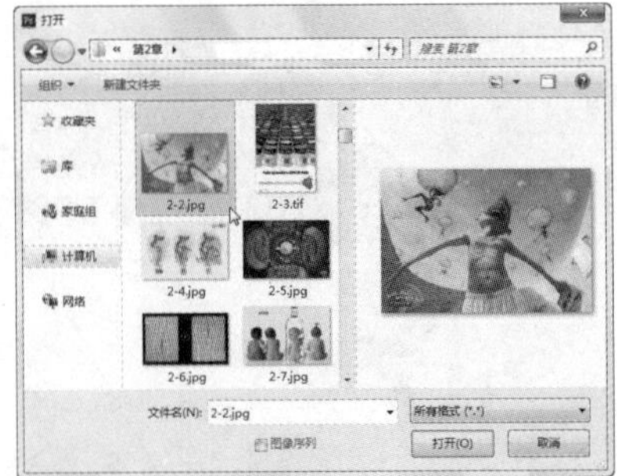

图 2-13

小技巧：通过快捷方式打开文件

在没有运行 Photoshop 的情况下，只要将一个图像文件拖至桌面的 Photoshop 应用程序图标上，即可运行 Photoshop 并打开该文件。如果运行了 Photoshop，则在 Windows 资源管理器中找到图像文件后，将它拖至 Photoshop 窗口中，即可将其打开。

2.2.3 保存文件

图像的编辑是一项颇费时间的工作，为了不因断电或计算机死机等造成劳动成果付之东流，就需要养成及时保存文件的习惯。

如果这是一个新建的文档，可以执行“文件 > 存储”命令，在弹出的“另存为”对话框中为文件命名，如图 2-14 所示，选择保存位置和文件格式，如图 2-15 所示，然后单击“保存”按钮进行存储；如果这是打开现有的文件，则编辑过程中可以随时执行“文件 > 存储”命令（快捷键为 Ctrl+S），保存当前所做的修改，文件会以原有的格式和名称存储。

图 2-14

Photoshop (*.PSD;*.PDD)
大型文档格式 (*.PSB)
BMP (*.BMP;*.RLE;*.DIB)
CompuServe GIF (*.GIF)
Dicom (*.DCM;*.DC3;*.DIC)
Photoshop EPS (*.EPS)
Photoshop DCS 1.0 (*.EPS)
Photoshop DCS 2.0 (*.EPS)
IFF 格式 (*.IFF;*.TDI)
JPEG (*.JPG;*.JPEG;*.JPE)
JPEG 2000 (*.JPF;*.JPX;*.JP2;*.J2C;*.J2K;*.JPC)
JPEG 立体 (*.JPS)
PCX (*.PCX)
Photoshop PDF (*.PDF;*.PDP)
Photoshop Raw (*.RAW)
Pixar (*.PXR)
PNG (*.PNG;*.PNS)
Portable Bit Map (*.PBM;*.PGM;*.PPM;*.PNM;*.PFM;*.PAM)
Scitex CT (*.SCT)
Targa (*.TGA;*.VDA;*.ICB;*.VST)
TIFF (*.TIF;*.TIFF)
多图片格式 (*.MPO)

图 2-15

提示：

如果要将当前文件保存为另外的名称和其他格式，或者存储在其他位置，可以执行“文件 > 存储为”命令将文件另存。

2.2.4 用缩放工具查看图像

打开一个文件，如图 2-16 所示。选择缩放工具，将光标放在画面中（光标会变为状），单击可以放大图像的显示比例，如图 2-17 所示。按住 Alt 键（光标会变为状）并单击可缩小图像的显示比例，如图 2-18 所示。

图 2-16

图 2-17

图 2-18

提示：

在工具选项栏中选择“细微缩放”选项，然后单击并向右侧拖曳鼠标，能够以平滑的方式快速放大图像；向左侧拖曳鼠标，则会快速缩小图像的显示比例。

2.2.5 用抓手工具查看图像

选择抓手工具，按住 Ctrl 键，单击并向右侧拖曳鼠标可以放大图像显示比例，向左侧拖曳鼠标则可缩小图像的显示比例。此外，按住 H 键然后单击，窗口中就会显示全部图像并出现一个矩形框，将矩形框定位在需要查看的区域，如图 2-19 所示，然后释放鼠标按键和 H 键，可以快速放大并转到这一图像区域，如图 2-20 所示。放大图像后，释放快捷键恢复为抓手工具，单击并拖曳鼠标即可移动画面，如图 2-21 所示。

图 2-19

图 2-20

图 2-21

2.2.6 用“导航器”面板查看图像

放大图像的显示比例后，只能看到图像的细节，此时可以打开“导航器”面板，该面板中提供了完整的图像缩览图，如图 2-22 所示。将光标放在缩览图上，单击并拖曳鼠标即可移动画面，红色矩形框内的图像会出现在文档窗口的中心，如图 2-23 所示。

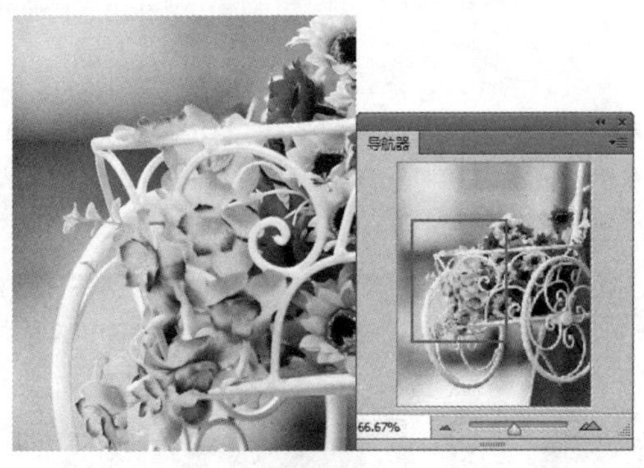

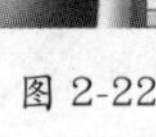
图 2-22

图 2-23

小技巧：通过更多的方式查看图像

在进行文档导航时，最为简单和实用的方法是通过快捷键来操作。例如，按住 Ctrl 键，再连续按 + 键，将窗口放大到需要的比例，按住空格键（切换为抓手工具）并拖曳鼠标移动画面；需要缩小窗口的显示比例时，可按住 Ctrl 键，再连续按 - 键。此外，如果想要让图像完整地显示在窗口中，可以双击抓手工具（快捷键为 Ctrl+1）；如果要观察图像的细节，则双击缩放工具（快捷键为 Ctrl+0），图像就会以 100% 的实际比例显示。

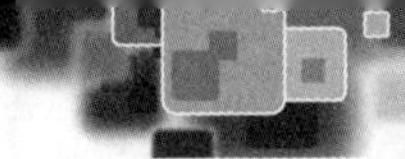

2.2.7　撤销操作

编辑图像的过程中，如果操作出现失误或对创作的效果不满意，需要返回到上一步编辑的状态，可以执行“编辑 > 还原”命令，或按 Ctrl+Z 快捷键。连续按 Alt+Ctrl+Z 快捷键，可依次向前还原。如果要恢复被撤销的操作，可以执行“编辑 > 前进一步”命令，或者连续按 Shift+Ctrl+Z 快捷键。如果想要将图像恢复到最后一次保存时的状态，可以执行“文件 > 恢复”命令。

2.2.8　用“历史记录”面板撤销操作

编辑图像时，每进行一步操作，Photoshop 都会将其记录到“历史记录”面板中，如图 2-24 所示，单击面板中的一个步骤操作的名称，即可将图像还原到该步骤的状态，如图 2-25 所示。此外，“历史记录”面板顶部有一个图像缩览图，那是打开图像时 Photoshop 为其创建的快照，单击可撤销所有操作，图像恢复到打开时的状态。

图 2-24

图 2-25

提示：

默认情况下，“历史记录”面板只能记录 20 步操作。如果要增加记录数量，可以执行“编辑 > 首选项 > 性能”命令，打开“首选项”对话框，在“历史记录状态”选项中设置相应的步骤。但需要注意的是，历史记录的数量越多，所占用的内存也就越多。

2.3　颜色的设置方法

使用画笔、渐变和文字等工具，以及进行填充、描边选区、修改蒙版和修饰图像等操作时，都需要指定颜色。Photoshop 提供了非常出色的颜色选择工具，可以帮助用户找到需要的颜色。

2.3.1　前景色与背景色

工具箱底部包含了一组前景色和背景色设置选项，如图 2-26 所示。前景色决定了使用绘画工具（画笔和铅笔）绘制线条，以及使用文字工具创建文字时的颜色；背景色决定了使用橡皮擦工具擦除背景时呈现的颜色，此外，在增加画布大小时，新增的画布区域也以背景色填充。

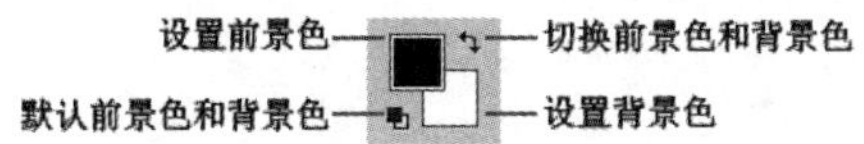

图 2-26

单击图标（或按 X 键）可以切换前景色和背景色，如图 2-27 所示。单击图标（或按 D 键），可将前景色和背景色恢复为默认颜色（前景色为黑色，背景色为白色）。

图 2-27

2.3.2 拾色器

要调整前景色时，可单击前景色图标，如图 2-28 所示；要调整背景色，则单击背景色图标，如图 2-29 所示。单击这两个图标后都会弹出“拾色器”对话框，如图 2-30 所示，此时便可设置颜色。

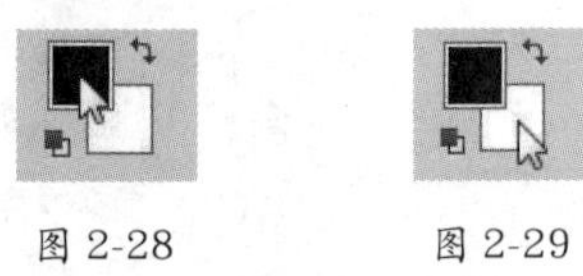

图 2-28　　图 2-29

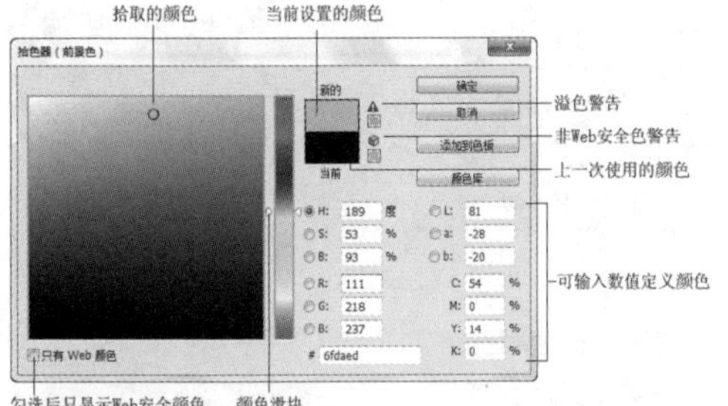

图 2-30

在竖直的渐变颜色条上单击选择一个颜色范围，然后在色域中单击可调整颜色的深浅（单击后可以拖曳鼠标），如图 2-31 所示。如果要调整颜色的饱和度，可选中 S 单选按钮，然后再进行调整，如图 2-32 所示；如果要调整颜色的亮度，可选中 B 单选按钮，然后进行调整，如图 2-33 所示。

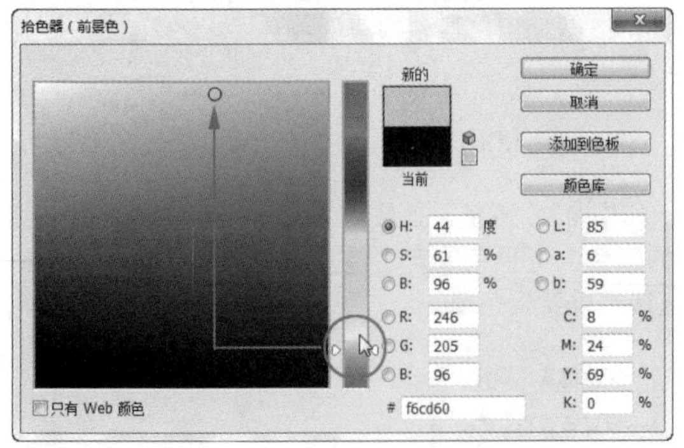

图 2-31

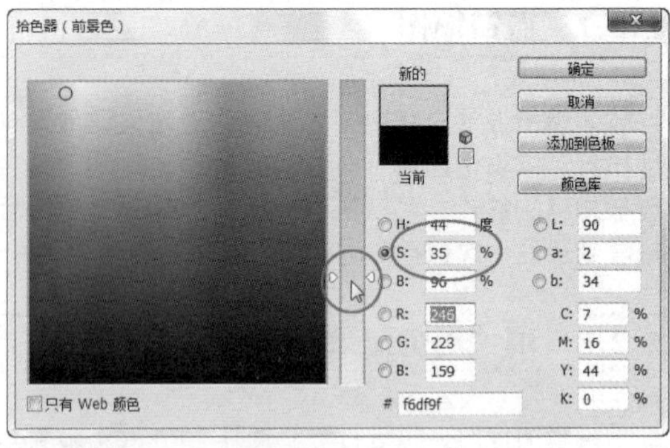

图 2-32

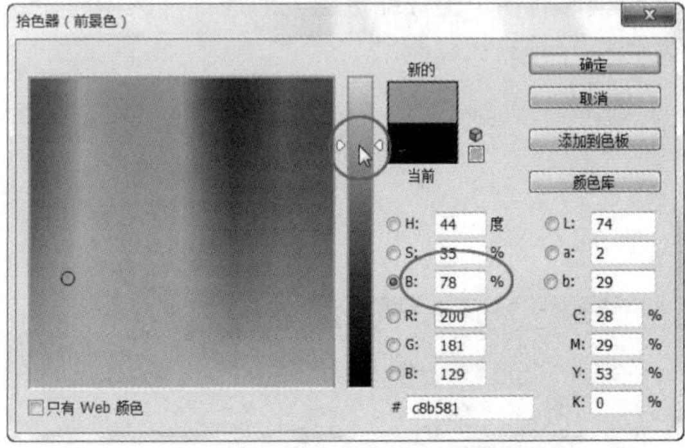

图 2-33

提示：

当图像为 RGB 颜色模式时，如果“拾色器”对话框或“颜色”面板中出现溢色警告图标，则表示当前的颜色超出了 CMYK 颜色范围，不能被准确打印，这样的颜色被称为“溢色”，单击警告图标下面的颜色块可将颜色替换为 Photoshop 给出的最接近的校正颜色（CMYK 色域范围内的颜色）。如果出现了非 Web 安全色警告图标，则表示当前颜色超出了 Web 颜色范围，不能在网上正确显示，单击它下面的颜色块可将其替换为 Photoshop 给出的最接近的 Web 安全颜色。

2.3.3 颜色面板

在“颜色”面板中，可以利用几种不同的颜色模式来编辑前景色和背景色，如图 2-34 所示。默认情况下，前景色处于当前编辑状态，此时拖曳滑块或输入颜色值即可调整前景色，如图 2-35 所示；如果要调整背景色，则单击背景色颜色框，将其设置为当前状态，然后再进行操作，如图 2-36 所示。也可以从面板底部的 4 色曲线图色谱中拾取前景色或背景色。

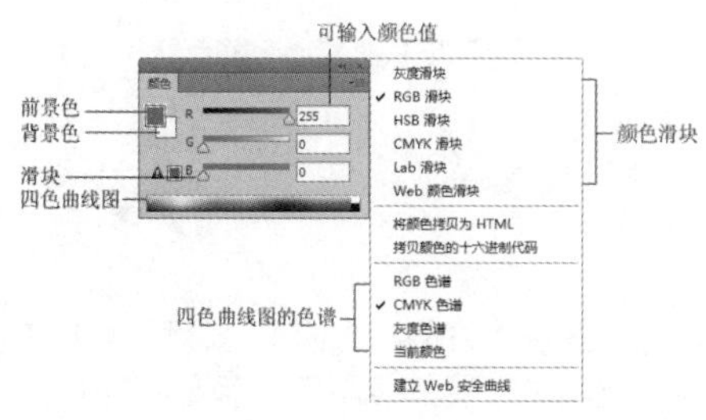

图 2-34

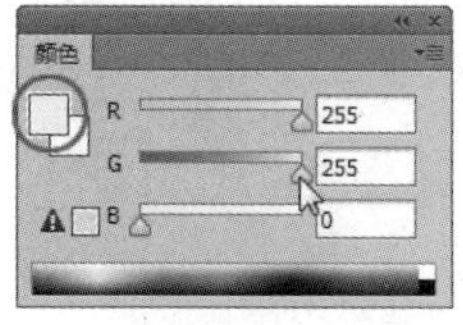

图 2-35

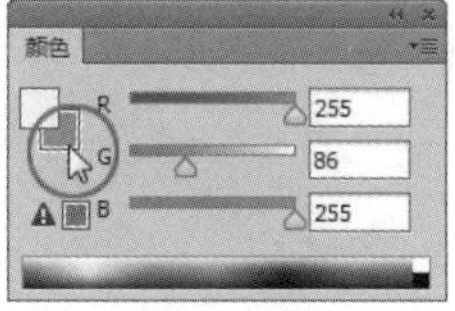

图 2-36

2.3.4　色板面板

“色板”面板中提供了预先设置好的颜色样本，单击其中的颜色即可将其设置为前景色，按住 Ctrl 键并单击，则可将其设置为背景色。执行面板菜单中的命令还可以打开不同的色板库，如图 2-37 所示。

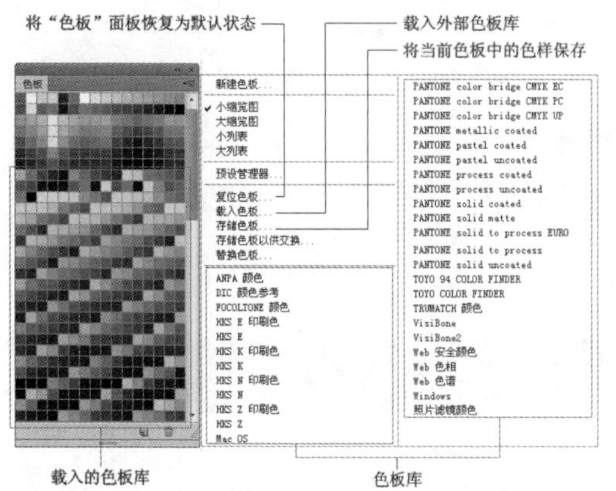

图 2-37

提示：

在“拾色器”对话框或“颜色”面板中调整前景色后，单击“色板”面板中的“创建新色板”按钮，可以将颜色保存到“色板”中。将“色板”中的某个色样拖至“删除”按钮上，则可将其删除。

2.3.5　渐变颜色

（1）渐变的类型

渐变是不同颜色之间逐渐混合的一种特殊的填色效果，可用于填充图像、蒙版和通道等。Photoshop 提供了 5 种类型的渐变，包括线性渐变、径向渐变、角度渐变、对称渐变和菱形渐变，如图 2-38 所示。

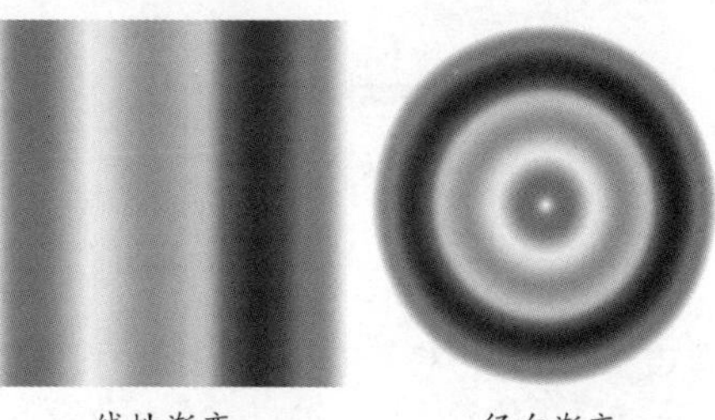

线性渐变　　径向渐变

角度渐变

对称渐变

菱形渐变

图 2-38

（2）使用预设的渐变颜色

要创建渐变，可以选择渐变工具，在工具选项栏中选择一种渐变类型，然后在渐变下拉面板中选择一个预设的渐变样本，在画面中单击并拖曳鼠标即可填充渐变，如图 2-39 所示。

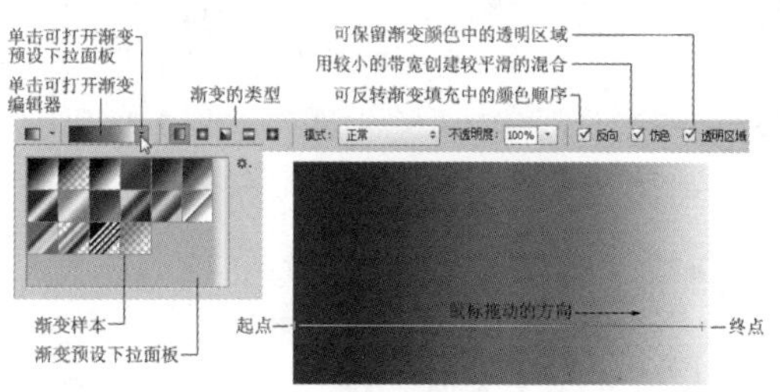

图 2-39

（3）自定义渐变颜色

如果要自定义渐变颜色，可以单击工具选项栏中的渐变颜色条，打开“渐变编辑器”进行调整，如图 2-40 所示。

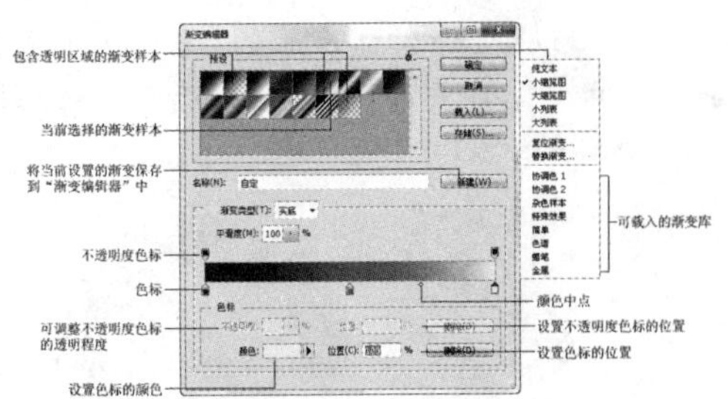

图 2-40

单击一个色标可将其选中。选择色标后，单击“颜色”选项中的颜色块可以打开“拾色器”并调整颜色，如图 2-41 所示；单击并拖曳色标即可将其移动，如图 2-42 所示；在渐变条下方单击可以添加色标，如图 2-43 所示；将一个色标拖至渐变颜色条外，可删除该色标。

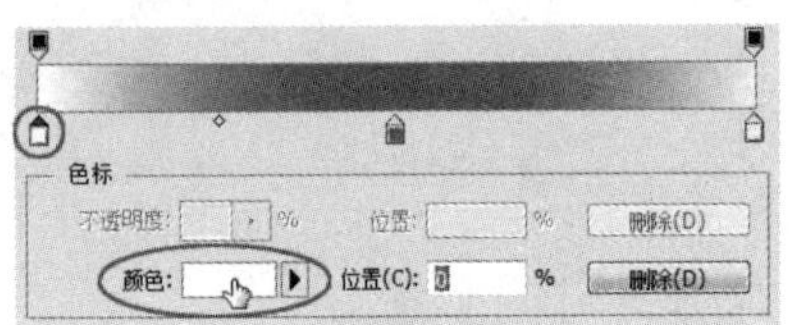

图 2-41

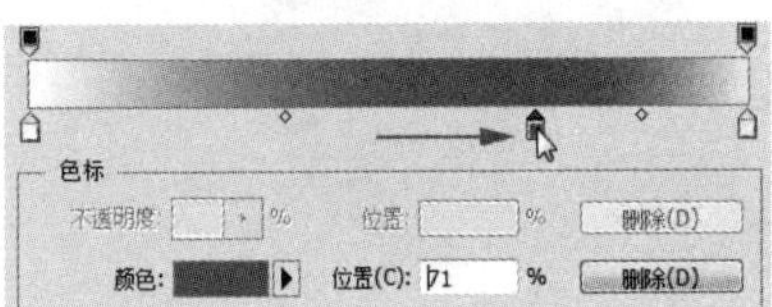

图 2-42

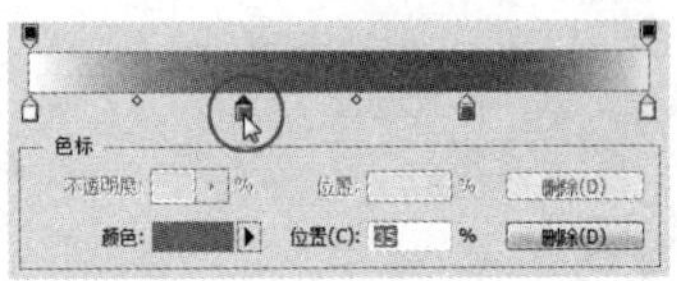

图 2-43

选择渐变条上方的不透明度色标后，可以在“不透明度”选项中设置其透明度，渐变色条中的棋盘格代表了透明区域，如图 2-44 所示；如果在“渐变类型”下拉列表中选择“杂色”选项，然后增加“粗糙度”值，则可生成杂色渐变，如图 2-45 所示。

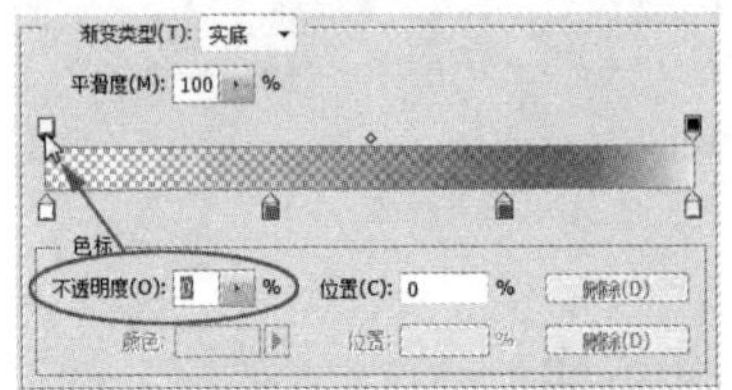

图 2-44

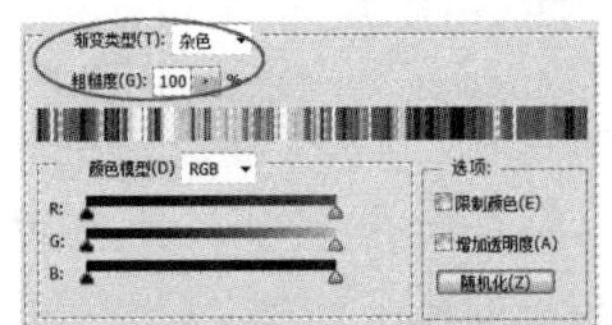

图 2-45

提示：

每两个色标中间都有一个菱形滑块，拖曳它可以控制该点两侧颜色的混合位置。

2.4 课堂练习：为黑白图像填色

01 按 Ctrl+O 快捷键，弹出“打开”对话框，选择相关素材文件并将其打开，如图 2-46 所示。选择油漆桶工具，在工具选项栏中将“填充”设置为“前景”，“容差”设置为 32，如图 2-47 所示。

02 在“颜色”面板中调整前景色，如图 2-48 所示。在卡通小狗的眼睛、鼻子和衣服上单击，填充前景色，如图 2-49 所示。

图 2-46

图 2-47

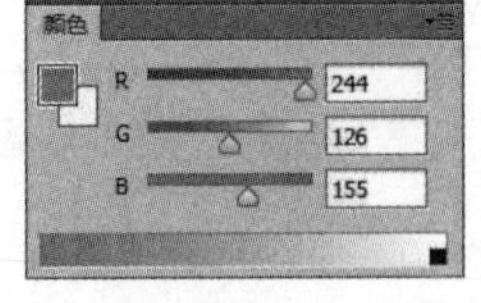

图 2-48

图 2-49

03 调整前景色，如图 2-50 所示，为裤子填色，如图 2-51 所示。采用同样方法，调整前景色，然后为耳朵、衣服上的星星填色，如图 2-52 和图 2-53 所示。

图 2-50　　图 2-51

图 2-52　　图 2-53

04 单击“背景”图层，如图 2-54 所示，将“背景”图层选中。执行“编辑 > 填充”命令，打开“填充”对话框，在“使用”下拉列表中选择“图案”，单击“自定图案”选项右侧的三角按钮，打开下拉面板，执行面板菜单中的“图案”命令，载入该图案库，选择如图 2-55 所示的图案；单击“确定”按钮，为背景填充图案，如图 2-56 所示。

提示：

按 Alt+Delete 快捷键可以填充前景色；按 Ctrl+Delete 快捷键可以填充背景色。

图 2-54

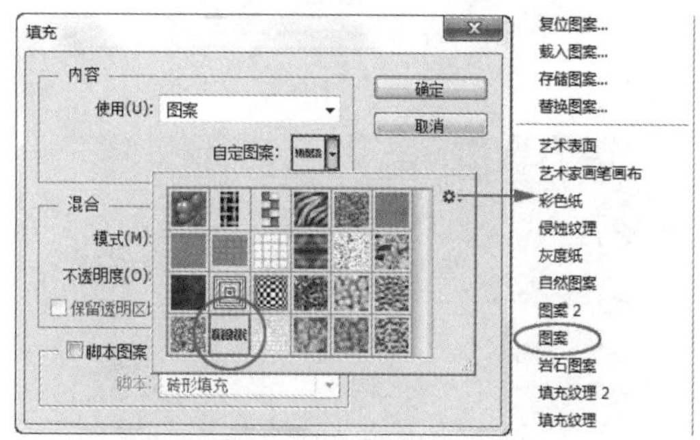

图 2-55

图 2-56

2.5 课堂练习：石膏几何体

01 按 Ctrl+N 快捷键，打开“新建”对话框，在“文档类型”下拉列表中选择“图际标准纸张”选项，修改“分辨率”为 72 像素 / 英寸，如图 2-57 所示。选择渐变工具，单击工具选项栏中的渐变颜色条，打开“渐变编辑器”，调出深灰到浅灰色的渐变。在画面顶部单击，然后按住 Shift 键（可以锁定垂直方向）并向下拖曳鼠标填充线性渐变，如图 2-58 所示。

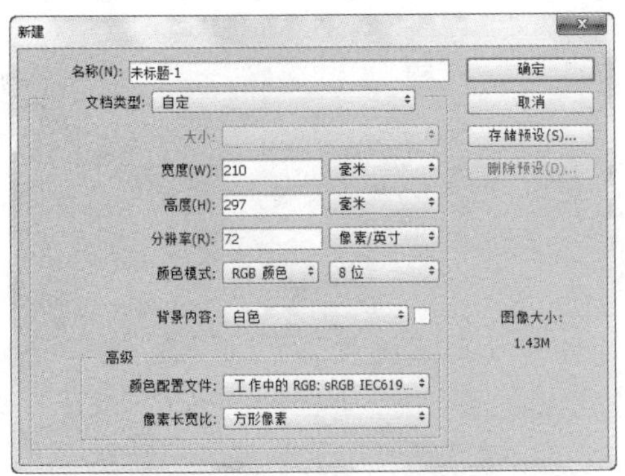

图 2-57

图 2-58

02 单击"图层"面板底部的按钮，新建一个图层。选择椭圆选框工具，按住 Shift 键创建一个圆形选区，如图 2-59 所示。选择渐变工具，按径向渐变按钮，在选区内单击并拖曳鼠标填充渐变，制作出球体，如图 2-60 所示。

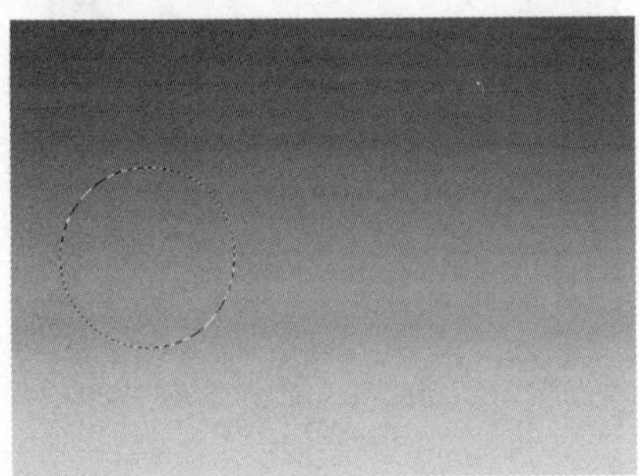

图 2-59

图 2-60

03 按 D 键，恢复为默认的前景色和背景色。单击线性渐变按钮，选择前景到透明渐变，如图 2-61 所示。在选区外部右下方单击，向选区内拖曳鼠标，稍微进入选区内时释放鼠标，进行填充；将光标放在选区外部的右上角，向选区内拖曳鼠标再填充一个渐变，增强球形的立体感，如图 2-62 所示。

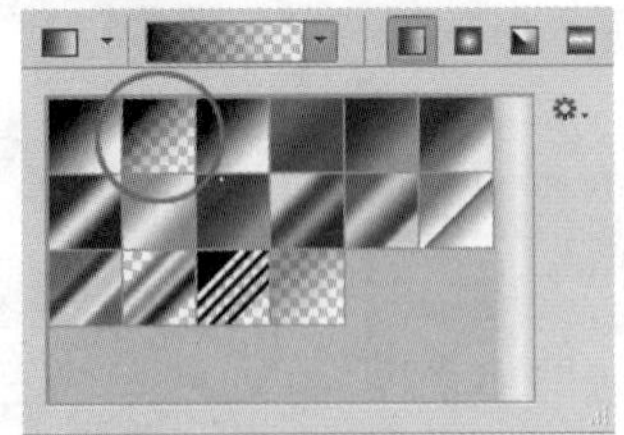

图 2-61

图 2-62

04 按 Ctrl+D 快捷键取消选区，下面来制作圆锥。使用矩形选框工具创建选区，如图 2-63 所示。单击"图层"面板底部的按钮，新建一个图层，如图 2-64 所示。

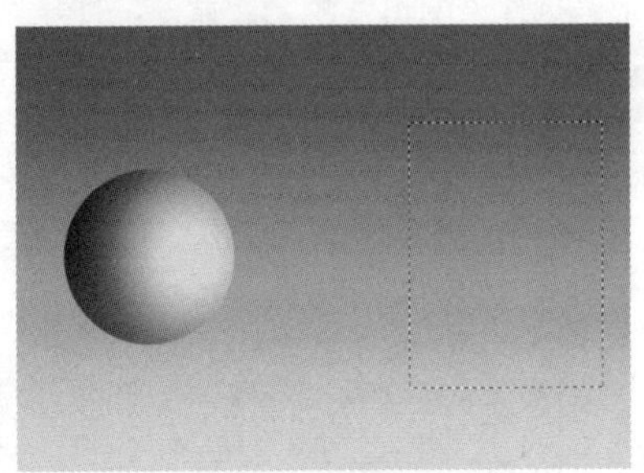

图 2-63

图 2-64

05 选择渐变工具，调整渐变颜色，按住 Shift 键并在选区内从左至右拖曳鼠标填充渐变，如图 2-65 所示。按 Ctrl+D 快捷键取消选区。执行“编辑 > 变换 > 透视”命令，显示定界框，将右上角的控制点拖至中央，如图 2-66 所示，然后按 Enter 键确认。

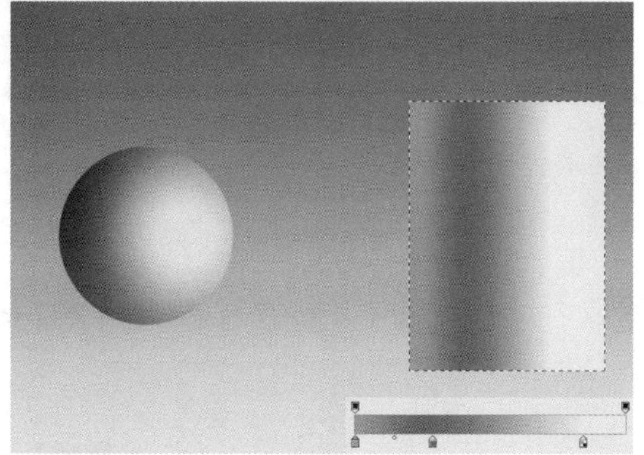

图 2-65

图 2-66

06 使用椭圆选框工具创建选区，如图 2-67 所示；再用矩形选框工具按住 Shift 键创建矩形选区，如图 2-68 所示，释放鼠标后这两个选区会进行相加运算，得到如图 2-69 所示的选区。

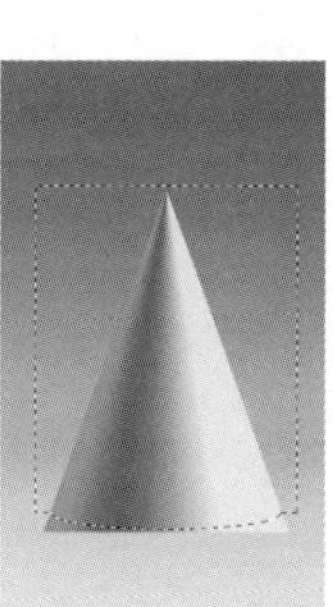

图 2-67　　图 2-68　　图 2-69

07 按 Shift+Ctrl+I 快捷键反选，如图 2-70 所示。按 Delete 键删除多余部分，按 Ctrl+D 快捷键取消选区，完成圆锥的制作，如图 2-71 所示。

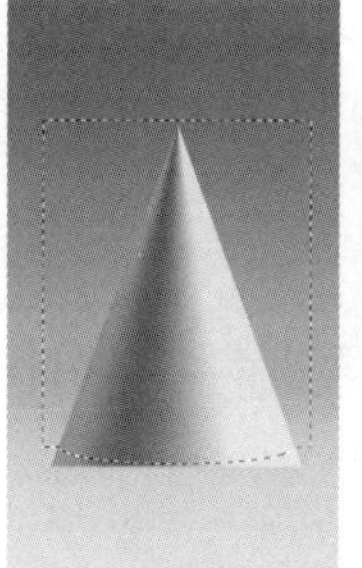

图 2-70　　图 2-71

08 下面来制作斜面圆柱体。单击“图层”面板底部的按钮，创建一个图层。用矩形选框工具创建选区并填充渐变，如图 2-72 所示。采用与处理圆锥底部相同的方法，对圆柱的底部进行修改，如图 2-73 所示。

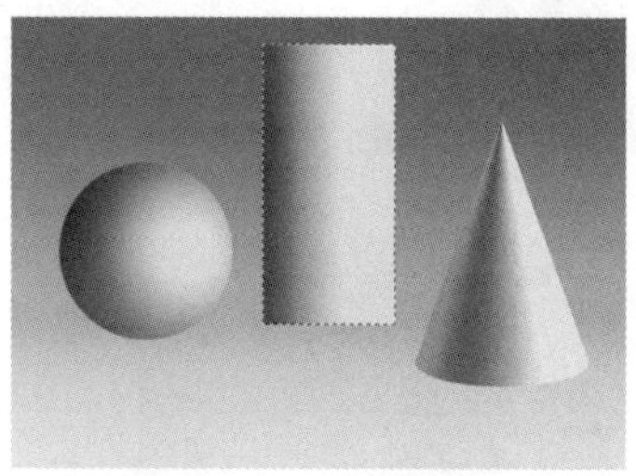

图 2-72

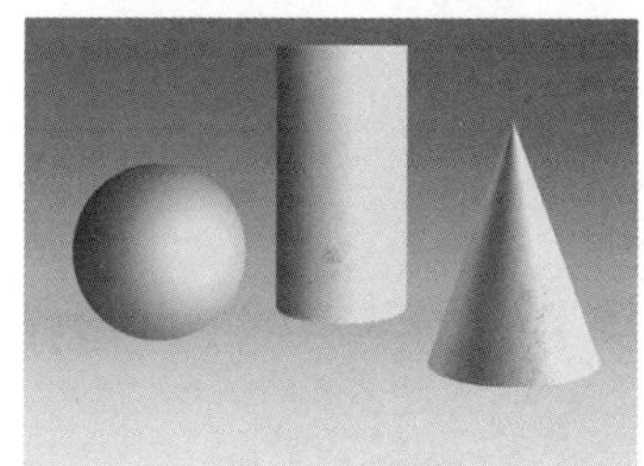

图 2-73

09 使用椭圆选框工具创建选区，如图 2-74 所示。执行“选择 > 变换选区”命令，显示定界框，将选区旋转并移动到圆柱的上半部，如图 2-75 所示。按 Enter 键确认。单击“图层”面板底部的按钮，创建一个图层。调整渐变颜色，如图 2-76 所示。

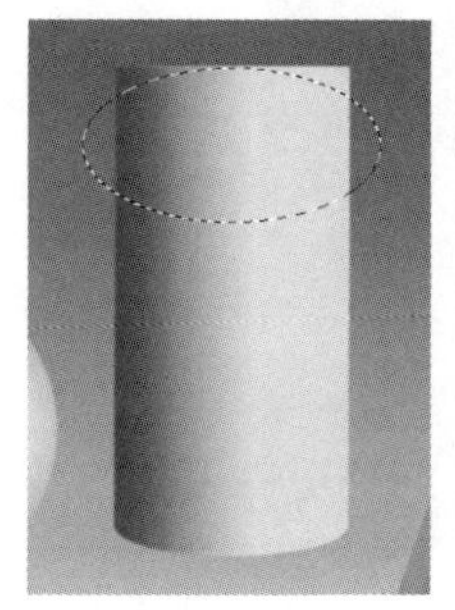

图 2-74　　图 2-75

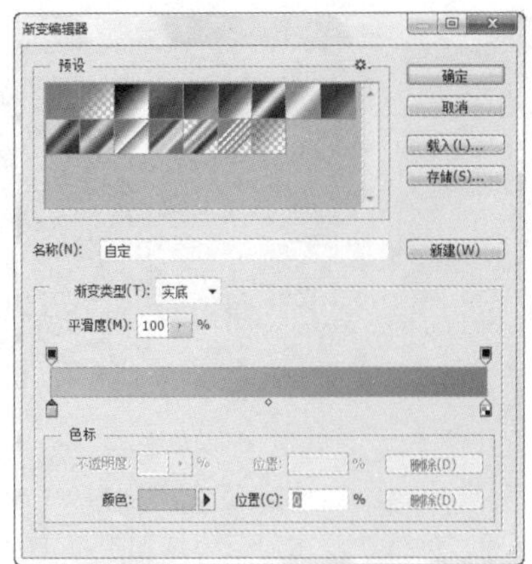

图 2-76

10 先在选区内部填充渐变，如图 2-77 所示；然后选择前景到透明渐变样式，分别在右上角和左下角填充渐变，如图 2-78 和图 2-79 所示。

图 2-77

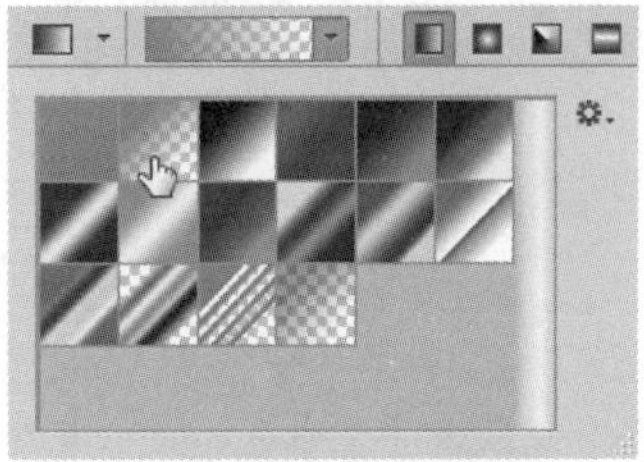

图 2-78

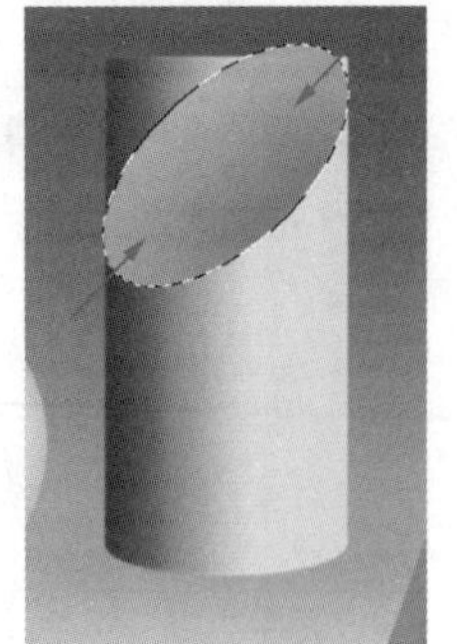

图 2-79

11 按 Ctrl+D 快捷键取消选区。选择位于下方的圆柱体图层，如图 2-80 所示。用多边形套索工具将顶部多余的图像选中，如图 2-81 所示，按 Delete 键删除，取消选择，斜面圆柱就制作好了，如图 2-82 所示。

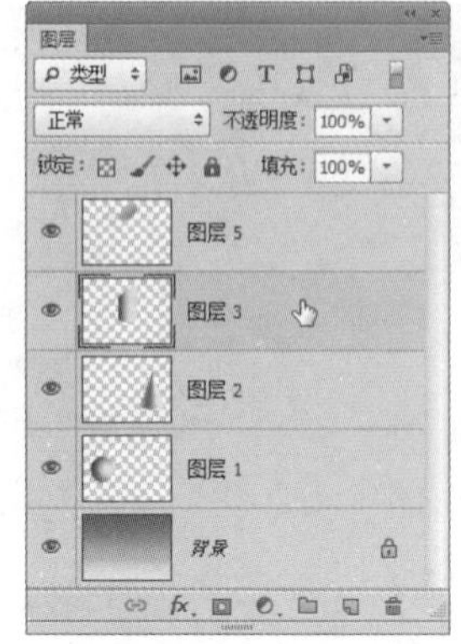

图 2-80

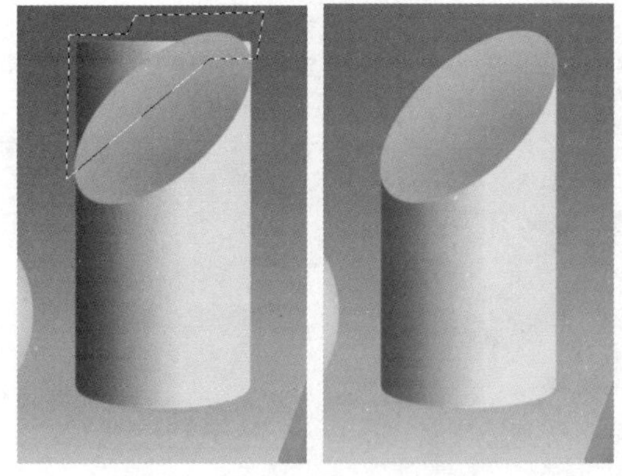

图 2-81　图 2-82

12 下面来制作倒影。选择球体所在的图层，如图 2-83 所示，按 Ctrl+J 快捷键复制图层，如图 2-84 所示。

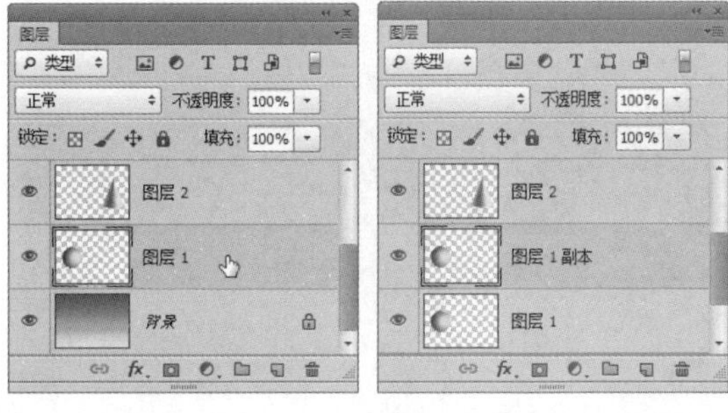

图 2-83　图 2-84

13 执行“编辑 > 变换 > 垂直翻转”命令，翻转图像，再使用移动工具将其拖至球体下方，如图 2-85 所示。单击“图层”面板底部的按钮，添加图层蒙版。使用渐变工具填充黑白线性渐变，将画面底部的球体隐藏，如图 2-86 和图 2-87 所示。

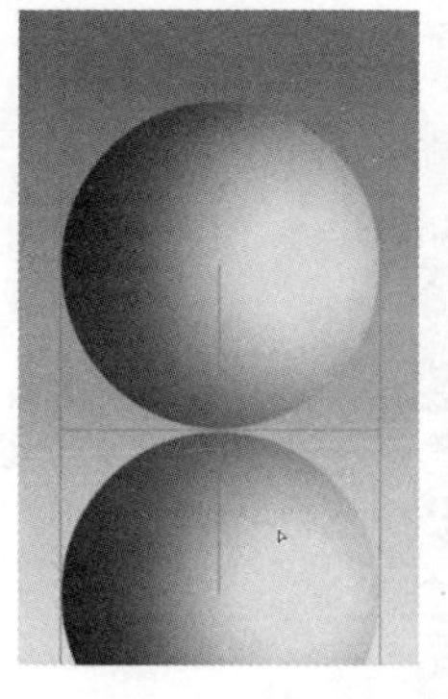

图 2-85

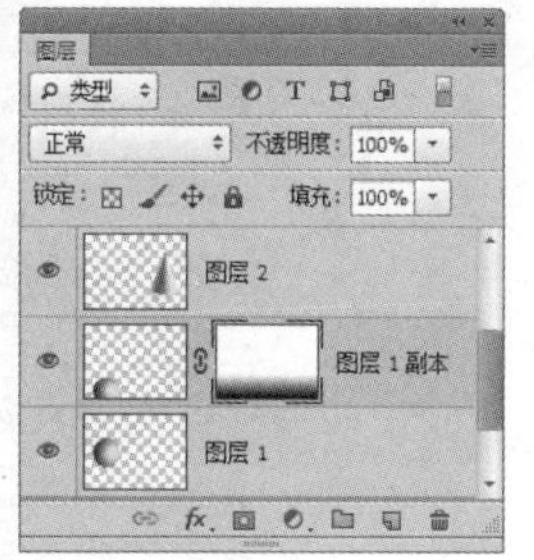

图 2-86

图 2-87

14 采用相同的方法，为另外两个几何体添加倒影。需要注意的是，应将投影图层放在几何体图层的下方，不要让投影盖住几何体，效果如图 2-88 所示。

图 2-88

2.6 图像的变换与变形操作

在 Photoshop 中，移动、旋转和缩放称为变换操作；扭曲和斜切则称为变形操作。Photoshop 可以对整个图层、多个图层、图层蒙版、选区、路径、矢量形状、矢量蒙版和 Alpha 通道进行变换和变形处理。

2.6.1 移动与复制图像

在“图层”面板中单击要移动的对象所在的图层，如图 2-89 所示，使用移动工具在画面中单击并拖曳鼠标即可移动该图层中的图像，如图 2-90 所示。按住 Alt 键并拖曳鼠标可以复制图像，如图 2-91 所示。

图 2-89

图 2-90

图 2-91

如果创建了选区，如图 2-92 所示，则将光标放在选区内，单击并拖曳鼠标可以移动选中的图像，如图 2-93 所示。

图 2-92

图 2-93

2.6.2 在文档之间移动图像

打开两个或多个文档，选择移动工具，将光标放在画面中，单击并拖曳鼠标至另一个文档的标题栏，如图 2-94 所示，停留片刻切换到该文档，如图 2-95 所示，移动到画面中释放鼠标可以将图像拖入该文档，如图 2-96 所示。

图 2-94

图 2-95

图 2-96

2.6.3 定界框、中心点和控制点

在 Photoshop 中对图像进行变换或变形操作时，对象周围会出现一个定界框，定界框中央有一个中心点，四周有控制点，如图 2-97 所示。默认情况下，中心点位于对象的中心，它用于定义对象的变换中心，拖曳它可以移动其位置。拖曳控制点则可以进行变换操作。图 2-98 和图 2-99 为中心点在不同位置时图像的旋转效果。

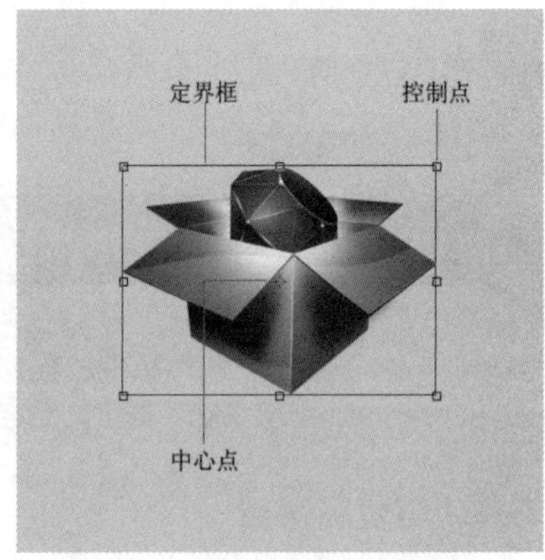

图 2-97

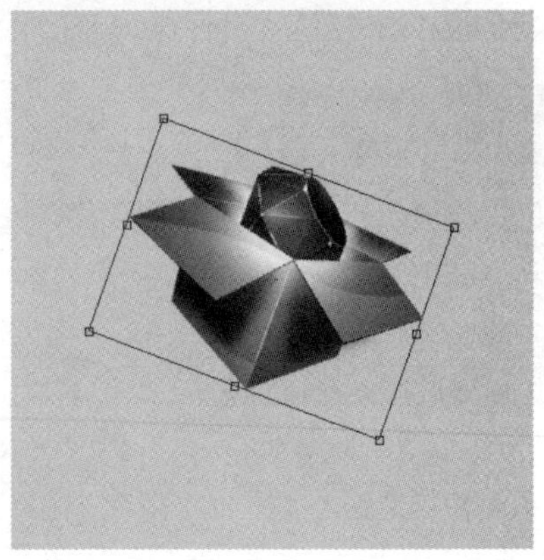

图 2-98

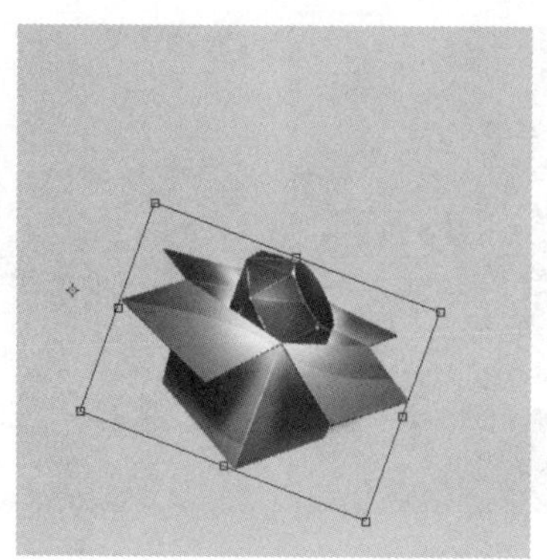

图 2-99

2.6.4 变换与变形

选择移动工具后，按 Ctrl+T 快捷键（相当于执行“编辑 > 自由变换”命令），当前对象上会显示用于变换的定界框，拖曳定界框和定界框上的控制点可以对图像进行变换操作。操作完成后，可按 Enter 键确认。如果对变换的结果不满意，则可按 Esc 键取消操作。

- 缩放与旋转：将光标放在定界框四周的控制点上，当光标显示为状时单击并拖曳鼠标，可以拉伸对象，如图 2-100 所示，如果按住 Shift 键操作，可进行等比缩放；当光标在定界框外显示为状时拖曳鼠标，可以旋转对象，如图 2-101 所示。

图 2-100

图 2-101

- 斜切：将光标放在定界框四周的控制点上，按住 Shift+Ctrl 快捷键，光标显示为状时单击并拖曳鼠标，可沿水平方向斜切对象，如图 2-102 所示；当光标显示为状时拖曳鼠标，可沿垂直方向斜切对象，如图 2-103 所示。

图 2-102

图 2-103

- 扭曲与透视：将光标放在控制点上，按住 Ctrl 键，光标显示为状时单击并拖曳鼠标可以扭曲对象，如图 2-104 所示；如果按住 Shift+Ctrl+Alt 快捷键操作，则可进行透视扭曲，如图 2-105 所示。

图 2-104

图 2-105

小技巧：通过轻移方法制作立体文字

选择移动工具后，按键盘中的"→、←、↑、↓"方向键，可轻移对象。如果按住Alt键再按方向键，则可轻移并复制图像，利用这一功能可以快速创建立体对象。

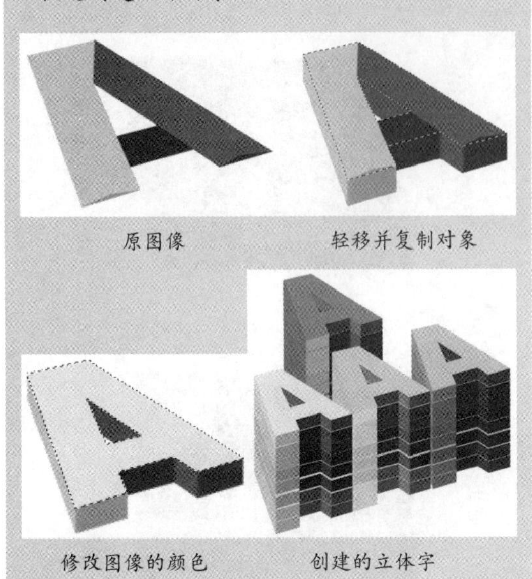

原图像　轻移并复制对象

修改图像的颜色　创建的立体字

2.6.5 操控变形

操控变形是Photoshop CS5中出现的图像变形功能。使用该功能时，可以在图像的关键点上放置图钉，然后通过拖曳图钉对其进行变形操作。例如，可以轻松地让人的手臂弯曲、身体摆出不同的姿态等。

打开一个文件，如图2-106所示。执行"编辑>操控变形"命令，长颈鹿图像上会显示变形网格，如图2-107所示。在长颈鹿身体的关键点单击，添加几个图钉，如图2-108所示。在工具选项栏中取消选中"显示网格"选项，以便能更清楚地观察到图像的变化。单击图钉并拖曳鼠标即可改变长颈鹿的动作，如图2-109所示。单击工具选项栏中的✔按钮，可结束操作。

图2-106

图2-107

图2-108

图2-109

2.6.6 内容识别比例缩放

内容识别比例是一个十分神奇的缩放功能，它主要影响没有重要可视内容的区域中的像素。例如，缩放图像时，画面中的人物、建筑、动物等不会变形。

打开一个文件，如图2-110所示。执行"编辑>内容识别比例"命令，显示定界框，向左侧拖曳控制点，对图像进行缩放，如图2-111所示。可以看到，人物变形非常严重。单击工具选项栏中的"保护肤色"按钮，Photoshop会自动分析图像，尽量避免包含皮肤颜色的区域变形，如图2-112所示。此时画面虽然变窄了，但人物比例和结构没有明显的变化。按Enter键确认操作。如果要取消变形，可以按Esc键。

图2-110

图2-111

图 2-112

提示：

操控变形和内容识别比例缩放不能处理“背景”图层。如果要处理“背景”图层，可以按住 Alt 键并双击“背景”图层，将其转换为普通图层，再进行操作。

2.7 课堂练习：面孔变变变

01 打开几个素材文件。其中，人像素材是 PSD 格式的分层文件，如图 2-113 和图 2-114 所示。

02 选择矩形选框工具，在卡通画上单击并向右下角拖曳鼠标创建选区，如图 2-115 所示。按 Ctrl+C 快捷键复制选中的图像。切换到另一个文档，按 Ctrl+V 快捷键粘贴，使用移动工具调整图像位置，如图 2-116 所示。

图 2-113

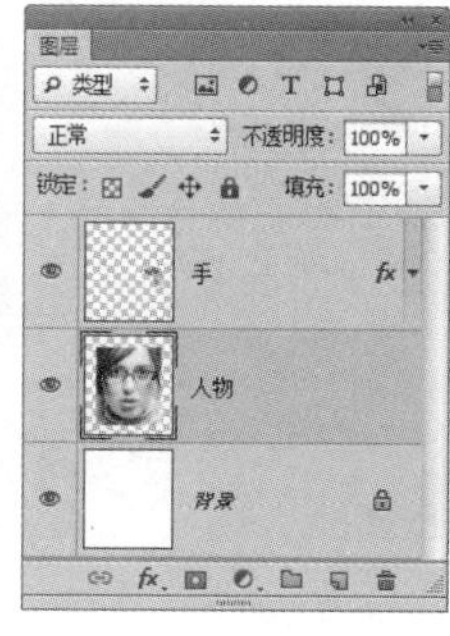

图 2-114

图 2-115

图 2-116

03 单击“图层”面板底部的 fx 按钮打开下拉菜单，选择“投影”命令，设置参数如图 2-117 所示，效果如图 2-118 所示。

04 打开一个线描画素材并使用矩形选框工具选取一处图像，如图 2-119 所示，复制并粘贴到人物文档中，如图 2-120 所示。

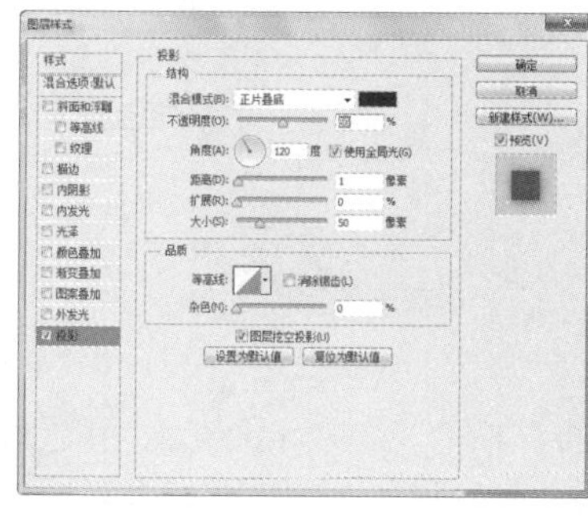
图 2-117

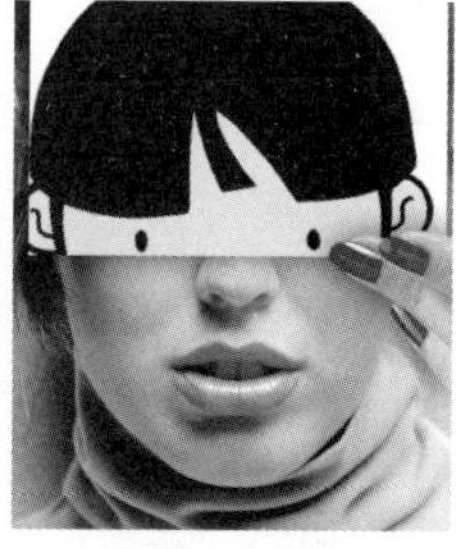
图 2-118

图 2-119

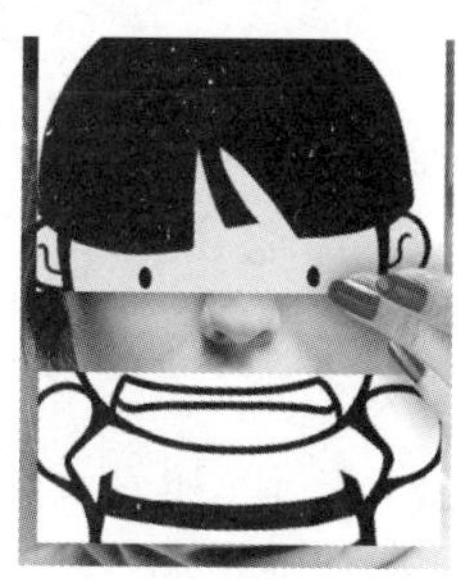
图 2-120

05 按住 Alt 键并拖曳“图层 1”后面的 fx 图标到“图层 2”上，为该图层复制相同的投影效果。按住 Ctrl 键并单击“图层 1”及“手”图层，将其与“图层 2”一同选取，按 Alt+Ctrl+G 快捷键创建剪切蒙版，如图 2-121 和图 2-122 所示。

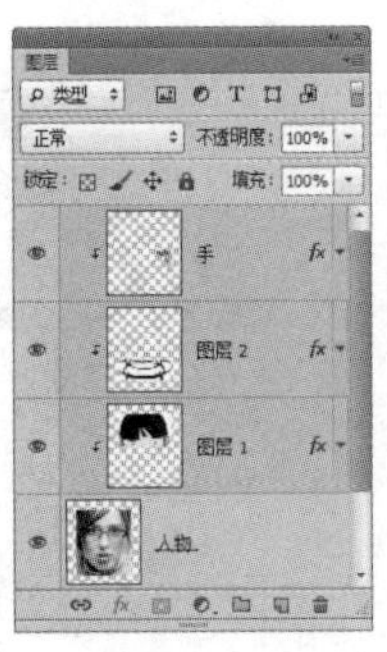
图 2-121

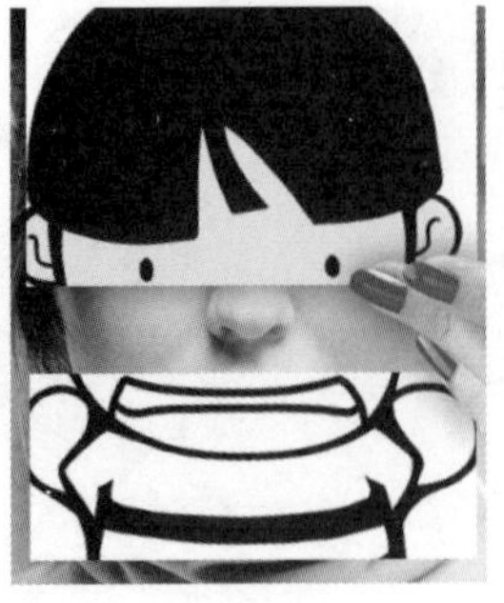
图 2-122

06 另外两个素材文件，如图 2-123 和图 2-124 所示，也采用同样方法选取、复制和粘贴图像，效果如图 2-125 所示。

图 2-123

图 2-124

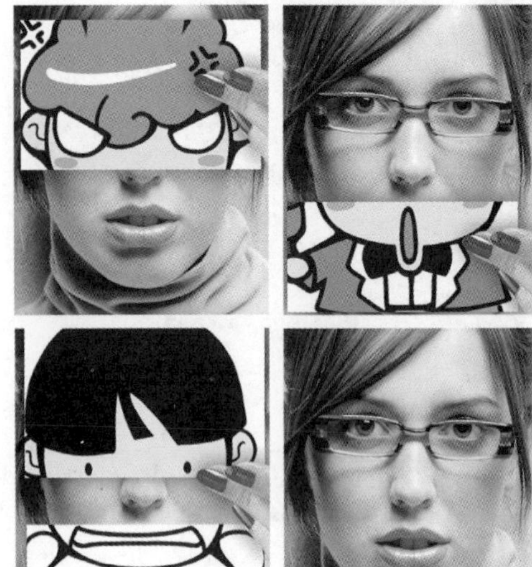
图 2-125

2.8 课堂练习：分形效果

01 按 Ctrl+O 快捷键，打开素材文件，如图 2-126 所示。按 Ctrl+J 快捷键复制“人物”图层，如图 2-127 所示。

图 2-126

图 2-127

02 按 Ctrl+T 快捷键显示定界框，将中心点拖至定界框外，放在人物的右下角，如图 2-128 所示。在工具选项栏中输入旋转角度为 15°，再单击按钮锁定比例，然后输入缩放比例为 95%，如图 2-129 所示。按 Enter 键确认，将图像旋转并等比缩小，如图 2-130 所示。

图 2-128

图 2-129

图 2-130

03 按住 Shift+Ctrl+Alt 快捷键，然后连续按 50 次 T 键，应用相同的变换操作。每按一次 T 键便会复制出一个新的图像，而且每个新图像都较前一个图像旋转 15°、缩小 5%，复制出的图像都位于单独的图层中，如图 2-131 和图 2-132 所示。

04 按住 Shift 键并单击最下面的“人物”图层，将所有人物图层选中，如图 2-133 所示，执行“图层 > 排列 > 反向”命令，让图层反向堆叠，将底层图像调整到上方，如图 2-134 所示。

图 2-131

图 2-132

图 2-133

图 2-134

2.9 课堂练习：光效书页

01 按 Ctrl+N 快捷键，打开“新建”对话框，创建一个 640 像素 ×480 像素、分辨率为 72 像素 / 英寸的 RGB 模式文件，如图 2-135 所示。

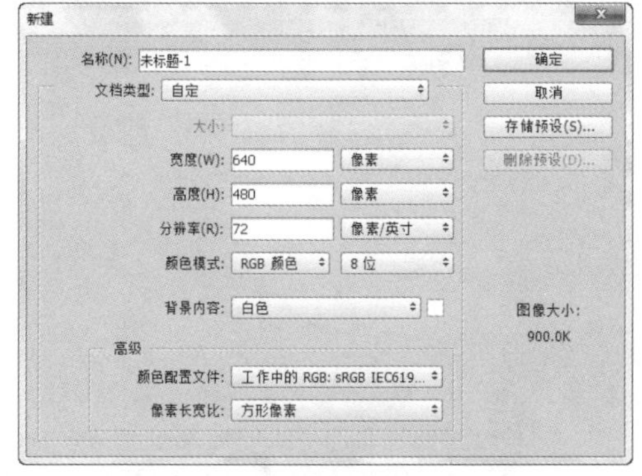

图 2-135

02 选择渐变工具，单击工具选项栏中的渐变色条，打开“渐变编辑器”，调整渐变颜色，如图 2-136 所示。由画面左上角向右下角拖曳鼠标，填充线性渐变，如图 2-137 所示。

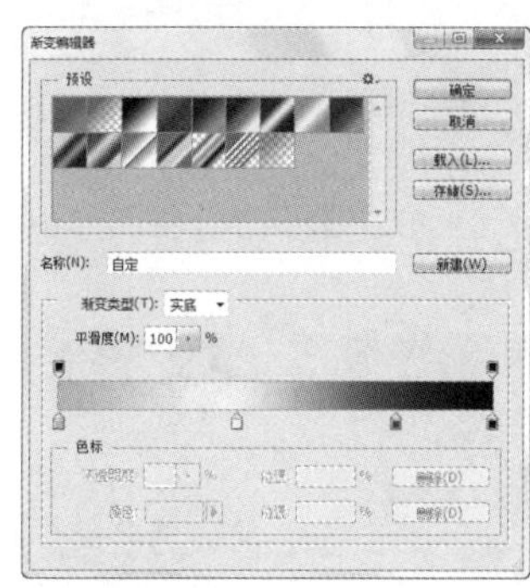

图 2-136

图 2-137

03 单击“图层”面板中的按钮，新建“图层 1”，如图 2-138 所示。使用矩形选框工具创建一个选区，如图 2-139 所示。

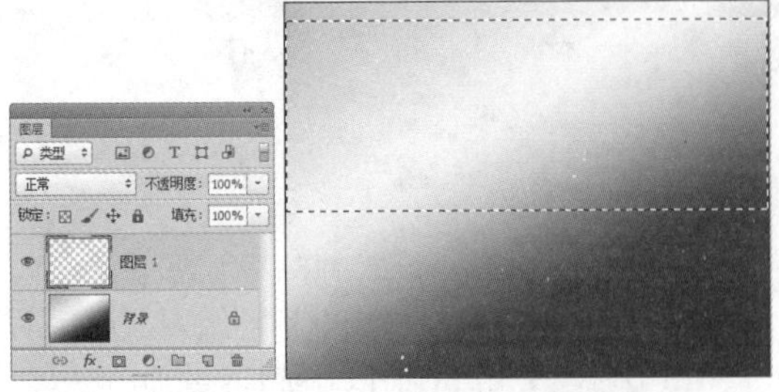

图 2-138　　图 2-139

04 选择渐变工具，打开“渐变编辑器”调整渐变颜色，如图 2-140 所示。单击工具选项栏中的对称渐变按钮，在矩形选区中间向边缘拖曳鼠标，填充对称渐变，按 Ctrl+D 快捷键取消选区，如图 2-141 所示。

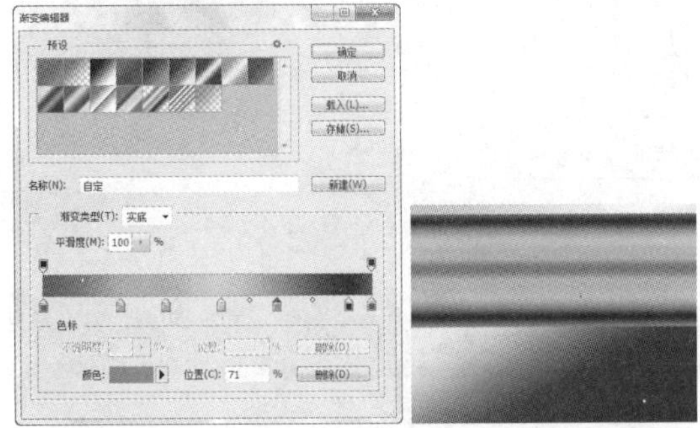

图 2-140　　图 2-141

05 按 Ctrl+J 快捷键复制“图层 1”，生成“图层 1 副本”，单击该图层前面的眼睛图标，将其隐藏，如图 2-142 所示。单击“图层 1”，将其选中，如图 2-143 所示。

图 2-142　　图 2-143

06 执行“编辑 > 变换 > 变形”命令，图像上会显示变形网格。将光标放在网格左上角的控制点上，如图 2-144 所示，向下拖曳控制点，图像的形状也会随之改变，如图 2-145 所示。在进行变形操作时，可以按 Ctrl+– 快捷键缩小视图，以扩展可调整区域。

图 2-144　　图 2-145

提示：

变形网格适合进行比较随意和自由的变形操作，在变形网格中，网格点、方向线的手柄（网格点两侧的线）和网格区域都可以移动。

07 向下拖曳网格右上角的控制点，如图 2-146 所示，然后再将网格右下角的控制点拖到画面右上角的位置，如图 2-147 所示。

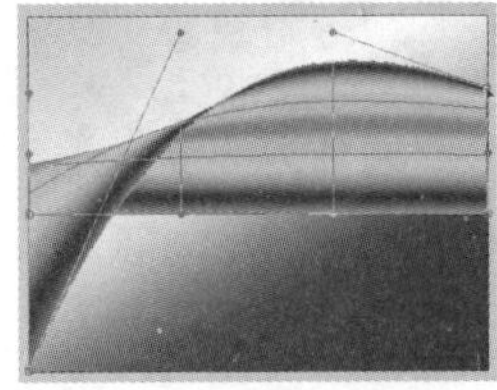

图 2-146　　图 2-147

08 将光标放在方向线的手柄上（光标会变为▶状），如图 2-148 所示，拖曳手柄改变图像形状，如图 2-149 所示。按 Enter 键确认操作，通过变形可以使原来的水平渐变成为卷曲状的渐变，如图 2-150 所示。

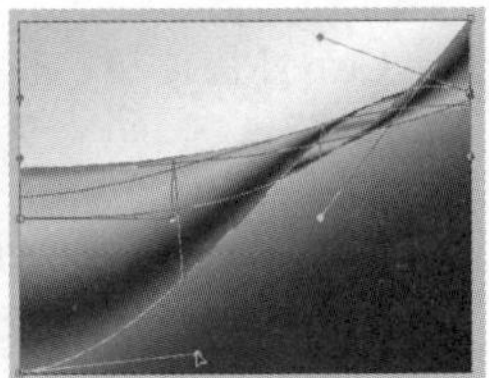

图 2-148　　图 2-149

图 2-150

09 在“图层 1 副本”前面单击，显示该图层（眼睛图标会重新显示出来），如图 2-151 所示。按 Ctrl+T 快捷键显示定界框，然后旋转图像，如图 2-152 所示。

图 2-151

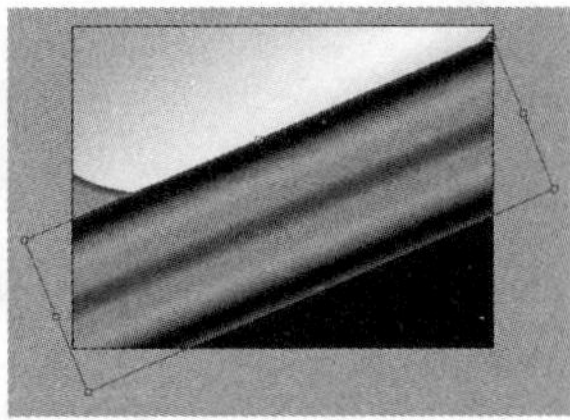

图 2-152

10 右击，在弹出的快捷菜单中选择“变形”命令，拖曳控制点和控制手柄，改变图像的形状，如图2-153所示，按Enter键确认操作。使用移动工具调整这两个图形的位置，如图2-154所示。

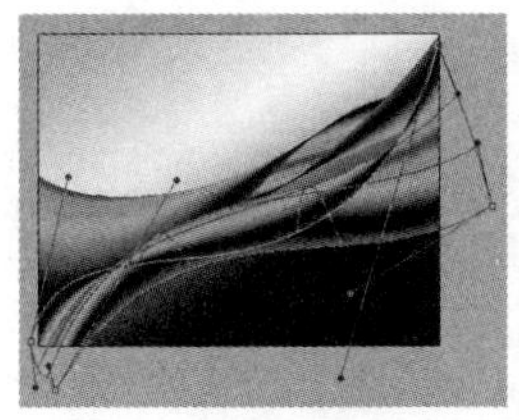

图 2-153

图 2-154

11 按住Ctrl键并单击“图层1”，将其和“图层1 副本”同时选中，如图2-155所示，按Alt+Ctrl+E快捷键进行盖印，这样可以将“图层1”及其副本中的图像合并到一个新的图层中，如图2-156所示。

图 2-155

图 2-156

12 设置该图层的混合模式为“滤色”，不透明度为80%，如图2-157所示。按Ctrl+T快捷键显示定界框，并旋转图像，如图2-158所示。按Enter键确认操作。

图 2-157

图 2-158

13 单击“图层”面板中的按钮，新建一个图层。将前景色设置为白色。选择渐变工具，在工具选项栏中单击菱形渐变按钮，选择“前景到透明”渐变，如图2-159所示。在画面中创建菱形渐变，由于渐变范围非常小，可以生成一个白色的星形，如图2-160所示。再创建多个大小不同的菱形渐变，完成壁纸的制作，如图2-161所示。按Alt+Shift+Ctrl+E快捷键，将所有图层盖印到一个新的图层中。

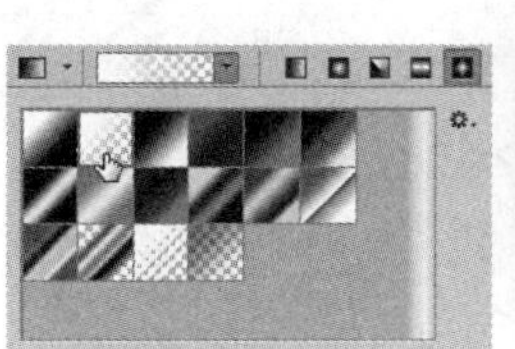

图 2-159

图 2-160

图 2-161

14 打开素材文件，如图2-162所示。用移动工具将前面盖印的图层移动到当前文件中。按Ctrl+T快捷键显示定界框，右击，在弹出的快捷菜单中选择“水平翻转”命令，然后再调整图像的角度和宽度，使其能够适合页面的大小，最好稍大于页面，以便于修改，如图2-163所示。按Enter键确认操作。

图 2-162

图 2-163

15 设置该图层的混合模式为“正片叠底”，如图2-164所示，效果如图2-165所示。

图 2-164

图 2-165

16 使用橡皮擦工具将超出图书页面的部分擦除，

如图 2-166 所示。用同样方法制作右侧的页面，完成后的效果如图 2-167 所示。

图 2-166

图 2-167

2.10 思考与练习

一、问答题

1. 如果想要制作一个在 iPhone 6 Plus 上使用的壁纸，该怎样创建文档？
2. 查看图像时，缩放工具、抓手工具和“导航器”面板分别适合在什么样的情况下使用？
3. 怎样使用“色板”面板加载 PANTONE 颜色？
4. 在什么情况下需要设置颜色？
5. 在 Photoshop 中，哪些对象可以进行变换和变形操作？

二、上机练习

1. 用吸管工具拾取颜色

吸管工具可以拾取颜色。使用该工具在图像上单击，可以将单击点的颜色设置为前景色，如图 2-168 所示；按住 Alt 键单击，可拾取单击点的颜色并将其设置为背景色，如图 2-169 所示。请使用相应素材进行练习。

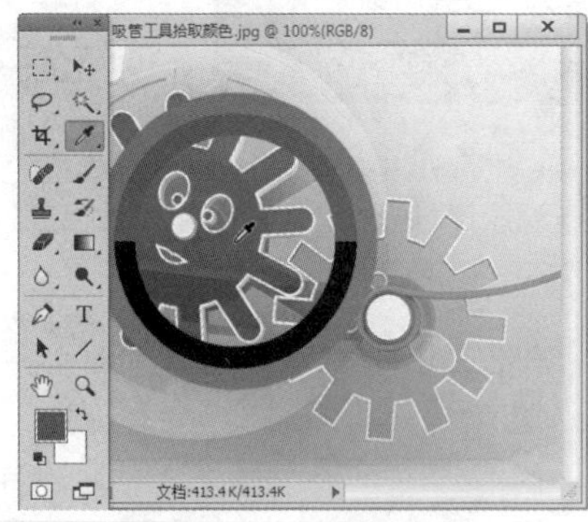

图 2-168

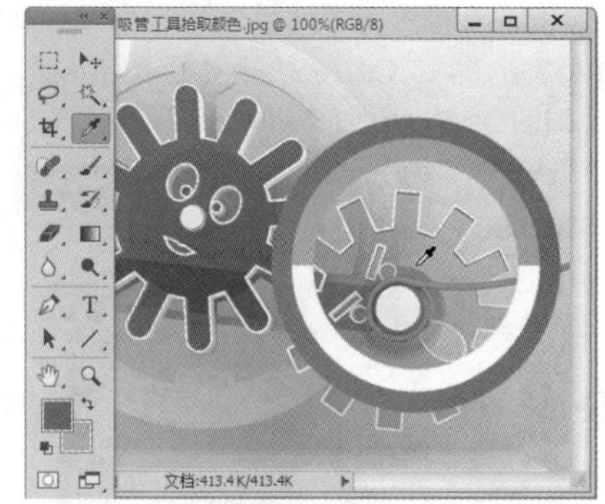

图 2-169

2. 制作雷达扫描图标

这是一个用透明渐变表现雷达图标玻璃质感的练习，如图 2-170 所示。制作该效果时，首先用多边形套索工具创建选区，如图 2-171 所示，然后填充前景 - 透明渐变，如图 2-172 所示。

图 2-170

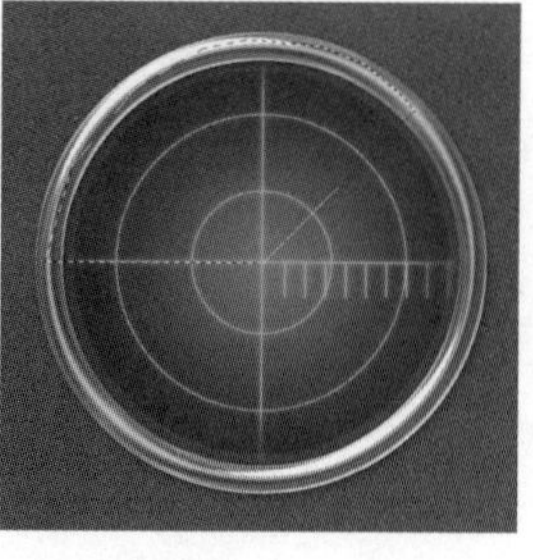

图 2-171

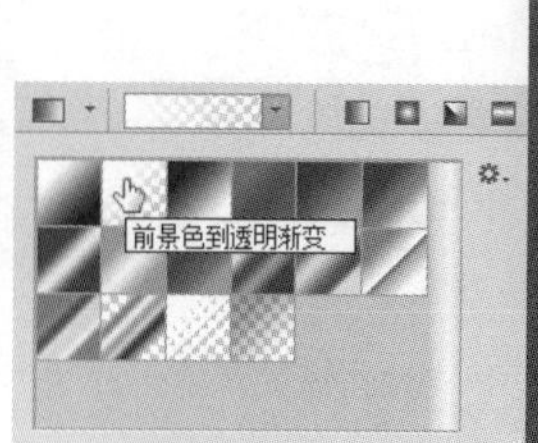

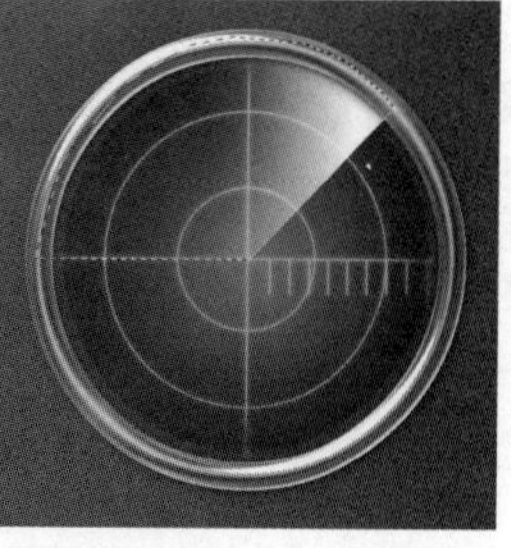

图 2-172

使用椭圆选框工具通过选区运算创建出月牙形选区，如图 2-173 所示，在选区内填充前景 - 透明渐变，如图 2-174 所示。最后，用柔角画笔工具点几个圆点即可。

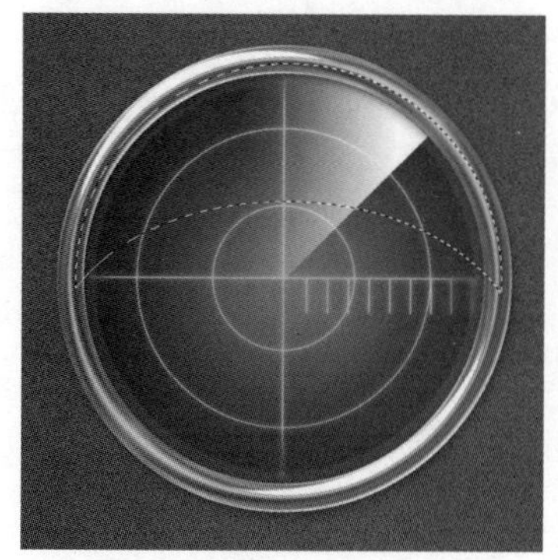

图 2-173

图 2-174

2.11 测试题

1．如果要将当前文件保存为另外的名称和其他格式，或者存储在其他位置，可以使用（　　）命令将文件另存。

A．“文件 > 存储”　　B．“文件 > 存储为”

C．“文件 > 存储为 Web 所用格式”　　D．“文件 > 导出”

2．按（　　）键可以切换前景色和背景色。

A．X　　B．D　　C．F　　D．Tab

3．使用移动工具按住（　　）键并拖曳鼠标可以复制图像。

A．Ctrl　　B．Ctrl+Shift　　C．Shift　　D．Alt

4．下列（　　）是通过“新建”文件对话框无法实现的。

A.Lab 模式　　B. 多通道模式　　C. 索引色模式　　D. 位图模式

5．如果要删除所有打开的图像文件的历史记录，应采用（　　）操作。

A. 单击“历史记录”面板中的按钮　　B. 执行“编辑 > 清除 > 历史记录”命令

C. 没有办法实现

6．怎样才能以 100% 的比例显示图像（　　）。

A. 在图像上按住 Alt 键的同时单击　　B. 执行“视图 > 按屏幕大小缩放”命令

C. 双击抓手工具　　D. 双击缩放工具

7．（　　）命令可以查看溢色。

A．“选择 > 色彩范围”　　B．“图像 > 调整 > 可选颜色”

C．“图像 > 调整 > 替换颜色”　　D．“视图 > 色域警告”

8．当选择渐变工具时，在工具选项栏中提供了 5 种渐变的方式。下面 4 种渐变方式中，（　　）不属于渐变工具中提供的渐变方式。

A. 线性渐变　　B. 角度渐变　　C. 径向渐变　　D. 模糊渐变

第3章

版面编排：图层与选区

图层是Photoshop的核心功能，其重要性体现在它承载了图像，而且许多功能，如图层样式、混合模式、蒙版、滤镜、文字、3D和调色工具等都依托于图层。如果没有图层，所有的图像都将处在同一个平面上，这将给Photoshop使用者带来极大的麻烦，因为每进行一步操作，都要将需要编辑的内容选中。

3.1 版面编排的构成模式

版面编排是指将图形、文字和色彩等各种视觉传达要素进行合理配置和设计。版面设计包含以下几种形式。

- 标准型：一种基本的、简单而规则化的版面编排模式，如图3-1所示。图形在版面中上方，并占据大部分位置，其次是标题，然后是说明文字等。观众的视线以自上而下的顺序流动，符合人们认识思维的逻辑顺序，但视觉冲击力较弱。

路虎S1手机广告

图3-1

- 标题型：标题位于中央或上方，占据版面的醒目位置，往下是图形、说明文字，如图3-2所示。这种编排形式首先让观众对标题引起注意，留下明确的印象，再通过图形获得感性形象认识。

Leroy Merlin（乐华梅兰）广告

图3-2

- 中轴型：一种对称的构成形态，如图3-3所示。版面上的中轴线可以是有形的，也可以是隐形的。这种编排方式具有良好的平衡感，只有改变中轴线两侧各要素的大小、深浅、冷暖对比等，才能呈现出动感。

澳柯玛风扇广告

图3-3

- 斜置型：一种强力而具有动感的构图模式，它使人感到轻松、活泼，如图3-4所示。倾斜时要注意方向和角度，通常从左边向右上方倾斜能增强易见度，且方便阅读。此外，倾斜角度一般保持30°左右为宜。

Silk Soymilk饮料广告

图3-4

● 放射型：将图形元素纳入放射状结构中，使其向版面四周或某一明确方向做放射状发散，有利于统一视觉中心，可以产生强烈的动感和视觉冲击力，如图3-5所示。放射型具有特殊的形式感，但极不稳定，因此，在版面上安排其他构成要素时，应做平衡处理。

Euro Shopper 能量饮品广告

图 3-5

● 圆图型：在几何图形中，圆形是自然的、完整的、具有生命象征意义，在视觉上给人以庄重、完美的感受，并且具有向四周放射的动势。圆图型构成要素的排列顺序与标准型大致相同，这种模式以正圆形或半圆形图片构成版面的视觉中心，如图3-6所示。

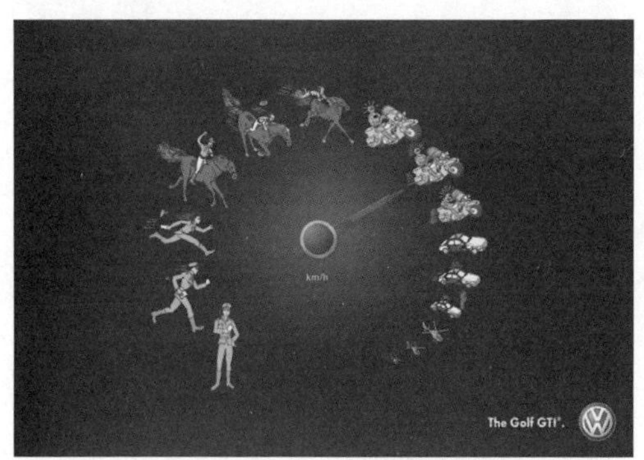

大众 Golf GTI 广告

图 3-6

● 重复型：在版面编排时，将相同或相似的视觉要素多次重复排列，重复的内容可以是图形的，也可以是文字的，但通常在基本形和色彩方面会有一些变化，如图3-7所示。重复构图有利于着重说明某些问题，或是反复强调一个重点，很容易引起人们的兴趣。

Stilgraf 印刷：绝不跑偏

图 3-7

● 指示型：利用画面中的方向线、人物的视线、手指的方向、人物或物体的运动方向、指针和箭头等，指示出画面的主题，如图3-8所示。这种构图具有明显的指向性，简便而直接，是最有效的引导观众视线流动的方法。

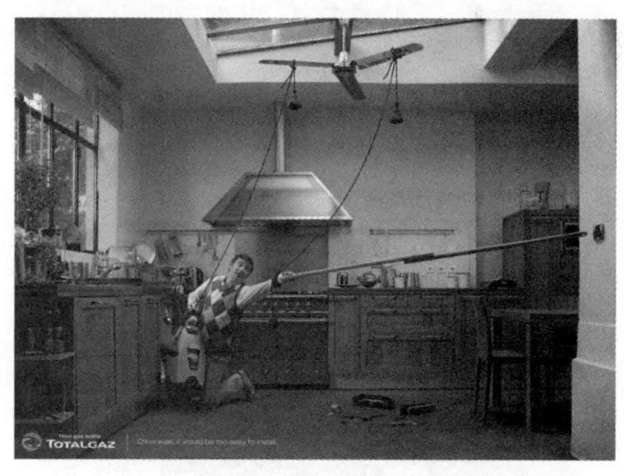

Totalgaz 厨房设备安装广告

图 3-8

● 散点型：将构成要素在版面上做不规则的分散处理，看起来很随意，但其中包含着设计者的精心构置，如图3-9所示。这种构图版面的注意焦点分散，总体上却有一定的统一因素，如统一的色彩主调或图形具有相似性，在变化中寻求统一，在统一中又具有变化。

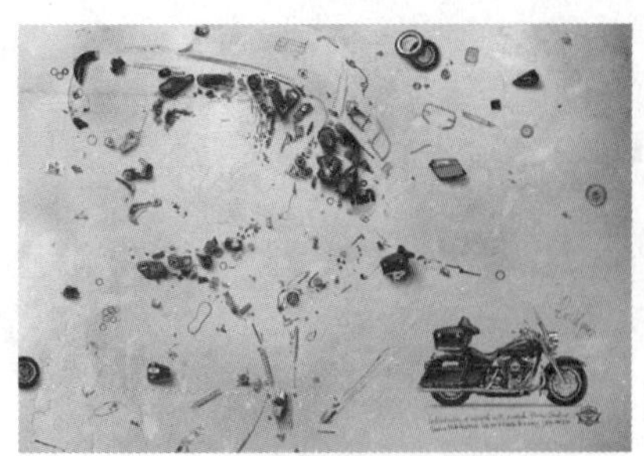

哈雷摩托广告

图 3-9

- 切入型：一种不规则的、富于创造性的构成方式，在编排时刻意将不同角度的图形从版面的上、下、左和右 4 个方向切入版面，而图形又不完全进入版面，如图 3-10 所示。这种编排方式可以突破版面的限制，在视觉心理上扩大版面空间，给人以空畅之感。

Indian Oil Xtramile 广告

图 3-10

- 交叉型：将版面上的两个构成要素重叠之后进行交叉状处理，交叉的形式可以呈十字水平状，也可以根据图形的动态做一定的倾斜，如图 3-11 所示。

七喜广告

图 3-11

- 网格型：将版面划分为若干网格形态，用网格来限定图、文信息的位置，版面充实、规范、理性，如图 3-12 所示。这种划分方式综合了横、纵型分割的优点，使画面更富于变化，且保持条理性。

体操识字卡广告

图 3-12

小知识：错视现象

在视觉活动中，常常会出现看到的对象与客观事物不一致的现象，这种知觉称为“错视”。错视一般分为由图像本身构造而导致的几何学错视、由感觉器官引起的生理错视，以及心理原因导致的认知错视。几何学错视——弗雷泽图形：它是一个产生角度、方向错视的图形，被称作“错视之王”，漩涡状图形实际是同心圆。

生理错视——赫曼方格：如果单看，这是一个个黑色的方块，而整幅图一起看，则会发现方格与方格之间的对角出现了灰色的小点。

认知错视——鸭兔错觉：既可以看作是一只鸭子的头，也可以看作是一只兔子的头。

弗雷泽图形　赫曼方格

鸭兔错觉

3.2 图层

图层是 Photoshop 的核心功能，它承载了图像，而且许多功能，如图层样式、混合模式、蒙版、滤镜、文字、3D 和调色命令等都依托于图层而存在。

3.2.1 图层的原理

图层如同堆叠在一起的透明纸，每一张纸（图层）上都保存着不同的图像，透过上面图层的透明区域可以看到下面层中的图像，如图 3-13 所示。

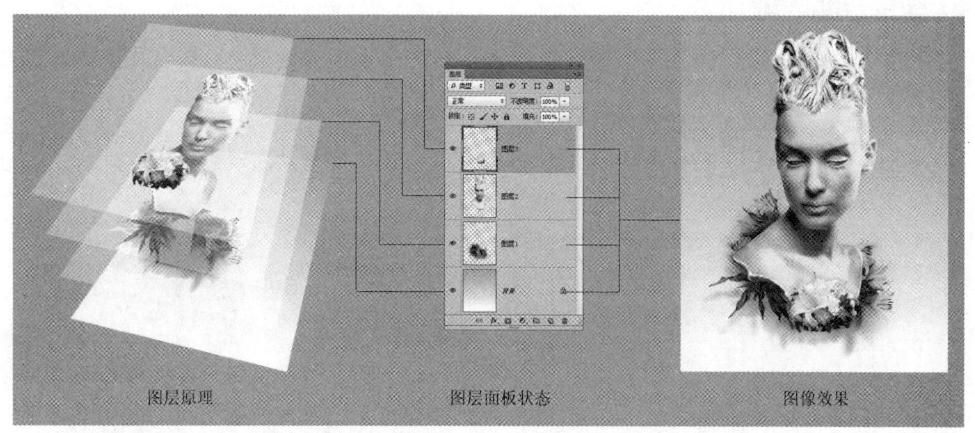

图 3-13

如果没有图层，所有的图像将位于同一平面上，想要处理任何一部分图像内容，都必须先将其选择出来，否则，操作将影响整个图像。有了图层就可以将图像的不同部分放在不同的图层上，这样，就可以单独修改一个图层上的图像，而不会破坏其他图层上的内容，如图 3-14 所示。

单击“图层”面板中的一个图层即可选中该图层，如图 3-15 所示，所选图层称为“当前图层”。一般情况下，所有编辑（如颜色调整、滤镜等）只对当前选中的一个图层有效，但是移动、旋转等变换操作可以同时应用于多个图层。要选中多个图层，可以按住 Ctrl 键并分别单击它们，如图 3-16 所示。

图 3-14

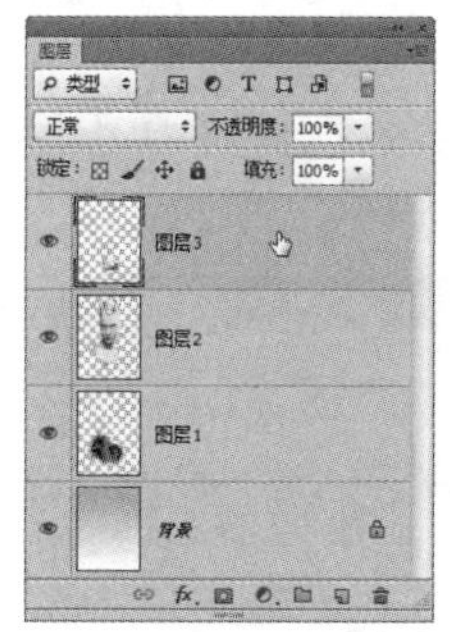

图 3-15

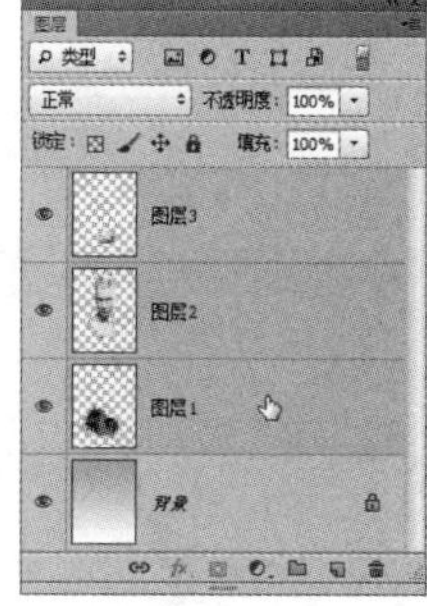

图 3-16

3.2.2 图层面板

“图层”面板用于创建、编辑和管理图层，以及为图层添加样式。面板中列出了文档中包含的所有图层、图层组和图层效果，如图 3-17 所示。

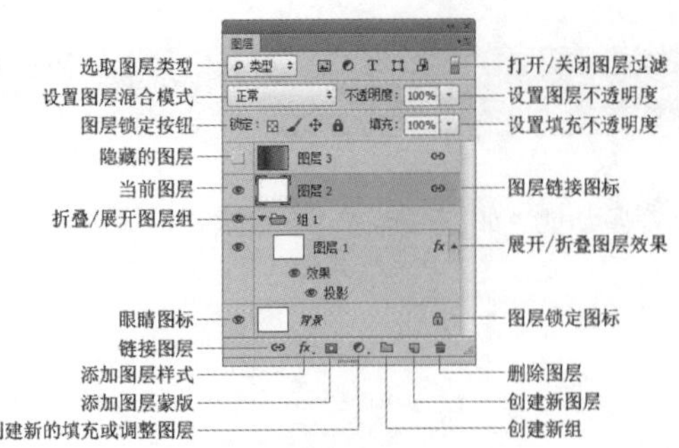

图 3-17

小技巧：调整图层缩览图的大小

在“图层”面板中，图层名称左侧的图像是该图层的缩览图，它显示了图层中包含的图像内容，缩览图中的棋盘格代表了图像的透明区域。在图层缩览图上右击，可在弹出的快捷菜单中调整缩览图的大小。

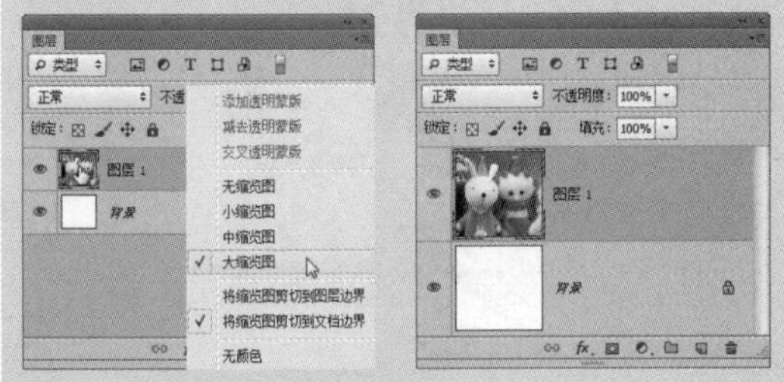

3.2.3 新建与复制图层

单击“图层”面板中的按钮，即可在当前图层上面新建一个图层，新建的图层会自动成为当前图层，如图 3-18 和图 3-19 所示。如果要在当前图层的下面新建图层，可以按住 Ctrl 键并单击按钮。但“背景”图层下面不能创建图层。将一个图层拖至按钮上，即可复制该图层，如图 3-20 所示。按 Ctrl+J 快捷键则可复制当前图层。

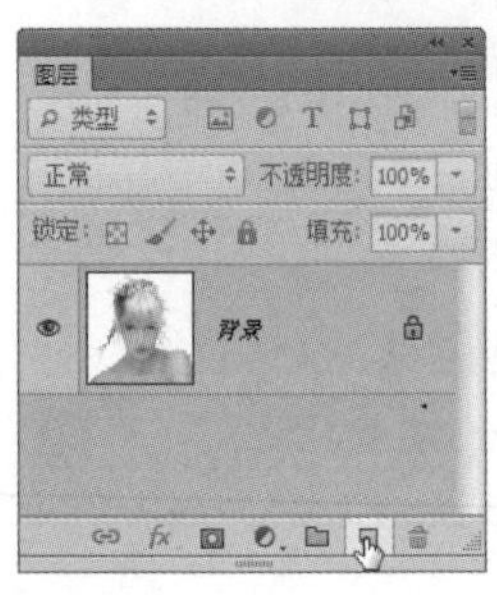

图 3-18　　图 3-19

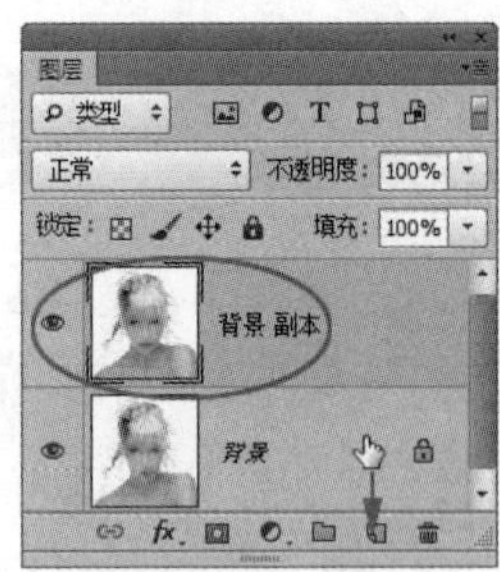

图 3-20

3.2.4 调整图层堆叠顺序

在“图层”面板中，图层是按照创建的先后顺序堆叠排列的。将一个图层拖至另外一个图层的上面或下面，即可调整图层的堆叠顺序。改变图层顺序会影响图像的显示效果，如图 3-21 和图 3-22 所示。

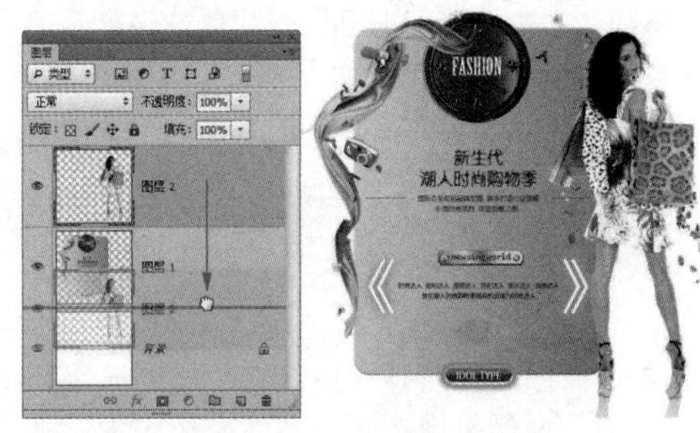

图 3-21

图 3-22

3.2.5 图层的命名与管理

在图层数量较多的文档中，可以为一些重要的图层设置容易识别的名称或可以区别于其他图层的颜色，以便在操作中能够快速找到它们。

- 修改图层的名称：双击图层的名称，如图 3-23 所示，在显示的文本框中可以输入新名称。

● 修改图层的颜色：选择一个图层，右击，在弹出的快捷菜单中可以选择颜色，如图 3-24 所示。

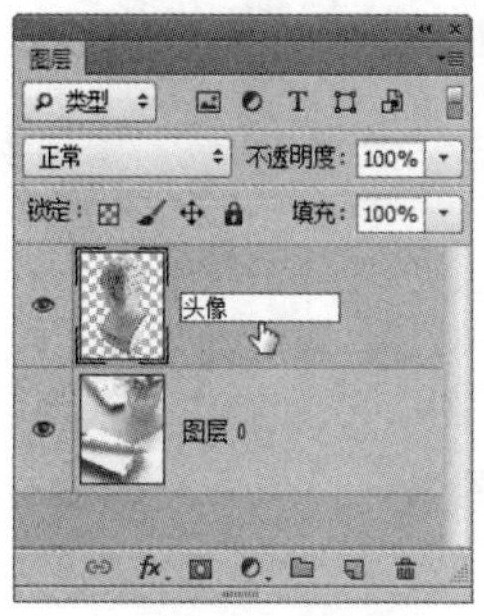

图 3-23

图 3-24

● 编组：如果要将多个图层创建在一个图层组内，可以选中这些图层，如图 3-25 所示，然后执行“图层 > 图层编组”命令或按 Ctrl+G 快捷键，如图 3-26 所示。创建图层组后，可以将图层拖入组中或拖出组外。图层组类似于文件夹，单击▼按钮可关闭（或展开）组。

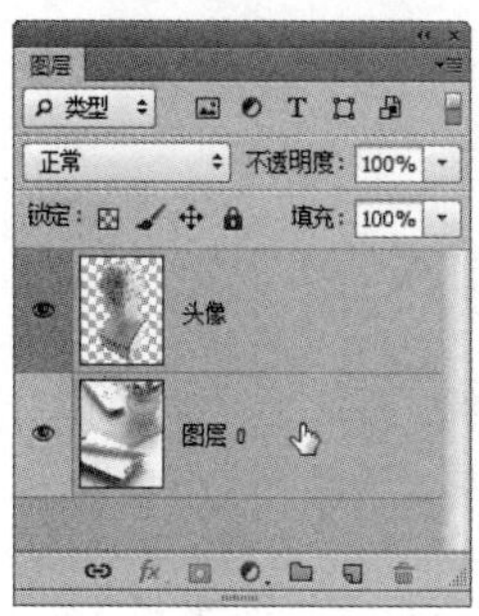

图 3-25

图 3-26

3.2.6 显示与隐藏图层

单击一个图层前面的眼睛图标，可以隐藏该图层，如图 3-27 所示。如果要重新显示该图层，可在原眼睛图标处单击，如图 3-28 所示。

图 3-27

图 3-28

小技巧：快速隐藏多个图层

将光标放在一个图层的眼睛图标上，单击并在眼睛图标列拖曳鼠标，可以快速隐藏（或显示）多个相邻的图层。按住 Alt 键并单击一个图层的眼睛图标，则可将除该图层外的所有图层都隐藏；按住 Alt 键，再次单击同一个眼睛图标，可以恢复其他图层的可见性。

3.2.7 合并与删除图层

图层、图层组和图层样式等都会占用计算机的内存，导致计算机的运行速度变慢。将相同属性的图层合并，或者将没有用的图层删除，从而减小文件的大小。

● 合并图层：如果要将两个或多个图层合并，可以选中它们，然后执行“图层 > 合并图层”命令或按 Ctrl+E 快捷键，如图 3-29 和图 3-30 所示。

图 3-29

图 3-30

● 合并所有可见的图层：执行“图层 > 合并可见图层”命令，或按 Shift+Ctrl+E 快捷键，所有可见图层会合并到“背景”图层中。

● 删除图层：将一个图层拖至“图层”面板底部的按钮上，即可删除该图层。此外，选择一个或多个图层后，按 Delete 键也可将其删除。

3.2.8 锁定图层

“图层”面板中提供了用于保护图层透明区域、图像像素和位置等属性的锁定功能，如图 3-31 所示，可避免因编辑操作失误而对图层内容造成的修改。

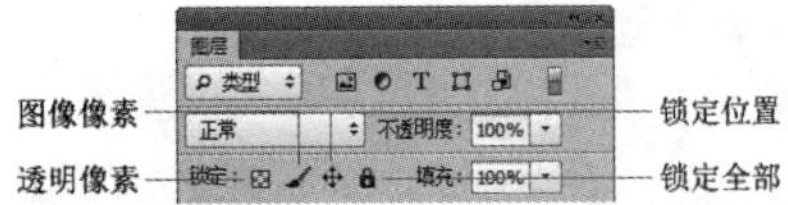

图 3-31

- 锁定透明像素 ：按该按钮后，可以将编辑范围限定在图层的不透明区域，图层的透明区域会受到保护。
- 锁定图像像素 ：按该按钮后，只能对图层进行移动和变换操作，不能在图层上绘画、擦除或应用滤镜。
- 锁定位置 ：按该按钮后，图层不能移动。对于设置了精确位置的图像，锁定位置后就不必担心被意外移动了。
- 锁定全部 ：按该按钮，可以锁定以上全部属性。

提示：

当图层只有部分属性被锁定时，图层名称右侧会出现一个空心的锁状图标 ；当所有属性都被锁定时，锁状图标 是实心的。

3.2.9 图层的不透明度

"图层"面板中有两个控制图层不透明度的选项，即"不透明度"和"填充"。在这两个选项中，100% 代表了完全不透明、50% 为半透明、0% 为完全透明。

"不透明度"选项用来控制图层及图层组中绘制的像素和形状的不透明度，如果对图层应用了图层样式，那么图层样式的不透明度也会受到该值的影响。"填充"选项只影响图层中绘制的像素和形状的不透明度，不会影响图层样式的不透明度。

例如，图 3-32 为添加了"投影"样式的图像，当调整图层不透明度时，会对图像和"投影"效果产生影响，如图 3-33 所示。调整填充不透明度时，仅影响图像，"投影"效果的不透明度不会发生改变，如图 3-34 所示。

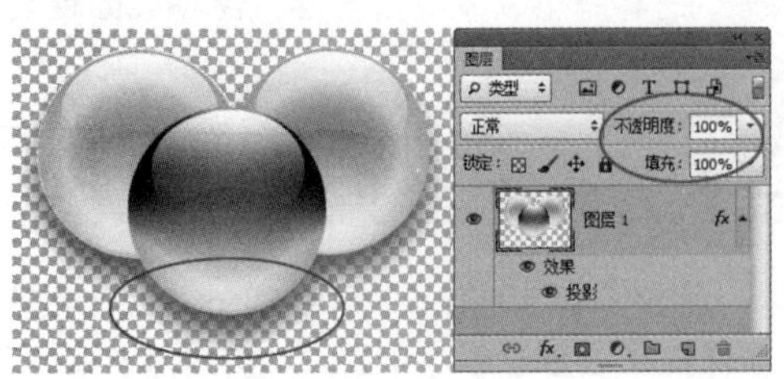

图 3-32

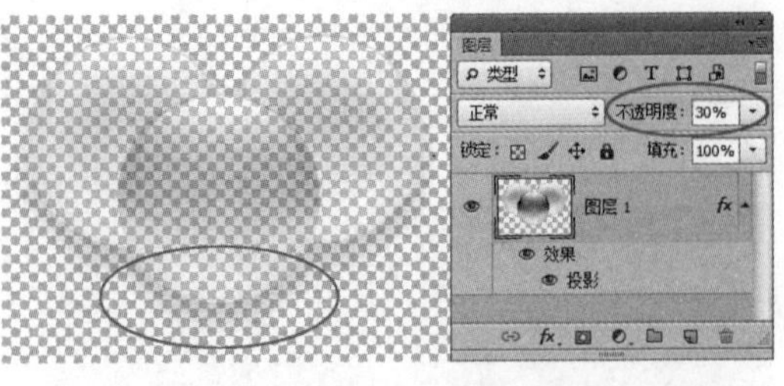

图 3-33

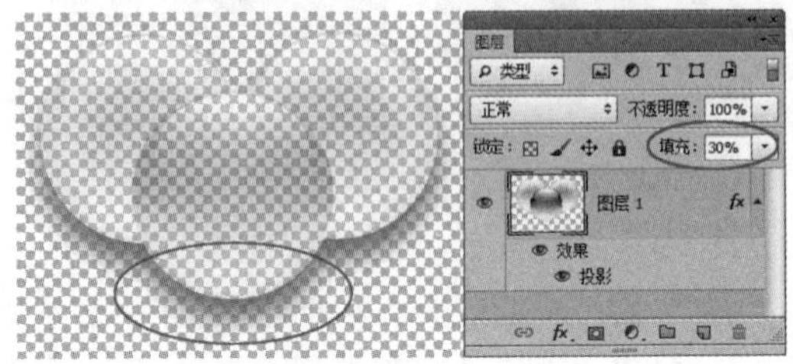

图 3-34

小技巧：快速修改图层的不透明度

使用除画笔、图章、橡皮擦等绘画和修饰之外的其他工具时，按键盘中的数字键即可快速修改图层的不透明度。例如，按 5 键，不透明度会变为 50%；按两次 5 键，不透明度会变为 55%；按 0 键，不透明度会恢复为 100%。

3.2.10 图层的混合模式

混合模式决定了像素的混合方式，可用于合成图像、制作选区和特殊效果。选择一个图层以后，单击"图层"面板顶部的 按钮，在打开的下拉菜单中可以为其选择一种混合模式。图 3-35 为一个 PSD 格式的分层文件，表中显示了为"图层 1"设置不同的混合模式后，它与下面图层中的像素（"背景"图层）是如何混合的。

图 3-35

正常模式		溶解模式	
默认的混合模式，图层的不透明度为 100％时，完全遮盖下面的图像。降低不透明度可以使其与下面的图层混合。		设置为该模式并降低图层的不透明度时，可以使半透明区域上的像素离散，产生点状颗粒。	
变暗模式		正片叠底模式	
比较两个图层，当前图层中较亮的像素会被底层较暗的像素替换，亮度值比底层像素低的像素保持不变。		当前图层中的像素与底层的白色混合时保持不变，与底层的黑色混合时则被其替换，混合结果通常会使图像变暗。	
颜色加深模式		线性加深模式	
通过增加对比度来加强深色区域，底层图像的白色保持不变。		通过减小亮度使像素变暗，它与“正片叠底”模式的效果相似，但可以保留下面图像更多的颜色信息。	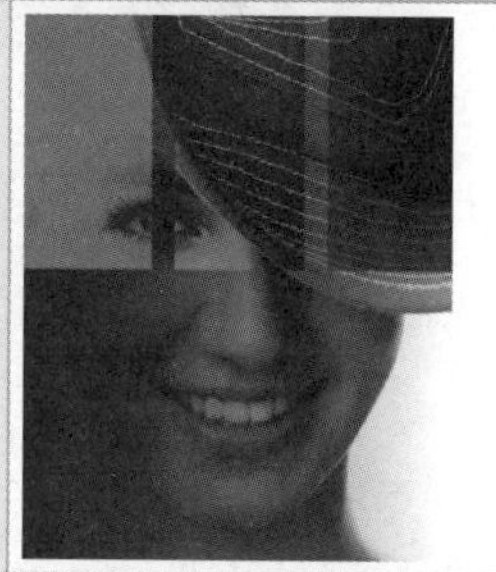
深色模式		变亮模式	
比较两个图层的所有通道值的总和并显示值较小的颜色，不会生成第 3 种颜色。	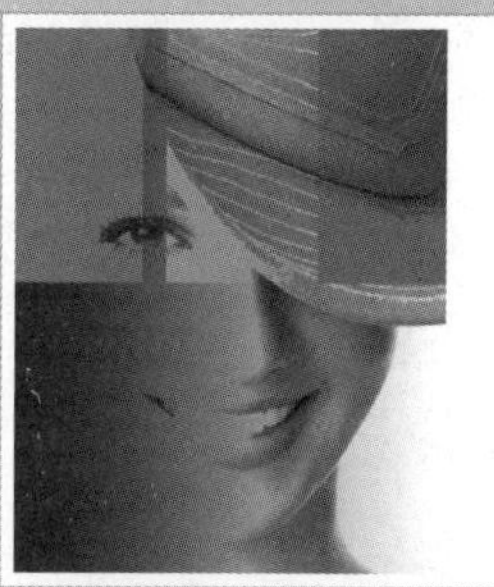	与“变暗”模式的效果相反，当前图层中较亮的像素会替换底层较暗的像素，而较暗的像素则被底层较亮的像素替换。	
滤色模式		颜色减淡模式	
与“正片叠底”模式的效果相反，它可以使图像产生漂白的效果，类似于多个摄影幻灯片在彼此之上投影。		与“颜色加深”模式的效果相反，它通过减小对比度来加亮底层的图像，并使颜色变得更加饱和。	

线性减淡（添加）模式		浅色模式	
与“线性加深”模式的效果相反。通过增加亮度来减淡颜色，亮化效果比“滤色”和“颜色减淡”模式都强烈。		比较两个图层的所有通道值的总和并显示值较大的颜色，不会生成第3种颜色。	
叠加模式		柔光模式	
可增强图像的颜色，并保持底层图像的高光和暗调。		当前图层中的颜色决定了图像变亮还是变暗。如果当前图层中的像素比50%灰色亮，图像变亮；如果像素比50%灰色暗，则图像变暗。产生的效果与发散的聚光灯照在图像上的效果相似。	
强光模式		亮光模式	
当前图层中比50%灰色亮的像素会使图像变亮；比50%灰色暗的像素会使图像变暗。产生的效果与耀眼的聚光灯照在图像上的效果相似。		如果当前图层中的像素比50%灰色亮，可通过减小对比度的方式使图像变亮；如果当前图层中的像素比50%灰色暗，则通过增加对比度的方式使图像变暗。可以使混合后的颜色更饱和。	
线性光模式		点光模式	
如果当前图层中的像素比50%灰色亮，可通过增加亮度使图像变亮；如果当前图层中的像素比50%灰色暗，则通过减小亮度使图像变暗。与“强光”模式相比，“线性光”可以使图像产生更高的对比度。		如果当前图层中的像素比50%灰色亮，可替换暗的像素；如果当前图层中的像素比50%灰色暗，则替换亮的像素，这对于向图像中添加特殊效果非常有用。	
实色混合模式		差值模式	
如果当前图层中的像素比50%灰色亮，会使底层图像变亮；如果当前图层中的像素比50%灰色暗，则会使底层图像变暗。该模式通常会使图像产生色调分离效果。		当前图层的白色区域会使底层图像产生反相效果，而黑色则不会对底层图像产生影响。	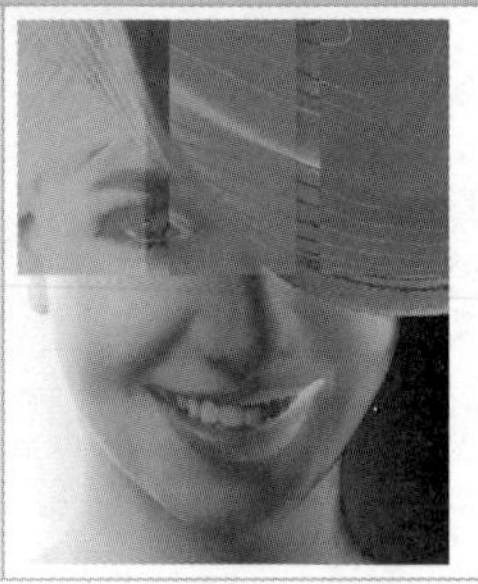

排除模式		减去模式	
与“差值”模式的原理基本相同，但该模式可以创建对比度更低的混合效果。		可以从目标通道中相应的像素上减去源通道中的像素值。	
划分模式		色相模式	
查看每个通道中的颜色信息，从基色中划分混合色。		将当前图层的色相应用到底层图像的亮度和饱和度中，可以改变底层图像的色相，但不会影响其亮度和饱和度。对于黑色、白色和灰色区域，该模式不起作用。	
饱和度模式		颜色模式	
将当前图层的饱和度应用到底层图像的亮度和色相中，可以改变底层图像的饱和度，但不会影响其亮度和色相。		将当前图层的色相与饱和度应用到底层图像中，但保持底层图像的亮度不变。	
明度模式			
将当前图层的亮度应用于底层图像的颜色中，可改变底层图像的亮度，但不会对其色相与饱和度产生影响。			

提示：

在混合模式选项栏中双击，然后滚动鼠标滚轮，即可循环切换各混合模式。

3.3 课堂练习：个性化 iPad 屏幕

01 按 Ctrl+O 快捷键，打开素材文件，这是两个 PSD 格式的分层文件，如图 3-36 和图 3-37 所示。

图 3-36

图 3-37

02 将“小图标”设置为当前操作的文档。选择移动工具，在“图层”面板中单击“卡通 4”，选择该图层，如图 3-38 所示。将光标放在画面中，单击并按住鼠标按键，向另一个文档的窗口拖曳，如图 3-39 所示。在标题栏停留片刻，待切换到该文档后，再将光标拖至画面中，如图 3-40 所示。释放鼠标，即可将卡通形象拖至 iPad 文档中，如图 3-41 所示。

图 3-38

图 3-39

图 3-40

图 3-41

提示：

将卡通图标拖入 iPad 文档后，可以使用移动工具在画面中单击并拖曳，移动图像的位置。

03 按 Ctrl+Tab 快捷键，切换到图标文档，选择“卡通 3”图层，如图 3-42 所示，采用同样方法，将其也拖至 iPad 文档中，与前一个图标并列摆放，如图 3-43 所示。

04 执行“视图 > 显示 > 智能参考线”命令，启用智能参考线。切换到图标文档，分别选择“卡通 2”和“卡通 1”图层，将它们拖至 iPad 文档。由于启用了智能参考线，拖曳图像时，画面中会出现紫色的参考线，基于它就可以整齐地排列图像了，如图 3-44 和图 3-45 所示。

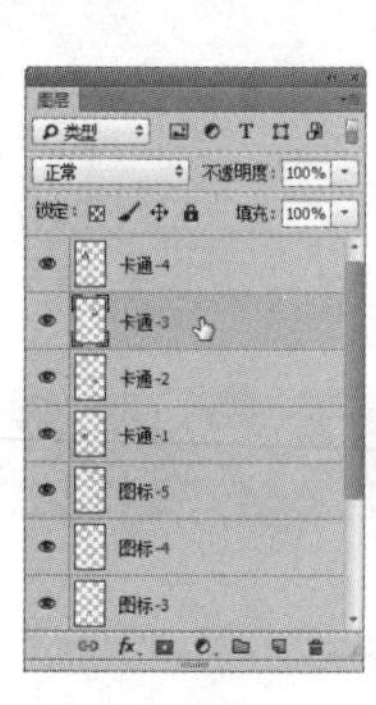

图 3-42

图 3-43

图 3-44

图 3-45

05 在“图层”面板中，按住 Ctrl 键并单击这几个图标层，将它们同时选中，如图 3-46 所示，执行“图层 > 图层编组”命令，或按 Ctrl+G 快捷键，将它们编入一个图层组中，如图 3-47 所示。

06 在图层组的名称上双击，然后在显示的文本框中修改组的名称，如图 3-48 所示。如果要观察或使用组中的图层，可以单击组前面的▶按钮，将组展开，如图 3-49 所示。再次单击则关闭组。

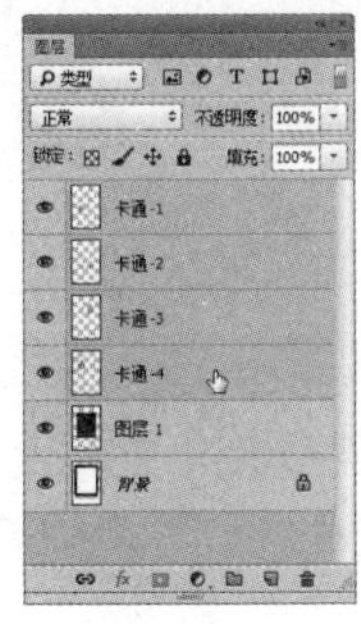
图 3-46

图 3-47

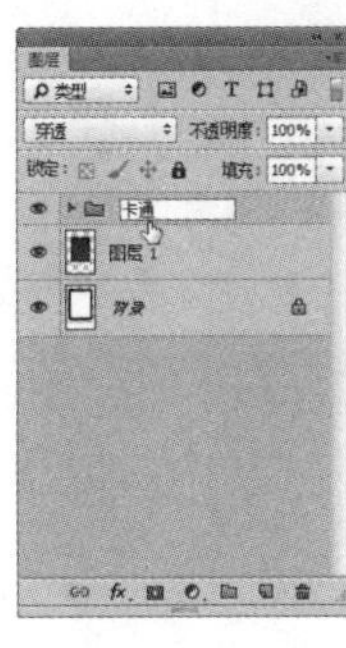
图 3-48

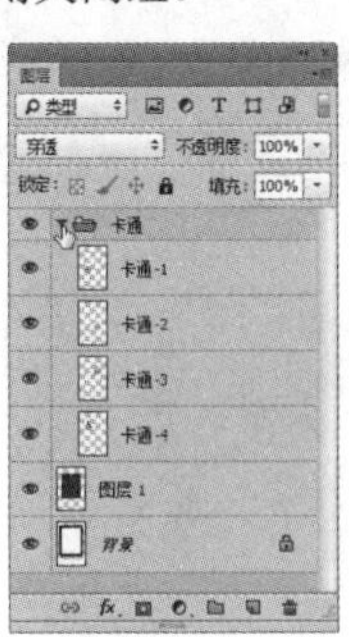
图 3-49

提示：

图层组像是一个文件夹，将图层编入组之后，可以减少层占用“图层”面板的空间。当图层数量较多时，用图层组来管理层是非常有效的。

07 采用前面的方法，将图标文档中的其他图标拖至 iPad 文档，并编入一个组中，如图 3-50 和图 3-51 所示。

08 按住 Ctrl 键并单击这几个图标图层，将它们同时选中，如图 3-52 所示。确认当前使用的是移动工具▶✥，分别单击工具选项栏中的垂直居中对齐按钮、水平居中分布按钮，让选中的这几个图层对齐并均匀分布排列，如图 3-53 所示。

图 3-50

图 3-51

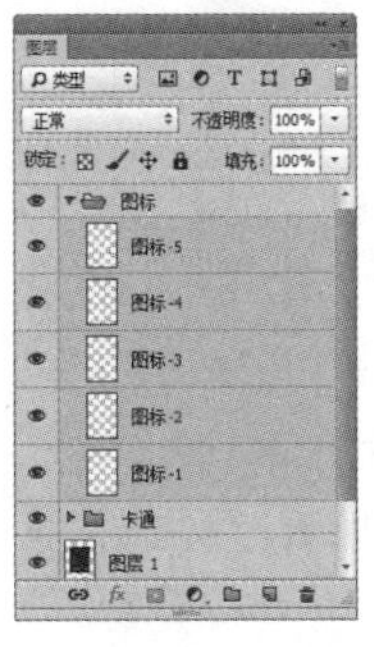
图 3-52

图 3-53

3.4 课堂练习：唯美纹身

01 打开两个素材文件，人物位于单独的图层中，如图 3-54 和图 3-55 所示。荷花素材也已经抠去背景，如图 3-56 和图 3-57 所示。

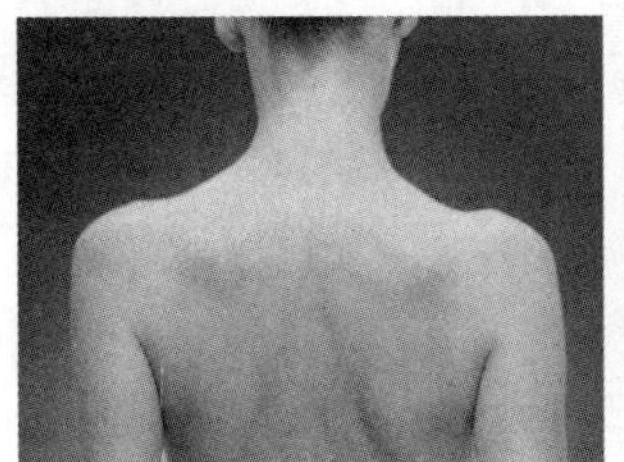
图 3-54

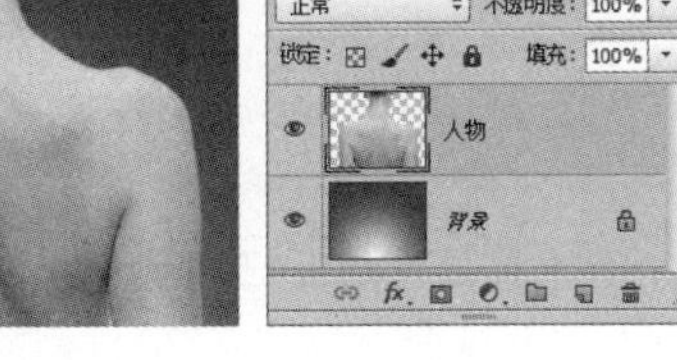
图 3-55

图 3-56

图 3-57

02 使用移动工具将荷花拖入人物文档中。按 Ctrl+T 快捷键显示定界框，按住 Shift 键锁定图像比例，旋转并缩放，如图 3-58 所示。按 Enter 键确认。按 Ctrl+J 快捷键复制图层，如图 3-59 所示。按 Ctrl+T 快捷键显示定界框，按住 Shift 键锁定图像比例，自由变换复制后的图像效果如图 3-60 所示。按 Enter 键确认变换。

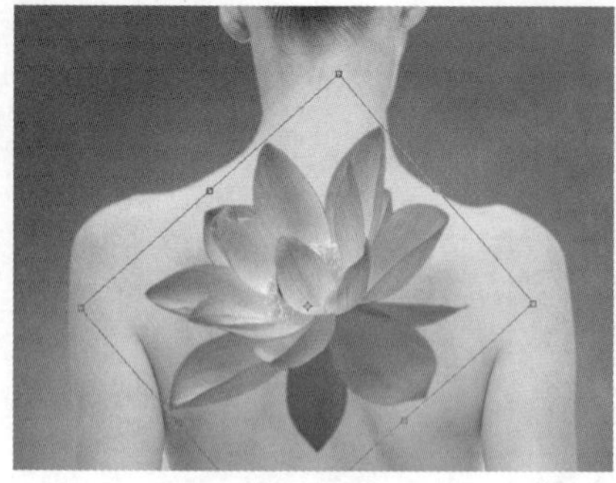

图 3-58

图 3-59

图 3-60

03 按住 Alt+Shift+Ctrl 键，同时连续按 T 键重复变换操作，每按一次便会复制与变换出一个新的图层，直到复制的图像组成一个优美的弧形，如图 3-61 所示，这时的“图层”面板状态如图 3-62 所示。

04 按住 Shift 键并选择荷花的所有副本图层（除“荷花”图层外），按 Ctrl+E 快捷键合并。隐藏“荷花”图层，按 Ctrl+[快捷键向下移动位置，如图 3-63 所示。按 Ctrl+J 快捷键复制当前图层，如图 3-64 所示。

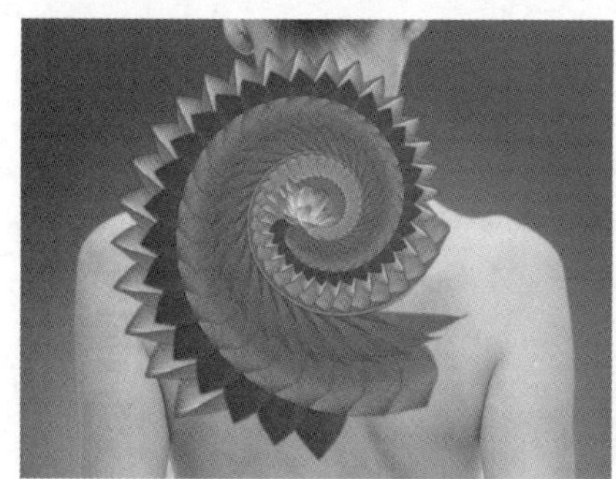

图 3-61

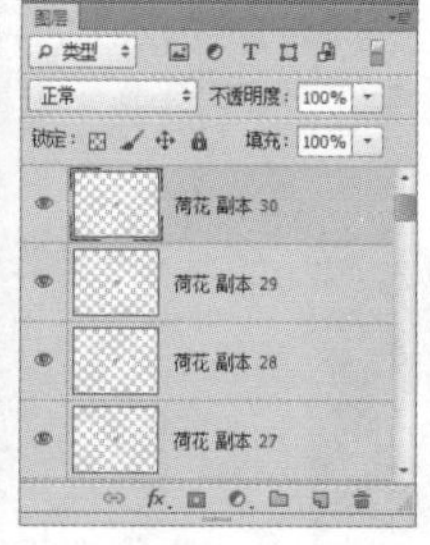

图 3-62

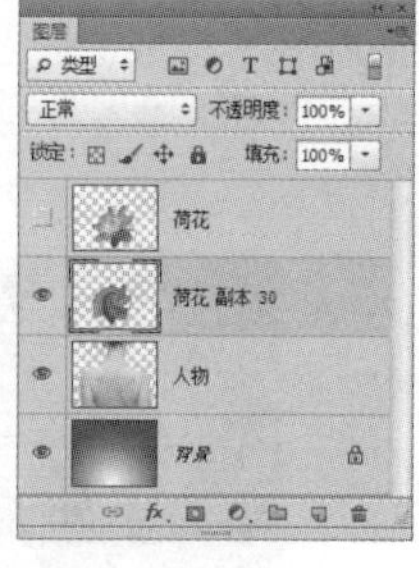

图 3-63

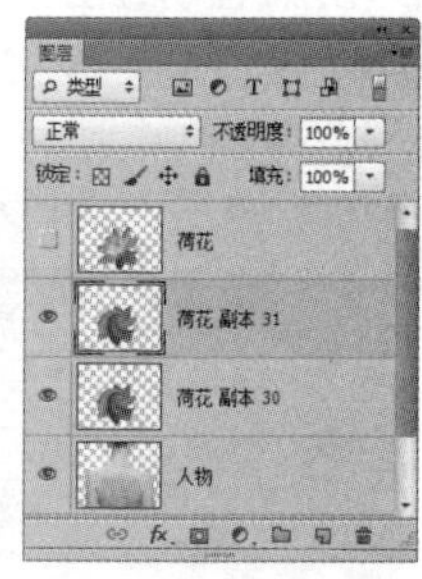

图 3-64

05 按 Ctrl+T 快捷键显示定界框，右击选择“水平翻转”命令，再按住 Shift 键锁定方向，向右移动图形，使两个图形对称分布，如图 3-65 所示，按 Enter 键确认变换。按 Ctrl+E 快捷键向下合并图层，按 Ctrl+T 快捷键显示定界框，自由变换图形，并放置到适当的位置，如图 3-66 所示。

06 按 Ctrl+J 快捷键复制图层，修改图层的混合模式为“柔光”，将该图层与下一图层混合，使图形变亮，如图 3-67 所示。按 Ctrl+E 快捷键向下合并图层。按 Ctrl+J 快捷键复制对称图形，按 Ctrl+T 快捷键自由变换图形，将图形垂直翻转再等比例缩小，按 Ctrl+E 快捷键向下合并，如图 3-68 所示。

图 3-65

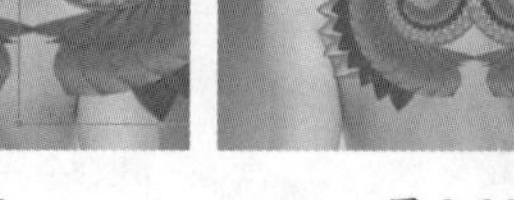

图 3-66

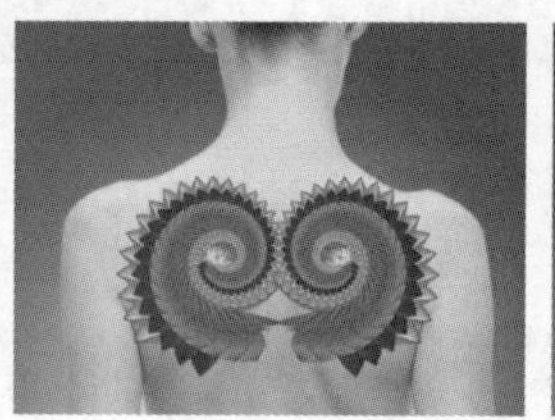

图 3-67

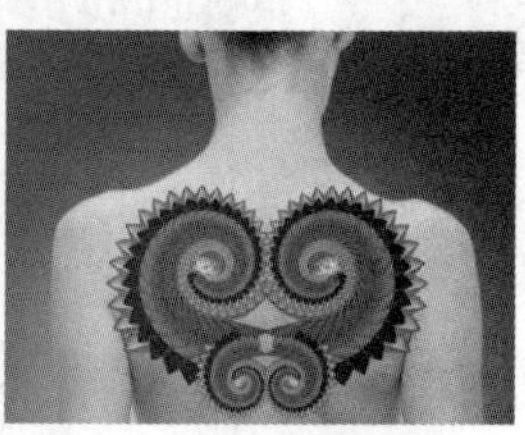

图 3-68

07 选择并显示“荷花”图层。按 Ctrl+T 快捷键显示定界框，经过自由变换后，适当调整其位置，如图 3-69 所示，按 Ctrl+J 快捷键复制图层，并修改复制图层的混合模式和不透明度，使荷花变亮，如图 3-70 和图 3-71 所示。同样按 Ctrl+E 快捷键向下合并图层，将荷花与其副本图层合并。

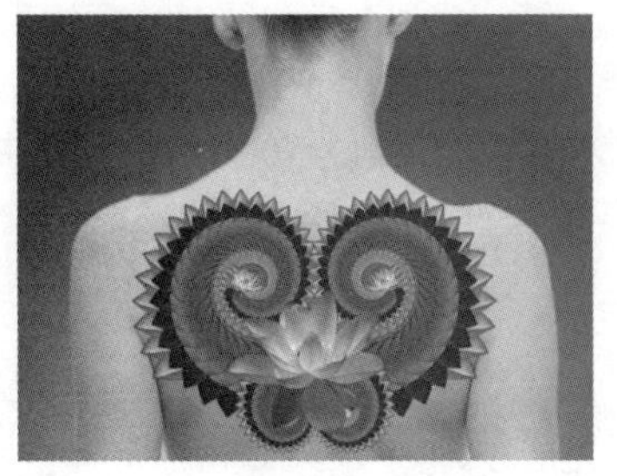
图 3-69

图 3-70

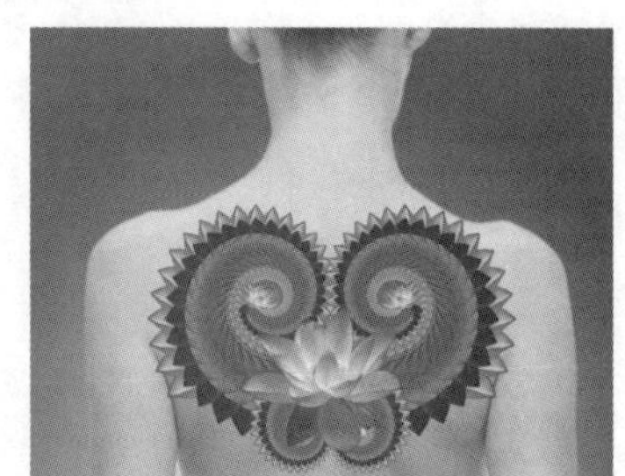
图 3-71

08 双击当前图层打开“图层样式”对话框，设置参数如图 3-72 所示，效果如图 3-73 所示。按 Ctrl+E 快捷键将由荷花组成的图案合并到一个图层中，重命名为“荷花”，如图 3-74 所示。

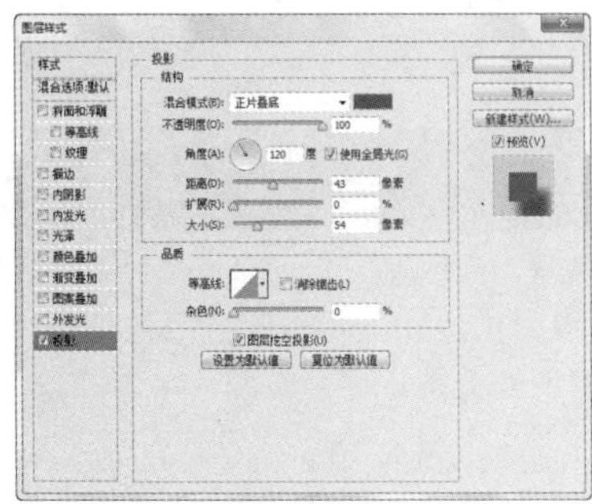
图 3-72

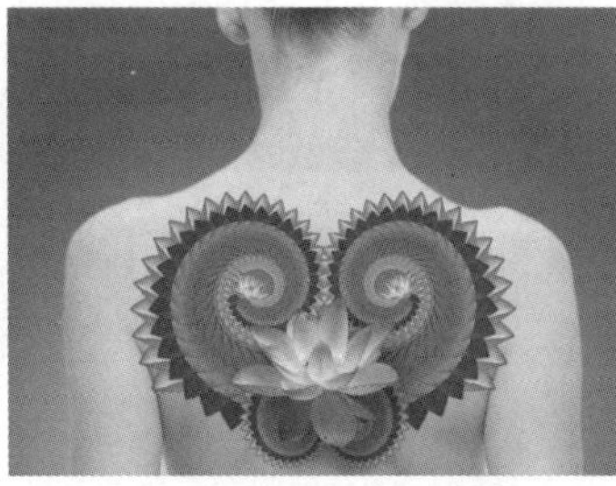
图 3-73

图 3-74

09 按 Ctrl+U 快捷键打开“色相 / 饱和度”对话框，调整荷花的颜色，如图 3-75 和图 3-76 所示。

10 打开一个素材文件，如图 3-77 所示，将其拖入当前文档中，并适当调整它在画面中的位置。按 Ctrl+E 快捷键将其与“荷花”图层合并。调整该图层的混合模式为“正片叠底”，将图案与人体混合，制作为彩绘效果，如图 3-78 所示。

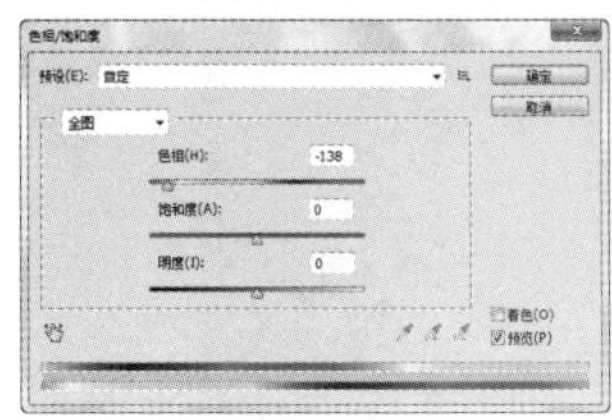
图 3-75

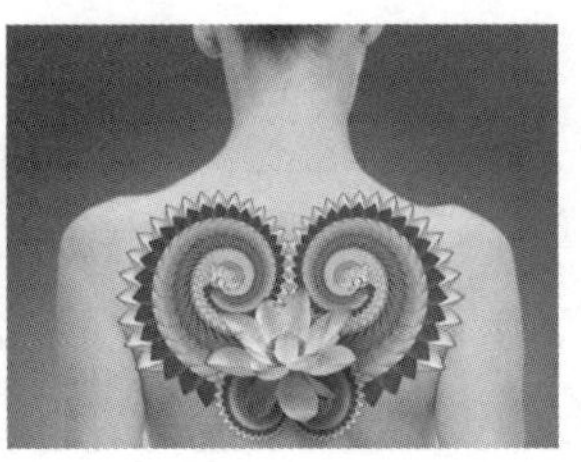
图 3-76

图 3-77

图 3-78

11 双击该图层打开“图层样式”对话框，按住 Alt 键并分别拖曳“混合颜色带”中“本图层”和“下一图层”的白色滑块，将白色滑块分开，并向左移动鼠标，如图 3-79 所示，分别将本图层的白色像素隐藏，将下一图层的白色像素显示出来，使彩绘效果更加真实，如图 3-80 所示。

12 单击“图层”面板中的 按钮，添加图层蒙版，使用柔角画笔工具 在超出人物背部的图案上涂抹，将它们隐藏，如图 3-81 和图 3-82 所示。

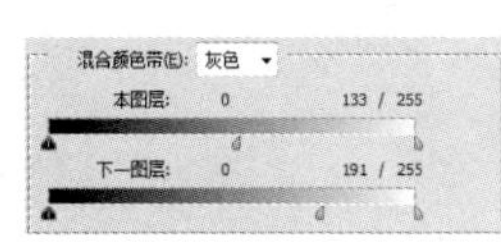

图 3-79

图 3-80

图 3-81

图 3-82

13 双击“人物”图层，打开“图层样式”对话框，选择“内发光”选项，设置参数如图 3-83 所示，表现出环境光的效果，如图 3-84 所示。

14 打开一个素材文件，如图 3-85 所示。这是一个 PSD 分层文件，使用移动工具将花纹拖入人物文档中，设置“花纹”图层的混合模式为“叠加”，使其与整个图像混合，如图 3-86 所示。

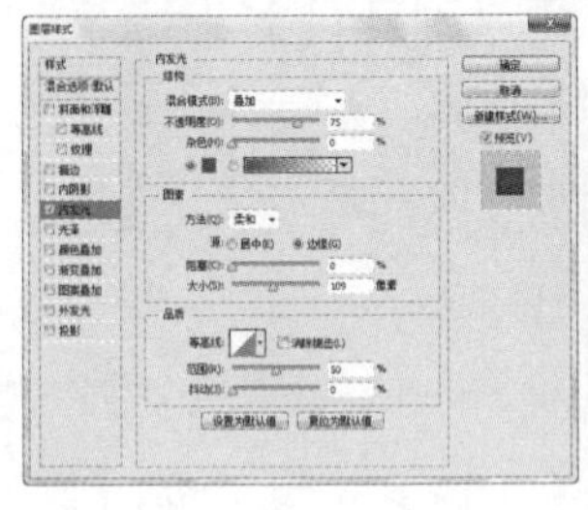

图 3-83

图 3-84

图 3-85

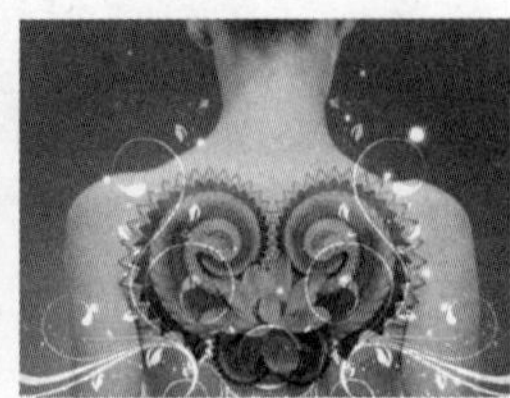

图 3-86

3.5 创建选区

选区是指使用选择工具和命令创建的可以限定操作范围的区域。创建和编辑选区是图像处理的首要工作，无论是图像修复、色彩调整还是影像合成，都与选区有着密切的关系。

3.5.1 认识选区

在 Photoshop 中处理局部图像时，首先要指定编辑操作的有效区域，即创建选区。例如，图 3-87 为一张荷花照片，如果要修改荷花的颜色，就要先通过选区将荷花选中，再调整颜色。选区可以将编辑限定在一定的区域内，这样就可以处理局部图像而不会影响其他内容了，如图 3-88 所示。如果没有创建选区，则会修改整张照片的颜色，如图 3-89 所示。

图 3-87

图 3-88

图 3-89

选区还有一种用途，就是可以分离图像。例如，如果要为换荷花换一个背景，就要用选区将它选中，再将其从背景中分离出来，然后置入新的背景，如图 3-90 所示。

在 Photoshop 中可以创建两种选区，普通选区和羽化选区。普通选区具有明确的边界，使用它选出的图像边界清晰、准确，如图 3-91 所示；使用羽化选区选出的图像，其边界会呈现逐渐透明的效果，如图 3-92 所示。

图 3-90

图 3-91

图 3-92

3.5.2 创建几何形状选区

矩形选框工具可以创建矩形和正方形选区，椭圆选框工具可以创建椭圆形和圆形选区。这两个工具的使用方法都很简单，只需在画面中单击并拖出一个矩形或椭圆选框，然后释放鼠标即可，如图 3-93 和图 3-94 所示。

图 3-93

图 3-94

提示：

在创建选区时，如果按住 Shift 键操作，可创建正方形或圆形选区；按住 Alt 键操作，将以鼠标的单击点为中心向外创建选区；按住 Shift+Alt 键，可由单击点为中心向外创建正方形或圆形选区。此外，在创建选区的过程中按住空格键并拖曳鼠标，可以移动选区。

3.5.3 创建非几何形状选区

多边形套索工具可以创建由直线连接成的选区，如图 3-95 所示。选择该工具后，在画面中单击，然后移动鼠标至下一点上单击，连续执行以上操作，最后在起点处单击可封闭选区，也可以在任意的位置双击，Photoshop 会在该点与起点处连接直线来封闭选区。

套索工具可以创建比较随意的选区，如图 3-96 所示。使用该工具时，需要在画面中单击并拖曳鼠标徒手绘制选区，在到达起点时释放鼠标，即可创建一个封闭的选区，如果在中途释放鼠标，则会用一条直线来封闭选区。

图 3-95

图 3-96

提示：

使用套索工具时，按住 Alt 键，然后释放鼠标左键，在其他区域单击可切换为多边形套索工具绘制直线。如果要恢复为套索工具，可以单击并拖曳鼠标，然后释放 Alt 键并继续拖曳鼠标。使用多边形套索工具时，按住 Alt 键，单击并拖曳鼠标可切换为套索工具；释放 Alt 键，然后在其他区域单击可恢复为多边形套索工具。

3.5.4 磁性套索工具

磁性套索工具具有自动识别对象边缘的功能，使用它可以快速选取边缘复杂，但与背景对比明显的图像。

选择该工具后，在需要选取的图像边缘单击，然后释放鼠标按键沿着对象的边缘移动鼠标，Photoshop 会在光标经过处放置一定数量的锚点来连接选区，如图 3-97 所示。如果想要在某一位置放置一个锚点，可以在该处单击，如果锚点的位置不准确，则可以按 Delete 键将其删除，连续按 Delete 键可依次删除前面的锚点，如图 3-98 所示。如果要封闭选区，只需将光标移至起点处单击即可，如图 3-99 所示。

图 3-97

图 3-98

图 3-99

3.5.5 魔棒工具

魔棒工具能够基于图像中色调的差异建立选区，其使用方法非常简单，只需在图像上单击，Photoshop 就会选择与单击点色调相似的像素。例如，图 3-100 ～图 3-102 是使用魔棒工具选择背景，然后反转选区选择的苹果。

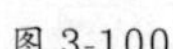

图 3-100

图 3-101

图 3-102

在魔棒工具的工具选项栏中，有控制工具性能的重要选项，如图 3-103 所示。

取样大小：取样点　容差：32　☑消除锯齿　☑连续　☐对所有图层取样

图 3-103

- 取样大小：用来设置魔棒工具的取样范围。选择“取样点”，可对光标所在位置的像素进行取样；选择“3×3 平均”，可对光标所在位置 9 个像素区域内的平均颜色进行取样。其他选项以此类推。
- 容差：用来设置选取的颜色范围，该值越高，包含的颜色范围越广。图 3-104 为设置容差值为 32 时创建的选区，此时可选择到比单击点高 32 个灰度级别和低 32 个灰度级别的像素，图 3-105 为设置该值为 10 时创建的选区。
- 消除锯齿：选择该选项后，可在选区边缘 1 个像素宽的范围内添加与周围图像相近的颜色，使边缘颜色的过渡柔和，从而消除锯齿。图 3-106 为在未消除锯齿的状态下选取出来的图像（局部的放大效果），图 3-107 为消除锯齿后选出的图像。

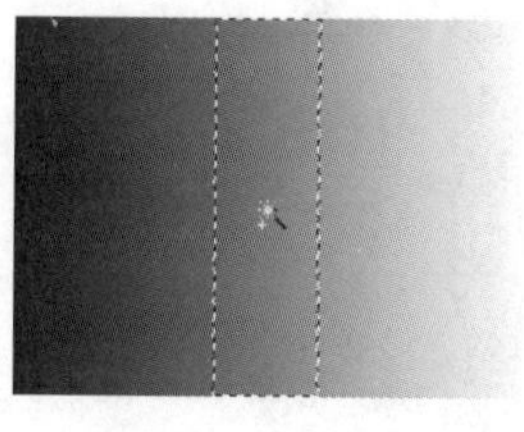

图 3-104

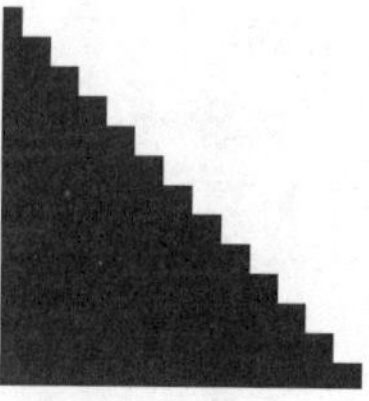

图 3-105

图 3-106

图 3-107

- 连续：选中该选项后，仅选择颜色连接的区域，如图 3-108 所示。取消选中该选项，则可以选择与单击点颜色相近的所有区域，包括没有连接的区域，如图 3-109 所示。

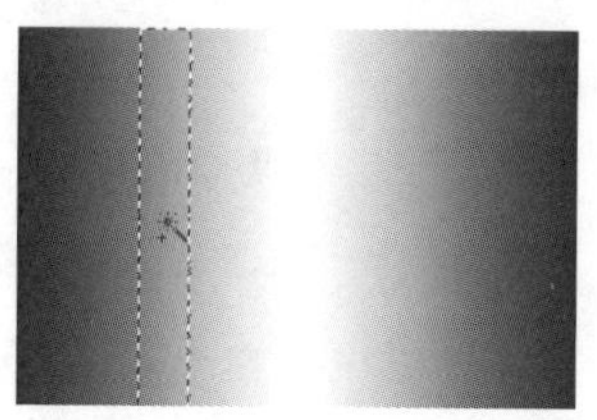

图 3-108

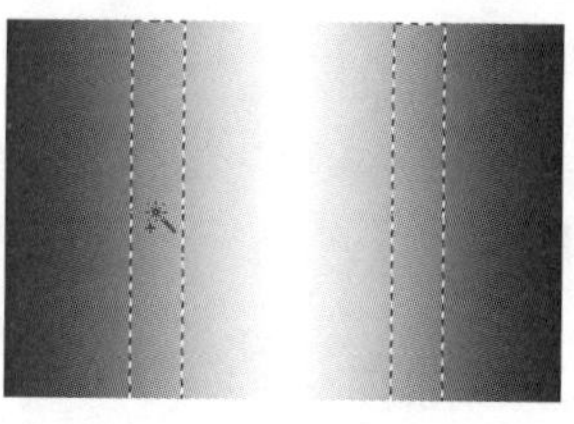

图 3-109

- 对所有图层取样：选中该项后，可以选择所有可见图层颜色相近的区域；反之则仅选取当前图层颜色相近的区域。

3.5.6 快速选择工具

快速选择工具的图标是一只画笔 + 选区轮廓，这说明它的使用方法与画笔工具类似。该工具能够利用可调整的圆形画笔笔尖快速“绘制”选区，也就是说，可以像绘画一样涂抹出选区。在拖曳鼠标时，选区还会向外扩展并自动查找和跟随图像中的边缘，如图 3-110 ～图 3-112 所示。

图 3-110

图 3-111

图 3-112

3.6 编辑选区

创建选区以后，往往要对其进行加工和编辑，才能使选区更符合要求。

3.6.1 全选与反选

执行“选择 > 全部”命令或按 Ctrl+A 快捷键，可以选择当前文档边界内的全部图像，如图 3-113 所示。创建选区之后，如图 3-114 所示，执行“选择 > 反向”命令或按 Shift+Ctrl+I 快捷键，可以反转选区，如图 3-115 所示。

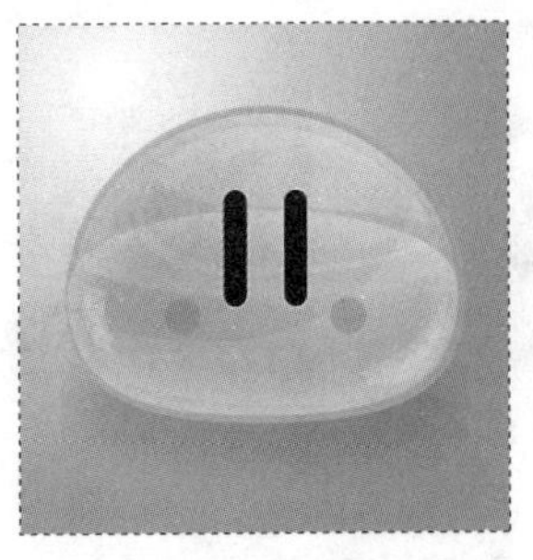

图 3-113

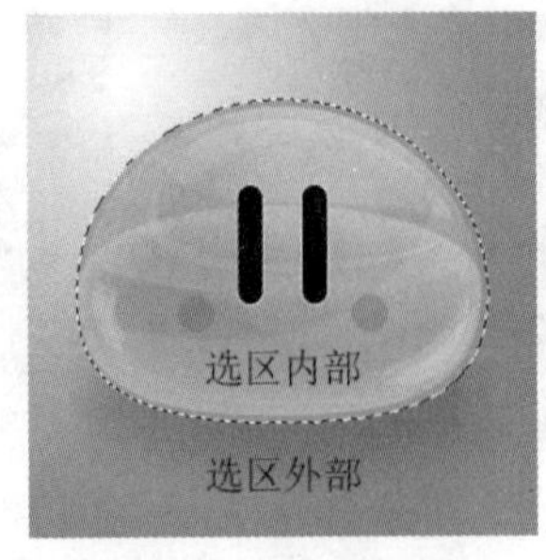

图 3-114

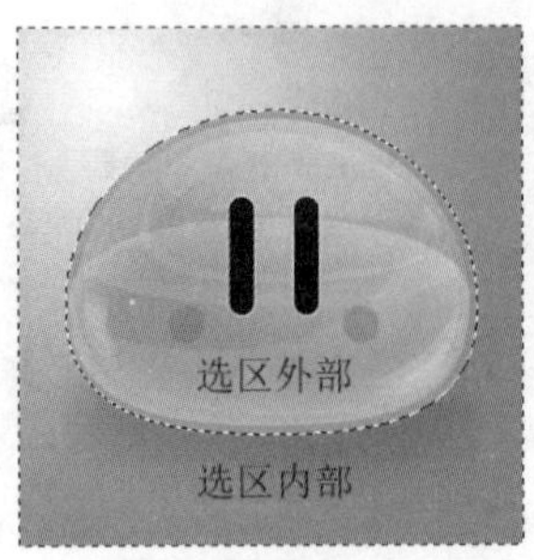

图 3-115

小技巧：移动选区

创建选区后，如果新选区按钮 □ 为按状态，则使用选框、套索和魔棒工具时，只要将光标放在选区内，单击并拖曳鼠标即可移动选区。如果要轻微移动选区，可以按→、←、↑、↓键。

3.6.2　取消选择与重新选择

创建选区以后，执行“选择 > 取消选择”命令或按 Ctrl+D 快捷键，取消选区。如果要恢复被取消的选区，可以执行“选择 > 重新选择”命令。

3.6.3　对选区进行运算

选区运算是指在画面中存在选区的情况下，使用选框工具、套索工具和魔棒工具等创建新选区时，新选区与现有选区之间进行运算，生成新的选区。图 3-116 为工具选项栏中的选区运算按钮。

图 3-116

- 新选区 □：单击该按钮后，如果图像中没有选区，可以创建一个选区，图 3-117 为创建的矩形选区；如果图像中有选区存在，则新创建的选区会替换原有的选区。
- 添加到选区 ⧉：单击该按钮后，可在原有选区的基础上添加新的选区，图 3-118 为在现有矩形选区基础之上添加的圆形选区。
- 从选区减去 ⧉：单击该按钮后，可在原有选区中减去新创建的选区，如图 3-119 所示。
- 与选区交叉 ⧉：单击该按钮后，画面中只保留原有选区与新创建的选区相交的部分，如图 3-120 所示。

图 3-117

图 3-118

图 3-119

图 3-120

3.6.4 对选区进行羽化

创建选区后，如图 3-121 所示，执行“选择 > 修改 > 羽化”命令，打开“羽化选区”对话框，通过“羽化半径”可以控制羽化范围的大小，如图 3-122 所示。图 3-123 为使用羽化后的选区选取的图像。

图 3-121

图 3-122

图 3-123

3.6.5 存储与载入选区

创建选区后，单击“通道”面板底部的将选区存储为通道按钮，Photoshop 会将选区保存到 Alpha 通道中，如图 3-124 所示。如果要从通道中调出选区，可以按住 Ctrl 键并单击 Alpha 通道，如图 3-125 所示。

图 3-124

图 3-125

提示：

执行“文件 > 存储”命令保存文件时，选择 PSB、PSD、PDF 和 TIFF 等格式可以保存 Alpha 通道。

3.7 课堂练习：手撕字

01 按 Ctrl+O 快捷键，打开素材文件，如图 3-126 所示。单击“图层”面板底部的按钮，新建一个图层，如图 3-127 所示。

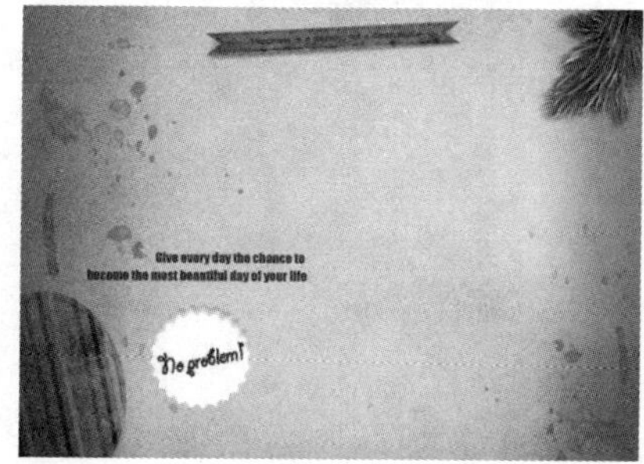

图 3-126

图 3-127

02 选择套索工具，在画面中单击并拖曳鼠标绘制选区，将光标移至起点处，释放鼠标按键可以封闭选区，如图 3-128 和图 3-129 所示。按 Alt+Delete 快捷键，在选区内填充前景色，如图 3-130 所示。按 Ctrl+D 快捷键取消选区。

03 采用同样的方法，在 C 字右侧绘制字母 h 选区并填色（按 Alt+Delete 快捷键），如图 3-131 所示。按 Ctrl+D 快捷键取消选区。

图 3-128

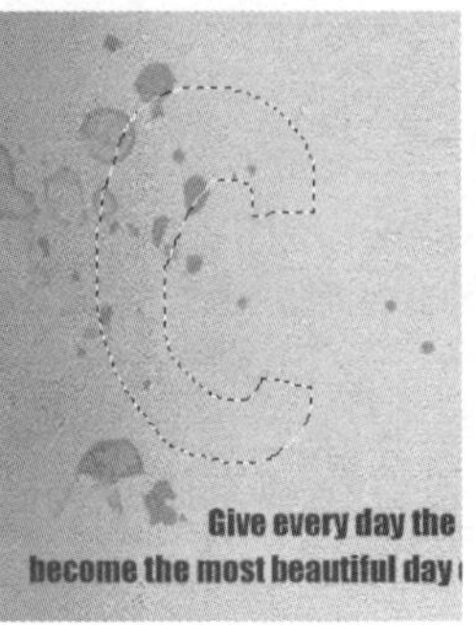

图 3-129

图 3-130

图 3-131

04 下面通过选区运算制作字母 e 的选区。先创建如图 3-132 所示的选区；按住 Alt 键并创建如图 3-133 所示的选区；释放鼠标按键后，这两个选区即可进行运算，从而得到字母 e 的选区，如图 3-134 所示。按 Alt+Delete 快捷键填充颜色，然后按 Ctrl+D 快捷键取消选区，如图 3-135 所示。

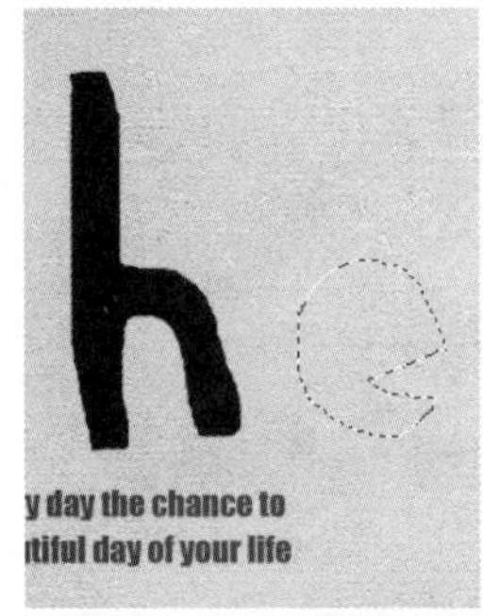

图 3-132

图 3-133

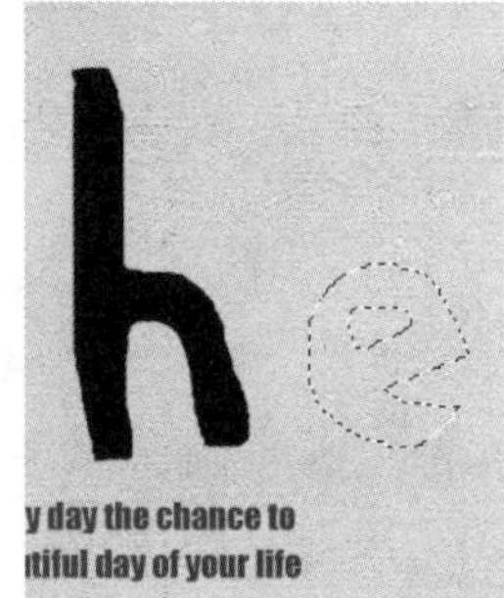

图 3-134

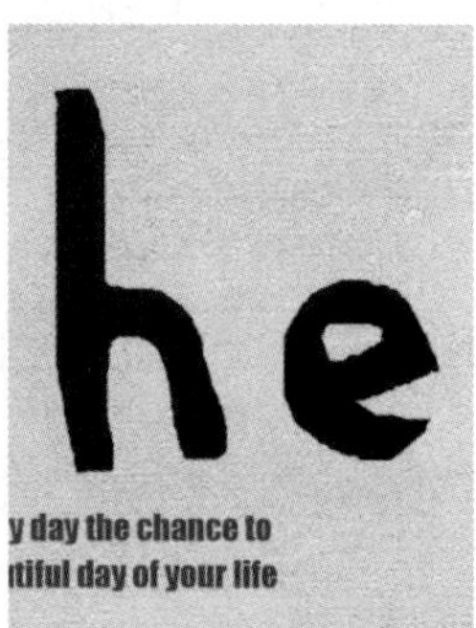

图 3-135

05 使用套索工具在字母 e 外侧创建选区，选中该文字，如图 3-136 所示。将光标放在选区内，按住 Alt+Ctrl+Shift 快捷键，单击并向右侧拖曳鼠标，复制文字，如图 3-137 所示。

06 采用同样的方法，分别制作文字 r、u、p、！的选区并填色，如图 3-138 所示。

图 3-136

图 3-137

图 3-138

07 单击“树叶”图层，选择该图层。在其前方单击，让眼睛图标显示出来（即显示该图层），如图 3-139 所示。按 Alt+Ctrl+G 快捷键，创建剪切蒙版，如图 3-140 和图 3-141 所示。

图 3-139

图 3-140

图 3-141

提示：

使用套索工具绘制选区的过程中，按住 Alt 键，然后释放鼠标左键（可切换为多边形套索工具），此时在画面单击可以绘制直线；释放 Alt 键可恢复为套索工具，此时拖曳鼠标可继续徒手绘制选区。

3.8 课堂练习：春天的色彩

01 按 Ctrl+O 快捷键，打开素材文件，如图 3-142 所示。选择魔棒工具，在工具选项栏中将“容差”设置为 32，在白色背景上单击，选中背景，如图 3-143 所示。

02 按住 Shift 键并在漏选的背景上单击，将其添加到选区中，如图 3-144 和图 3-145 所示。

图 3-142

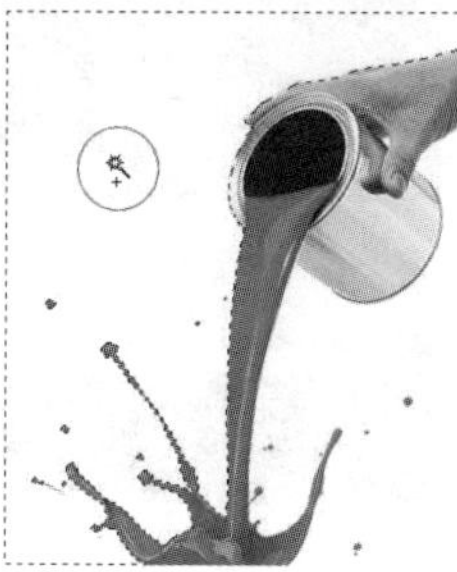

图 3-143

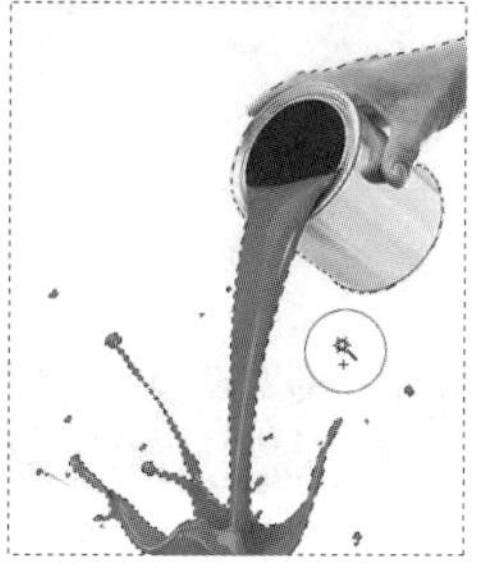

图 3-144

图 3-145

03 执行“选择 > 反向”命令反转选区，选中手、油漆桶和油漆，如图 3-146 所示。按 Ctrl+C 快捷键复制图像。打开另一个文件，按 Ctrl+V 快捷键，将图像粘贴到该文档中，并使用移动工具拖至画面右上角，如图 3-147 所示。

04 单击“图层”面板底部的按钮，添加蒙版。选择画笔工具，在工具选项栏中选择柔角笔尖并设置不透明度为 50%，在油漆底部涂抹，通过蒙版将其遮盖，如图 3-148 和图 3-149 所示。

图 3-146

图 3-147

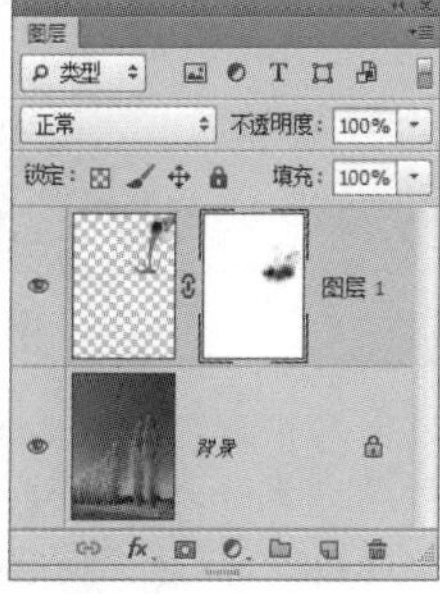

图 3-148

图 3-149

05 选择“背景”图层，如图 3-150 所示。使用矩形选框工具创建选区，如图 3-151 所示。

06 单击“调整”面板中的按钮，创建一个“色相 / 饱和度”调整图层，在“属性”面板中选择“黄色”选项，将选中的树叶调整为红色，如图 3-152 和图 3-153 所示。

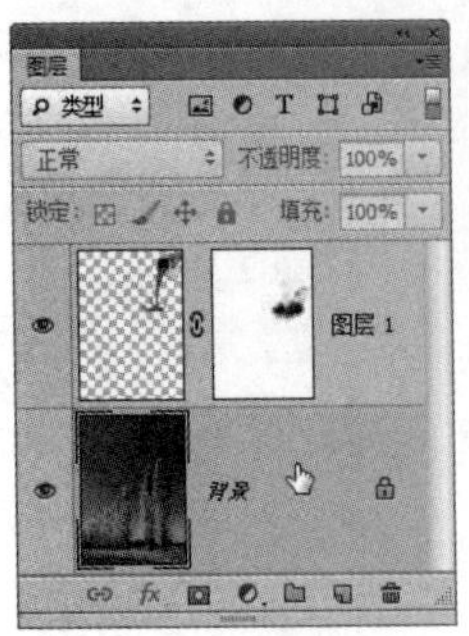

图 3-150

图 3-151

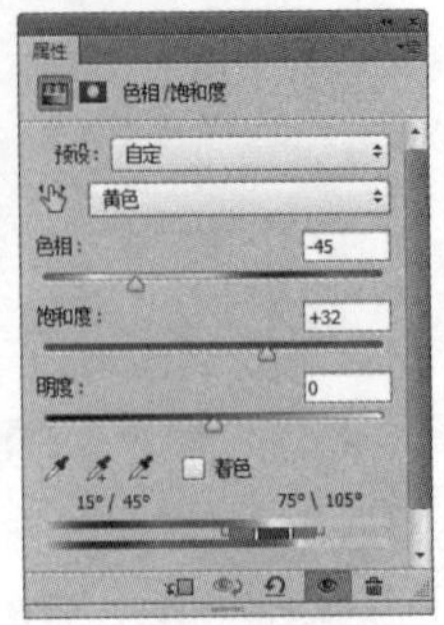

图 3-152

图 3-153

07 使用画笔工具在草地上涂抹黑色，通过蒙版遮盖调整效果，以便将草地恢复为黄色，如图 3-154 和图 3-155 所示。

图 3-154

图 3-155

3.9 课堂练习：平面广告

01 按 Ctrl+O 快捷键，打开素材文件，如图 3-156 所示。单击“路径”面板中的“路径 1”，显示灯泡路径，如图 3-157 所示。按 Ctrl+Enter 快捷键将路径转换为选区，如图 3-158 所示。

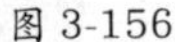

图 3-156

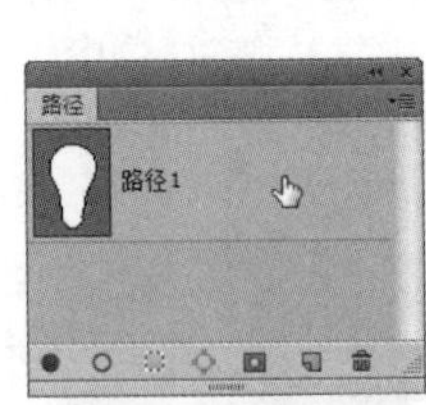

图 3-157

图 3-158

02 按 Ctrl+N 快捷键打开“新建”对话框，创建一个 A4 大小（21 厘米 ×29.7 厘米）、分辨率为 200 像素 / 英寸的 RGB 模式文件。将背景填充为洋红色。使用移动工具将灯泡移动到新建的平面广告文档中，如图 3-159 所示。双击灯泡所在的图层，打开“图层样式”对话框，选择“内发光”选项，设置发光颜色为洋红色，如图 3-160 和图 3-161 所示。

图 3-159

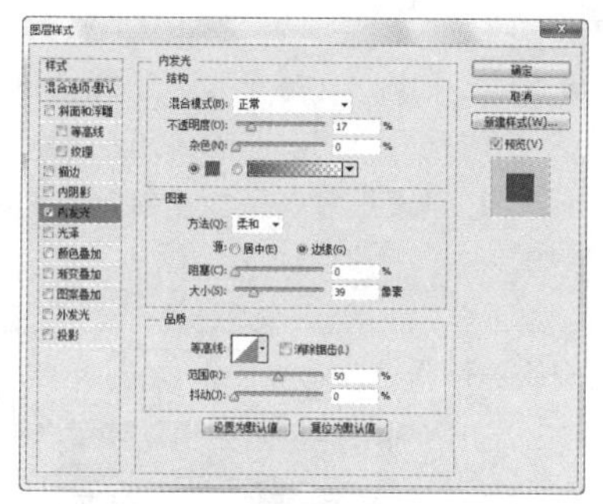

图 3-160

图 3-161

03 打开一个素材文件，使用魔棒工具（容差为26）按住Shift键并在背景上单击，将背景全部选中，按Shift+Ctrl+I快捷键反选，如图3-162所示。单击工具选项栏中的“调整边缘”按钮，在打开的对话框中设置参数，如图3-163所示，对选区进行平滑处理，使用移动工具将人物拖至平面广告文档中，如图3-164所示。

图 3-162

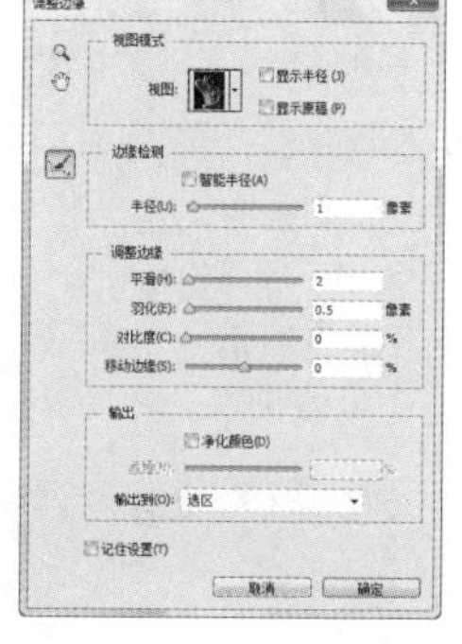

图 3-163

图 3-164

提示：

“调整边缘”命令可以提高选区边缘的品质并允许对照不同的背景查看选区，在“调整边缘”对话框中按F键可以循环显示各种预览模式，按X键可以临时查看图像。

04 在“图层”面板中按住Alt键并向下拖曳人物所在的图层，到达“背景”图层上方时释放鼠标，复制出一个图层，如图3-165所示，隐藏“图层2副本”，选择“图层2”，设置不透明度为75%，这样可以看到灯泡的范围，以方便制作蒙版。按Ctrl+T快捷键显示定界框，按住Shift键并拖曳定界框的一角将人物略微缩小。单击按钮添加图层蒙版，如图3-166所示。

05 按住Ctrl键并单击“图层1”的缩览图，载入灯泡的选区，如图3-167所示。选择画笔工具，设置为尖角200像素，在蒙版中涂抹黑色，将灯泡范围内的人体除手腕外的区域隐藏，如图3-168所示。在描绘到手腕区域时，可以按 [键将画笔调小进行精确绘制，如图3-169所示。

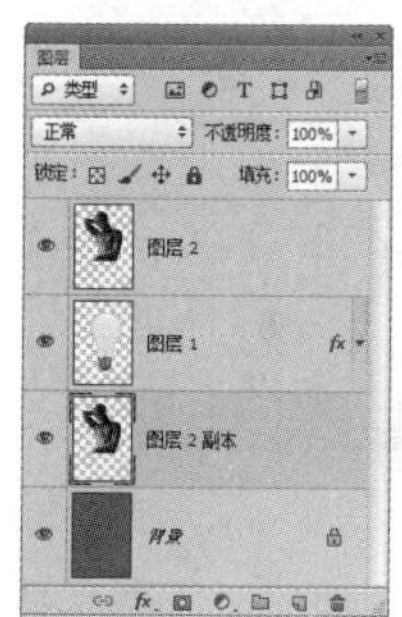

图 3-165

图 3-166

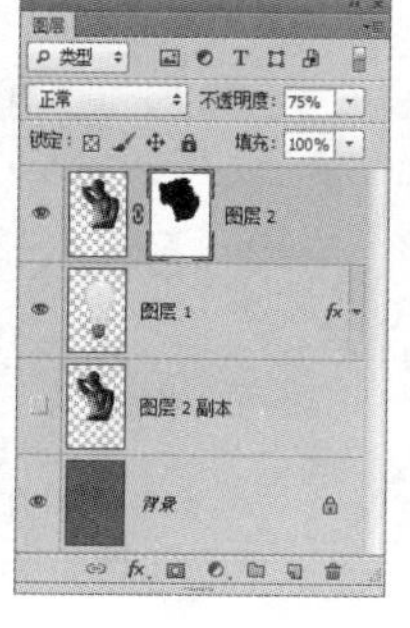

图 3-167

图 3-168

图 3-169

06 描绘到手部投影时，可适当多留出一些区域，采用快捷键创建直线的方式比较方便，先在一点单击，然后按住 Shift 键并在另外一点单击形成直线，如图 3-170 所示。选择柔角画笔，设置大小为 100 像素，不透明度为 20%，在直线边缘上涂抹使其变浅、变柔和，如图 3-171 所示。

07 按 Shift+Ctrl+I 快捷键反选，使用画笔工具继续在蒙版中绘制，将腰部区域隐藏，按 Ctrl+D 快捷键取消选区，将该图层的不透明度恢复为 100%，效果如图 3-172 所示。

08 显示并选择“图层 2 副本”图层，如图 3-173 所示，按 Ctrl+T 快捷键显示定界框，将图像沿逆时针方向旋转，如图 3-174 所示。按 Enter 键确认操作。

图 3-170

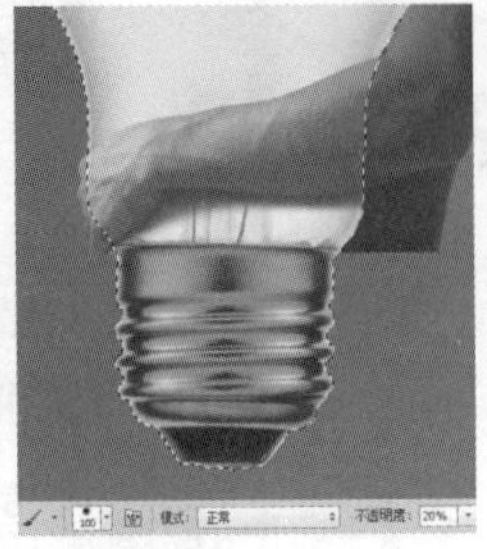
图 3-171

图 3-172

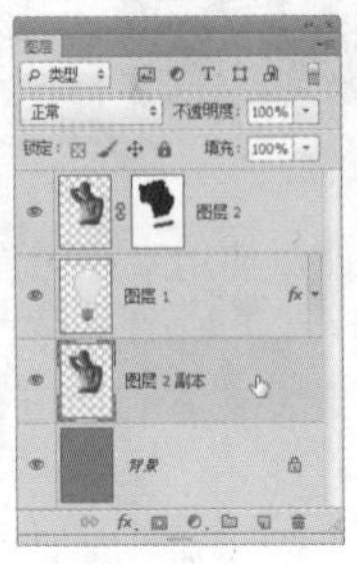
图 3-173

图 3-174

09 使用多边形套索工具选取除左臂以外的区域，如图 3-175 所示，按住 Alt 键单击按钮创建一个反相的蒙版，将选区内的图像隐藏，如图 3-176 和图 3-177 所示。

10 在工具选项栏中设置画笔工具为柔角笔尖，不透明度调整为 80%。打开“画笔”面板，调整直径为 1400px，圆度为 15%，如图 3-178 所示。在“图层”面板最上方新建一个图层，使用画笔工具在画面中单击，绘制投影，如图 3-179 所示。

图 3-175

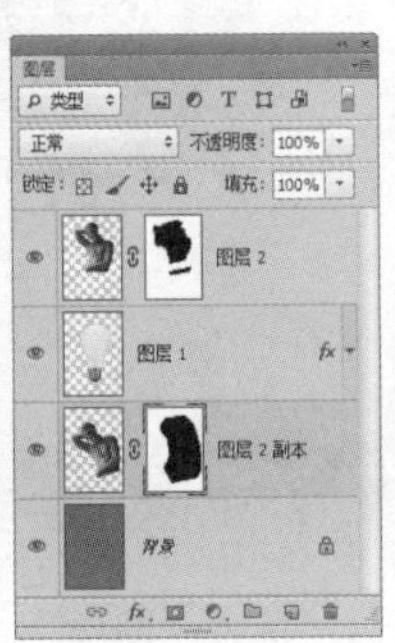
图 3-176

图 3-177

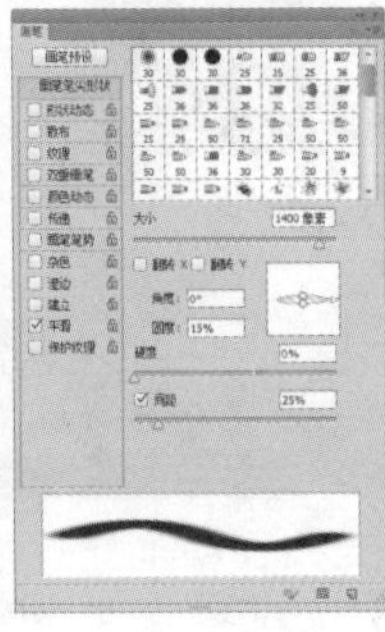
图 3-178

图 3-179

11 选择圆角矩形工具，选择工具选项栏中的“路径”选项，设置半径为 30 厘米，在画面中创建一个圆角矩形路径，如图 3-180 所示。按 Ctrl+Enter 快捷键将路径转换为选区，如图 3-181 所示。

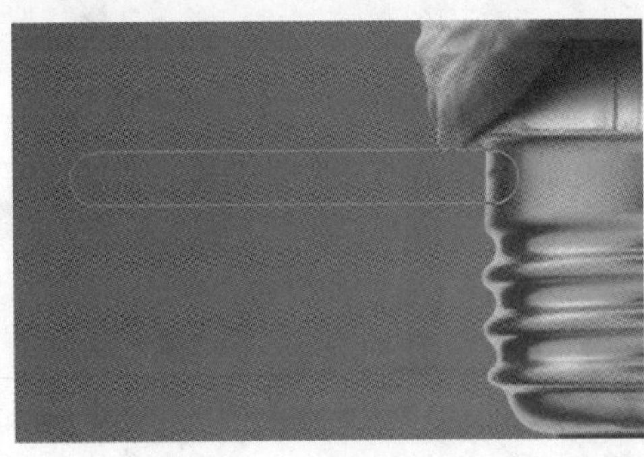
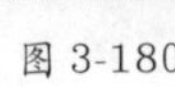
图 3-180

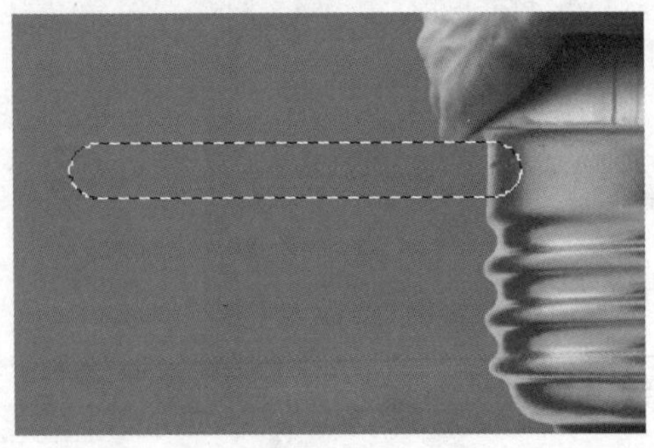
图 3-181

12 执行“编辑 > 描边”命令，在打开的对话框中设置描边宽度为 8，颜色为白色，位置居外，如图 3-182 和图 3-183 所示。

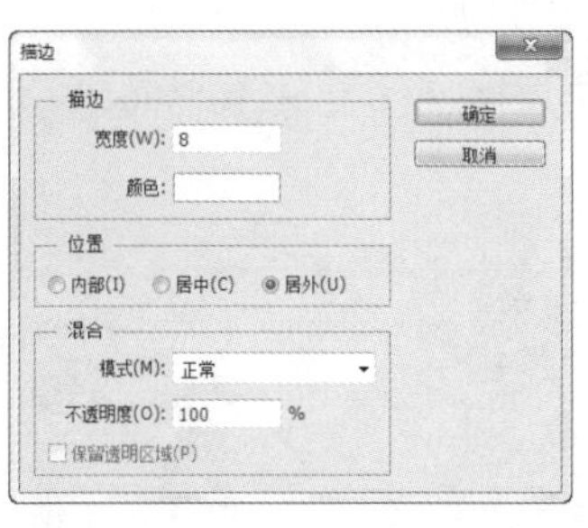

图 3-182

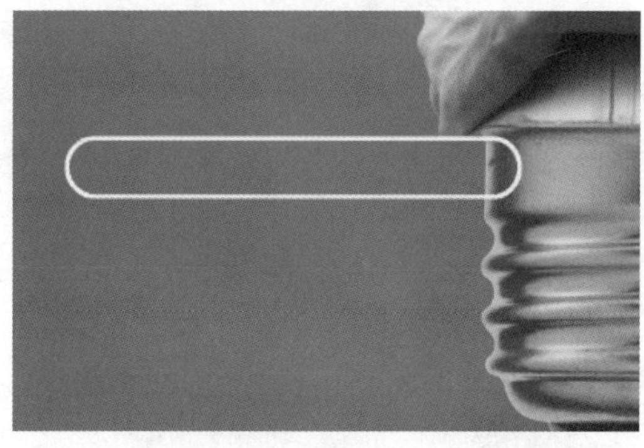

图 3-183

13 选择横排文字工具 T，在工具选项栏中设置字体为 Impact，大小为 14 点，输入文字，完成后的效果如图 3-184 所示。

图 3-184

3.10 思考与练习

一、问答题

1．从图层原理的角度看，图层的重要性体现在哪几个方面？

2．选区分为几种？

3．“图层”面板、绘画和修饰工具的工具选项栏、“图层样式”对话框、“填充”命令、“描边”命令、“计算”和“应用图像”命令等都包含混合模式选项，请归类并加以分析。

4．怎样将选区保存为 Alpha 通道？

5．哪些工具可以方便地选择连续的、颜色相似的区域？

二、上机练习

1. 愤怒的小鸟

打开素材文件，如图 3-185 所示，用椭圆选框工具 和多边形套索工具 选择两处紫菜叶，拖至另一个文档中，组成小鸟的眼睛，如图 3-186 所示。

图 3-185

图 3-186

显示并选择木瓜所在的图层，如图 3-187 所示，使用椭圆选框工具 选取一处果核，拖至小鸟文档中，组成小鸟的眼球，如图 3-188 所示。选择其他图层中的素材，为小鸟添加嘴巴和羽毛，如图 3-189 所示。

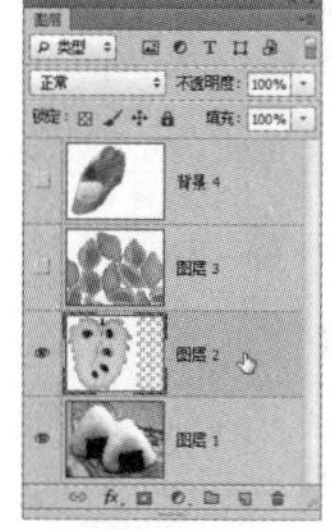

图 3-187

图 3-188

图 3-189

2. 鼠标贴图

在 Photoshop 中打开或新建一个文档后，可以将照片和图片等位图文件，以及 EPS、PDF 和 AI 等矢量文件作为智能对象置入或嵌入到当前文档中。下面需要在鼠标图像中置入一个棒球贴图，如图 3-190 所示。置入时图像周围会出现定界框，将光标放在定界框的控制点上，按住 Shift 键拖曳鼠标可等比缩放图像。为了使效果更加真实，可以添加图层蒙版，并使用画笔工具在鼠标滚轮处单击并进行涂抹，使滚轮显示出来，如图 3-191 所示。

图 3-190

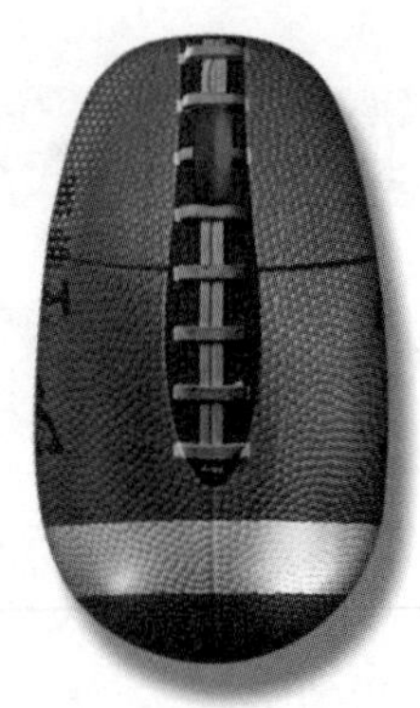

图 3-191

3.11 测试题

1. 按住（　　）键并单击“图层”面板中的 按钮，可以在当前图层的下面新建一个图层。

A．Shift　　B．Ctrl+Shift　　C．Ctrl　　D．Alt

2. 除（　　）图层外，其他图层都可以调整不透明度和混合模式。

A．背景图层　　B．填充图层　　C．调整图层　　D．形状图层

3. 在魔棒工具的选项栏中，（　　）选项用来设置选取的颜色范围。

A．取样大小　　B．容差　　C．连续　　D．对所有图层取样

4. 如果想创建一个图层，但“图层”面板的最下面创建新图层按钮 是灰色的不可选，原因是（　　）。

A. 图像是 CMYK 模式　　B. 图像是双色调模式

C. 图像是灰度模式　　D. 图像是索引颜色模式

5. 单击“图层”面板中的 按钮，可以锁定（　　）。

A．透明像素　　B. 图像像素　　C．位置　　D. 图层

6. 当椭圆选区进行填充后，放大显示时，边缘是明显的锯齿效果，这是因为（　　）。

A．在建立选区前没有在椭圆工具的工具选项栏中选择“消除锯齿”选项

B．在建立选区后没有在椭圆工具的工具选项栏中选择“消除锯齿”选项

C．在建立选区前没有进行羽化

D．在建立选区后没有进行羽化

7. （　　）可以对选区进行变换操作。

A．按 Ctrl+T 快捷键　　B．使用“编辑 > 变换”命令

C．使用“编辑 > 自由变换”命令　　D．使用“选择 > 变换选区”命令

8. （　　）方式不可以长期储存选区。

A．通道　　B．路径　　C. 图层　　D．“选择 / 重新选择”命令

第4章

书籍装帧：蒙版与通道

蒙版可以遮盖图像，主要用来进行图像合成，以及控制调整图层、智能滤镜等对象的有效范围。图层蒙版和剪切蒙版都是基于像素的蒙版。矢量蒙版则是由钢笔、自定形状等矢量工具创建的蒙版，它与分辨率无关。

通道有 3 个用途：保存选区、色彩信息和图像信息。在选区方面，通道可以抠图；在色彩方面，通道可以调色；在图像方面，通道可用于制作特效。

4.1 关于书籍装帧设计

书籍装帧设计是指从书籍文稿到成书出版的整个设计过程，包括书籍的开本、装帧形式、封面、腰封、字体、版面、色彩和插图，以及纸张材料、印刷、装订及工艺等各个环节的艺术设计。它是完成从书籍形式的平面化到立体化的过程，包含了艺术思维、构思创意和技术手法的系统设计。图 4-1 和图 4-2 为书籍各部分的名称。

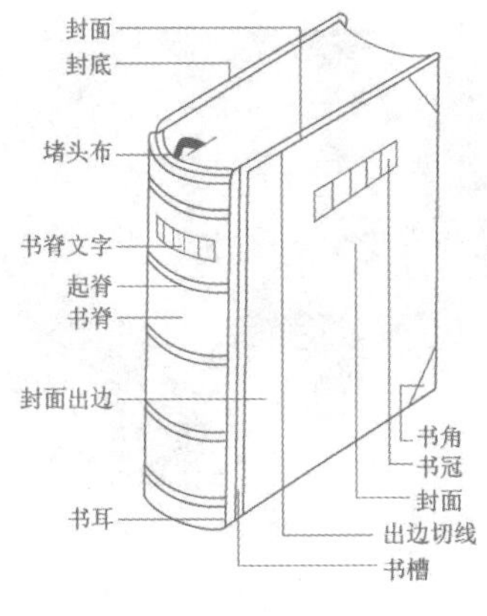

图 4-1

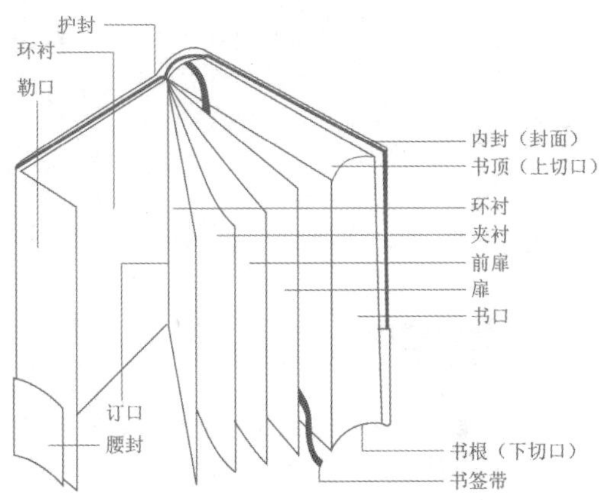

图 4-2

- 封套：外包装，起保护书册的作用。
- 护封：装饰与保护封面。
- 封面：书的面子，分封面和封底。
- 书脊：封面和封底当中书的脊柱。
- 环衬：连接封面与书心的衬页。
- 空白页：签名页、装饰页。
- 资料页：与书籍有关的图形资料、文字资料。
- 扉页：书名页，正文从此开始。
- 前言：包括序、编者的话、出版说明。
- 后语：跋、编后记。
- 目录页：具有索引功能，大多安排在前言之后正文之前的篇、章、节的标题和页码等文字。
- 版权页：包括书名、出版单位、编著者、开本、印刷数量和价格等有关版权的页面。
- 书心：包括环衬、扉页、内页、插图页、目录页和版权页等。

小知识：书籍的开本

书籍的开本是指书籍的幅面大小，也就是书籍的面积。开本一般以整张纸的规格为基础，采用对叠方式进行裁切，整张纸称为整开，其 1/2 为对开，1/4 为 4 开，其余的以此类推。一般的书籍采用的是大、小 32 开和大、小 16 开，在某些特殊情况下，也有采用非几何级数开本的。

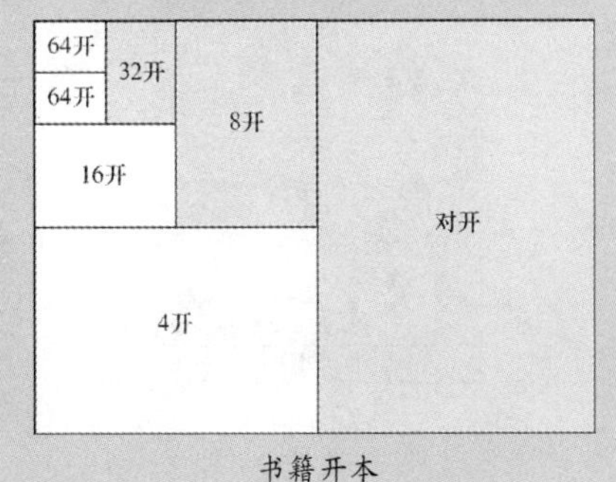

书籍开本

全开纸：787毫米×1092毫米
8开：260毫米×376毫米
16开：185毫米×260毫米
32开：130毫米×184毫米
64开：92毫米×126毫米

787 毫米 ×1092 毫米的纸张

全开纸：850毫米×1168毫米
大8开：280毫米×406毫米
大16开：203毫米×280毫米
大32开：140毫米×203毫米
大64开：101毫米×137毫米

850 毫米 ×1168 毫米纸张

4.2 蒙版

“蒙版”一词源自于摄影，指的是控制照片不同区域曝光的传统暗房技术。Photoshop 中的蒙版用来处理局部图像，可以隐藏图像，但不会将其删除。

4.2.1 矢量蒙版

矢量蒙版是通过钢笔、自定形状等矢量工具创建的路径和矢量形状来控制图像的显示区域，它与分辨率无关，无论怎样缩放都能保持光滑的轮廓，因此，常用来制作 Logo、按钮或其他 Web 设计元素。

用自定形状工具创建一个矢量图形，如图 4-3 所示，执行“图层 > 矢量蒙版 > 当前路径”命令，即可基于当前路径创建矢量蒙版，路径区域外的图像会被蒙版遮盖，如图 4-4 和图 4-5 所示。

图 4-3

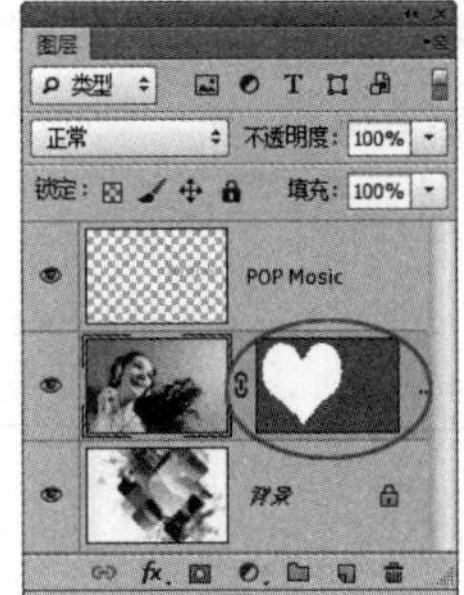

图 4-4

图 4-5

提示：

创建矢量蒙版后，单击矢量蒙版缩览图，进入蒙版编辑状态，此时可以使用自定形状工具或钢笔工具在画面中绘制新的矢量图形，并将其添加到矢量蒙版中。使用路径选择工具单击并拖曳矢量图形可将其移动，蒙版的遮盖区域也随之改变。如果要删除图形，可在将其选中之后按 Delete 键。

4.2.2 剪切蒙版

剪切蒙版可以用一个图层中包含像素的区域来限制它上层图像的显示范围。它的最大优点是可通过一个图层来控制多个图层的可见内容，而图层蒙版和矢量蒙版都只能控制一个图层。

选择一个图层，如图 4-6 所示，执行“图层 > 创建剪切蒙版”命令或按 Alt+Ctrl+G 快捷键，即可将该图层与下方图层创建为一个剪切蒙版组，如图 4-7 所示。剪切蒙版可以应用于多个图层，但这些图层必须上下相邻。

图 4-6

图 4-7

在剪切蒙版组中，最下面的图层称为“基底图层”，它的名称带有下画线，位于它上面的图层称为“内容图层”，它们的缩览图是缩进的，并带有状图标（指向基底图层），如图 4-8 所示。基底图层中的透明区域充当了整个剪切蒙版组的蒙版，也就是说，它的透明区域就像蒙版一样，可以将内容层中的图像隐藏起来，因此，只要移动基底图层，就会改变内容图层的显示区域，如图 4-9 所示。

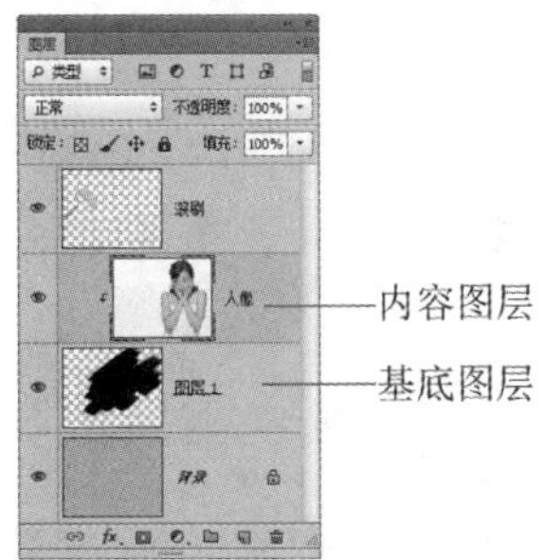

图 4-8

图 4-9

提示：

将一个图层拖至基底图层上，可将其加入剪切蒙版组中。将内容图层移出剪切蒙版组，则可以释放该图层。如果要释放全部剪切蒙版，可选择基底图层正上方的内容图层，再执行“图层 > 释放剪切蒙版”命令或按 Alt+Ctrl+G 快捷键。

4.2.3　图层蒙版

图层蒙版是一个 256 级色阶的灰度图像，它蒙在图层上面，起到遮盖图层的作用，然而其本身并不可见。图层蒙版主要用于合成图像。此外，创建调整图层、填充图层或应用智能滤镜时，Photoshop 会自动为其添加图层蒙版，因此，图层蒙版还可以控制颜色调整范围和滤镜的有效范围。

在图层蒙版中，纯白色对应的图像是可见的，纯黑色会遮盖图像，灰色区域会使图像呈现出一定程度的透明效果（灰色越深、图像越透明），如图 4-10 所示。基于以上原理，如果想要隐藏图像的某些区域，为其添加一个蒙版，再将相应的区域涂黑即可；想让图像呈现出半透明效果，可以将蒙版涂灰。

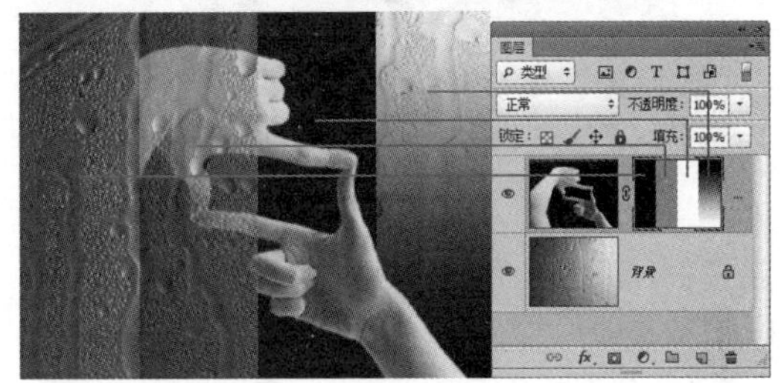

图 4-10

选择一个图层，如图 4-11 所示，单击“图层”面板底部的按钮，即可为其添加一个白色的图层蒙版，如图 4-12 所示。如果在画面中创建了选区，如图 4-13 所示，则单击按钮可基于选区生成蒙版，将选区外的图像隐藏，如图 4-14 所示。

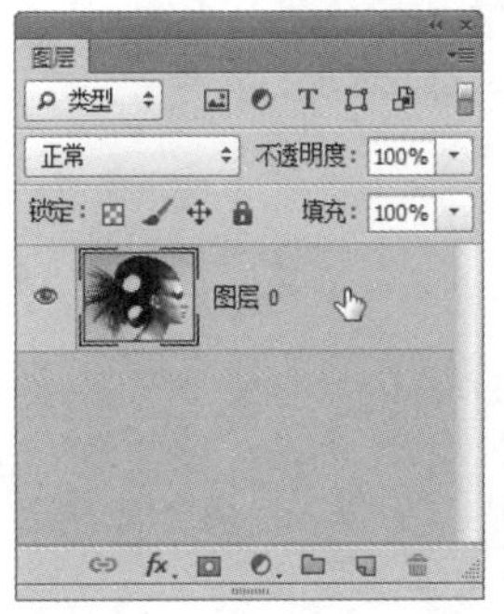

图 4-11

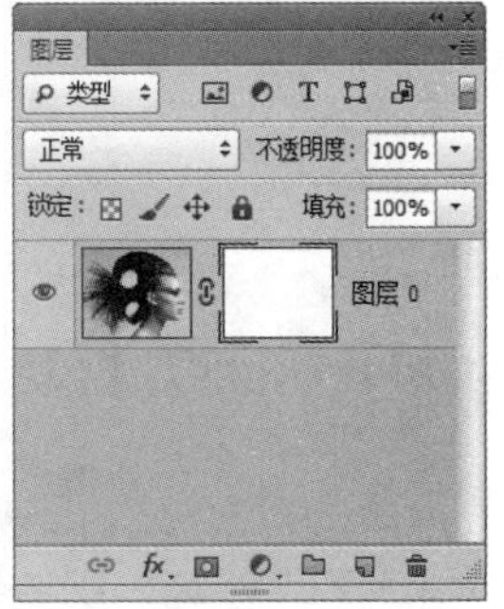

图 4-12

图 4-13

图 4-14

小知识：蒙版编辑注意事项

添加图层蒙版后，蒙版缩览图外侧有一个白色的边框，它表示蒙版处于编辑状态，此时进行的所有操作将应用于蒙版。如果要编辑图像，应单击图像缩览图，将边框转移到图像上。

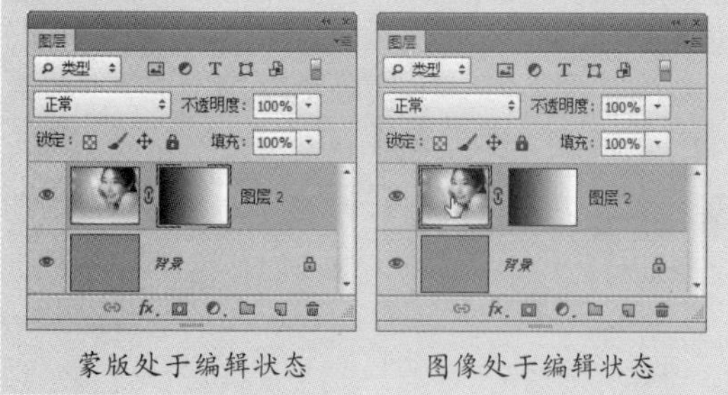

蒙版处于编辑状态　　图像处于编辑状态

4.2.4 用画笔工具编辑图层蒙版

图层蒙版是位图图像，几乎可以使用所有的绘画工具来编辑它。例如，用柔角画笔工具修改蒙版可以使图像边缘产生逐渐淡出的过渡效果，如图 4-15 所示；用渐变工具编辑蒙版可以将当前图像逐渐融入到另一个图像中，图像之间的融合效果自然、平滑，如图 4-16 所示。

图 4-15

图 4-16

选择画笔工具后，可以在“画笔”面板中设置工具的属性，如图 4-17 所示。“画笔”面板是最重要的面板之一，它可以设置绘画工具（画笔、铅笔和历史记录画笔等），以及修饰工具（涂抹、加深、减淡、模糊和锐化等）的笔尖种类、画笔大小和硬度。如果只需要对画笔进行简单调整，可单击工具选项栏中的按钮，打开画笔下拉面板进行设置，如图 4-18 所示。

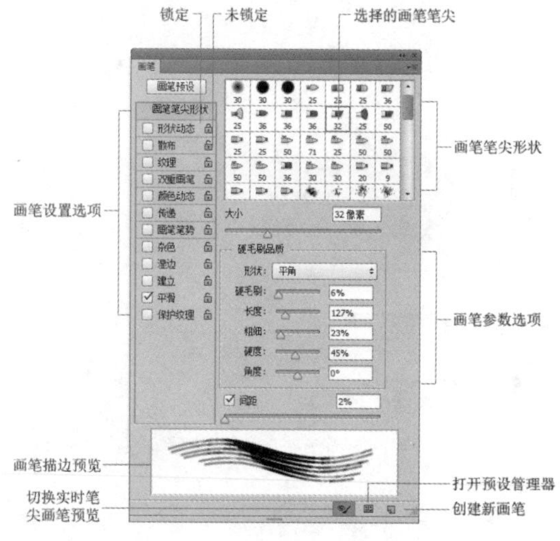

图 4-17

单击可打开画笔预设下拉面板
按下后可以启用喷枪功能
单击可打开面板菜单
面板菜单
设置画笔的显示方式
当前选择的画笔笔尖
可以载入到面板中的画笔库

图 4-18

- 大小：拖曳滑块或在文本框中输入数值可以调整画笔的笔尖大小。
- 硬度：用来设置画笔笔尖的硬度。硬度值低于100%可以得到柔角笔尖，如图 4-19 所示。

硬度为 0% 的柔角笔尖　　硬度为 50% 的柔角笔尖

硬度为 100% 的硬角笔尖

图 4-19

- 模式：在该下拉列表中可以选择画笔笔迹颜色与下面像素的混合模式。
- 不透明度：用来设置画笔的不透明度，该值越低，线条的透明度越高。
- 流量：用来设置当光标移动到某个区域上方时应用颜色的速率。在某个区域上方涂抹时，如果一直按住鼠标按键，颜色将根据流动速率增加，直至达到不透明度设置。
- 喷枪：单击该按钮，可以启用喷枪功能，Photoshop 会根据单击程度确定画笔线条的填充数量。例如，未启用喷枪时，每单击一次便填充一次线条；启用喷枪后，按住鼠标左键不放，便可持续填充线条。
- 绘图板压力按钮：单击这两个按钮后，使用数位板绘画时，光笔压力可覆盖“画笔”面板中的不透明度和大小设置。

小技巧：画笔工具使用技巧

- 按 [键可将画笔调小，按] 键则调大。对于实边圆、柔边圆和书法画笔，按 Shift+[快捷键可减小画笔的硬度，按 Shift+] 快捷键则增加硬度。
- 按键盘中的数字键可调整画笔工具的不透明度。例如，按 1，画笔不透明度为 10%；按 75，不透明度为 75%；按 0，不透明度会恢复为 100%。
- 使用画笔工具时，在画面中单击，然后按住 Shift 键并单击画面中任意一点，两点之间会以直线连接。按住 Shift 键还可以绘制水平、垂直或以 45° 角为增量的直线。

4.2.5　混合颜色带

打开一个分层的 PSD 文件，如图 4-20 所示，双击一个图层，如图 4-21 所示，打开“图层样式”对话框。在该对话框底部，有一个高级蒙版——混合颜色带，如图 4-22 所示。其独特之处体现在，既可以隐藏当前图层中的图像，也可以让下面层中的图像穿透当前层显示出来，或者同时隐藏当前图层和下面层中的部分图像，这是其他任何一种蒙版都无法实现的。混合颜色带用来抠火焰、烟花、云彩和闪电等深色背景中的对象，也可以创建图像合成效果。

图 4-20

图 4-21

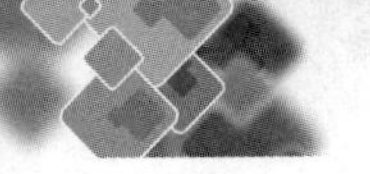

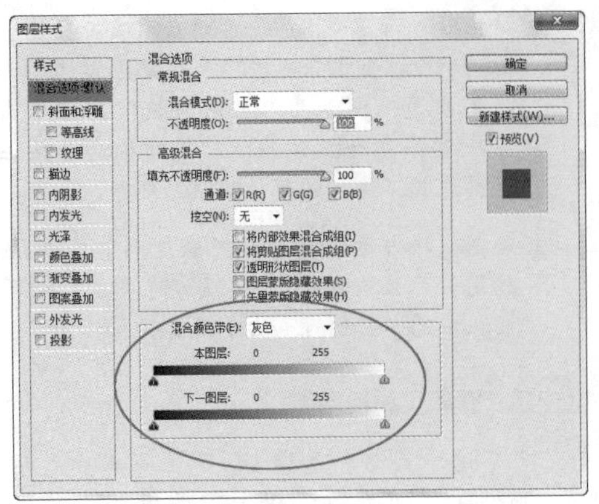
图 4-22

● 本图层:“本图层”是指当前正在处理的图层，拖曳本图层滑块，可以隐藏当前图层中的像素，显示出下面层中的图像。例如，将左侧的黑色滑块移向右侧时，当前图层中所有比该滑块所在位置暗的像素都会被隐藏，如图 4-23 所示；将右侧的白色滑块移向左侧时，当前图层中所有比该滑块所在位置亮的像素都会被隐藏，如图 4-24 所示。

● 下一图层：“下一图层”是指当前图层下面的那一个图层。拖曳下一图层中的滑块，可以使下面图层中的像素穿透当前图层显示出来。例如，将左侧的黑色滑块移向右侧时，可以显示下面图层中较暗的像素，如图 4-25 所示；将右侧的白色滑块移向左侧时，则可以显示下面图层中较亮的像素，如图 4-26 所示。

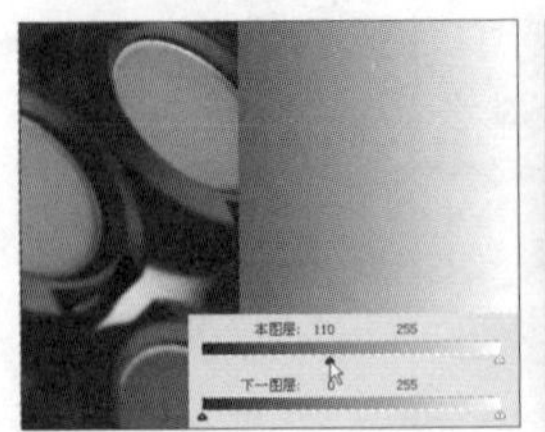
图 4-23

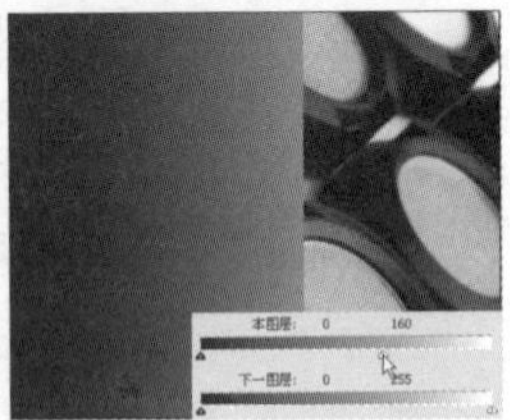
图 4-24

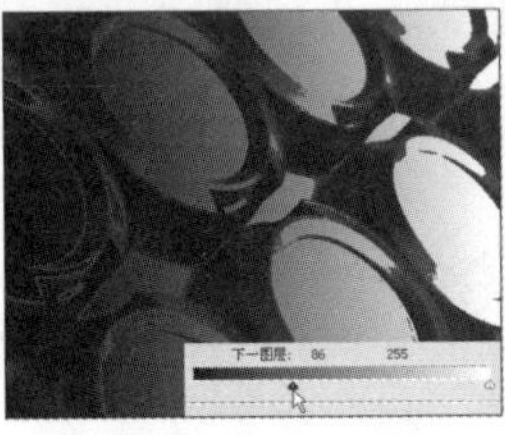
图 4-25

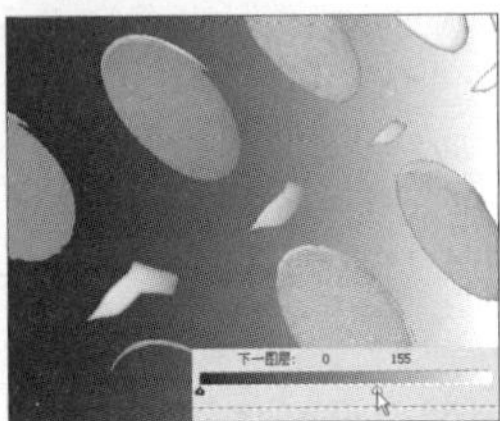
图 4-26

● 混合颜色带：在该选项下拉列表中可以选择控制混合效果的颜色通道。选择“灰色”，表示使用全部颜色通道控制混合效果，也可以选择一个颜色通道来控制混合。

4.3 课堂练习：祝福

01 按 Ctrl+O 快捷键，打开素材文件，如图 4-27 所示。这是一个分层素材。单击“图层 1”，如图 4-28 所示。

02 选择自定形状工具，在工具选项栏中选择“路径”选项，打开形状下拉面板，选择心形图形，如图 4-29 所示。绘制该图形，如图 4-30 所示。

图 4-27

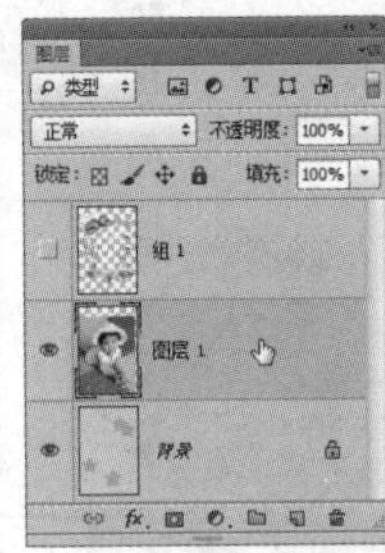
图 4-28

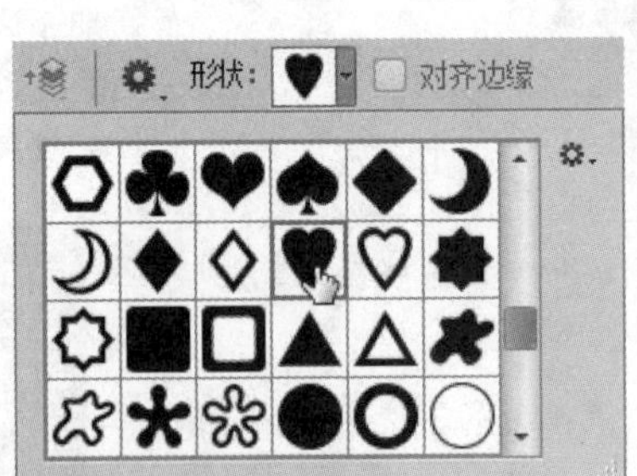

图 4-29

图 4-30

03 执行“图层 > 矢量蒙版 > 当前路径”命令，基于当前路径创建矢量蒙版，将路径以外的区域隐藏，如图 4-31 和图 4-32 所示。

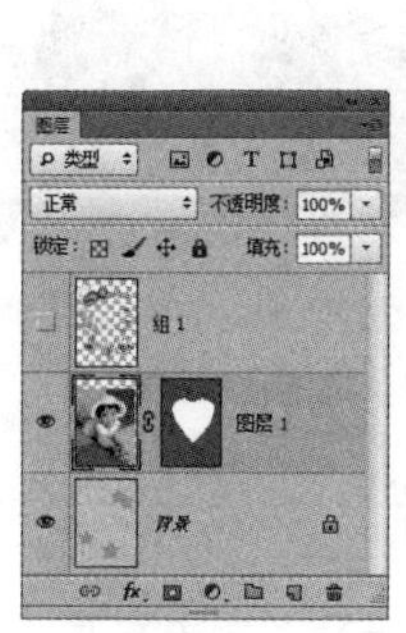

图 4-31

图 4-32

04 双击“图层 1”，打开“图层样式”对话框，在左侧列表中选择“描边”选项，为该图层添白色的描边效果，如图 4-33 和图 4-34 所示。

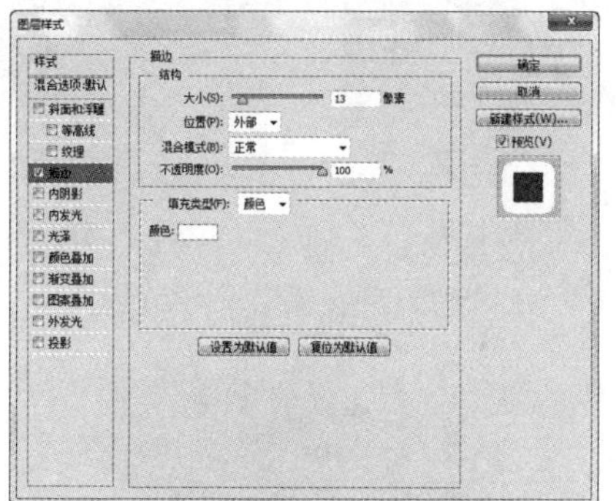

图 4-33

图 4-34

05 在“组 1”图层的眼睛图标处单击，将该图层显示出来，如图 4-35 和图 4-36 所示。

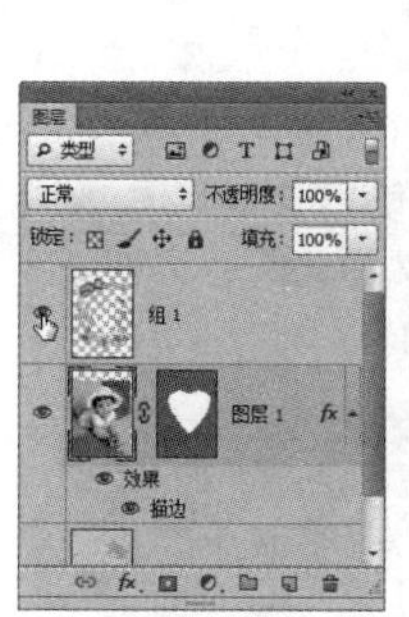

图 4-35

图 4-36

4.4 课堂练习：神奇的放大镜

01 打开素材文件，如图 4-37 和图 4-38 所示。

02 选择移动工具，按住 Shift 键并将红色汽车拖至绿色汽车文档中，在“图层”面板中自动生成“图层 1”，如图 4-39 和图 4-40 所示。

图 4-37

图 4-38

图 4-39

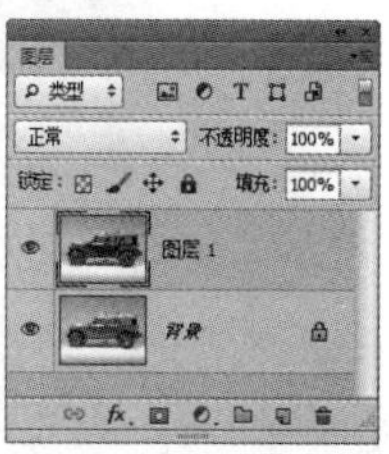

图 4-40

提示：

将一个图像拖入另一个文档时，按 Shift 键操作可以使拖入的图像位于该文件的中心。

03 打开一个文件，如图 4-41 所示。选择魔棒工具，在放大镜的镜片处单击，创建选区，如图 4-42 所示。

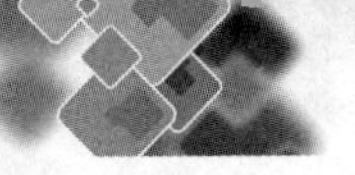

图 4-41

图 4-42

04 单击“图层”面板底部的按钮，新建一个图层。按 Ctrl+Delete 快捷键在选区内填充背景色（白色），按 Ctrl+D 快捷键取消选区，如图 4-43 和图 4-44 所示。

图 4-43

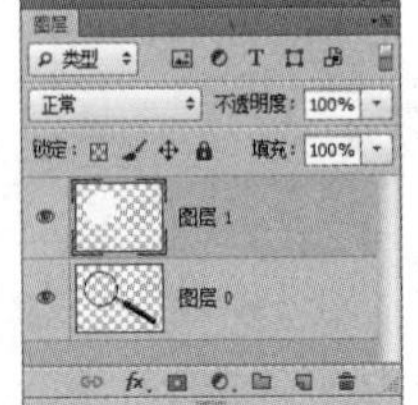

图 4-44

05 按住 Ctrl 键并单击“图层 0”和“图层 1”，将它们选择，如图 4-45 所示，使用移动工具拖至汽车文档中。单击链接图层按钮，将两个图层链接在一起，如图 4-46 和图 4-47 所示。

图 4-45

图 4-46

图 4-47

提示：

链接图层后，对其中的一个图层进行移动、旋转等变换操作时，另外一个图层也同时变换，这将在后面的操作中发挥重要的作用。

06 选择“图层 3”，将其拖至“图层 1”的下面，如图 4-48 和图 4-49 所示。

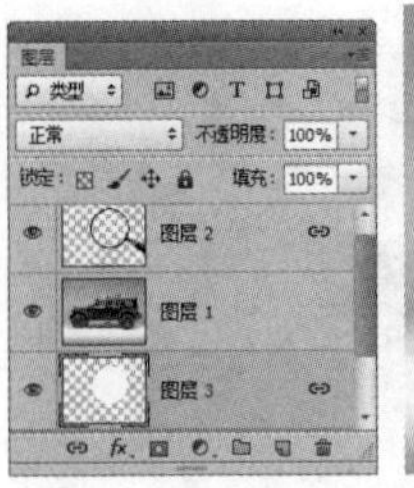

图 4-48

图 4-49

07 按住 Alt 键，将光标放在分隔“图层 3”和“图层 1”的线上，此时光标显示为状，如图 4-50 所示，单击创建剪切蒙版，如图 4-51 和图 4-52 所示。现在放大镜下面显示的是另外一辆汽车。

图 4-50

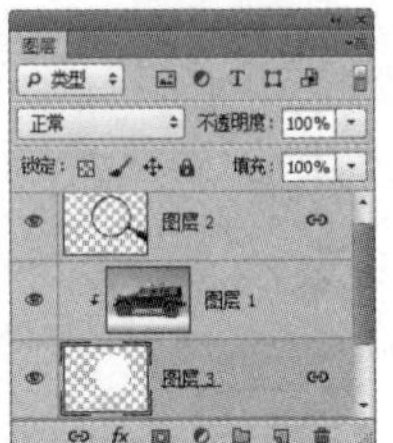

图 4-51

图 4-52

08 选择移动工具，在画面中单击并拖曳鼠标，移动“图层 3”，放大镜下面总是显示另一辆汽车，画面效果十分神奇，如图 4-53 和图 4-54 所示。

图 4-53

图 4-54

4.5 课堂练习：眼中“盯”

01 打开素材文件，如图 4-55 所示。按 Ctrl+J 快捷键复制“背景”图层，如图 4-56 所示。

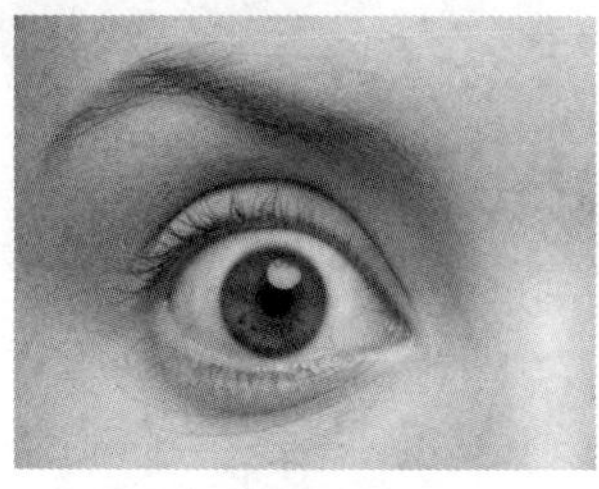

图 4-55

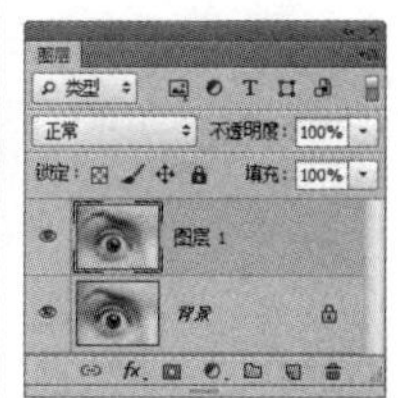

图 4-56

02 按 Ctrl+T 快捷键显示定界框，按住 Shift 键并拖曳控制点，将图像等比例缩小，如图 4-57 所示，按 Enter 键确认。单击“图层”面板中的图层蒙版按钮 ，为“图层 1”添加蒙版，如图 4-58 所示。

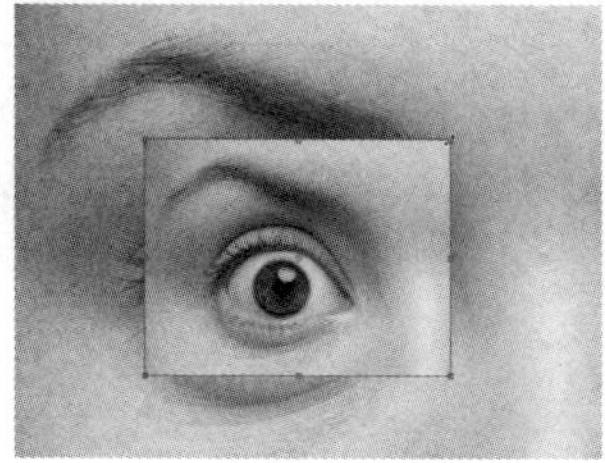

图 4-57

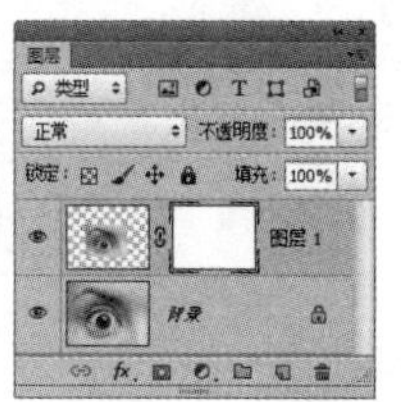

图 4-58

03 选择画笔工具 ，在工具选项栏中选择一个柔角笔尖，如图 4-59 所示，按 D 键将前景色设置为黑色，在第 2 只眼睛周围涂抹，如图 4-60 和图 4-61 所示。

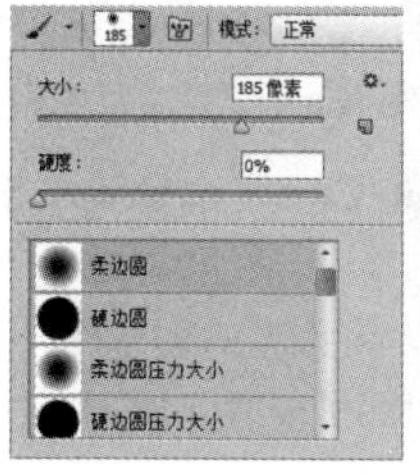

图 4-59

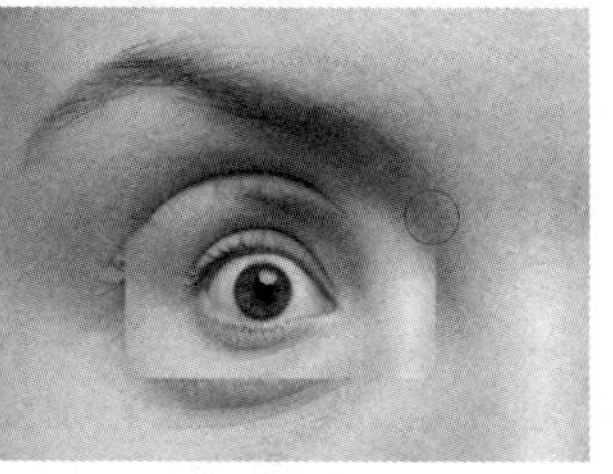

图 4-60

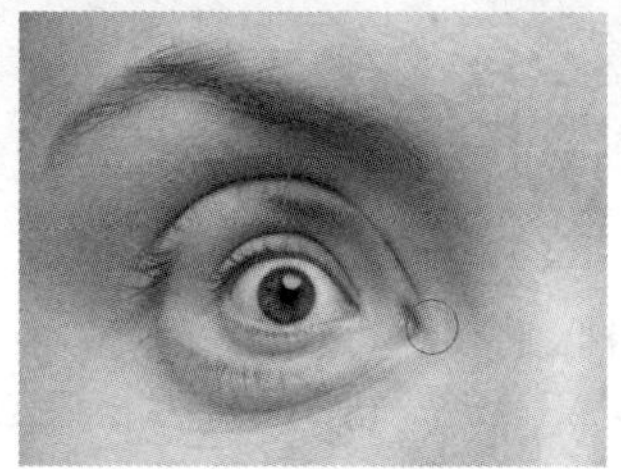

图 4-61

04 在图层蒙版中，黑色会遮盖图层中的图像内容，因此，画笔涂抹过的区域就会被隐藏，这样就得到了眼睛中还有眼睛的奇特图像，如图 4-62 和图 4-63 所示。

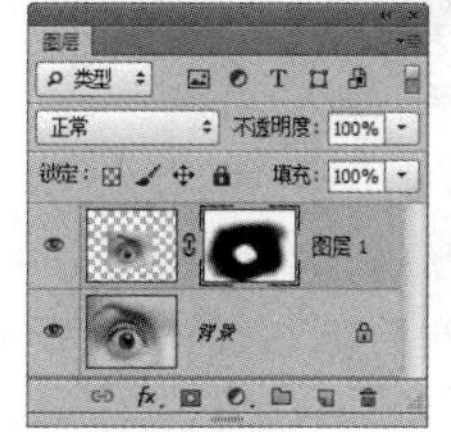

图 4-62

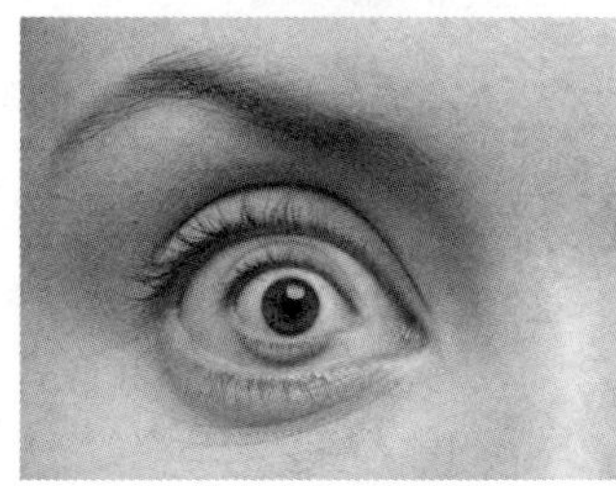

图 4-63

提示：

在处理细节时，可以按 [键将笔尖调小，仔细修改。如果有涂抹过头的区域，还可以按 X 键，将前景色切换为白色，用白色涂抹可以恢复图像。

4.6 课堂练习：微缩景观

01 按 Ctrl+O 快捷键，打开素材文件，如图 4-64 所示。选择魔棒工具 ，在工具选项栏中设置容差为 32，按住 Shift 键并在背景上单击，将背景全部选中，如图 4-65 所示。

02 按 Shift+Ctrl+I 快捷键反选，将瓶子选中，如图 4-66 所示，按 Ctrl+C 快捷键复制选区内的图像，按 Ctrl+V 快捷键，将其粘贴到一个新的图层中，如图 4-67 所示。

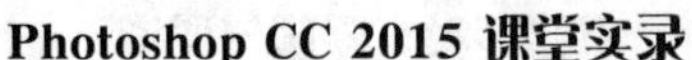

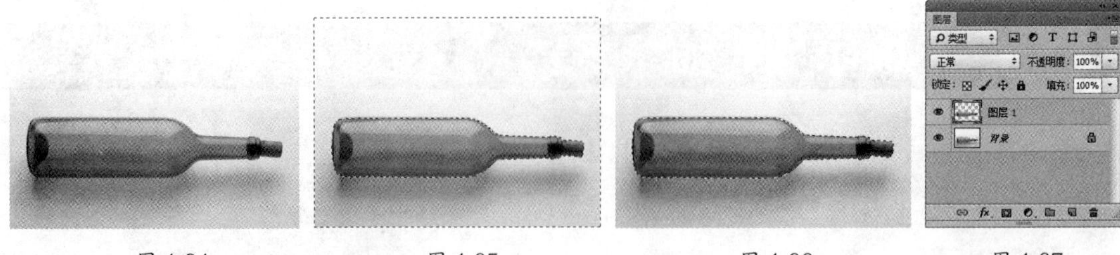

图 4-64　　图 4-65　　图 4-66　　图 4-67

03 打开素材文件，将其拖至瓶子文档中，如图 4-68 所示。按 Alt+Ctrl+G 快捷键，将其与瓶子图像创建为一个剪切蒙版，将瓶子之外的风景图像隐藏，如图 4-69 和图 4-70 所示。

图 4-68

图 4-69

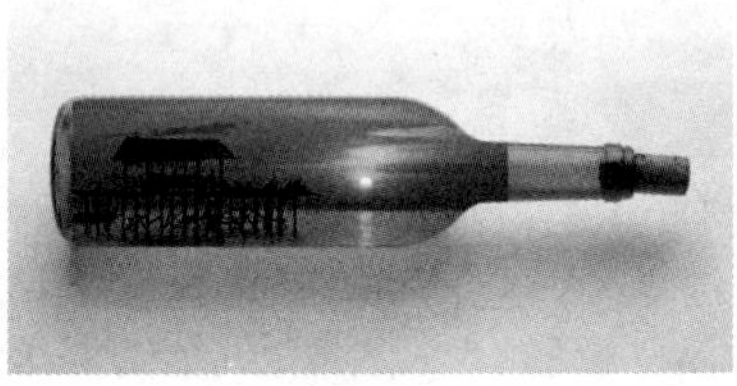

图 4-70

04 单击添加图层蒙版按钮，为风景图层添加一个蒙版。使用画笔工具（柔角，不透明度为 30%）在瓶子的两边和风景图片的左右两侧涂抹，将这些图像隐藏，使风景与瓶子自然、真实地融合在一起，如图 4-71 ～图 4-73 所示。

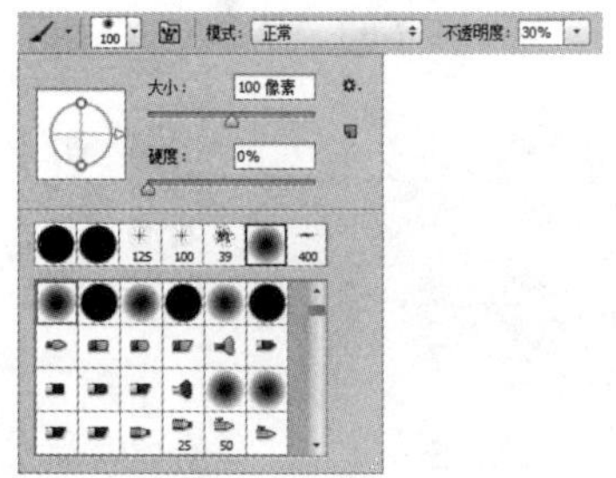

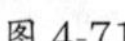

图 4-71

图 4-72

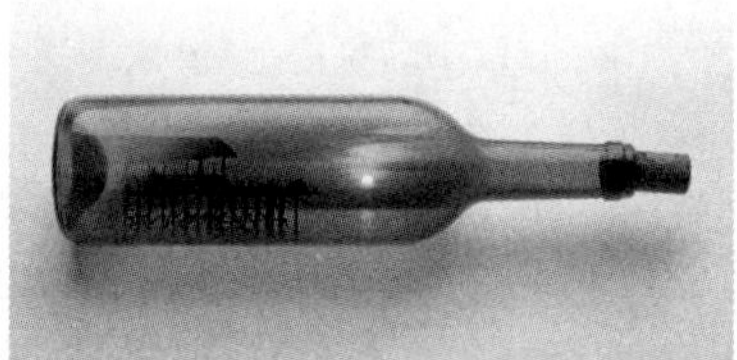

图 4-73

05 按住 Ctrl 键并单击“瓶子”和“风景”图层，将它们选中，如图 4-74 所示，按 Alt+Ctrl+E 快捷键，将图像盖印到一个新的图层中，如图 4-75 所示。

06 按 Ctrl+T 快捷键，显示定界框，右击，在弹出的快捷菜单中选择“垂直翻转”命令，将盖印的图像翻转，然后移动到瓶子的下方，使之成为瓶子的倒影，如图 4-76 所示。设置该图层的不透明度为 30%。单击面板中的按钮，为其添加一个蒙版，如图 4-77 所示。

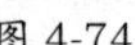

图 4-74

图 4-75

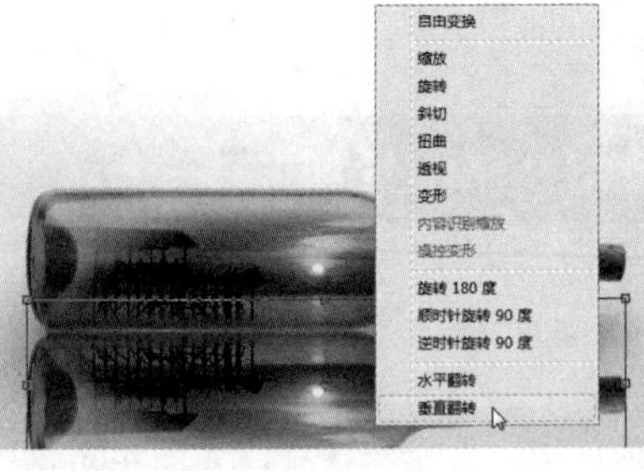

图 4-76

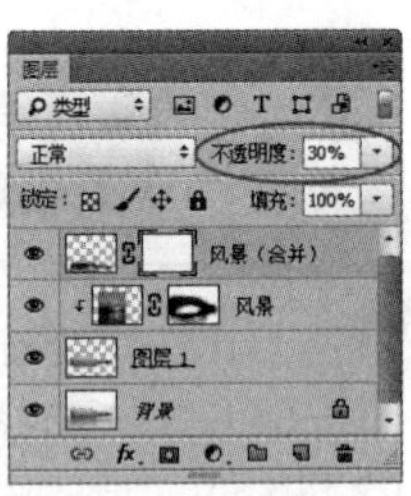

图 4-77

07 选择渐变工具，填充默认的“前景色到背景色”线性渐变，将图像的下半部分隐藏，使倒影效果更加真实，如图 4-78 和图 4-79 所示。

图 4-78

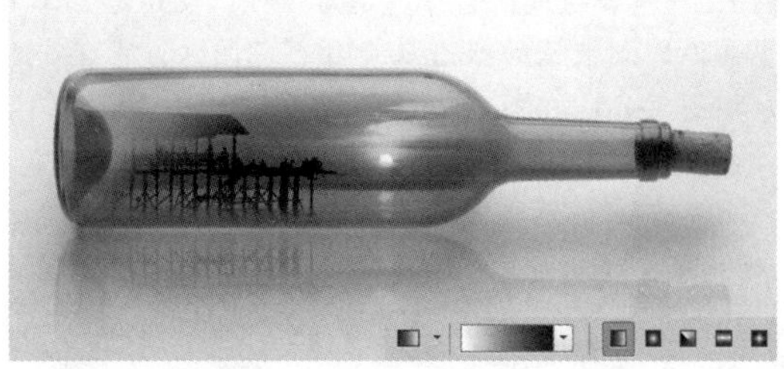

图 4-79

4.7 通道

通道用来保存图像的颜色信息和选区。相对于其他的功能来说，通道的概念较为抽象，但在抠图、调色和制作特效方面，通道却有着特别的优势，因此学好通道是非常必要的。

4.7.1 通道的种类

Photoshop 中包含 3 种类型的通道，即颜色通道、专色通道和 Alpha 通道。打开一个图像时，Photoshop 会自动创建颜色信息通道，如图 4-80 和图 4-81 所示。

图 4-80

图 4-81

- 复合通道：复合通道是红、绿和蓝色通道组合的结果。编辑复合通道时，会影响所有颜色通道。
- 颜色通道：颜色通道就像摄影胶片，它们记录了图像内容和颜色信息。图像的颜色模式不同，颜色通道的数量也不相同，例如，RGB 图像包含红、绿、蓝和一个用于编辑图像内容的复合通道；CMYK 图像包含青色、洋红、黄色、黑色和一个复合通道。
- 专色通道：专色通道用来存储专色。专色是特殊的预混油墨，例如金属质感的油墨、荧光油墨等，它们用于替代和补充普通的印刷油墨。专色通道的名称直接显示为油墨的名称（例如，如图 4-81 所示的通道内的专色为 PANTONE 3295C）。
- Alpha 通道：Alpha 通道有 3 种用途，一是用于保存选区；二是可以将选区存储为灰度图像，这样就能够用画笔、加深、减淡等工具以及各种滤镜，通过编辑 Alpha 通道来修改选区；三是可以从 Alpha 通道中载入选区。

4.7.2 通道的基本操作

- 选择通道：单击“通道”面板中的一个通道即可选中该通道，文档窗口中会显示所选通道的灰度图像，如图 4-82 所示。按住 Shift 键并单击其他通道，可以选择多个通道，此时窗口中会显示所选颜色通道的复合信息。
- 返回到 RGB 复合通道：选择通道后，可以使用绘画工具和滤镜对它们进行编辑。当编辑完通道后，如果想要返回到默认的状态来查看彩色图像，可单击 RGB 复合通道，这时，所有颜色通道重新被激活，如图 4-83 所示。

图 4-82

图 4-83

- 复制与删除通道：将一个通道拖至“通道”面板底部的按钮上，可以复制该通道。将一个通道拖至按钮上，则可删除该通道。复合通道不能复制，也不能删除。颜色通道可以复制，但如果删除了，图像就会自动转换为多通道模式。

4.7.3 通道与选区的关系

Alpha 通道可以将选区存储在通道中。选区在 Alpha 通道中是一种与图层蒙版类似的灰度图像，因此，可以像编辑蒙版或其他图像那样使用绘画工具、调整工具、滤镜、选框和套索工具，甚至矢量的钢笔工具来编辑它，而不必仅限于原有的选区编辑工具（如套索、“选择”菜单中的命令）。也就是说，有了 Alpha 通道，几乎所有的抠图工具、选区编辑命令、图像编辑工具都能用于编辑选区。

在 Alpha 通道中，白色代表了可以被完全选中的区域；灰色代表了可以被部分选中的区域，即羽化的区域；黑色代表了位于选区之外的区域。例如，图 4-84 为使用 Alpha 通道中的选区抠出的图像。如果要扩展选区范围，可以用画笔等工具在通道中涂抹白色；如果要增加羽化范围，可以涂抹灰色；如果要收缩选区范围，则涂抹黑色。

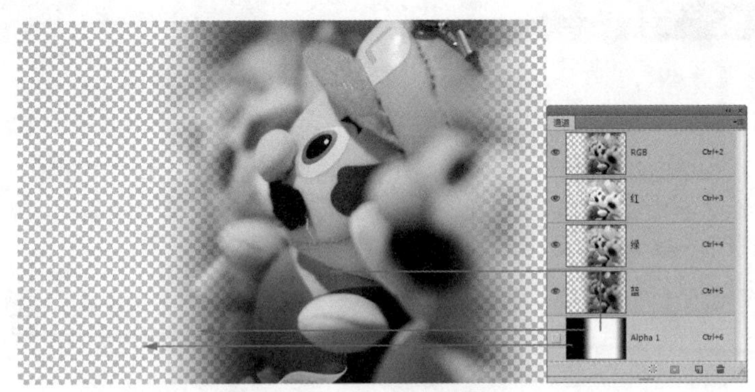

图 4-84

再来看一个用通道抠冰雕的范例，如图 4-85 所示。观察它的通道，如图 4-86～图 4-88 所示，可以看到，绿通道中冰雕的轮廓最明显。

RGB 图像
图 4-85

红通道
图 4-86

绿通道
图 4-87

蓝通道
图 4-88

对该通道应用“计算”命令，混合模式设置为“正片叠底”，如图 4-89 所示。可以看到，绿通道经过混合之后，冰雕的细节更加丰富了，与背景的色调对比更加清晰了，如图 4-90 所示。图 4-91 和图 4-92 为抠出后经过调色的冰雕效果。

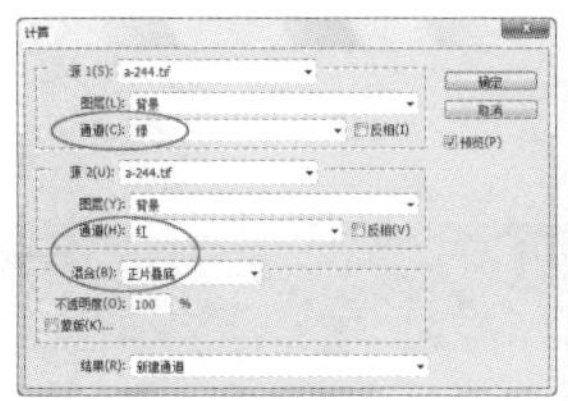
图 4-89

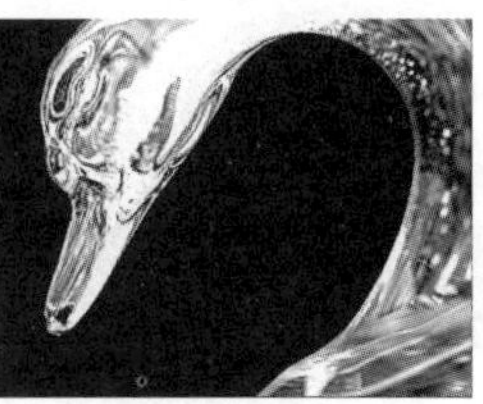
图 4-90

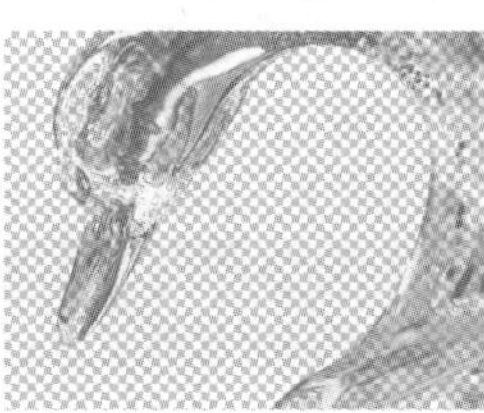
图 4-91

图 4-92

4.7.4　通道与色彩的关系

图像的颜色信息保存在通道中，因此，使用任何一个调色命令调整颜色时，都是通过通道来影响色彩的。

在颜色通道中，灰色代表了一种颜色的含量，明亮的区域表示包含大量对应的颜色，暗的区域表示对应的颜色较少，如图 4-93 所示。如果要在图像中增加某种颜色，可以将相应的通道调亮；要减少某种颜色，将相应的通道调暗即可。“色阶”和“曲线”对话框中都包含通道选项，可以选择一个通道，调整其明度，从而影响颜色。例如，将红通道调亮，可以增加红色，如图 4-94 所示；将红通道调暗，则减少红色，如图 4-95 所示。将绿通道调亮，可以增加绿色；调暗则减少绿色。将蓝通道调亮，可以增加蓝色；调暗则减少蓝色。

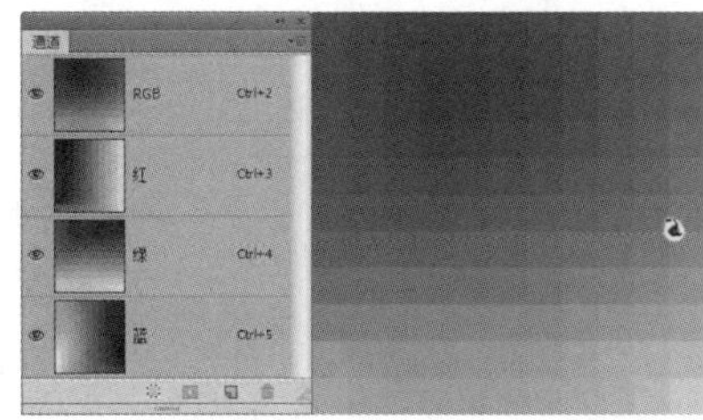
图 4-93

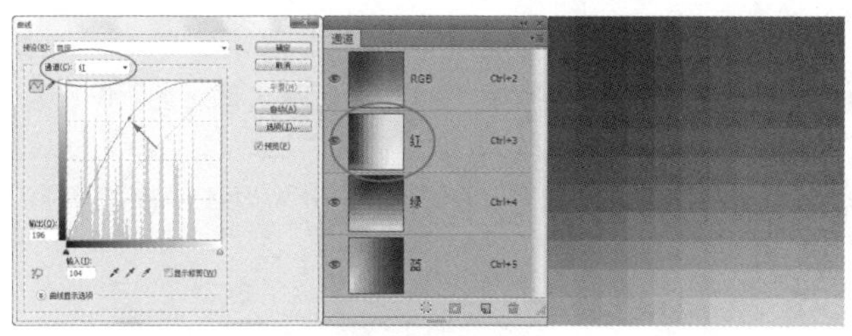
图 4-94

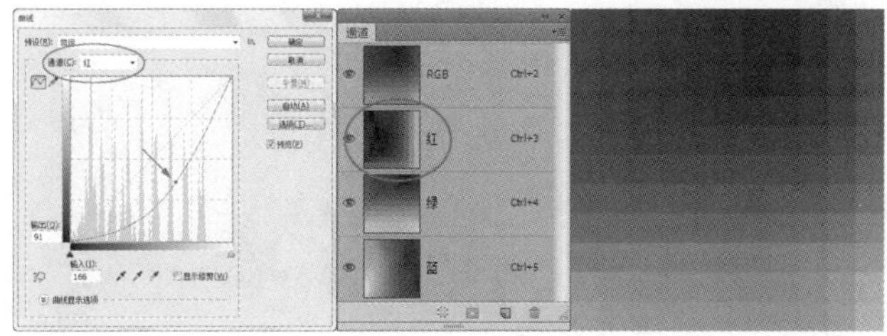
图 4-95

在颜色通道中，色彩还可以互相影响，当增加一种颜色含量的同时，还会减少其补色的含量；反之，减少一种颜色的含量，就会增加其补色的含量。例如，将红色通道调亮，可增加红色，并减少它的补色青色；将红色通道调暗，则减少红色，同时增加青色。其他颜色通道也是如此。图 4-96 和图 4-97 的色轮和色相环显示了颜色的互补关系，处于相对位置的颜色互为补色，如洋红与绿、黄与蓝。

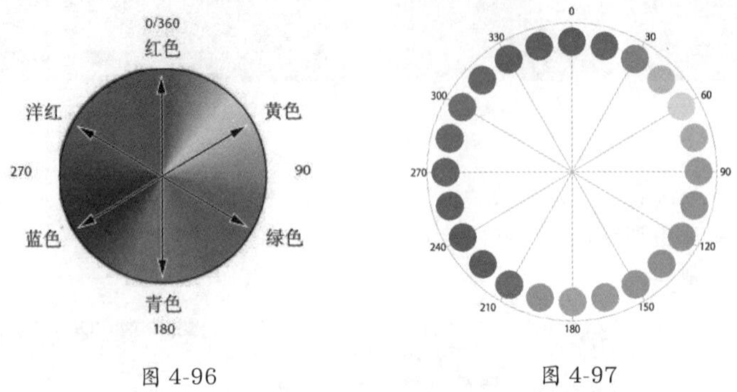

图 4-96　　图 4-97

4.8 课堂练习：爱心吊坠

01 打开素材文件，如图 4-98 所示。先在通道中制作选区，将心形吊坠的高光的中间色调选中。打开“通道”面板，将绿通道拖至创建新通道按钮进行复制，得到绿副本通道，如图 4-99 所示。

02 按 Ctrl+L 快捷键，打开“色阶”对话框，拖曳滑块增加对比度，如图 4-100 和图 4-101 所示。

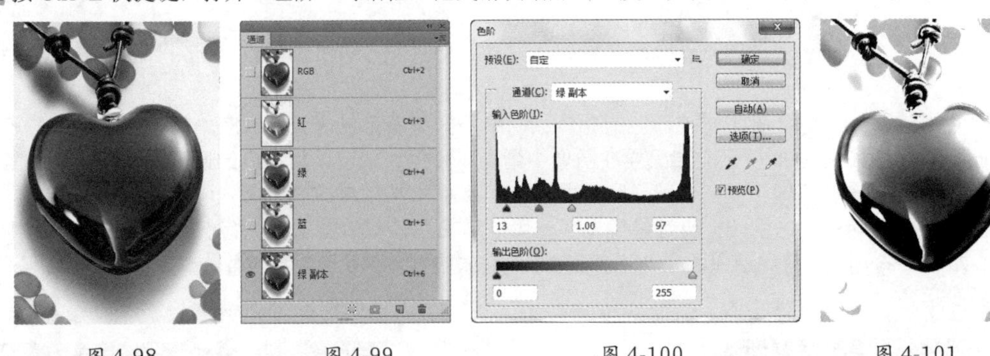

图 4-98　　图 4-99　　图 4-100　　图 4-101

03 选择柔角画笔工具，如图 4-102 所示，将前景色设置为白色，用画笔将心形吊坠以外的图像都涂为白色，如图 4-103 所示。按 Ctrl+2 快捷键，返回到 RGB 主通道，重新显示彩色图像。

04 打开素材文件，如图 4-104 所示。使用移动工具将其拖入吊坠文档中，如图 4-105 所示。

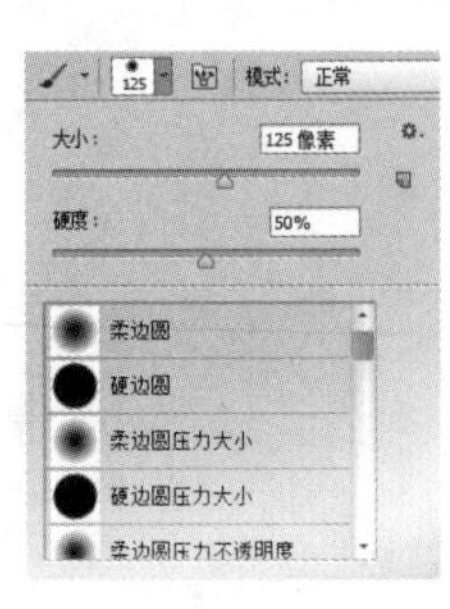

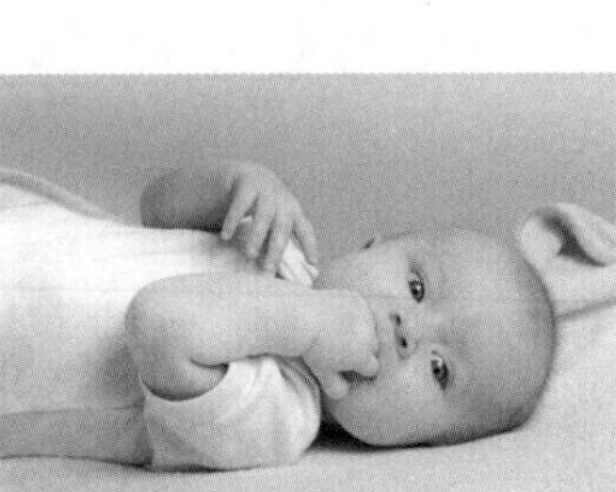

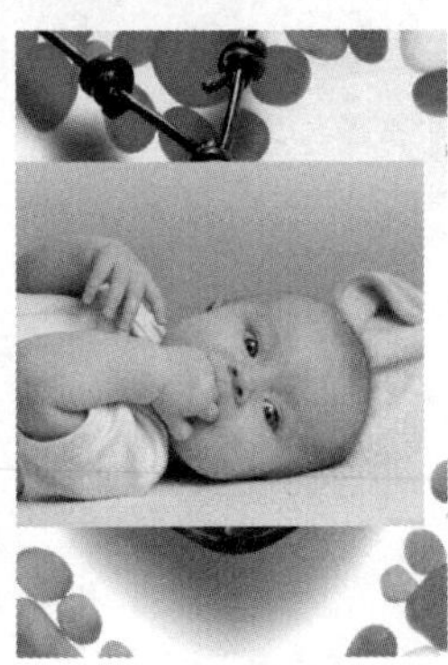

图 4-102　　图 4-103　　图 4-104　　图 4-105

05 按住 Ctrl 键并单击绿副本通道，如图 4-106 所示，载入该通道中的选区，如图 4-107 所示。

06 按住 Alt 键并单击"图层"面板底部的 按钮，基于选区创建一个反相的蒙版，如图4-108 和图4-109 所示。

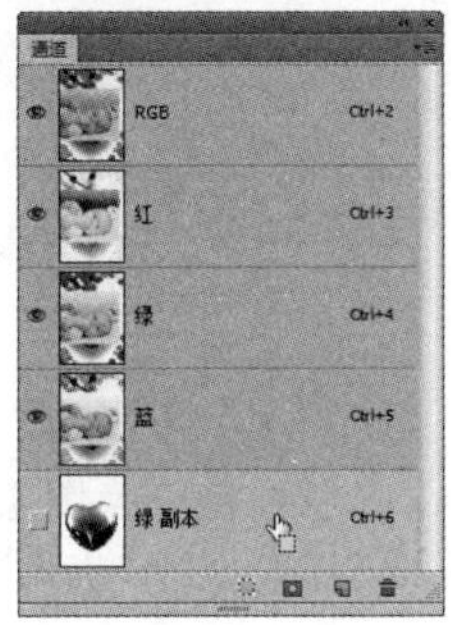

图 4-106

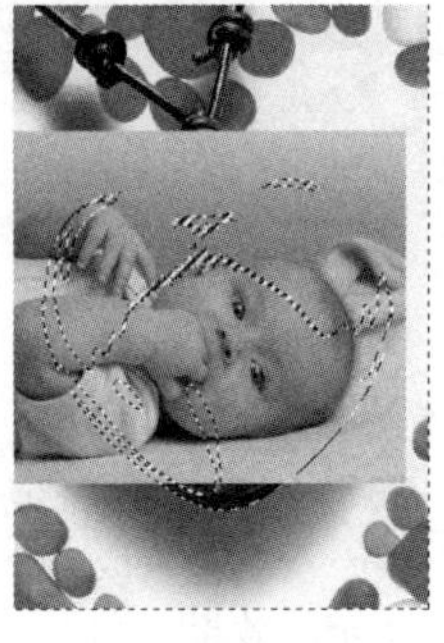

图 4-107

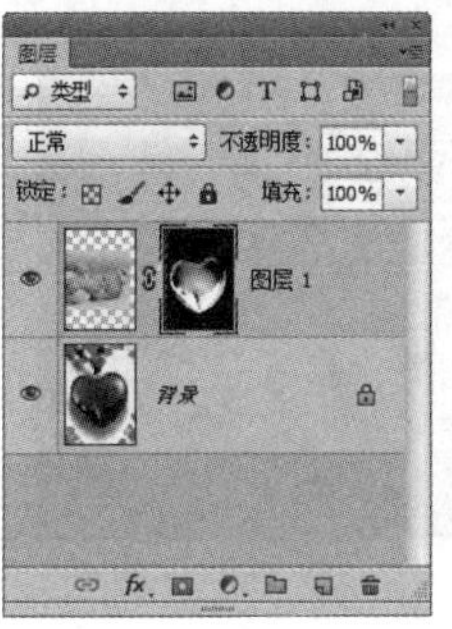

图 4-108

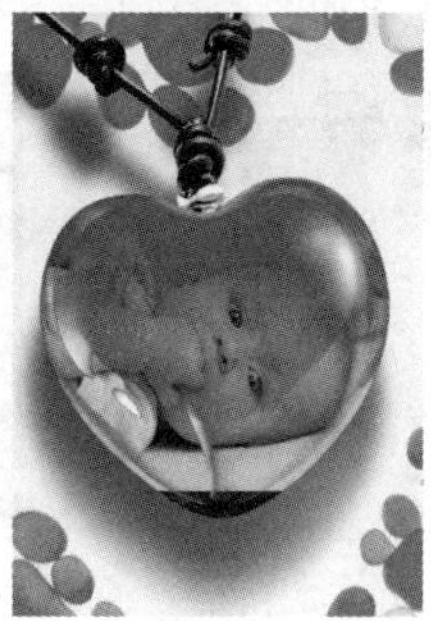

图 4-109

提示：

通道中的白色区域可以载入选区；灰色区域可以载入带有羽化的选区；黑色区域不包含选区。

07 选择柔角画笔工具 ，在吊坠周围涂抹黑色，将 Baby 图像隐藏，让吊坠显示出更多的内容，使合成效果更加真实，如图 4-110 和图 4-111 所示。如果要隐藏吊坠图像，可以按 X 键，将前景色切换为白色，用白色涂抹。

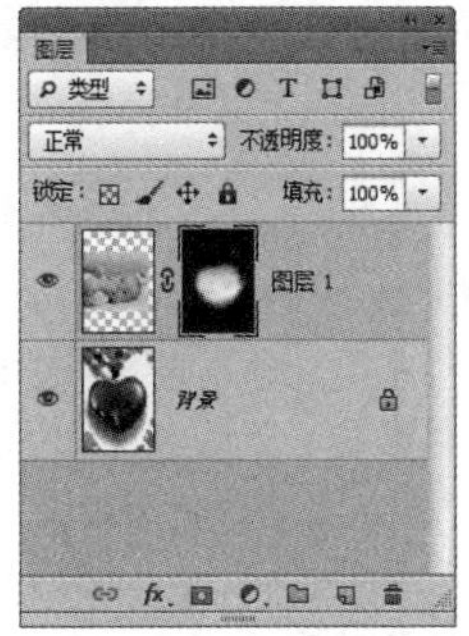

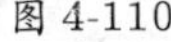

图 4-110

图 4-111

4.9 课堂练习：水晶花

01 按 Ctrl+N 快捷键，打开"新建"对话框，创建一个 600 像素 ×600 像素、分辨率为 72 像素 / 英寸的 RGB 模式文件。

02 打开"通道"面板，单击创建新通道按钮 ，新建一个 Alpah 通道，如图 4-112 所示。选择渐变工具 ，按 Shift 键填充线性渐变，如图 4-113 所示。

03 执行"滤镜 > 扭曲 > 波浪"命令，设置参数如图 4-114 所示，效果如图 4-115 所示。

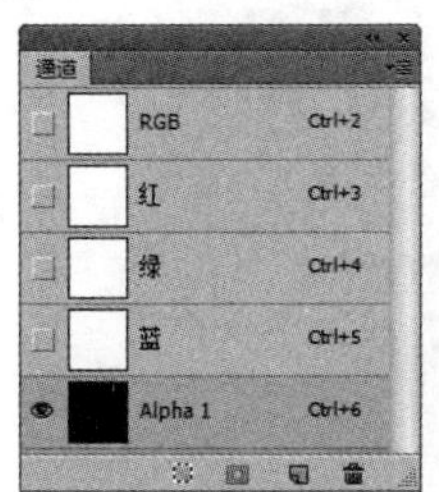

图 4-112

图 4-113

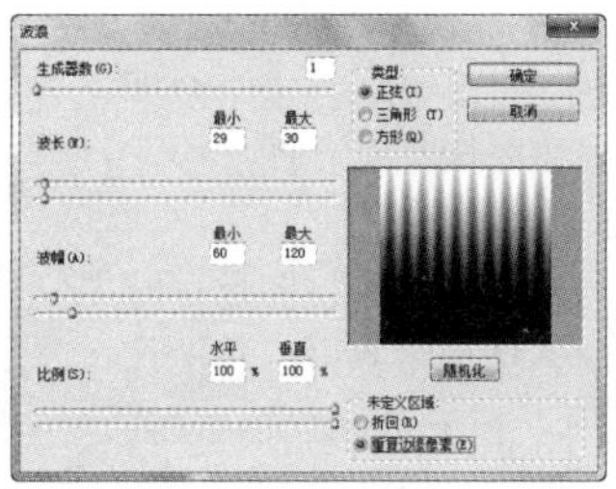

图 4-114

图 4-115

04 执行“滤镜 > 扭曲 > 极坐标”命令，在打开的对话框中选择“平面坐标到极坐标”选项，如图 4-116 所示，效果如图 4-117 所示。

图 4-116

图 4-117

05 执行“滤镜 > 素描 > 铬黄”命令，打开“滤镜库”对话框并设置参数，如图 4-118 所示。

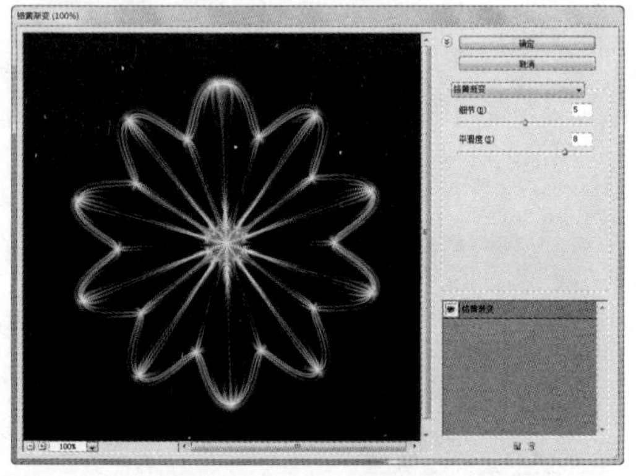

图 4-118

06 按 Ctrl+L 快捷键打开“色阶”对话框，向左拖曳灰色滑块，增加图像亮度的范围，如图 4-119 所示。单击“通道”面板底部的按钮，载入该通道的选区，如图 4-120 所示，按 Ctrl+C 快捷键复制选区内的图像。

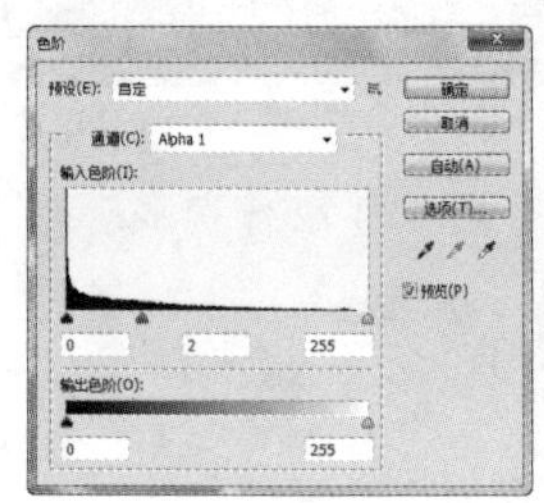

图 4-119

图 4-120

07 单击“图层”面板底部的按钮，新建一个图层。按 Ctrl+V 快捷键将复制的图像粘贴到图层中，如图 4-121 所示。按 Ctrl+J 快捷键复制该图层，按 Ctrl+T 快捷键显示定界框，按 Shift 键并将图像顺时针旋转 15°，按 Shift+Alt 键并拖曳定界框，将图像等比例缩小，如图 4-122 所示，按 Enter 键确认变换操作。

图 4-121　　图 4-122

08 连续按 Shift+Ctrl+Alt+T 快捷键变换图像（每变换一次便会生成一个新的图层），制作出如图 4-123 所示的效果。

图 4-123

09 单击“调整”面板中的按钮，创建“色彩平衡”调整图层，分别设置“中间调”和“阴影”的参数，如图 4-124 ～图 4-126 所示。

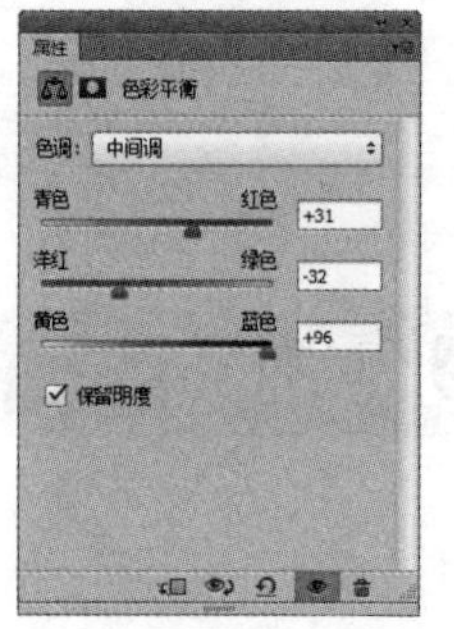

图 4-124

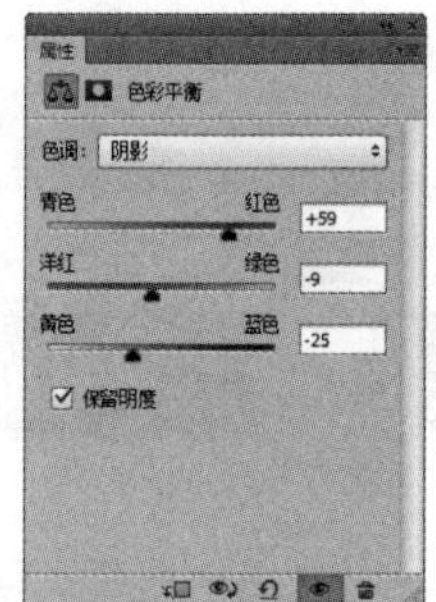

图 4-125

图 4-126

10 按住 Shift 键并单击“图层 1”，选取所有组成水晶花的图层，如图 4-127 所示。按 Ctrl+E 快捷键合并图层，如图 4-128 所示。按住 Alt 键并向下拖曳该图层进行复制，如图 4-129 所示。

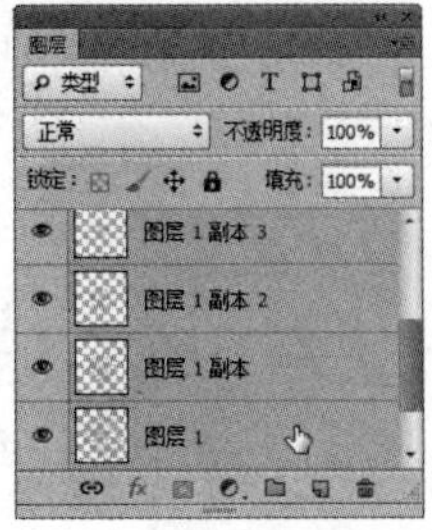
图 4-127

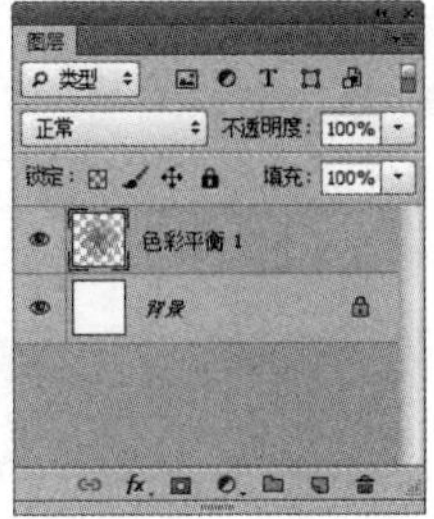
图 4-128

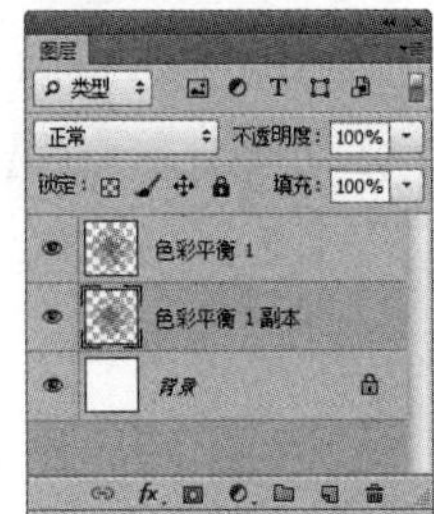
图 4-129

11 双击复制后的图层，打开“图层样式”对话框，选择“投影”选项，设置参数如图 4-130 所示。单击“确定”按钮关闭对话框。将图层的填充不透明度设置为 0%，如图 4-131 所示，效果如图 4-132 所示。

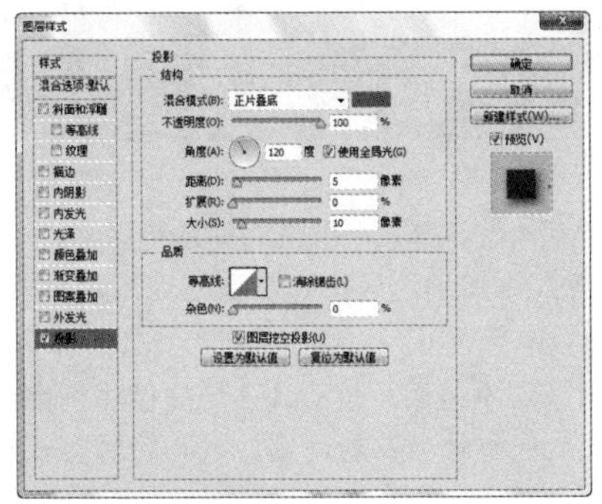
图 4-130

图 4-131

图 4-132

12 新建一个图层，按 Ctrl+] 快捷键将其调至顶层。使用椭圆选框工具 按住 Shift 键创建一个圆形选区，使用渐变工具 在选区内填充线性渐变，如图 4-133 所示。按 Ctrl+D 快捷键取消选区。按住 Alt 键并拖曳“色彩平衡 1 副本”图层后面的 fx 图标到“图层 1”，使圆形也具有同样的投影效果，如图 4-134 和图 4-135 所示。

图 4-133

图 4-134

图 4-135

13 再新建一个图层，创建一个椭圆形选区，填充白色，作为水晶的高光，如图 4-136 所示。使用橡皮擦工具 （柔角），将高光擦成如图 4-137 所示的形状。

图 4-136

图 4-137

14 将除“背景”图层以外的其他图层合并。执行“图像 > 画布大小”命令，设置画布的宽度为 800 像素，如图 4-138 所示。在“背景”图层中填充线性渐变，将水晶花移动到画面右侧，适当缩小并调整角度，如图 4-139 所示。

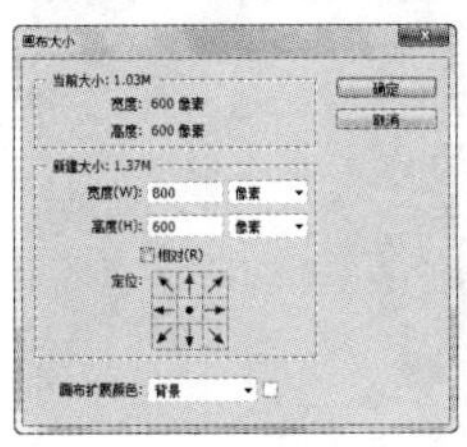
图 4-138

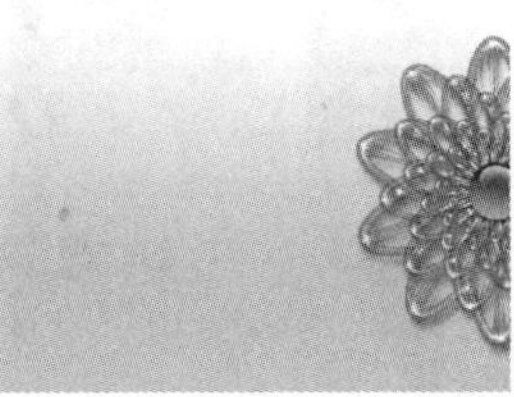
图 4-139

15 新建一个图层，创建一个白色的矩形，使用多边形套索工具选择矩形的边和角，按 Delete 键删除，将其制作为如图 4-140 所示的形状。

16 双击该图层，打开“图层样式”对话框，选择“描边”选项，设置参数如图 4-141 所示，效果如图 4-142 所示。

图 4-140

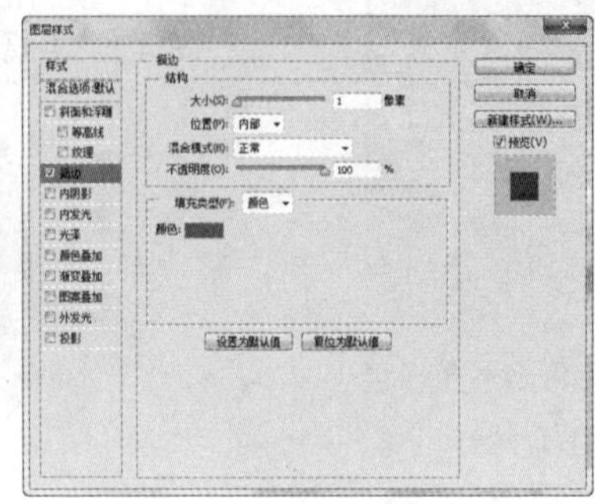

图 4-141

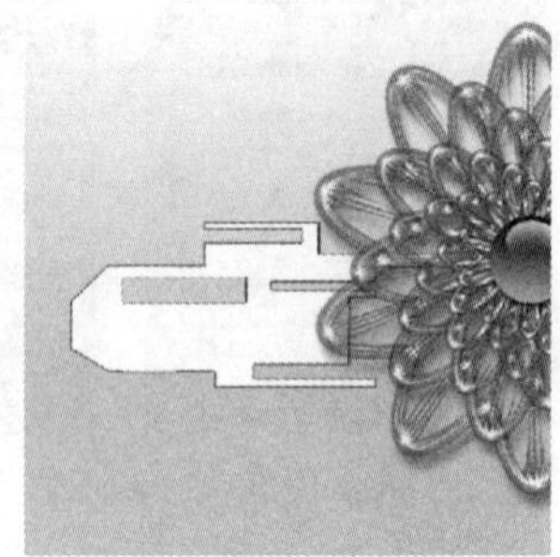

图 4-142

17 新建一个图层，用圆角矩形工具创建一个圆角矩形。打开“样式”面板，在面板菜单中选择“Web 样式”命令，载入样式库，单击如图 4-143 所示的样式，效果如图 4-144 所示。

18 设置该图层的填充不透明度为 18%，如图 4-145 所示。最后输入文字，完成制作，如图 4-146 所示。

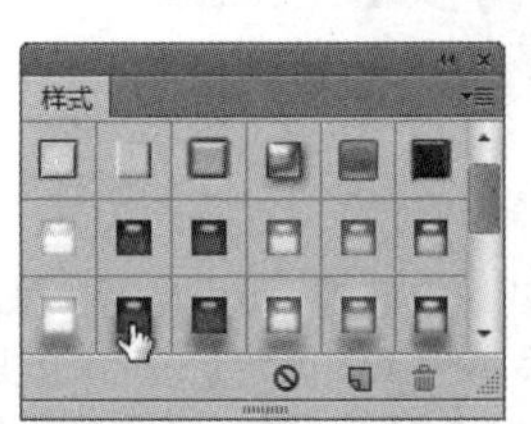

图 4-143

图 4-144

图 4-145

图 4-146

4.10 课堂练习：封面设计

01 打开素材文件，如图 4-147 所示。使用快速选择工具在模特身上单击并拖曳鼠标创建选区，如图 4-148 所示。如果有漏选的地方，可以按住 Shift 键并在其上涂抹，将其添加到选区中；多选的地方，可按住 Alt 键并涂抹，将其排除到选区之外。

02 现在看起来似乎模特被轻而易举地选中了，不过，目前的选区还不精确。按 Ctrl+J 快捷键将选中的图像复制到一个新的图层中，再将“背景”图层隐藏，在透明背景上观察就会发现问题，人物轮廓有残缺、边缘还有残留的背景图像，如图 4-149 和图 4-150 所示。

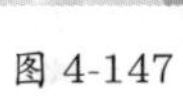

图 4-147

图 4-148

图 4-149

图 4-150

03 下面来加工选区。单击工具选项栏中的“调整边缘”按钮，打开“调整边缘”对话框。先在“视图”下拉列表中选择一种视图模式，以便更好地观察选区的调整结果，如图 4-151 和图 4-152 所示。

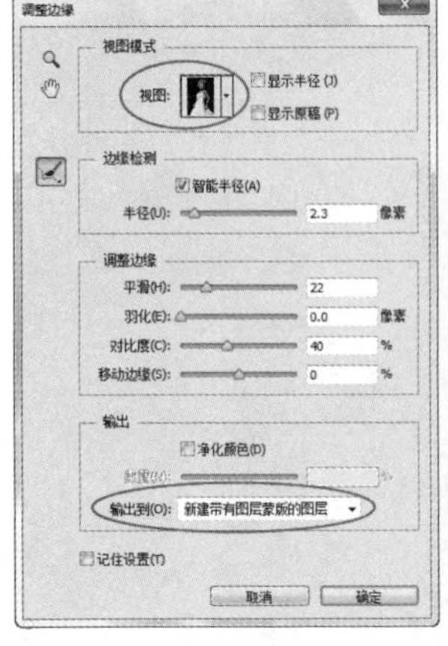

图 4-151

图 4-152

04 在“输出到”下拉列表中选择“新建带有图层蒙版的图层”选项，单击“确定”按钮，将选中的图像复制到一个带有蒙版的图层中，完成抠图操作，如图 4-153 和图 4-154 所示。

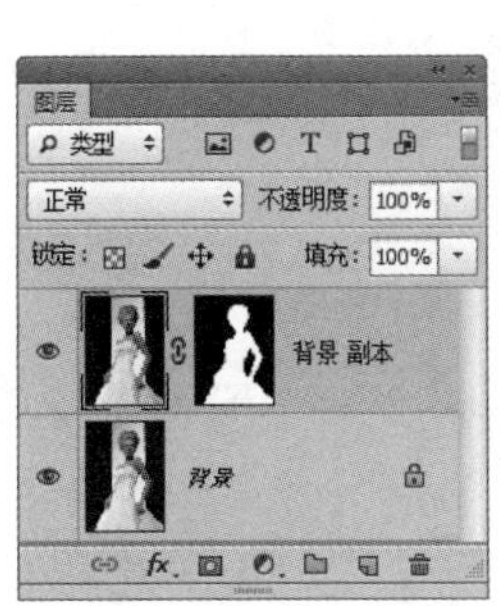

图 4-153

图 4-154

提示：

“调整边缘”对话框中有两个工具，它们可以对选区进行细化修改。例如，用它们涂抹毛发，可以向选区中加入更多的细节。其中，调整半径工具可以扩展检测的区域；抹除调整工具可以恢复原始的选区边缘。

05 选择“背景”图层。选择渐变工具，在工具选项栏中单击径向渐变按钮，填充白色 - 灰色径向渐变，如图 4-155 和图 4-156 所示。

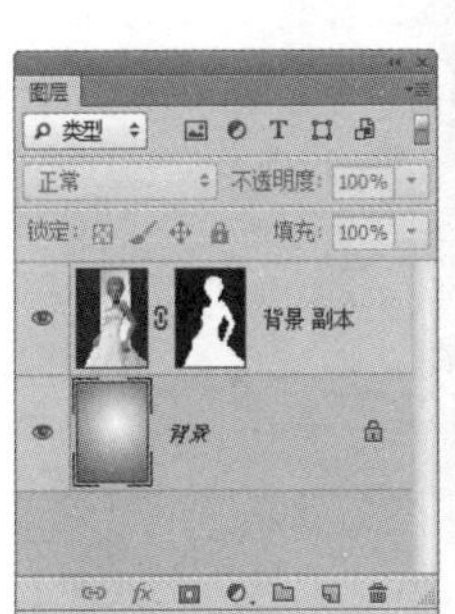

图 4-155

图 4-156

06 选择横排文字工具 T，在“字符”面板中设置字体、大小和颜色，如图 4-157 所示，在画面中单击并输入文字，如图 4-158 所示。

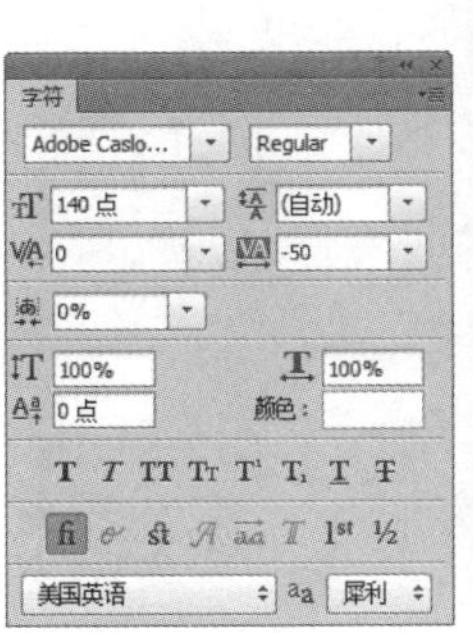

图 4-157

图 4-158

07 选择“背景副本”图层，单击“调整”面板中的按钮，在该图层上方创建“曲线”调整图层，拖曳曲线将画面的色调调亮，按 Alt+Ctrl+G 快捷键创建剪切蒙版，使调整图层只影响其下方的人物层，而不会影响其他图层，如图 4-159 ～图 4-161 所示。

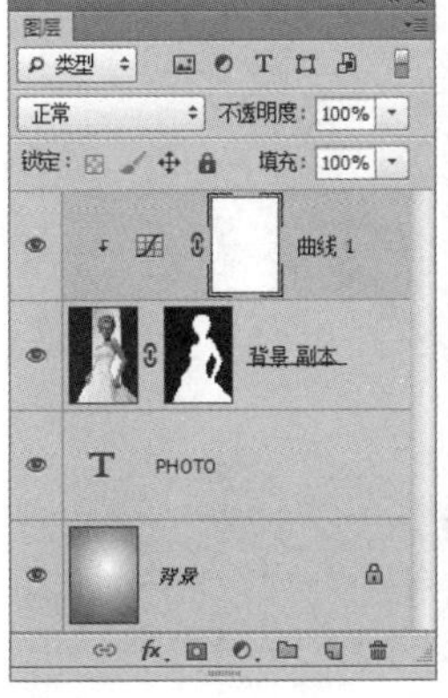

图 4-159

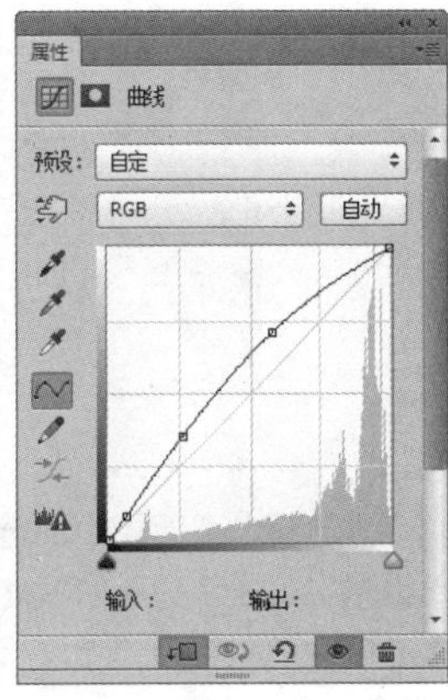

图 4-160

图 4-161

08 单击“调整”面板中的按钮，创建“色相/饱和度”调整图层，调整人物的肤色，按Alt+Ctrl+G快捷键创建剪切蒙版，如图4-162～图4-164所示。

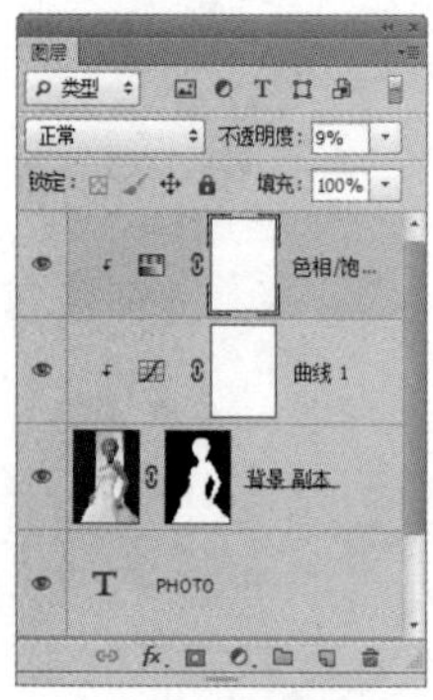

图 4-162

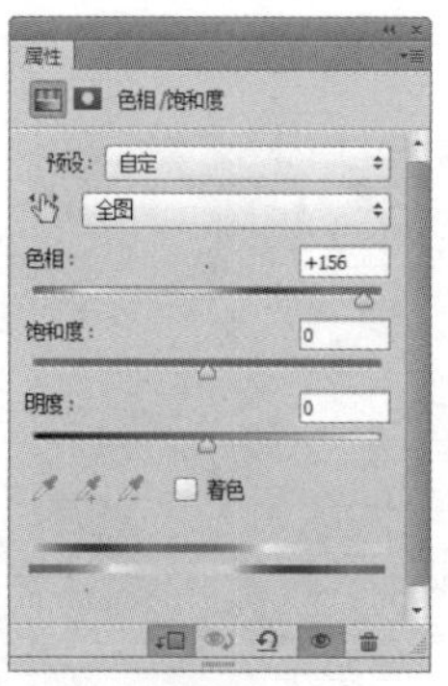

图 4-163

图 4-164

09 单击“调整”面板中的按钮，创建“可选颜色”调整图层，在“颜色”下拉列表中选择“中性色”，调整中性色的色彩平衡，让画面的色调变冷，如图4-165～图4-167所示。

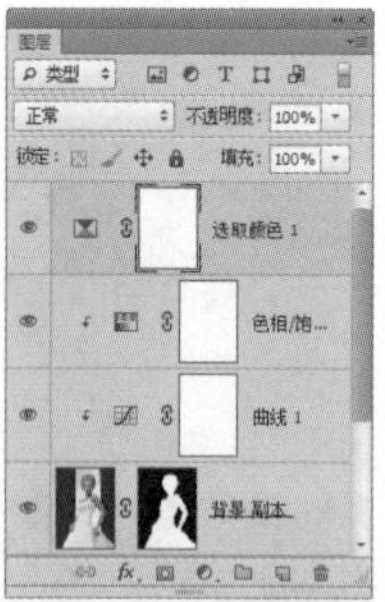

图 4-165

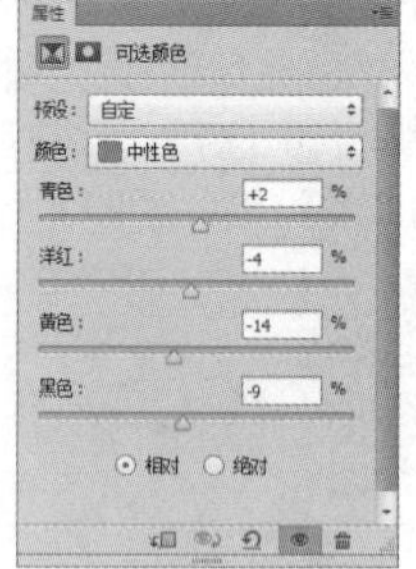

图 4-166

图 4-167

10 按Ctrl+J快捷键复制调整图层。单击“属性”面板底部的按钮，将参数恢复为默认值，然后选择“白色”进行调整，在白色的婚纱中加入蓝色，如图4-168～图4-170所示。

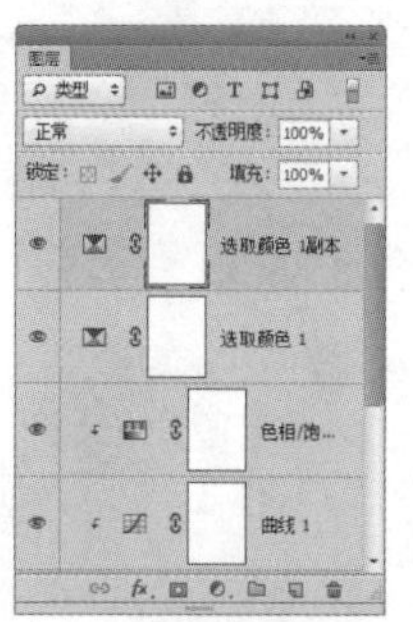

图 4-168

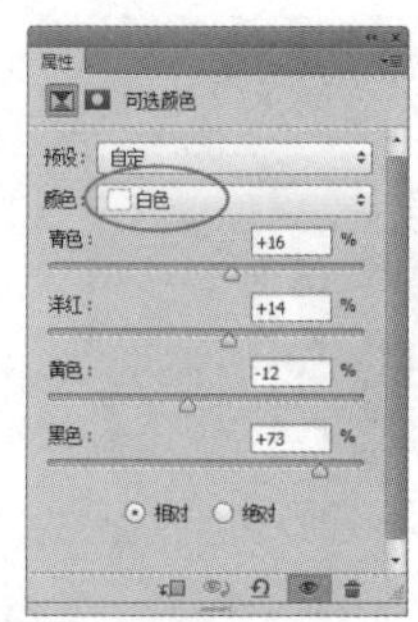

图 4-169

图 4-170

11 使用快速选择工具选中裙子，如图4-171所示，按 Shift+Ctrl+I 快捷键反选，按 Alt+Delete 快捷键在蒙版中填充黑色，按 Ctrl+D 快捷键取消选区，如图4-172 和图4-173 所示。

图 4-171

图 4-172

图 4-173

12 使用横排文字工具 T 在画面右下角输入文字，如图4-174 和图4-175 所示。双击该文字图层，打开"图层样式"对话框，添加"投影"效果，如图4-176 和图4-177 所示。

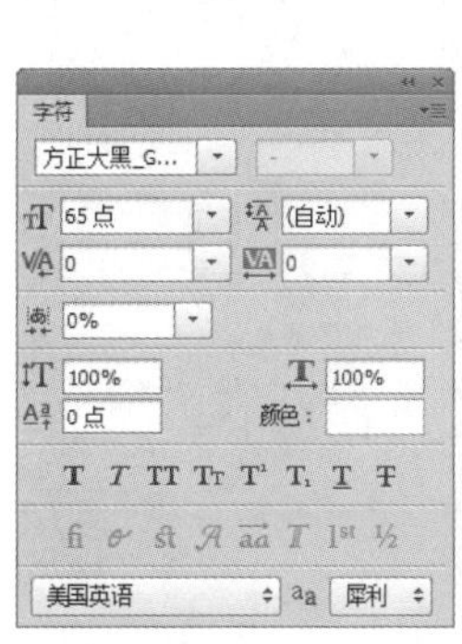
图 4-174

图 4-175

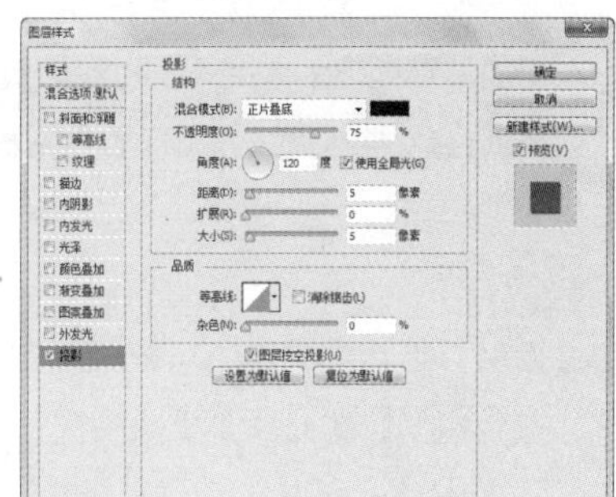
图 4-176

图 4-177

13 打开一个素材文件，如图4-178 所示，使用移动工具将图形和条码拖至封面文档中，如图4-179 所示。最后，使用横排文字工具 T 再输入一些文字，增加画面的信息量，如图4-180 所示。

图 4-178

图 4-179

图 4-180

4.11 思考与练习

一、问答题

1. 矢量蒙版、剪切蒙版和图层蒙版有何不同?

2. 混合颜色带的哪种特性是其他蒙版都无法实现的?

3. 通道的主要用途有几种?

4. 怎样将红通道与蓝通道进行对调?

5. 举例说明，对于 RGB 模式的图像，颜色通道的明度发生变化时，颜色怎样改变?

二、上机练习

1. 练瑜伽的“汪星人”

打开素材文件，如图 4-181 和图 4-182 所示。在“小狗”图层上创建蒙版，使用画笔工具 将小狗的后腿和尾巴涂成黑色，将其隐藏，如图 4-183 和图 4-184 所示。

图 4-181

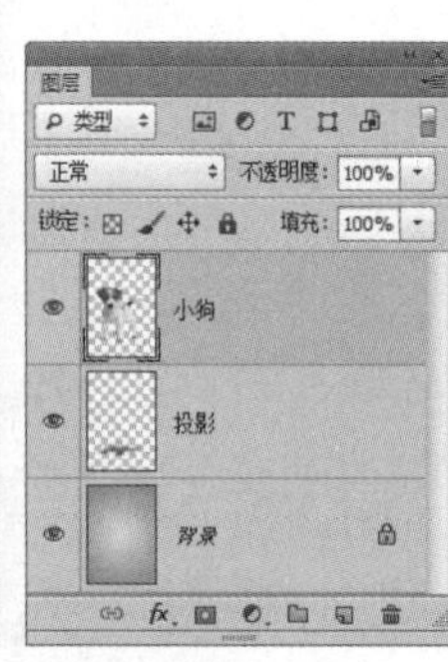

图 4-182

图 4-183

图 4-184

按住 Alt 键并向下拖曳“小狗”图层进行复制，单击蒙版缩览图，将蒙版填充为白色，如图 4-185 所示。使小狗全部显示在画面中。按 Ctrl+T 快捷键显示定界框，拖曳定界框将小狗旋转，再适当缩小图像，如图 4-186 所示。按 Enter 键确认操作。在蒙版中涂抹黑色，只保留一条后腿，其余部分全部隐藏，如图 4-187 和图 4-188 所示。

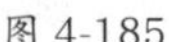

图 4-185

图 4-186

图 4-187

图 4-188

2. 电影海报

下面是一个剪切蒙版练习。打开素材文件，如图 4-189 所示，使用“文件 > 置入嵌入的智能对象”命令置入光盘中的 EPS 格式素材，再拖入火焰素材，执行“图层 > 创建剪切蒙版”命令，创建剪切蒙版，如图 4-190 所示。

图 4-189

图 4-190

4.12 测试题

1. （　　）蒙版与分辨率无关。

　A. 图层　　B. 剪切　　C. 矢量

2. 画笔工具不仅能够绘制图画，还可以用来编辑（　　）。

　A. 矢量蒙版　　B. 图层蒙版　　C. 调整图层　　D. 通道

3. 如果删除一个颜色通道，则图像会变为（　　）模式。

　A. 双色调　　B. 索引颜色　　C. Lab　　D. 多通道

4. 在绘制像素画的过程中，（　　）是最适合使用的。

　A. 画笔工具　　B. 铅笔工具　　C. 喷枪工具

5. Photoshop 中的通道包括（　　）。

　A. 颜色通道　　B. 专色通道　　C. Alpha 通道

6. Alpha 通道最主要的用途是（　　）。

　A. 保存图像色彩信息　　B. 保存图像未修改前的状态

　C. 存储和建立选择范围　　D. 保存图像信息

7. 下列关于颜色通道的说法，正确的是（　　）。

A. 单独显示青色通道时，通道呈灰度状态

B. 通道是不能进行单独调整的

C. 一个通道只代表一种颜色的明暗变化

D. 黄色通道是由图像中所有黄色像素点的信息组成的

8. 下列关于专色通道的说法，错误的是（　　）。

A. 在“专色通道选项”对话框中的“密度”值设得越高印刷在纸上的油墨越厚

B. 专色通道最好用专色的名称命名

C. 专色是特殊的预混油墨

D. 专色油墨就是除 C、M、Y、K 混合产生的油墨以外的其他油墨

第5章

影楼后期：修图与调色

在传统的摄影中，处理照片总是离不开暗房这个环节，而使用计算机对数码照片或扫描的照片进行后期处理时，可以轻松完成传统摄影需要花费大量人力和物力才能够实现的后期工作，使摄影从暗房中解放出来。Photoshop 提供了大量专业的照片修复工具，包括仿制图章、污点修复画笔、修复画笔、修补和红眼等工具，可以快速修复照片中的污点和瑕疵。

5.1 关于摄影后期处理

从 1826 年法国科学家尼埃普斯将感光材料放入暗箱，拍摄了现存最早的永久影像起，摄影就改变了人们的生活。有人希望用相机记录生活中的精彩瞬间；有人将摄影作为自己的爱好；有人将摄影作为自己的职业；有人将摄影作为一种自我表达的方式，以此展现他的创造力和对世界的看法。

使用数码相机完成拍摄以后，总会有一些遗憾和不尽如人意的地方，如普通用户会发现照片的曝光不准缺少色调层次、ISO 设置过高出现杂色、美丽的风景中有多余的人物、照片颜色灰暗色彩不鲜亮、人物脸上的痘痘和雀斑影响美观等。专业的摄影师或影楼工作人员会面临照片的影调需要调整、人像需要磨皮和修饰、色彩风格需要表现、艺术氛围需要营造等难题，这一切都可以通过后期处理来解决。

后期处理不仅可以解决数码照片中出现的各种问题，也为摄影师和摄影爱好者提供了二次创作的机会和可以发挥创造力的大舞台。传统的暗房会受到许多摄影技术条件的限制和影响，无法制作出完美的影像。计算机的出现给摄影技术带来了革命性的突破，通过计算机可以完成过去无法用摄影技法实现的创意。图 5-1 ～图 5-3 为巴西艺术家 Marcela Rezo 的摄影后期作品。

图 5-1

图 5-2

图 5-3

图 5-4 和图 5-5 为瑞典杰出视觉艺术家埃里克 · 约翰松的摄影后期作品；图 5-6 为法国天才摄影师 Romain Laurent 的作品，他的广告创意摄影与时装编辑工作非常出色，润饰技巧让人印象深刻。

图 5-4

图 5-5

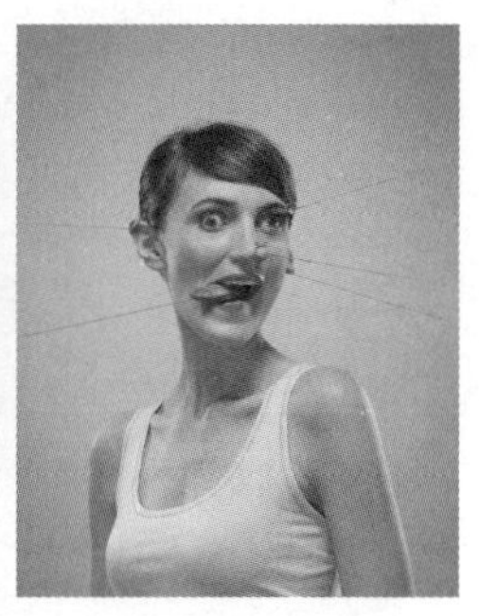

图 5-6

5.2 照片修图工具

Photoshop 提供的仿制图章、修复画笔、污点修复画笔、修补和加深等工具可以完成复制图像内容、消除瑕疵、调整曝光，以及进行局部的锐化和模糊等一系列修图工作。

5.2.1 照片修饰工具

- 仿制图章工具：可以从图像中复制信息，将其应用到其他区域或其他图像中，常用于复制图像或去除照片中的缺陷。选择该工具后，在要复制的图像区域按住 Alt 键并单击进行取样，然后释放 Alt 键在需要修复的区域涂抹即可。例如，图 5-7 和图 5-8 为使用该工具将女孩身后多余的人像去除。

图 5-7

图 5-8

- 修复画笔工具：与仿制工具类似，也可以利用图像样本来绘画。但该工具可以从被修饰区域的周围取样，并将样本的纹理、光照、透明度和阴影等与所修复的像素匹配，在去除照片中的污点和划痕时，人工痕迹不明显。例如，将光标放在眼角附近没有皱纹的皮肤上，按住 Alt 键并单击进行取样，如图 5-9 所示，释放 Alt 键，在眼角的皱纹处单击并拖曳鼠标即可将皱纹抹除，如图 5-10 所示。

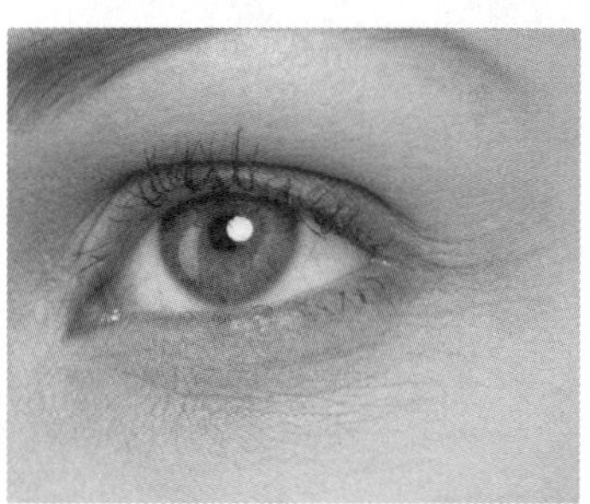

图 5-9

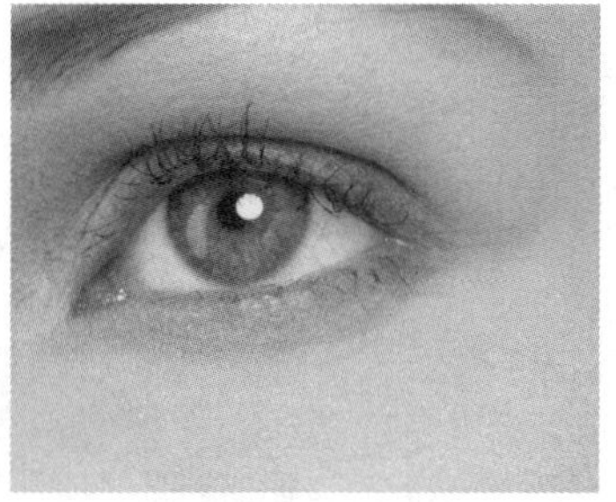

图 5-10

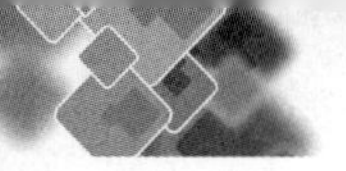

- 污点修复画笔工具：在照片中的污点、划痕等处单击即可快速去除不理想的部分，如图 5-11 和图 5-12 所示。它与修复画笔的工作方式类似，也是使用图像样本进行绘画的，并将样本像素的纹理、光照、透明度和阴影与所修复的像素相匹配。

图 5-11

图 5-12

- 修补工具：与修复画笔工具类似，该工具可以用其他区域中的像素修复选中的区域，并将样本像素的纹理、光照和阴影与源像素进行匹配。它的特别之处是需要用选区来定位修补范围，如图 5-13 和图 5-14 所示。

图 5-13

图 5-14

- 内容感知移动工具：用其将选中的对象移动或扩展到其他区域后，可以重组和混合对象，产生出色的视觉效果。图 5-15 为使用该工具选取的图像，在工具选项栏中将“模式”设置为“移动”后，将光标放在选区内单击并将小鸭子移动到新位置，Photoshop 会自动填充空缺的部分，如图 5-16 所示；如果将“模式”设置为“扩展”，则可复制出新的小鸭子，如图 5-17 所示。

图 5-15

图 5-16

图 5-17

- 红眼工具：在红眼区域上单击即可校正红眼，如图 5-18 和图 5-19 所示。该工具可以去除用闪光灯拍摄的人物照片中的红眼现象，以及动物眼睛中的白色或绿色反光。

图 5-18

图 5-19

5.2.2　照片曝光调整工具

在调节照片特定区域曝光度的传统摄影技术中，摄影师通过减弱光线以使照片中的某个区域变亮（减淡），或增加曝光度使照片中的区域变暗（加深）。减淡工具和加深工具正是基于这种技术，可用于处理照片的局部曝光。例如，图 5-20 为一张照片原片，图 5-21 为使用减淡工具处理后的效果，图 5-22 为使用加深工具处理后的效果。

图 5-20

图 5-21

图 5-22

5.2.3　照片模糊和锐化工具

模糊工具可以柔化图像、减少细节，创建景深效果，如图 5-23 和图 5-24 为原图及用该工具处理后的效果。锐化工具可以增强相邻像素之间的对比，提高图像的清晰度，如图 5-25 所示。这两个工具适合处理小范围内的图像细节，如果要对整幅图像进行处理，可以使用“模糊”和“锐化”滤镜。

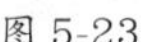

图 5-23

图 5-24

图 5-25

5.3 课堂练习：用仿制图章修图

仿制图章工具可以从图像中复制信息，将其应用到其他区域或其他图像中。该工具对于复制对象或去除图像中的缺陷非常有用。

01 打开素材文件，如图 5-26 所示。新建一个图层，如图 5-27 所示。

图 5-26

图 5-27

02 选择仿制图章工具，在工具选项栏中设置工具大小为柔角 50 像素，在样本下拉列表中选择“所有图层”选项，如图 5-28 所示。

图 5-28

03 将光标放在左边小狗的黑色耳朵上，按住 Alt 键并单击进行取样，如图 5-29 所示，然后释放 Alt 键，在右边小狗的耳朵上拖曳鼠标进行涂抹，将复制的图像应用到此处，如图 5-30 所示。

图 5-29

图 5-30

04 继续涂抹，直到把小狗的头部全都复制出来，如图 5-31 所示。使用移动工具调整头部的位置，如图 5-32 所示。选择橡皮擦工具，在下拉面板中选择一个柔角画笔，如图 5-33 所示。将头部边缘多余的区域擦除，如图 5-34 所示。

图 5-31

图 5-32

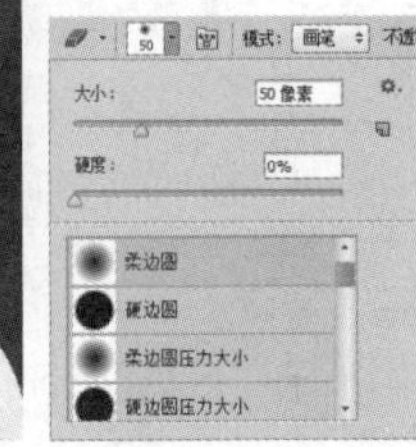

图 5-33

图 5-34

5.4 课堂练习：制作液化效果

使用涂抹工具涂抹图像时，可拾取鼠标单击点的颜色，并沿拖移的方向展开这种颜色，从而模拟出类似于手指拖过湿油漆时的效果。

01 打开素材文件，如图5-35所示。按Ctrl+J快捷键，复制“背景”图层，如图5-36所示。

图 5-35

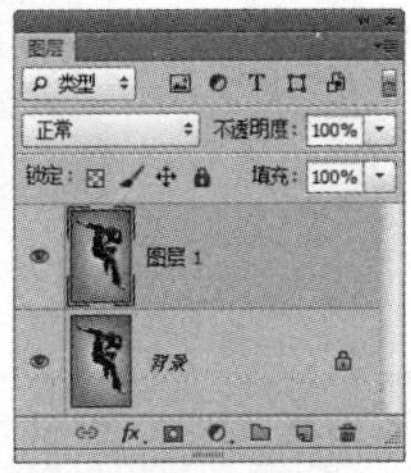

图 5-36

02 使用吸管工具，在鞋附近单击，拾取该区域的颜色作为前景色，如图5-37所示。选择画笔工具，在工具选项栏中设置工具大小为40像素，在鞋上涂抹，如图5-38所示。

图 5-37

图 5-38

03 使用吸管工具拾取裤子附近的颜色，然后使用画笔工具在裤子上涂抹，将裤子覆盖，如图5-39所示。在工具选项栏中设置画笔工具的不透明度为20%，在过渡不均匀的颜色上涂抹，使这部分背景看起来更加自然，如图5-40所示。

04 选择涂抹工具，在工具选项栏中设置工具大小为5像素，“强度”为90%，在裤子的左侧阴影区域单击，然后按住Shift键并拖曳鼠标，涂抹出一条黑线，如图5-41所示。按] 键，将笔尖调大，沿裤子的右侧边缘向下拖曳鼠标进行涂抹，如图5-42所示。

图 5-39

图 5-40

图 5-41

图 5-42

05 继续沿裤子边缘向下涂抹，制作出液体流淌效果。像用油彩绘画一样，在笔触末端画一个圈，表现水珠效果，如图5-43和图5-44所示。

图 5-43

图 5-44

06 表现裤子的折边时，可以在裤子右侧的亮面单击，向左侧（暗面）拖曳鼠标，将浅色像素拖至深色，如图 5-45 所示。不仅要将裤子的像素向外涂抹，也可以由背景向裤子上推移，用这种方法可将多余的部分覆盖，如图 5-46 所示。用同样方法涂抹运动鞋，如图 5-47 所示。

图 5-45

图 5-46

图 5-47

5.5 课堂练习：缔造完美肌肤

01 打开素材文件，如图 5-48 所示。打开“通道”面板，将“绿”通道拖至面板底部的按钮上进行复制，得到“绿 副本”通道，如图 5-49 所示，现在文档窗口中显示的是“绿 副本”通道中的图像，如图 5-50 所示。

02 执行“滤镜 > 其他 > 高反差保留”命令，设置半径为 20 像素，如图 5-51 和图 5-52 所示。

图 5-48

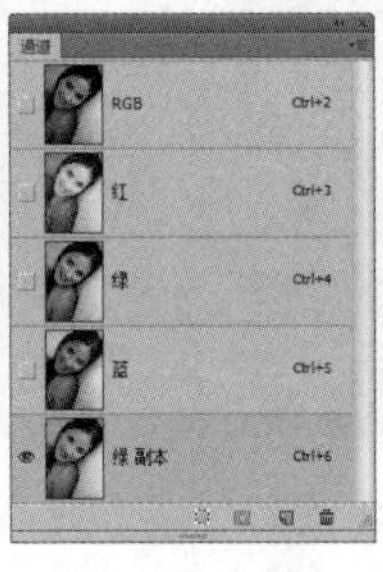

图 5-49

图 5-50

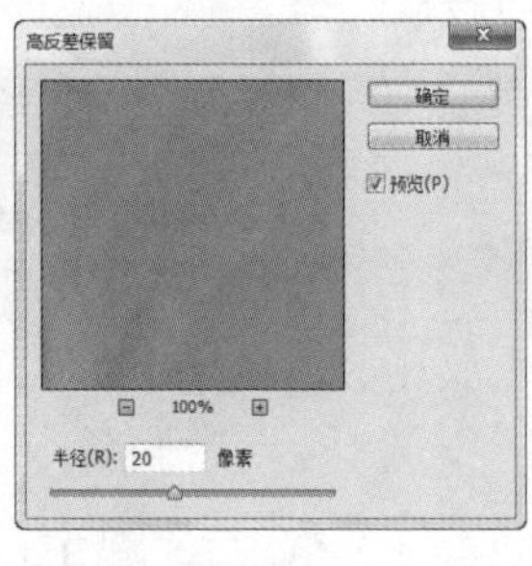

图 5-51

图 5-52

03 执行“图像 > 计算”命令，打开“计算”对话框，设置混合模式为“强光”，结果为“新建通道”，如图 5-53 所示，计算后会生成一个名称为 Alpha 1 的通道，如图 5-54 和图 5-55 所示。

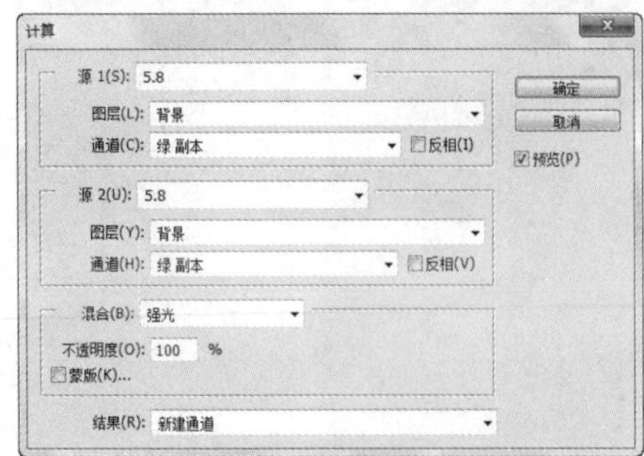

图 5-53

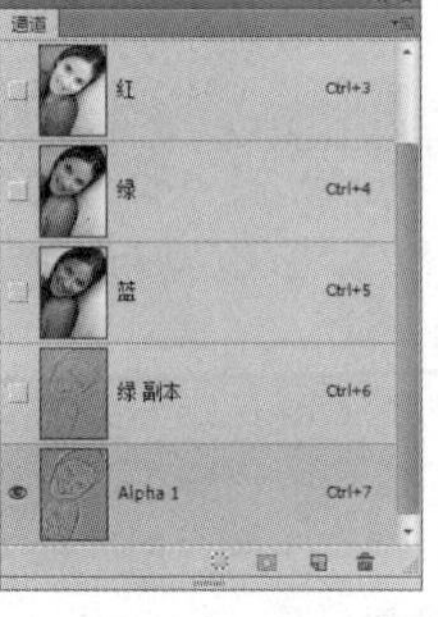

图 5-54

图 5-55

04 再执行一次“计算”命令，得到 Alpha 2 通道，如图 5-56 所示。单击“通道”面板底部的按钮，载入通道中的选区，如图 5-57 所示。

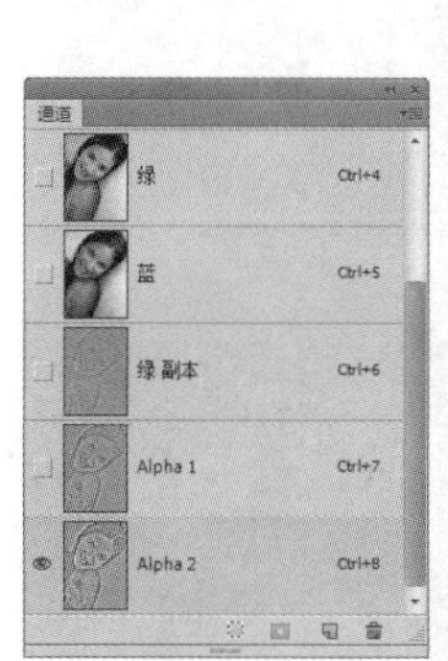

图 5-56

图 5-57

05 按 Ctrl+2 快捷键返回彩色图像编辑状态，如图 5-58 所示。按 Shift+Ctrl+I 快捷键反选，如图 5-59 所示。

图 5-58

图 5-59

06 单击“调整”面板中的按钮，创建“曲线”调整图层。在曲线上单击，添加两个控制点，并向上移动曲线，如图 5-60 所示，人物的皮肤会变得非常光滑、细腻，如图 5-61 所示。

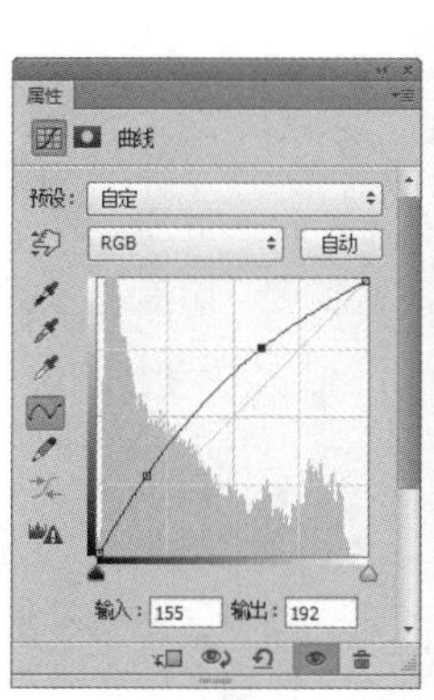

图 5-60

图 5-61

07 现在人物的眼睛、头发、嘴唇和牙齿等有些过于模糊，需要恢复为清晰的状态。选择一个柔角画笔工具，在工具选项栏中将不透明度设置为 30%，在眼睛、头发等处涂抹黑色，用蒙版遮盖图像，显示出“背景”图层中清晰的图像。图 5-62 为修改蒙版以前的图像，图 5-63 和图 5-64 为修改后的蒙版及图像效果。

图 5-62

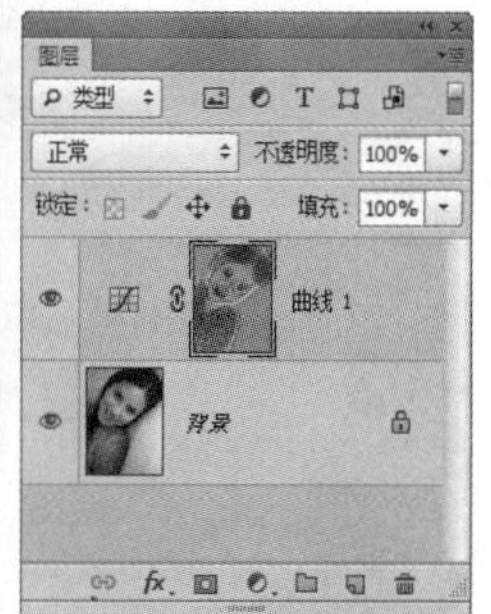

图 5-63

图 5-64

08 下面来处理眼睛中的血丝。选择“背景”图层，如图 5-65 所示。选择修复画笔工具，按住 Alt 键并在靠近血丝处单击，拾取颜色（白色），如图 5-66 所示，然后释放 Alt 键在血丝上涂抹，将其覆盖，如图 5-67 所示。

图 5-65

图 5-66

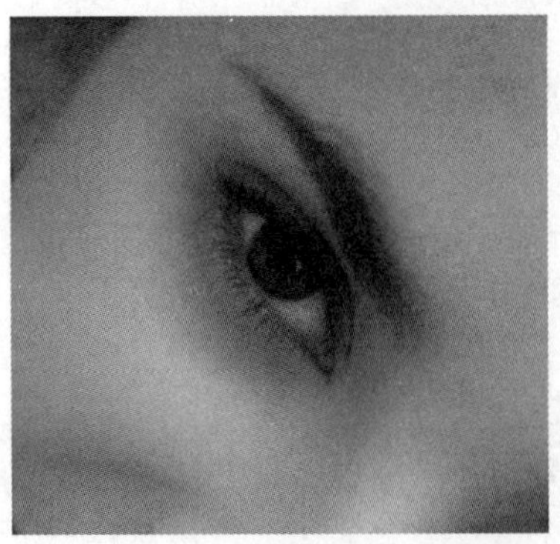

图 5-67

09 单击“调整”面板中的 按钮，创建“可选颜色”调整图层，单击“颜色”选项右侧的 ⬍ 按钮，选择“黄色”，通过调整减少画面中的黄色，使人物的皮肤颜色变得粉嫩，如图 5-68 和图 5-69 所示。

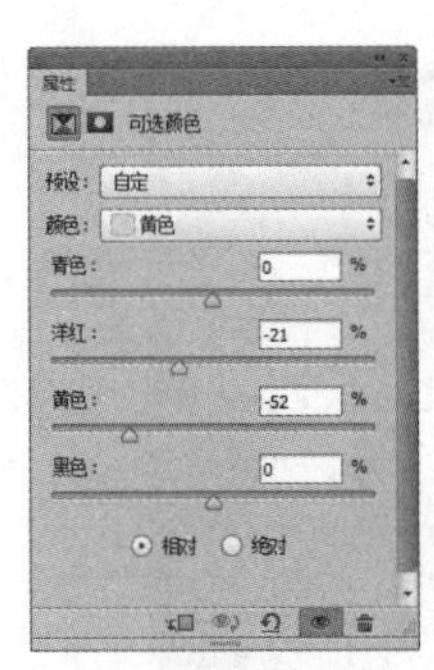

图 5-68　图 5-69

10 按 Alt+Shift+Ctrl+E 快捷键，将磨皮后的图像盖印到一个新的图层中，如图 5-70 所示，按 Ctrl +] 快捷键，将其移动到顶层，如图 5-71 所示。

11 执行“滤镜 > 锐化 >USM 锐化”命令，对图像进行锐化，使图像效果更加清晰，如图 5-72 所示。图 5-73 为原图像，图 5-74 为磨皮后的效果。

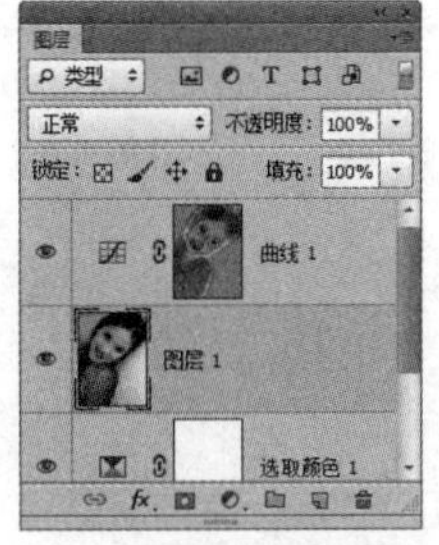

图 5-70

图 5-71

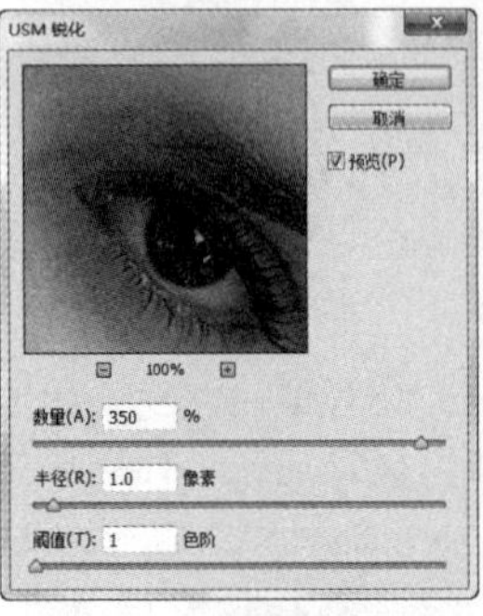

图 5-72

图 5-73

图 5-74

5.6 照片影调和色彩调整工具

Photoshop 提供了大量色彩和色调调整工具，可以对色彩的组成要素——色相、饱和度、明度和色调等进行精确调整。不仅如此，Photoshop 还能对色彩进行创造性修改。

5.6.1 调色命令与调整图层

Photoshop 的“图像”菜单中包含用于调整色调和颜色的各种命令，如图 5-75 所示。其中，一部分常用命令也通过“调整”面板提供给了用户，如图 5-76 所示。因此，可以通过两种方式来使用调整命令，第 1 种是直接用“图像”菜单中的命令来处理图像，第 2 种是使用调整图层来应用这些调整命令。这两种方式可以达到相同的调整结果。它们的不同之处在于，“图像”菜单中的命令会修改图像的像素数据，而调整图层则不会修改像素，它是一种非破坏性的调整功能。

图 5-75

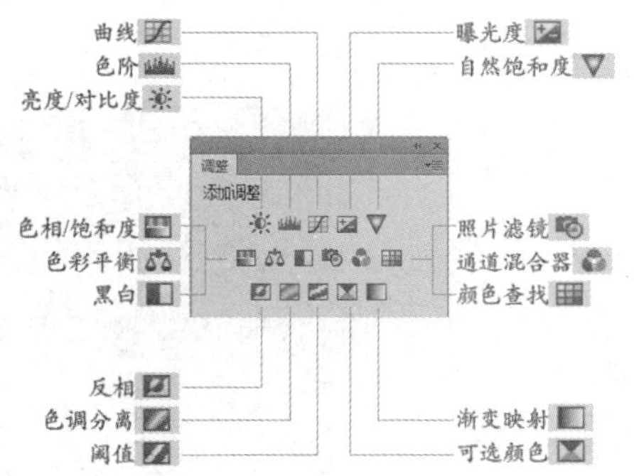

图 5-76

例如，图 5-77 为原图像，假设要用“色相 / 饱和度”命令调整它的颜色。如果使用“图像 > 调整 > 色相 / 饱和度”命令来操作，“背景”图层中的像素就会被修改，如图 5-78 所示。如果使用调整图层操作，则可在当前图层的上面创建一个调整图层，调整命令通过该图层对下面的图像产生影响，调整结果与使用“图像”菜单中的“色相 / 饱和度”命令完全相同，但下面图层的像素没有任何变化，如图 5-79 所示。

图 5-77

图 5-78

图 5-79

使用“调整”命令调整图像后，效果就不能改变了。而调整图层则不然，只需单击它，便可在“调整”面板中修改参数，如图 5-80 所示。隐藏或删除调整图层，可以使图像恢复为原来的状态，如图 5-81 所示。

图 5-80

图 5-81

5.6.2 Photoshop 调色命令分类

- 调整颜色和色调："色阶"和"曲线"命令可以调整颜色和色调，它们是最重要、最强大的调整命令；"色相/饱和度"和"自然饱和度"命令用于调整色彩；"阴影/高光"和"曝光度"命令只能调整色调。
- 匹配、替换和混合颜色："匹配颜色""替换颜色""通道混合器"和"可选颜色"命令可以匹配多个图像之间的颜色，替换指定的颜色或者对颜色通道做出调整。
- 快速调整图像："自动色调""自动对比度"和"自动颜色"命令能自动调整图像的颜色和色调，适合初学者使用；"照片滤镜"和"色彩平衡"是用于调整色彩的命令，使用方法简单且直观；"亮度/对比度"和"色调均化"命令用于调整色调。
- 应用特殊颜色调整："反相""阈值""色调分离"和"渐变映射"是特殊的颜色调整命令，它们可以将图像转换为负片效果、简化为黑白效果、分离色彩或者用渐变颜色替换图像中原有的颜色。

5.6.3 色阶

"色阶"可以调整图像的阴影、中间调和高光的强度级别、校正色调范围和色彩平衡。打开一张照片，如图 5-82 所示，执行"图像 > 调整 > 色阶"命令，打开"色阶"对话框，如图 5-83 所示。

图 5-82

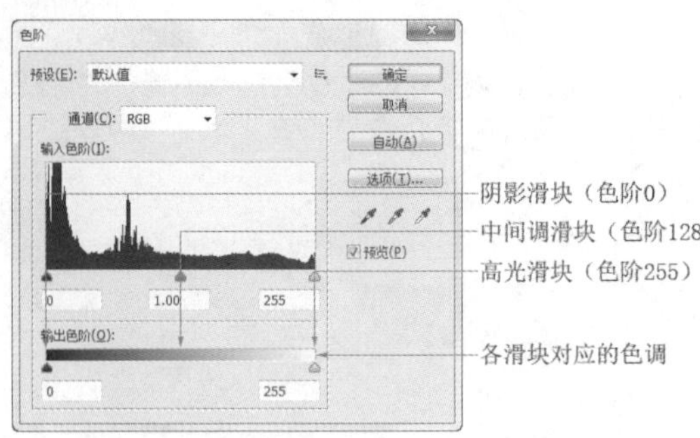

图 5-83

在"输入色阶"选项组中，阴影滑块位于色阶 0 处，它所对应的像素是纯黑的。如果向右移动阴影滑块，Photoshop 就会将滑块当前位置的像素值映射为色阶 0。也就是说，滑块所在位置左侧的所有像素都会变为黑色，如图 5-84 所示。高光滑块位于色阶 255 处，它所对应的像素是纯白的。如果向左移动高光滑块，滑块当前位置的像素值就会映射为色阶 255，因此，滑块所在位置右侧的所有像素都会变为白色，如图 5-85 所示。

图 5-84

图 5-85

中间调滑块位于色阶 128 处，它用于调整图像中的灰度系数。将该滑块向左侧拖曳，可以将中间调调亮，如图 5-86 所示；向右侧拖曳，则可将中间调调暗，如图 5-87 所示。

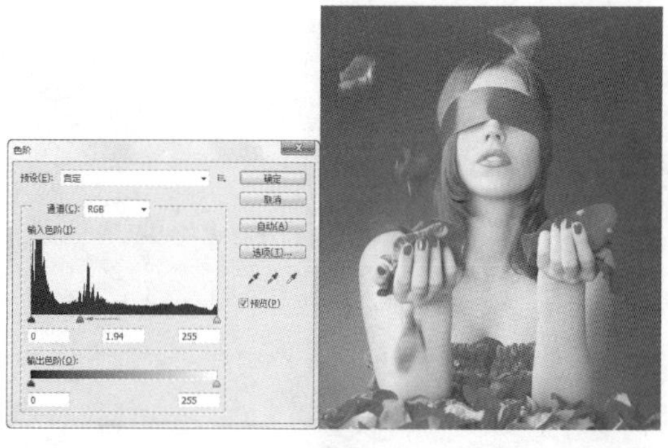

图 5-86

图 5-87

“输出色阶”选项组中的两个滑块用来限定图像的亮度范围。向右拖曳暗部滑块时，它左侧的色调都会映射为滑块当前位置的灰色，图像中最暗的色调也就不再是黑色了，色调就会变灰；如果向左移动白色滑块，它右侧的色调都会映射为滑块当前位置的灰色，图像中最亮的色调就不再是白色了，色调就会变暗。

5.6.4　曲线

“曲线”是 Photoshop 中最强大的调整工具，它整合了“色阶”“阈值”和“亮度 / 对比度”等多个命令的功能。打开一张照片，如图 5-88 所示。

图 5-88

执行“图像 > 调整 > 曲线”命令，打开“曲线”对话框，如图 5-89 所示。在曲线上单击可以添加控制点，拖曳控制点改变曲线的形状便可以调整图像的色调和颜色。单击控制点可将其选中，按住 Shift 键并单击可以选择多个控制点。选择控制点后，按 Delete 键可将其删除。

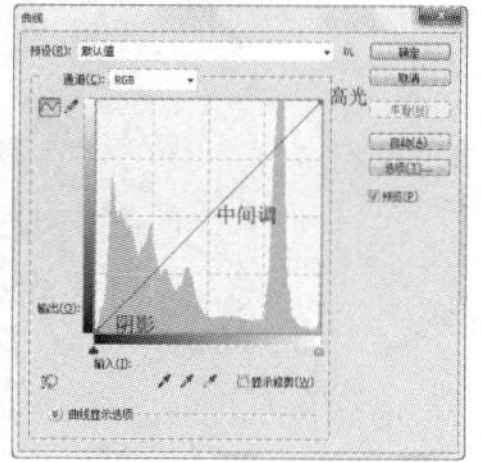

图 5-89

水平的渐变颜色条为输入色阶，它代表了像素的原始强度值，垂直的渐变颜色条为输出色阶，它代表了调整曲线后像素的强度值。调整曲线以前，这两个数值是相同的。在曲线上单击，添加一个控制点，向上拖曳该点时，在输入色阶中可以看到图像中正在被调整的色调（色阶 128），在输出色阶中可以看到它被 Photoshop 映射为更浅的色调（色阶 190），图像就会因此而变亮，如图 5-90 所示。如果向下移动控制点，则 Photoshop 会将所调整的色调映射为更深的色调（将色阶 128 映射为色阶 65），图像也会因此而变暗，如图 5-91 所示。

图 5-90

图 5-91

将曲线调整为S形，可以使高光区域变亮、阴影区域变暗，从而增强色调的对比度，如图5-92所示；反S形曲线会降低对比度，如图5-93所示。

图 5-92

图 5-93

提示：

整个色阶范围为0～255，0代表了全黑，255代表了全白，因此，色阶数值越高，色调越亮。选择控制点后，按方向键（→、←、↑、↓）可轻移控制点。如果要选择多个控制点，可以按住Shift键并单击它们（选中的控制点为实心黑色）。通常情况下，编辑图像时，只需对曲线进行小幅度的调整即可，曲线的变形幅度越大，越容易破坏图像。

小知识：曲线与色阶的异同之处

曲线上面有两个预设的控制点，其中，“阴影”可以调整照片中的阴影区域，它相当于“色阶”中的阴影滑块；“高光”可以调整照片的高光区域，它相当于“色阶”中的高光滑块。如果在曲线的中央（1/2处）单击，添加一个控制点，该点就可以调整照片的中间调，它就相当于“色阶”的中间调滑块。

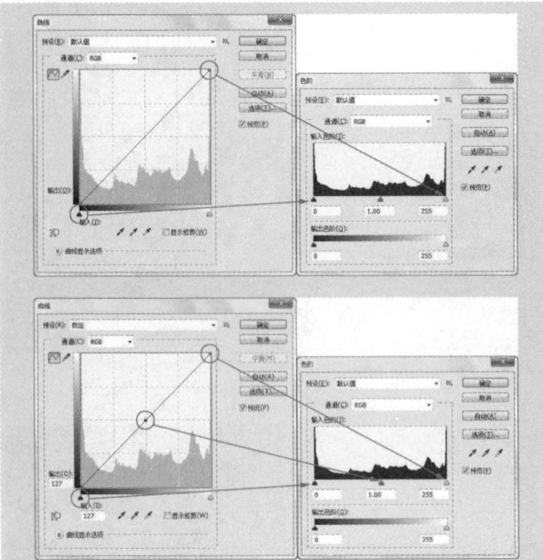

然而，曲线上最多可以有16个控制点，也就是说，它能够把整个色调范围（0～255）分成15段来调整，因此，对于色调的控制非常精确。而色阶只有3个滑块，它只能分3段（阴影、中间调、高光）调整色阶。因此，曲线对于色调的控制可以做到更加精确，它可以调整一定色调区域内的像素，而不影响其他像素，色阶是无法做到这一点的，这便是曲线的强大之处。

5.6.5 直方图与照片曝光

直方图是一种统计图形，它显示了图像的每个亮度级别的像素数量，展现了像素在图像中的分布情况。调整照片时，可以打开“直方图”面板，通过观察直方图，判断照片阴影、中间调和高光中包含的细节是否足够，以便对其做出调整。

在直方图中，左侧代表了图像的阴影区域，中间代表了中间调，右侧代表了高光区域，从阴影（黑色，色阶0）到高光（白色，色阶255）共有256级色调，如图5-94所示。直方图中的山脉代表了图像的数据，山峰则代表了数据的分布方式，较高的山峰表示该区域所包含的像素较多，较低的山峰则表示该区域所包含的像素较少。

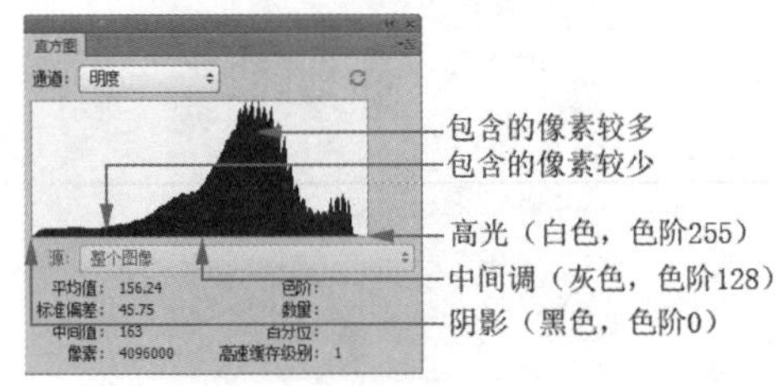

图 5-94

- 曝光准确的照片：色调均匀，明暗层次丰富，亮部不会丢失细节，暗部也不会漆黑一片，如图 5-95 所示。从直方图中可以看到，山峰基本在中心，并且从左（色阶 0）到右（色阶 255）每个色阶都有像素分布。

图 5-95

- 曝光不足的照片：图 5-96 为曝光不足的照片，画面色调非常暗。在它的直方图中，山峰分布在直方图左侧，中间调和高光都缺少像素。

图 5-96

- 曝光过度的照片：图 5-97 为曝光过度的照片，画面色调较亮，人物的皮肤、衣服等高光区域都失去了层次。在它的直方图中，山峰整体都向右偏移，阴影缺少像素。

图 5-97

- 反差过小的照片：图 5-98 为反差过小的照片，照片灰蒙蒙的。在它的直方图中，两个端点出现空缺，说明阴影和高光区域缺少必要的像素，图像中最暗的色调不是黑色，最亮的色调不是白色，该暗的地方没有暗下去，该亮的地方也没有亮起来，所以照片是灰蒙蒙的。

图 5-98

- 暗部缺失的照片：图 5-99 为暗部缺失的照片，头发的暗部漆黑一片，没有层次，也看不到细节。在它的直方图中，一部分山峰紧贴直方图左端，它们就是全黑的部分（色阶为 0）。

图 5-99

- 高光溢出的照片：图 5-100 为高光溢出的照片，衣服的高光区域完全变成了白色，没有任何层次。在它的直方图中，一部分山峰紧贴直方图右端，它们就是全白的部分（色阶为 255）。

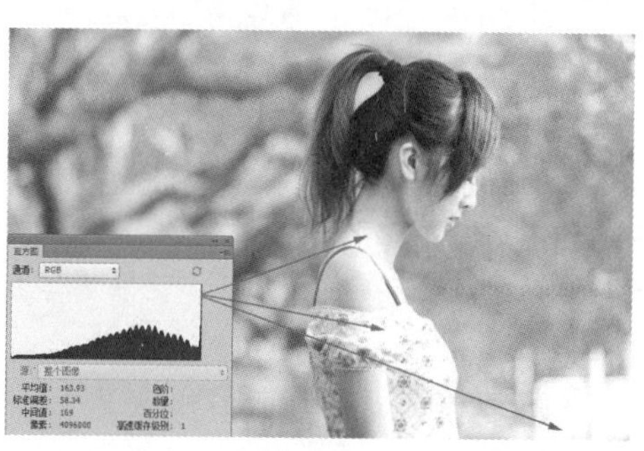

图 5-100

5.7 课堂练习：调整照片影调

01 打开素材文件，如图 5-101 所示。在这张照片中，右上角图像的色调较暗，曝光有些不足，下面来进行校正。

02 单击“调整”面板中的按钮，创建“色阶”调整图层，如图 5-102 所示。在“属性”面板中，向左侧拖曳中间调滑块，同时观察图像，让右上角的图像显示出细节，如图 5-103 和图 5-104 所示。这时虽然其他图像的色调会过于明亮，但可以通过蒙版来进行修正。

图 5-101

图 5-102

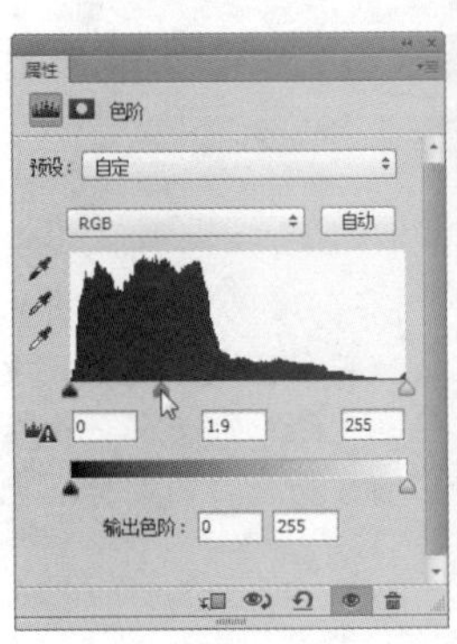

图 5-103

图 5-104

03 选择渐变工具，在工具选项栏中单击线性渐变按钮，如图 5-105 所示，在画面右上角单击并向左下方拖曳鼠标填充渐变，用蒙版遮盖调整图层，使它只影响较暗的图像，如图 5-106 和图 5-107 所示。

图 5-105

图 5-106

图 5-107

04 单击“调整”面板中的按钮，创建“色相/饱和度”调整图层。拖曳“饱和度”滑块，增加饱和度，使色彩变得鲜艳，如图 5-108 所示。图 5-109 为原图，图 5-110 为调整后的效果。

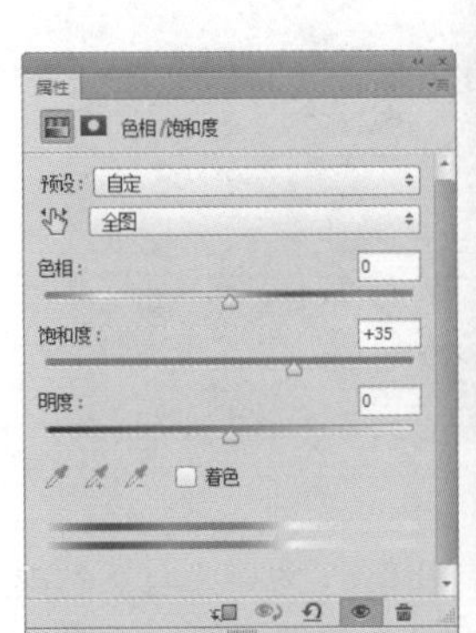

图 5-108

图 5-109

图 5-110

5.8 课堂练习：宝丽来效果照片

01 打开素材文件，如图 5-111 所示。在“通道”面板中选择蓝通道，如图 5-112 所示。将前景色设置为灰色（R123,G123,B123），按 Alt+Delete 快捷键，填充为灰色，如图 5-113 所示。按 Ctrl+2 快捷键，返回到 RGB 主通道，图像效果如图 5-114 所示。

图 5-111

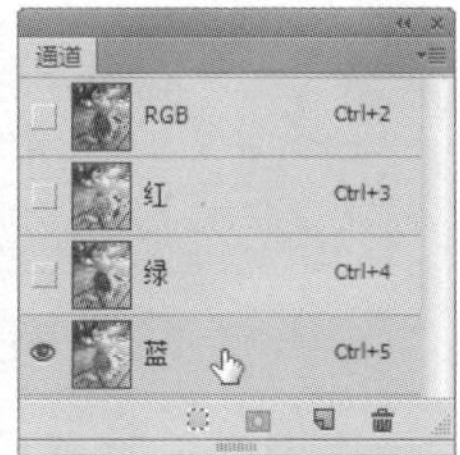

图 5-112

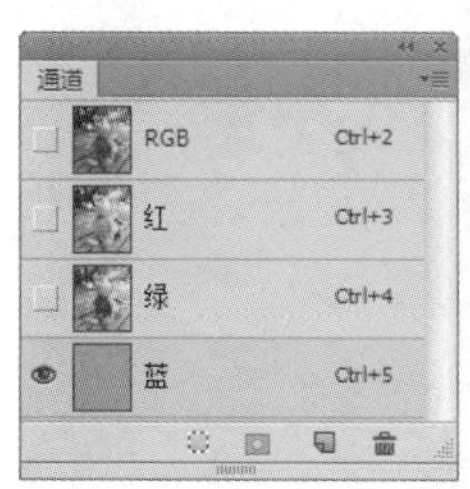

图 5-113

图 5-114

02 执行“滤镜 > 镜头校正”命令，打开“镜头校正”对话框，先进入“自定”选项卡，显示具体的选项，然后拖曳“晕影”选项组中的“数量”和“中心点”滑块，在照片的 4 个边角添加暗角效果，如图 5-115 和图 5-116 所示。

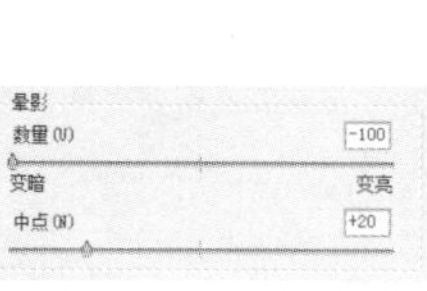

图 5-115

图 5-116

03 按 Ctrl+U 快捷键，打开“色相 / 饱和度”对话框，分别调整“全图”和“蓝色”的饱和度和明度，如图 5-117 ～图 5-119 所示。

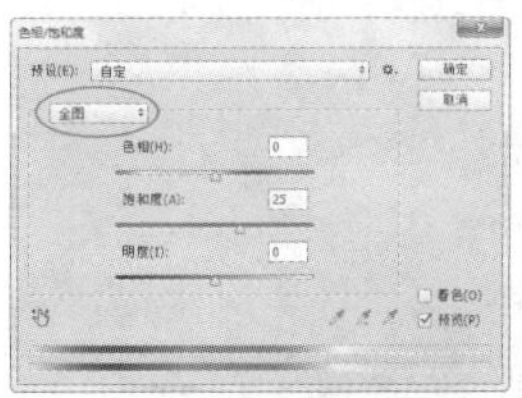

图 5-117

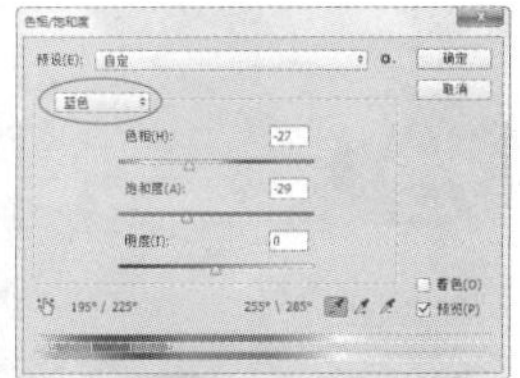

图 5-118

图 5-119

04 执行“图像 > 调整 > 可选颜色”命令，分别对“黄色”和“中性色”进行调整，如图 5-120 ～图 5-122 所示。

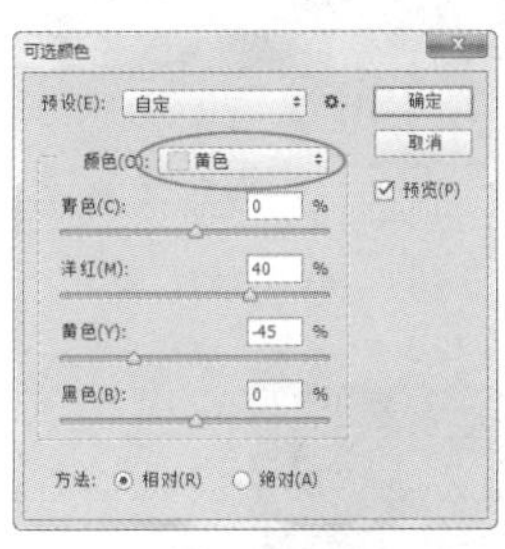

图 5-120

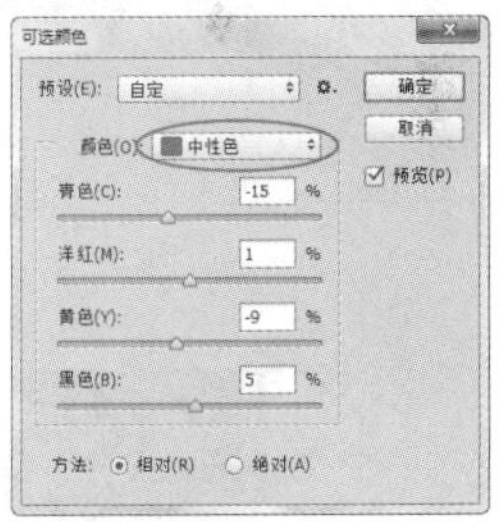

图 5-121

图 5-122

05 按 Ctrl+L 快捷键，打开“色阶”对话框，向右侧拖曳阴影滑块，增加色调的对比度；再向左侧拖曳中间调滑块，将色调提亮，如图 5-123 和图 5-124 所示。

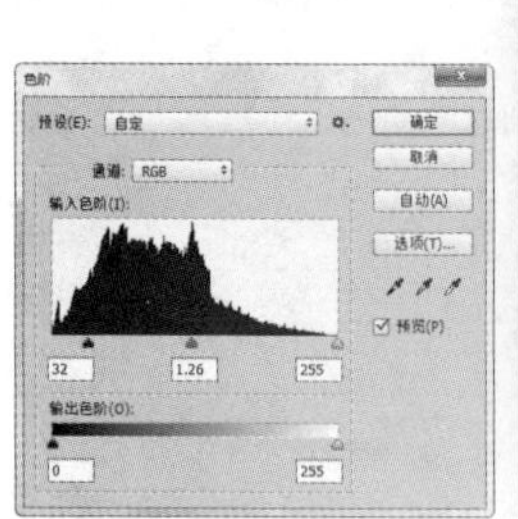

图 5-123　　图 5-124

06 按 D 键，恢复为默认的前景色（黑色）和背景色（白色）。执行“图像 > 画布大小”命令，增加画布面积，如图 5-125 所示，为照片增加一个宽边。在“图层”面板中，按住 Ctrl 键并单击按钮，在当前图层下方新建一个图层，如图 5-126 所示。将前景色设置为象牙白色。选择矩形工具，在工具选项栏中的下拉列表中选择“像素”选项，绘制一个矩形，如图 5-127 所示。

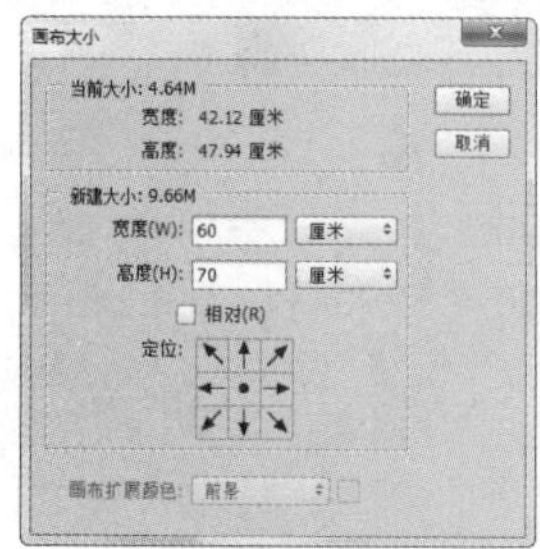

图 5-125　　图 5-126

图 5-127

07 双击当前图层，打开“图层样式”对话框，添加“内发光”效果，如图 5-128 所示。单击“渐变叠加”选项，调整参数，让相纸的色彩有一些泛黄，使其更具真实的质感，如图 5-129 所示。在当前图层下方新建一个图层，填充白色，作为背景，效果如图 5-130 所示。

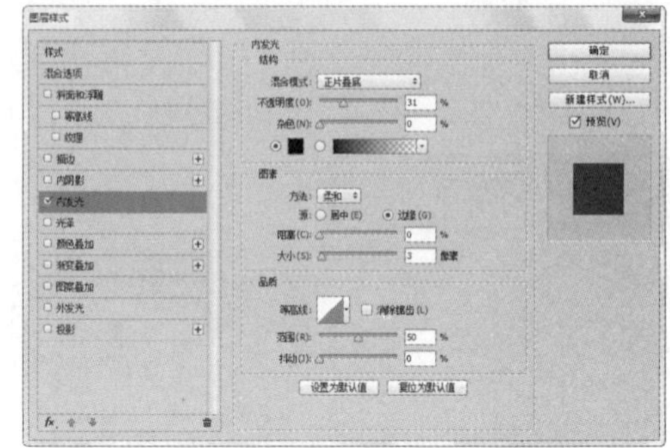

图 5-128

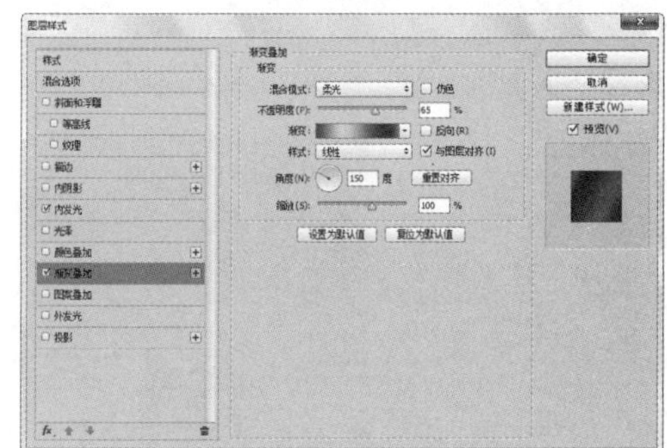

图 5-129

图 5-130

5.9 课堂练习：用 Lab 模式调出唯美蓝、橙色

Lab 模式是色域最宽的颜色模式，RGB 和 CMYK 模式都在它的色域范围之内。调整 RGB 和 CMYK 模式图像的通道时，不仅会影响色彩，还会改变颜色的明度。Lab 模式则完全不同，它可以将亮度信息与颜色信息分离开，因此，可以在不改变颜色亮度的情况下调整颜色的色相。许多高级技术都是通过将图像转换为 Lab 模式，再处理图像，以实现 RGB 图像调整所达不到的效果。

01 打开一张照片，如图 5-131 所示。执行“图像 > 模式 >Lab 颜色”命令，将图像转换为 Lab 模式。执行“图像 > 复制”命令，复制一个图像备用。

02 单击 a 通道，将其选中，如图 5-132 所示，按 Ctrl+A 快捷键全选，如图 5-133 所示，按 Ctrl+C 快捷键复制。

图 5-131

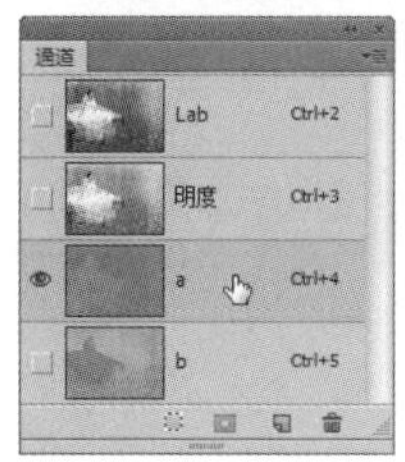

图 5-132　　图 5-133

03 单击 b 通道，如图 5-134 所示，窗口中会显示 b 通道图像，如图 5-135 所示。按 Ctrl+V 快捷键，将复制的图像粘贴到通道中，按 Ctrl+D 快捷键取消选区，按 Ctrl+2 快捷键显示彩色图像，蓝调效果就完成了，如图 5-136 所示。

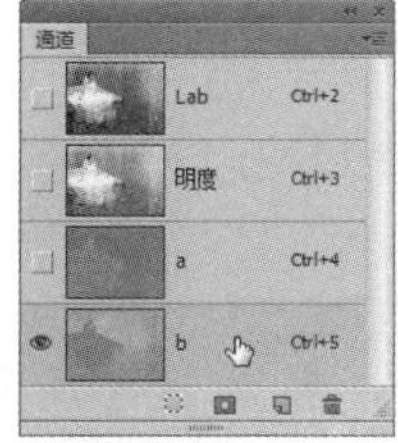

图 5-134　　图 5-135

图 5-136

04 按 Ctrl+U 快捷键，打开“色相 / 饱和度”对话框，增加画面中青色的饱和度，如图 5-137 所示，使湖面颜色更加纯净，如图 5-138 所示。

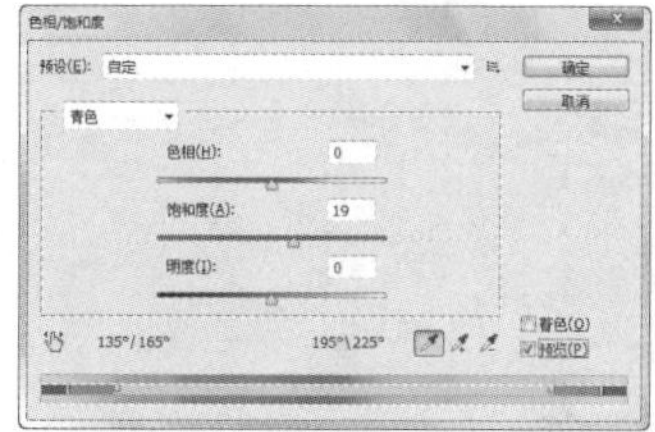

图 5-137

图 5-138

05 橙调与蓝调的制作方法正好相反。按 Ctrl+F6 快捷键切换到另一个文档，选择 b 通道，如图 5-139 所示，按 Ctrl+A 快捷键全选，复制后选择 a 通道，如图 5-140 所示，将其粘贴到 a 通道中，效果如图 5-141 所示。

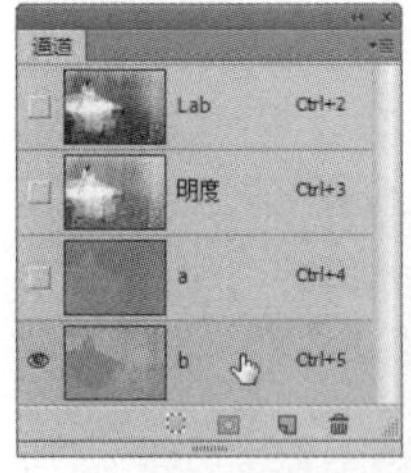

图 5-139

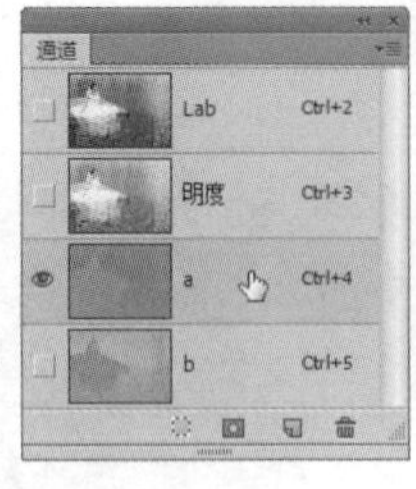

图 5-140

图 5-141

5.10 课堂练习：用动作自动处理照片

在 Photoshop 中，动作可以将图像的处理过程记录下来，以后对其他图像进行相同的处理时，通过该动作便可自动完成操作任务。

01 打开素材文件，如图 5-142 所示。单击“动作”面板右上角的按钮，打开面板菜单，选择“载入动作”命令，如图 5-143 所示。

图 5-142

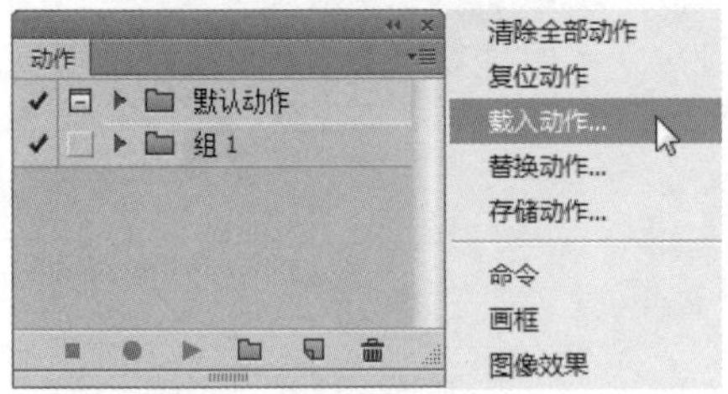

图 5-143

02 在弹出的对话框中选择“光盘 > 资源库 > 照片处理动作库”中的“Lomo 风格 1”动作，如图 5-144 所示，单击“载入”按钮，将其加载到“动作”面板中，如图 5-145 所示。

图 5-144

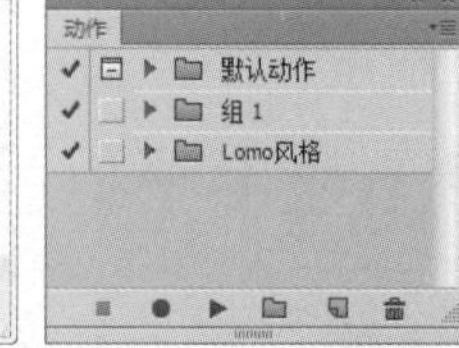

图 5-145

03 单击动作组前面的按钮，展开列表，然后单击其中的动作，如图 5-146 所示。单击面板底部的播放选定的动作按钮，播放该动作，即可自动将照片处理为 Lomo 效果，如图 5-147 所示。光盘的动作库中包含了很多流行的调色效果，用它们处理照片既省时又省力，如图 5-148 所示。

图 5-146

图 5-147

柔光朦胧效果

反转负冲效果

宝丽来效果

特殊色彩风格

拼贴效果

颓废色彩效果

图 5-148

提示：

如果要录制动作，可单击“动作”面板中的创建新组按钮 ，创建一个动作组，再单击创建新动作按钮 ，新建一个动作，此时开始记录按钮 会变为红色，接下来便可进行图像处理操作了，所有的操作过程都会被动作记录下来。操作完成后，单击停止播放 / 记录按钮 即可。

5.11 课堂练习：用 Camera Raw 调整照片

Raw 格式照片包含相机捕获的所有数据，如 ISO 设置、快门速度、光圈值和白平衡等。Raw 是未经处理和压缩的格式，因此，被称为“数字底片”。Camera Raw 是专门处理 Raw 文件的程序，它可以解释相机原始数据文件，对白平衡、色调范围、对比度、颜色饱和度、锐化等进行调整。Camera Raw 现在已经成为了 Photoshop 的一个滤镜。

01 打开素材文件，如图 5-149 所示。执行“滤镜 >Camera Raw 滤镜”命令，打开 Camera Raw 对话框。调整“曝光”值，让色调变得明快；调整“清晰度”值，让画面中的细节更加清晰；调整“自然饱和度”值，让色彩更加鲜艳，如图 5-150 所示。

图 5-149

图 5-150

02 选择渐变滤镜工具，将“色温”设置为 –100，“饱和度”设置为 100，按住 Shift 键（可锁定垂直方向），在画面底部单击并向上拖曳鼠标，添加蓝色渐变颜色，如图 5-151 所示。

03 继续使用渐变滤镜工具添加不同颜色的渐变，如图 5-152 所示。

图 5-151

图 5-152

5.12 思考与练习

一、问答题

1．调整图像颜色时，采用什么方法可以保证原图像不受损害？

2．使用“色阶”调整照片时，如果要增加对比度，该怎样调整？如果要降低对比度，该怎样调整？

3．使用“曲线”命令调整图像时，什么样的曲线形状可以增加对比度？

4．曲线上的 3 个预设控制点分别对应色阶的哪个滑块？

5．在直方图中，山峰整体向右偏移，说明照片的曝光是怎样的情况？如果有山峰紧贴直方图右端，又是怎样的情况？

二、上机练习

1．用消失点滤镜修图

“消失点”滤镜可以在包含透视平面（如建筑物侧面或任何矩形对象）的图像中进行透视校正。在应用诸如绘画、仿制、复制或粘贴以及变换等编辑操作时，Photoshop 可以确定这些编辑操作的方向，并将它们缩放到透视平面，使结果更加逼真。

打开素材文件，执行“滤镜 > 消失点”命令，打开“消失点”对话框，如图 5-153 所示。用创建平面工具定义透视平面的 4 个角的节点，如图 5-154 所示。用对话框中的仿制图章复制地板（按住 Alt 键并单击地板进行取样），然后将地面的杂物覆盖，如图 5-155 ～图 5-157 所示。

图 5-153

图 5-154

图 5-155

图 5-156

图 5-157

提示：

定义透视平面时，蓝色定界框为有效平面，红色定界框为无效平面，红色平面不能拉出垂直平面。如果定界框为黄色，则尽管可以拉出垂直平面或进行编辑，但也无法获得正确的对齐结果。

2. 通过灰点校正色偏

使用数码相机拍摄时，需要设置正确的白平衡才能使照片准确还原色彩，否则会导致颜色出现偏差，如图 5-158 所示。此外，室内人工照明对拍摄对象产生影响、照片由于年代久远而褪色、扫描或冲印过程中也会产生色偏。“色阶”和“曲线”对话框中的设置灰点工具可以快速校正色偏。选择该工具后，在照片中原本应该是灰色或白色区域（如灰色的墙壁、道路和白衬衫等）单击，Photoshop 会根据单击点像素的亮度来调整其他中间色调的平均亮度，从而校正色偏，如图 5-159 ～图 5-161 所示。

照片颜色偏蓝

图 5-158

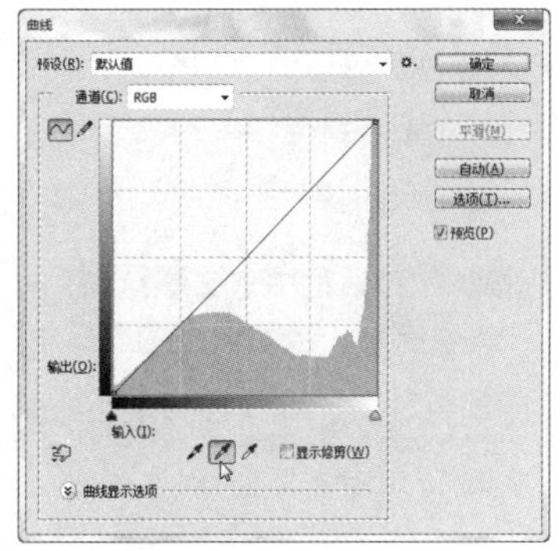

选择设置灰点工具

图 5-159

在灰色墙壁上单击

图 5-160

校正后的照片

图 5-161

5.13 测试题

1．按（　　）快捷键，可以打开“曲线”对话框。

A．Ctrl+L　　B．Ctrl+M　　C．Ctrl+U　　D．Ctrl+B

2．在“图像”菜单中，（　　）可以自动对图像的颜色和色调进行简单的调整。

A．“自动对比度”命令　　B．“自动颜色”命令

C．“计算”命令　　D．“应用图像”命令

3．直方图展现了（　　）在图像中的分布情况。

A．色彩　　B．明度　　C．曝光　　D．像素

4．彩色图像要得到灰度效果，下列方法正确的是（　　）。

A．使用“图像 > 调整 > 色相 / 饱和度”命令，将饱和度调整为 0

B．在通道中，删除“红”通道，再删除“黄色”通道

C．使用“图像 > 调整 > 去色”命令

D．使用“图像 > 模式 > 灰度”命令

5．在抹除多余的图像时，使用（　　）工具能得到比较自然的溶合修复效果。

A．修补　　B．修复画笔　　C．仿制图章　　D. 图案图章

6．调整人像照片色彩的饱和度时，使用（　　）操作可以避免出现难看的溢色。

A．“色相 / 饱和度”命令　　B．“自然饱和度”命令

C．“曲线”命令　　D．“渐变映射”命令

7．在“曲线”对话框中单击“选项”按钮，在“自动颜色校正选项”面板中调整好设定后，将“存储为默认值”选项选中，当前设定的默认值将会影响到（　　）调整命令。

A．自动色阶　　B．自动对比度　　C．自动颜色　　D．色调均化

8．在动作的记录中，下列（　　）操作是能被“动作”面板记录的。

A．建立选区　　B．输入文字　　C．插入路径　　D．使用画笔绘制

第6章

网店美工：照片处理与抠图

网店美工的工作涉及到照片修图和调色，这些内容在上一章已经介绍过了。还有很大的一块是照片的基本处理，包括裁剪照片、修改像素尺寸、降噪、锐化、添加 Logo，以及抠图等，本章将介绍相关的操作方法。

6.1 关于广告摄影

广告业与摄影术的不断发展促成了两者的结合，并诞生了由它们整合而成的边缘学科——广告摄影。摄影是广告传媒中最好的技术手段之一，它能够真实、生动地再现宣传对象，完美地传达信息，具有很高的适应性和灵活性。

商品广告是广告摄影最主要的服务对象，商品广告的创意主要包括主体表现法、环境陪衬式表现法、情节式表现法、组合排列式表现法、反常态表现法和间接表现法。

主体表现法着重刻画商品的主体形象，一般不附带陪衬物和复杂的背景，图 6-1 为 CK 手表广告；环境陪衬式表现法则把商品放置在一定的环境中，或采用适当的陪衬物来烘托主体对象；情节式表现法通过故事情节来突出商品的主体，例如，图 6-2 为 Sauber 丝袜广告：我们的产品超薄透明，而且有超强的弹性。这些都是一款优质丝袜必备的，但是如果被绑匪们用就是另外一个场景了；组合式表现法是将同一商品或一组商品在画面上按照一定的组合排列形式出现；反常态表现法通过令人震惊的奇妙形象，使人们产生对广告的关注，图 6-3 为 Vōgele 鞋广告；间接表现法则间接、含蓄地表现商品的功能和优点。

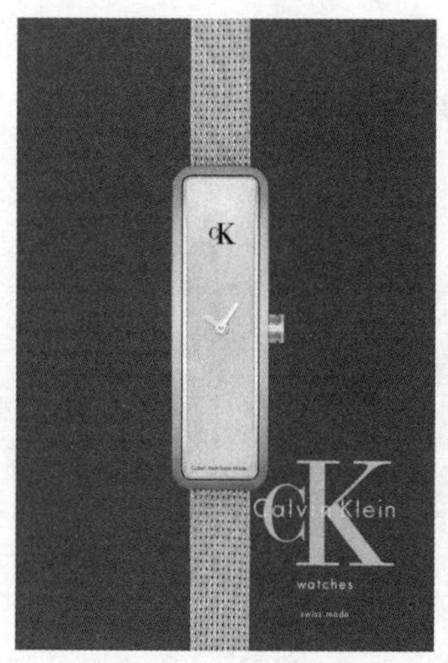

图 6-1

图 6-2

图 6-3

6.2 照片处理

数码照片的处理流程大致分为 6 个阶段：在 Photoshop（或 Camera Raw）中调整曝光和色彩、校正镜头缺陷（如镜头畸变和晕影）、修图（如去除多余内容和人像磨皮）、裁剪照片调整构图、轻微的锐化（夜景照片需降噪），最后存储修改结果。

6.2.1 裁剪照片

对数码照片或扫描的图像进行处理时，经常需要裁剪图像，以便删除多余的内容，使画面的构图更加完美。裁剪工具可以对照片进行裁剪。选择该工具后，在画面中单击并拖出一个矩形定界框，定义要保留的区域，如图 6-4 所示。将光标放在裁剪框的边界上，单击并拖曳鼠标可以调整裁剪框的大小，如图 6-5 所示；拖曳裁剪框上的控制点可以缩放裁剪框，按住 Shift 键并拖曳鼠标，可进行等比例缩放；将光标放在裁剪框外，单击并拖曳鼠标，可以旋转裁剪框；按 Enter 键，可以将定界框之外的图像裁掉，如图 6-6 所示。

图 6-4

图 6-5

图 6-6

小技巧：基于参考线构图

在裁剪工具选项栏的“视图”下拉列表中，Photoshop 提供了一系列参考线选项，可以帮助用户进行合理构图，使画面更加艺术、美观。例如，选择“三等分”，能帮助用户以 1/3 增量放置画面组成元素；选择“网格”，可根据裁剪大小显示具有固定间距的参考线。

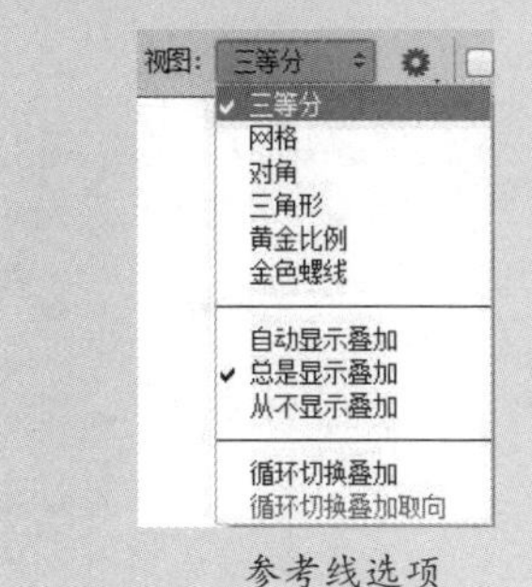

参考线选项

三等分

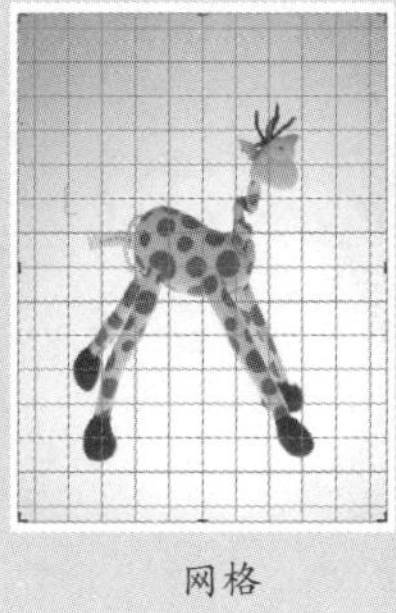

网格

对角

6.2.2　修改像素尺寸

数码照片或在网络上下载的图像可以有不同的用途，例如，可设置为计算机桌面、制作为个性化的 QQ 头像、用作手机壁纸、传输到网络相册上，以及用于打印等。然而，图像的尺寸和分辨率有时不符合要求，这就需要对图像的大小和分辨率进行适当的调整。

打开一张照片，如图 6-7 所示。执行“图像 > 图像大小”命令，打开“图像大小”对话框。在预览图像上单击并拖曳鼠标，定位显示中心。此时预览图像底部会出现显示比例的百分比，如图 6-8 所示。按住 Ctrl 键并单击预览图像可以增大显示比例；按住 Alt 键并单击可以减小显示比例。

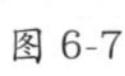

图 6-7

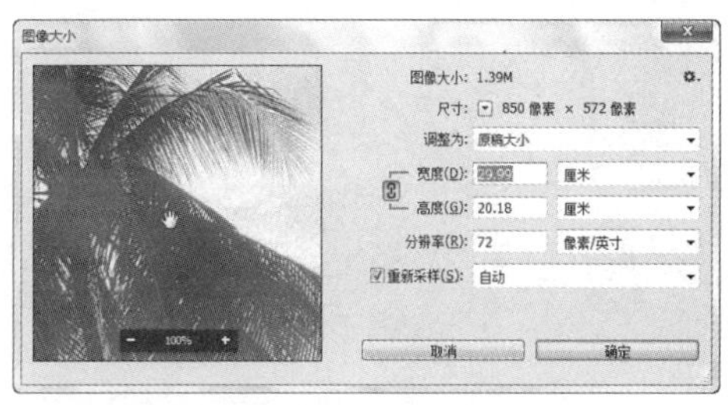

图 6-8

“宽度”“高度”和“分辨率”选项用来设置图像的打印尺寸，操作方法有两种。第1种方法是先选择“重新采样”选项，然后修改图像的宽度或高度。这会改变图像的像素数量。例如，减小图像的大小时（10厘米×6.73厘米），就会减少像素数量，此时图像虽然变小了，但画质不会改变，如图6-9所示；而增加图像的大小或提高分辨率时（60厘米×40.38厘米），会增加新的像素，这时图像尺寸虽然增大了，但画质会下降，如图6-10所示。

图 6-9

图 6-10

第2种方法是取消选中“重新采样”选项，再修改图像的宽度或高度。这时图像的像素总量不会变化，也就是说，减少宽度和高度时（10厘米×6.73厘米），会自动增加分辨率，如图6-11所示；而增加宽度和高度时（60厘米×40.38厘米），会自动减少分辨率，如图6-12所示。图像的视觉大小看起来不会有任何改变，画质也没有变化。

图 6-11

图 6-12

提示：

分辨率高的图像包含更多的细节。不过，如果一个图像的分辨率较低、细节也模糊，即便提高分辨率也不会使它变得清晰。这是因为，Photoshop只能在原始数据的基础上进行调整，无法生成新的原始数据。

6.2.3 降噪

使用数码相机拍照时，如果用很高的ISO设置、曝光不足或者用较慢的快门速度在黑暗区域中拍照，就可能会导致出现噪点和杂色。“减少杂色”滤镜对于除去照片中的杂色非常有效。

图像的杂色显示为随机的无关像素，它们不是图像细节的一部分。“减少杂色”滤镜可基于影响整个图像或各个通道的设置保留边缘，同时减少杂色。图6-13和图6-14为原图及使用该滤镜减少杂色后的图像效果（局部图像，显示比例为100%）。

图 6-13

图 6-14

如果亮度杂色在一个或两个颜色通道中较明显，可选中“高级”选项，然后进入“每通道”选项卡，再从“通道”菜单中选取相应的颜色通道，拖曳“强度”和“保留细节”滑块来减少该通道中的杂色，如图6-15～图6-17所示。

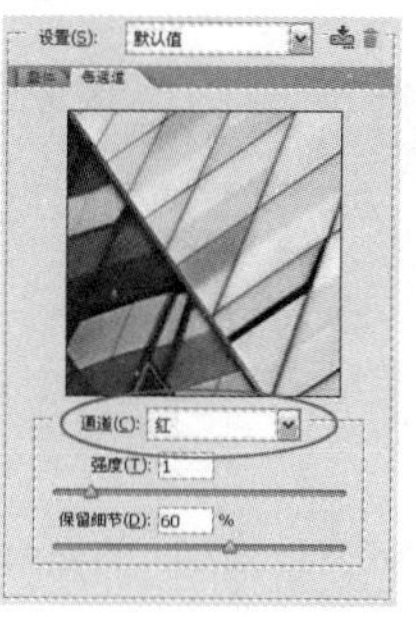
图 6-15

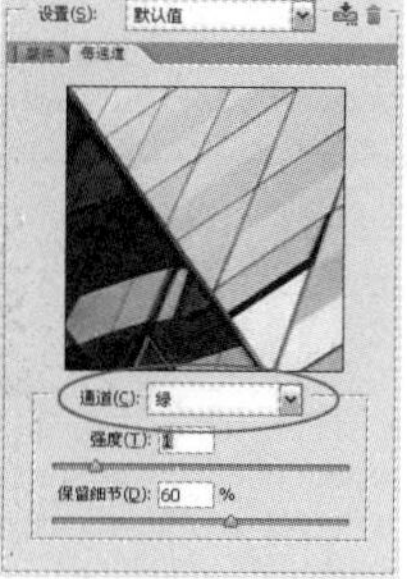
图 6-16

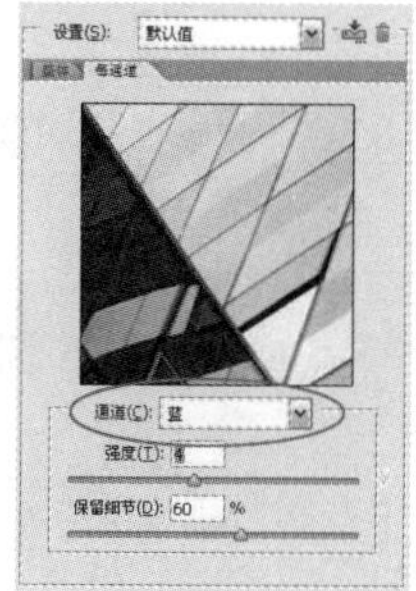
图 6-17

提示：

在进行降噪操作时，最好双击缩放工具，将图像的显示比例调整为100%，否则不容易看清降噪效果。

6.2.4 锐化

数码照片在进行完调色、修图和降噪之后，还要做适当的锐化，以便使画面更加清晰。Photoshop的“USM锐化”和 “智能锐化”滤镜是锐化照片的好帮手。

“USM锐化”滤镜可以查找图像中颜色发生显著变化的区域，然后将其锐化。例如，图6-18为原图，图6-19和图6-20为使用该滤镜的参数和锐化后的效果。

图 6-18

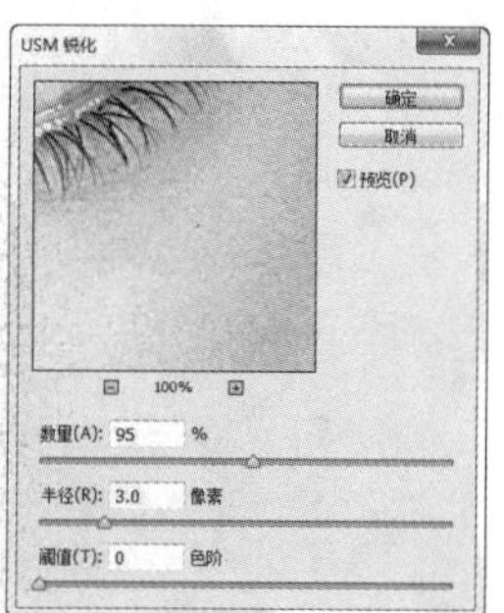
图 6-19

图 6-20

“智能锐化”与“USM锐化”滤镜比较相似，但它提供了独特的锐化控制选项，可以设置锐化算法、控制阴影和高光区域的锐化量，如图6-21所示。

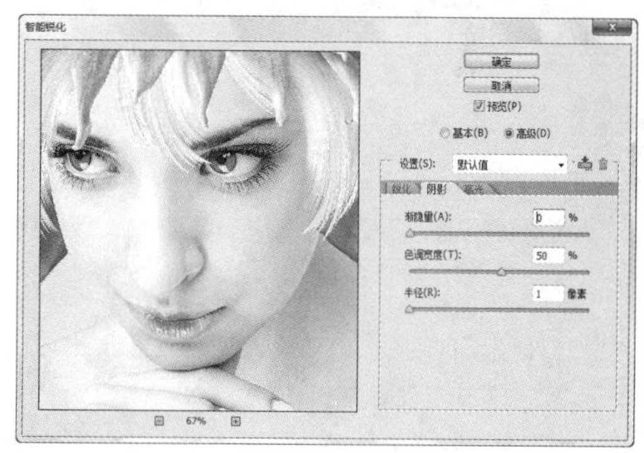
图 6-21

小知识：图像锐化原理

锐化时，Photoshop会提高图像中两种相邻颜色（或灰度层次）交界处的对比度，使它们的边缘更加明显，令其看上去更加清晰，造成锐化的错觉。

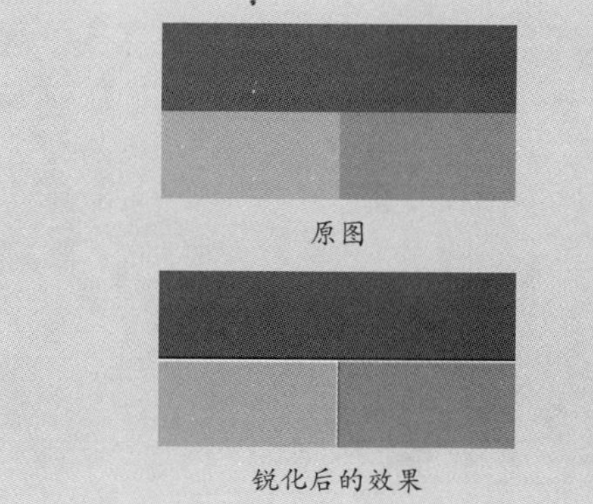

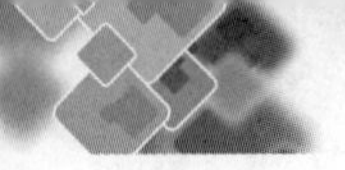

6.3 课堂练习：用防抖滤镜锐化照片

如果拍摄照片时持机不稳，或者没有准确对焦，画面就会不清晰。“防抖”滤镜可以减少由某些相机运动产生的模糊，包括线性运动、弧形运动、旋转运动和 Z 字形运动，挽救因相机抖动而失败的照片，效果令人惊叹！

01 打开素材文件，如图 6-22 所示。执行“滤镜 > 锐化 > 防抖”命令，打开“防抖”对话框。Photoshop 会自动分析图像中最适合使用防抖功能的区域，确定模糊的性质，并推算出整个图像最适合的修正建议。经过修正的图像会在防抖对话框中显示，如图 6-23 所示。

图 6-22

图 6-23

02 拖曳评估区域边界的控制点，可调整其边界大小，如图 6-24 所示。拖曳中心的图钉，可以移动评估区域，如图 6-25 所示。

图 6-24

图 6-25

03 将“模糊描摹边界”值设置为 50。单击“确定”按钮，关闭对话框。图 6-26 和图 6-27 分别为原图及锐化后的局部效果。

图 6-26

图 6-27

6.4 课堂练习：通过批处理为照片加 Logo

网店店主为了体现特色或扩大宣传，通常都会为商品图片加上个性化 Logo。如果需要处理的图片数量较多，可以用 Photoshop 的动作功能将 Logo 贴在照片上的操作过程录制下来，再通过批处理对其他照片播放这个动作，Photoshop 就会为每一张照片都添加相同的 Logo。

01 打开素材文件（6.4 Logo.psd），如图 6-28 所示，单击“背景”图层，如图 6-29 所示，按 Delete 键将其删除，让 Logo 位于透明背景上，如图 6-30 和图 6-31 所示。

图 6-28

图 6-29

图 6-30　　图 6-31

提示：

制作好 Logo 后，将其放在要加入水印的图像中，并调整好位置，然后删除图像，只保留 Logo，再将这个文件保存。加水印的时候用这个文件，这样它与所要贴 Logo 的文档的大小相同，水印就会贴在指定的位置上。

02 执行“文件 > 存储为”命令，将文件保存为 PSD 格式，然后关闭。打开“动作”面板，单击该面板底部的 按钮和 按钮，创建动作组和动作。打开一张照片，执行“文件 > 置入嵌入的智能对象”命令，选择刚刚保存的 Logo 文件，将其置入当前文档中，如图 6-32 所示。执行“图层 > 拼合图像”命令，将图层合并。单击“动作”面板底部的 按钮，完成动作的录制，如图 6-33 所示。

图 6-32

图 6-33

03 执行“文件 > 自动 > 批处理”命令，打开“批处理”对话框，在“播放”选项组中选择刚刚录制的动作，单击“源”选项组中的“选择”按钮，在打开的对话框中选择要添加 Logo 的文件夹，如图 6-34 所示。在“目标”下拉列表中选择“文件夹”，然后单击“选择”按钮，在打开的对话框中为处理后的照片指定保存位置，这样就不会破坏原始照片了，如图 6-35 所示。

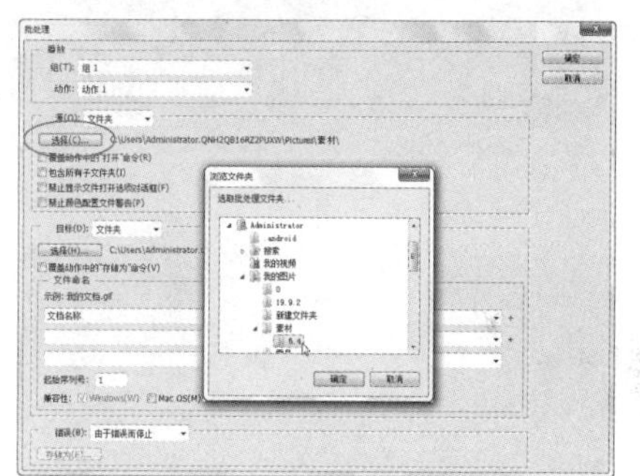

图 6-34

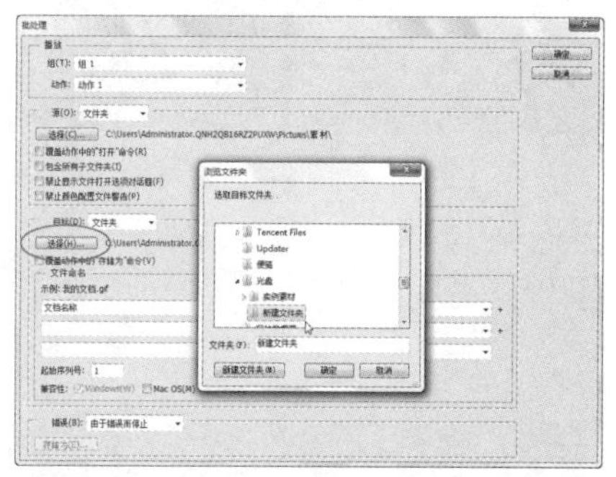

图 6-35

04 以上选项设置完成之后，单击“确定”按钮，开始批处理，Photoshop 会为目标文件夹中的每一张照片都添加一个 Logo，并将处理后的照片保存到指定的文件夹中，如图 6-36 ～图 6-38 所示。

图 6-36

图 6-37

图 6-38

6.5 课堂练习：制作全景照片

Photoshop 中包含一个非常好用的全景照片拼接工具——Photomerge，它可以将数码相机拍摄的多角度的场景拼合为一幅全景照片，而且可以自动校正晕影和扭曲。

01 打开素材文件，如图 6-39 ～图 6-42 所示。

图 6-39

图 6-40

图 6-41

图 6-42

02 执行“文件 > 自动 >Photomerge”命令，打开 Photomerge 对话框，单击“添加打开的文件”按钮，将照片添加到对话框的列表中。在“版面”选项组中选择“自动”，让 Photoshop 自动调整照片的位置和透视角度，选中“混合图像”“晕影去除”和“几何扭曲校正”选项，如图 6-43 所示，单击“确定”按钮，Photoshop 会自动将这些照片合并到一个文档中，而且还会为各个照片图层添加蒙版，将它们重叠的部分遮挡，如图 6-44 和图 6-45 所示。

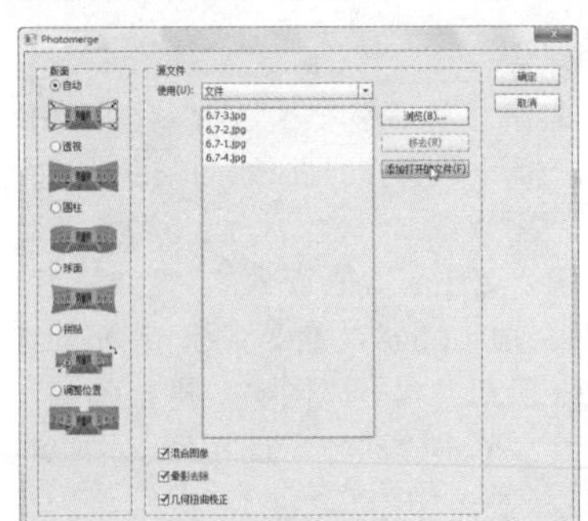

图 6-43

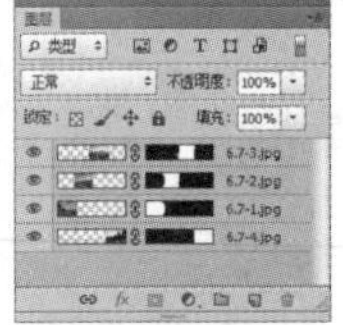

图 6-44

图 6-45

03 拼合照片以后，文档的边界会出现空隙，需要裁剪图像，将多出的空白内容删除。先执行“视图>对齐”命令，取消选中“对齐”选项，再使用裁剪工具在画面中单击并拖出裁剪框，定义要保留的图像，如图 6-46 所示。由于取消了对齐功能，就可以拖曳裁剪框，将其准确定位到图像边缘，否则裁剪框会自动吸附到文档边界上。按 Enter 键，将空白图像裁剪掉，如图 6-47 所示。

图 6-46

图 6-47

提示：

用于拼接的各个照片需要有一定的重叠内容，一般来说，重叠处应占照片的 10%左右，否则 Photoshop 无法识别该从哪里拼合。

6.6 抠图

所谓“抠图”，是指将图像的一部分内容（如人物）选中并分离出来，以便与其他素材进行合成。例如，广告、杂志封面等，需要设计人员将照片中的模特抠出，然后合成到新的背景中去。

6.6.1 Photoshop 抠图工具及特点

Photoshop 提供了许多用于抠图的工具，因此，在抠图之前，首先应该分析图像的特点，然后再根据分析结果找出最佳的抠图方法。

- 分析对象的形状特征：边界清晰流畅、图像内部也没有透明区域的对象是比较容易选择的对象。如果对象的外形为基本的几何形，可以用选框工具（矩形选框工具、椭圆选框工具）和多边形套索工具将其选取。例如，图 6-48 和图 6-49 的熊猫便是使用磁性套索工具和多边形套索工具选取的，图 6-50 为更换背景后的效果。如果对象呈现不规则形状，边缘光滑且不复杂，则更适合使用钢笔工具选取，例如，图 6-51 是使用钢笔工具描绘的路径轮廓，将路径转换为选区后即可选中对象，如图 6-52 所示。

图 6-48

图 6-49

图 6-50

- 从色彩差异入手："色彩范围"命令包含"红色""黄色""绿色""青色""蓝色"和"洋红"等固定的色彩选项，如图 6-53 所示，通过这些选项可以选择包含以上颜色的图像内容。

图 6-51

图 6-52

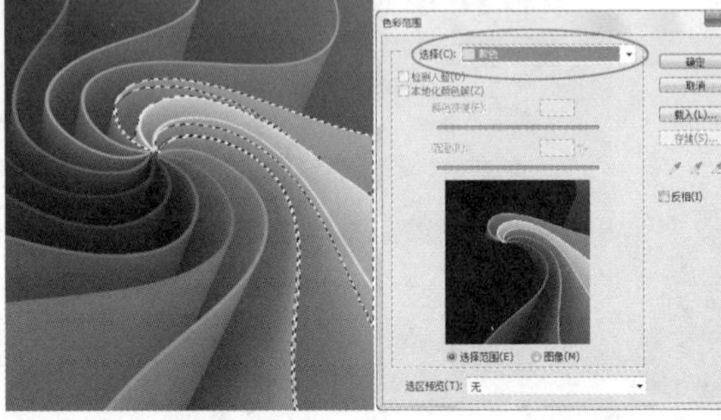

图 6-53

- 从色调差异入手：魔棒工具、快速选择工具、磁性套索工具、背景橡皮擦工具、魔术橡皮擦工具、通道和混合模式，以及"色彩范围"命令中的部分功能可基于色调差别生成选区。因此，可以利用对象与背景之间存在的色调差异，通过上述工具来选择对象。

- 基于边界复杂程度的分析：人像、人和动物的毛发、树木的枝叶等边缘复杂的对象，被风吹动的旗帜、高速行驶的汽车、飞行的鸟类等边缘模糊的对象都是很难准确选择的对象。"调整边缘"命令和通道是抠取此类复杂对象最主要的工具，图 6-54～图 6-59 为使用通道抠出的人像。快速蒙版、"色彩范围"命令、"调整边缘"命令和通道等适合抠边缘模糊的对象。

图 6-54

图 6-55

图 6-56

图 6-57

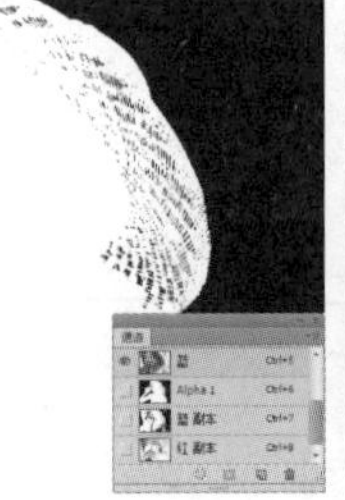

图 6-58

图 6-59

- 基于对象透明度的分析：对于玻璃杯、冰块、水珠、气泡等，抠图时能够体现它们透明特质的是半透明的像素。抠取此类对象时，最重要的是既要体现对象的透明特质，同时也要保留其细节特征。“调整边缘”命令和通道，以及设置了羽化值的选框和套索等工具都可以抠取透明对象。图 6-60～图 6-62 为使用通道抠出的透明烟雾。

图 6-60

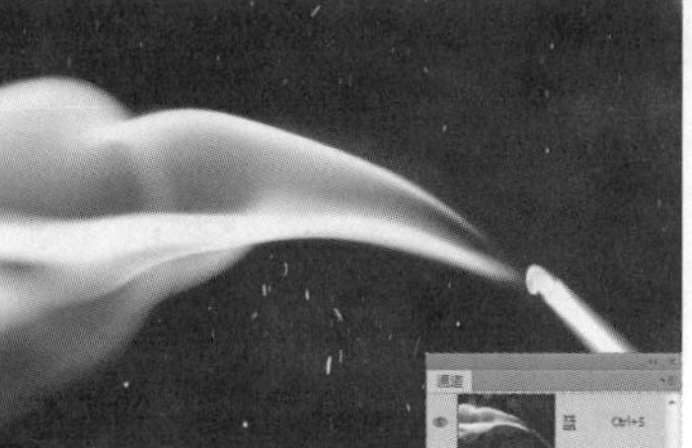
图 6-61

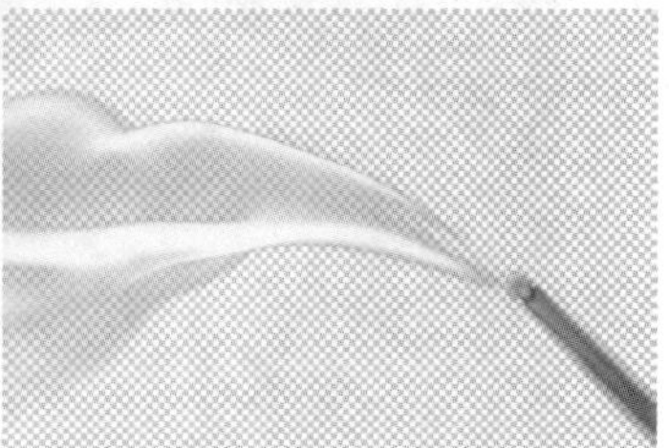
图 6-62

提示：

以上示例均摘自笔者编著的《Photoshop 专业抠图技法》。该书详细介绍了各种抠图技法和操作技巧，以及“抽出”滤镜、Mask Pro、Knockout 等抠图插件的使用方法，有想要系统学习抠图技术的读者可参阅此书。

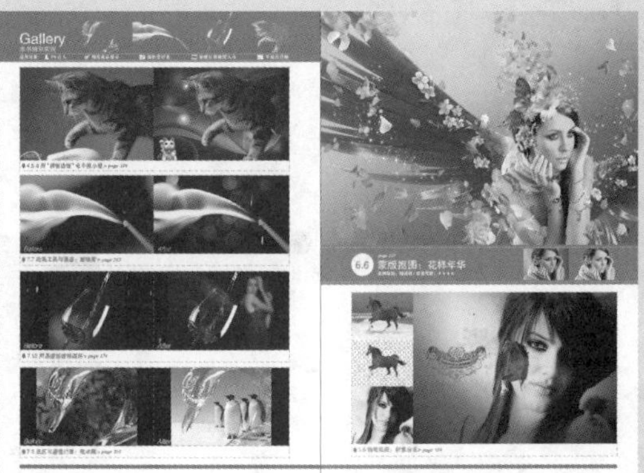

6.6.2　Photoshop 抠图插件

Mask Pro 和 Knockout 是非常著名的抠图插件。其中，Mask Pro 是由美国 Ononesoftware 公司开发的。它提供了相当多的编辑工具，如保留吸管工具、魔术笔刷工具、魔术油漆桶工具和魔术棒工具，甚至还有可以绘制路径的魔术钢笔工具，能让抠出的图像达到专业水准。使用 Mask Pro 抠图时，需要用保留高亮工具在对象内部绘制出大致的轮廓线，如图 6-63 所示，然后填充颜色，如图 6-64 所示；再用丢弃高亮工具在对象外部绘制轮廓线，也填充颜色，如图 6-65 所示。

图 6-63

图 6-64

图 6-65

进行调整时，可以选择在蒙版状态下或透明背景中观察图像，如图 6-66 和图 6-67 所示。图 6-68 为抠出后更换背景的效果。

图 6-66

图 6-67

图 6-68

Knockout 是由大名鼎鼎的软件公司 Corel 开发的经典抠图插件。它能将人和动物的毛发、羽毛、烟雾、透明的对象和阴影等轻松地从背景中抠取出来，让原本复杂的抠图操作变得异常简单。使用 Knockout 抠图时，需要用内部对象工具和外部对象工具在靠近毛发的边界处勾绘出选区轮廓，如图 6-69 所示，单击按钮可以预览抠图效果，如图 6-70 所示。如果效果不完美，还可以使用其他工具进行调修。图 6-71 为抠出图像并更换背景后的效果，可以看到，其毛发非常完整。

图 6-69

图 6-70

图 6-71

6.6.3 解决图像与新背景的融合问题

对于抠图来说，将对象从原有的背景中抠取还只是第一步，对象与新背景能否完美融合也是需要认真考虑的问题，因为，如果处理不好，图像合成效果就会显得非常假。例如，在如图 6-72 所示的素材中，人物头顶的发丝很细，并且都很清晰，而环境色对头发的影响又特别明显，图 6-73 为笔者使用通道抠出的图像，可以看到，头发的边缘残留了一些背景色。在这种情况下，将图像放在新背景中，效果无法让人满意，如图 6-74 所示。

图 6-72

图 6-73

图 6-74

笔者采用的解决办法是，使用吸管工具在人物头顶的背景上单击，拾取颜色作为前景色，如图 6-75 所示。再用画笔工具（模式为“颜色”，不透明度为 50%）在头发边缘的红色区域涂抹，为这些头发着色，使其呈现出与环境色相协调的蓝色调，降低原图像的背景色对头发的影响，如图 6-76 所示。

图 6-75

图 6-76

按住 Alt 键并单击“图层”面板中的按钮，打开“新建图层”对话框，选中“使用前一图层创建剪切蒙版”选项，设置混合模式为“滤色”并选中“填充屏幕中性色”选项，如图 6-77 所示，创建中性色图层，它会与“图层 1”创建为一个剪切蒙版组；将画笔工具的模式设置为“正常”，不透明度设置为 15%，在头发的边缘涂抹白色，提高头发边缘处发丝的亮度，使其清晰而明亮，如图 6-78 和图 6-79 所示。由于创建了剪切蒙版，中性色图层将只对人物图像有效，背景图层不会受到影响。

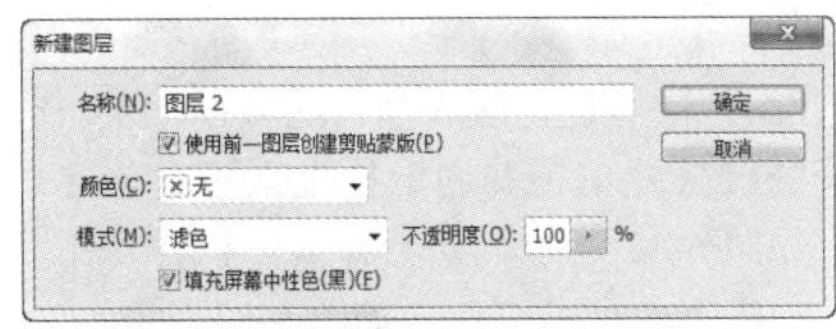

图 6-77

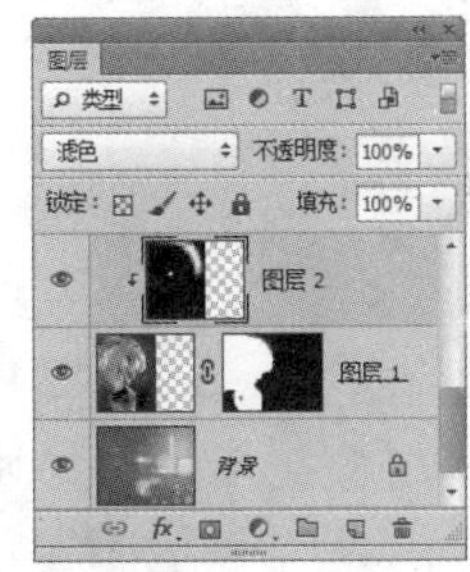

图 6-78

图 6-79

6.7 课堂练习：用钢笔工具抠取陶瓷工艺品

01 按 Ctrl+O 快捷键，打开素材文件，如图 6-80 所示。选择钢笔工具，在工具选项栏中选择“路径”选项，如图 6-81 所示。

图 6-80

图 6-81

02 按 Ctrl++ 快捷键，放大窗口的显示比例。在脸部与脖子的转折处单击并向上拖曳鼠标，创建一个平滑点，如图 6-82 所示。向上移动光标，单击并拖曳鼠标，生成第 2 个平滑点，如图 6-83 所示。

图 6-82

图 6-83

03 在发髻底部创建第 3 个平滑点，如图 6-84 所示。由于此处的轮廓出现了转折，需要按住 Alt 键并在该锚点上单击，将其转换为只有一个方向线的角点，如图 6-85 所示，这样绘制下一段路径时就可以发生转折了。继续在发髻顶部创建路径，如图 6-86 所示。

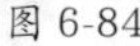

图 6-84

图 6-85

图 6-86

04 外轮廓绘制完成后，在路径的起点上单击，将路径封闭，如图 6-87 所示。下面进行路径运算，在工具选项栏中单击从路径区域减去按钮 ，在两个胳膊的空隙处绘制路径，如图 6-88 和图 6-89 所示。

图 6-87

图 6-88

图 6-89

05 按 Ctrl+Enter 键，将路径转换为选区，如图 6-90 所示。打开一个背景素材，使用移动工具 将抠出的图像拖放到新背景上，如图 6-91 所示。

图 6-90

图 6-91

6.8 课堂练习：用通道抠像

01 打开素材文件，如图 6-92 所示。选择钢笔工具 ，在工具选项栏中选择“路径”选项，沿人物的轮廓绘制路径。描绘时要避开半透明的婚纱，如图 6-93 和图 6-94 所示。

图 6-92

图 6-93

图 6-94

02 按 Ctrl+Enter 键，将路径转换为选区，选中人物，如图 6-95 所示。单击“通道”面板底部的 按钮，将选区保存到通道中，如图 6-96 所示。按 Ctrl+D 快捷键取消选区。

图 6-95

图 6-96

03 将蓝通道拖至创建新通道按钮 上复制，得到“蓝 副本”通道，如图 6-97 所示。用它制作半透明婚纱的选区。选择魔棒工具 ，在工具选项栏中将容差设置为 12，按住 Shift 键并在人物的背景上单击选择背景，如图 6-98 所示。

图 6-97

图 6-98

04 将前景色设置为黑色，按 Alt+Delete 快捷键在选区内填充黑色，按 Ctrl+D 快捷键取消选区，如图 6-99 和图 6-100 所示。

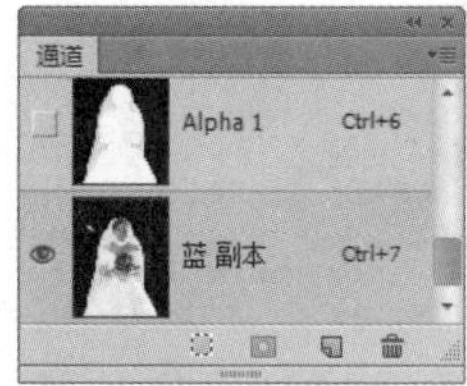

图 6-99

图 6-100

05 现在已经制作了两个选区，第 1 个选区中包含人物的身体（即完全不透明的区域），第 2 个选区中包含半透明的婚纱。下面通过选区运算，将它们合成为一个完整的人物婚纱选区。执行“图像 > 计算”命令，打开“计算”对话框，让“蓝 副本”通道与 Alpha1 通道采用“相加”模式混合，如图 6-101 所示。单击“确定”按钮，得到一个新的通道，如图 6-102 所示，它包含需要的选区。

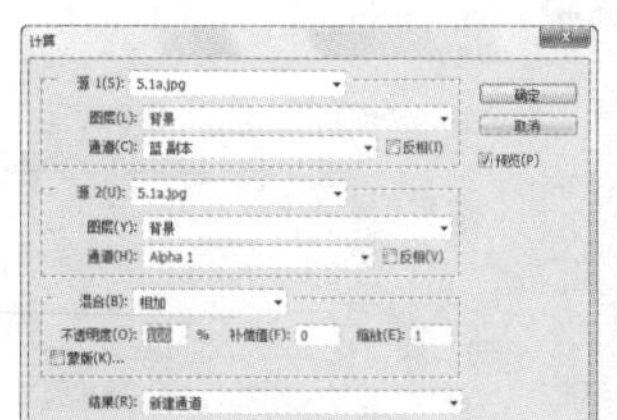

图 6-101

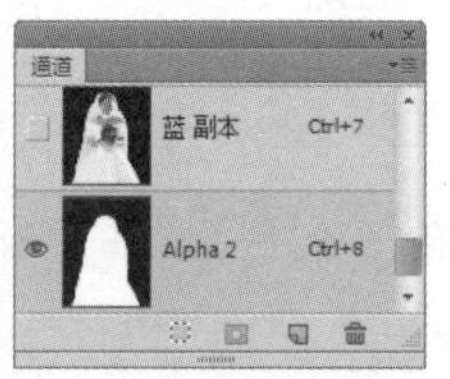

图 6-102

06 单击“通道”面板底部的 按钮，载入 Alpha 2 中的婚纱选区，如图 6-103 所示。按 Ctrl+2 快捷键返回 RGB 复合通道，显示彩色图像，如图 6-104 所示。

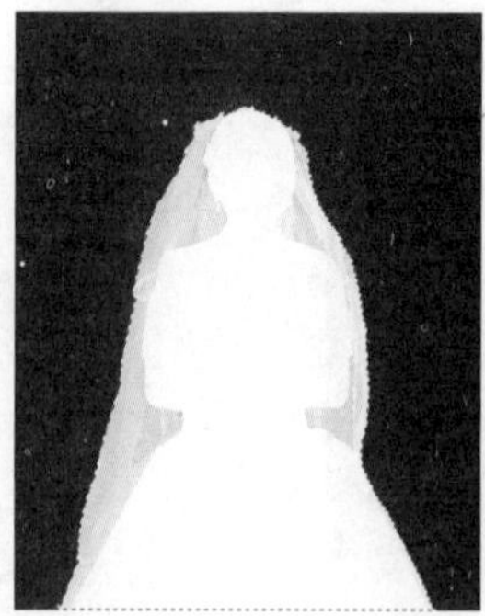

图 6-103

图 6-104

07 打开一个背景素材，如图 6-105 所示，使用移动工具 将抠出的婚纱图像拖入该文档中。按 Ctrl+T 快捷键显示定界框，拖曳控制点，将图像适当旋转，按 Enter 键确认，效果如图 6-106 所示。

图 6-105

图 6-106

6.9 课堂练习：网店宣传单

快速蒙版是一种选区转换工具，它能将选区转换为一种临时的蒙版图像，这样就能用画笔、滤镜等工具编辑蒙版，之后再将蒙版图像转换为选区，从而实现编辑选区的目的。

01 打开素材文件。使用快速选择工具 在娃娃身上单击并拖曳鼠标，将其选中，如图 6-107 所示。

02 执行“选择 > 在快速蒙版模式下编辑”命令或单击工具箱底部的 按钮，进入快速蒙版编辑状态，未选中的区域会覆盖一层半透明的颜色，被选中的区域还是显示为原状，如图 6-108 所示。

图 6-107

图 6-108

03 选择画笔工具，在画笔下拉面板中设置画笔大小，如图 6-109 所示，在娃娃后面的标签上涂抹黑色，将其排除到选区外，如图 6-110 所示。如果涂抹到衣服区域，则可按X键，将前景色切换为白色，用白色涂抹就可以将其添加到选区内。再来调整帽子和蝴蝶结的边缘部分，如图 6-111 和图 6-112 所示。

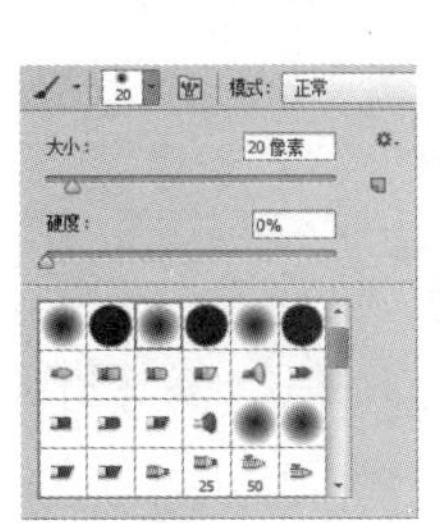

图 6-109

图 6-110

图 6-111

图 6-112

提示：

用白色涂抹快速蒙版时，被涂抹的区域会显示出图像，这样可以扩展选区；用黑色涂抹的区域会覆盖一层半透明的宝石红色，这样可以收缩选区；用灰色涂抹的区域可以得到羽化的选区。

04 执行“在快速蒙版模式下编辑”命令或单击工具箱底部的按钮，退出快速蒙版，切换回正常模式，图 6-113 为修改后的选区效果。打开一个素材文件，使用移动工具将娃娃拖至该文档中，如图 6-114 所示。

图 6-113

图 6-114

05 单击“调整”面板中的按钮，创建“色阶”调整图层，拖曳黑色滑块，增强图像的暗部色调，如图 6-115 和图 6-116 所示。

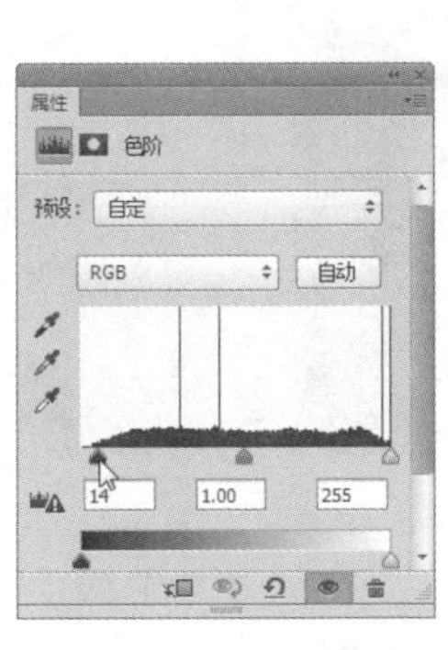

图 6-115

图 6-116

6.10 思考与练习

一、问答题

1.“图像大小”命令包含可以调整分辨率的选项。如果一个图像的分辨率很低，将其放大时，画面变得模糊了，可以通过提高分辨率来使图像变得清晰吗？

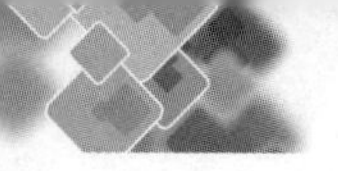

2．降噪、锐化是分别基于什么原理实现的?

3．抠其汽车、毛发、玻璃杯分别适合使用哪些工具?

4．请说明动作与批处理的关系。

5．数码照片的处理流程分为哪 6 个阶段?

二、上机练习

1．用魔术橡皮擦工具抠图

使用魔术橡皮擦工具时，只要在图像上单击，即可擦除光标下方的像素及与之相似的其他像素。该工具可以用来快速抠图，如图 6-117 和图 6-118 所示。

图 6-117

图 6-118

2．花瓣小屋

打开素材文件。选择多边形套索工具，在窗子的一个边角上单击，然后沿其边缘的转折处继续单击，定义选区范围，如图 6-119 所示。按 Ctrl+C 快捷键复制图像。切换到另一素材文档中，如图 6-120 所示，按 Ctrl+V 快捷键粘贴图像。按 Ctrl+T 快捷键显示定界框，按住 Alt+Shift 键并拖曳控制点，将图像等比例缩小，如图 6-121 所示。按 Enter 键确认。

图 6-119

图 6-120

图 6-121

选择弧形窗子时，可以先用椭圆选框工具选中窗子的弧顶，如图 6-122 所示，然后用矩形选框工具按住 Shift 键并选中下半部窗子，释放鼠标后矩形选区会与圆形选区相加，得到窗子的完整选区，如图 6-123 所示。将窗子拖至玫瑰花文档中，如图 6-124 所示。

图 6-122

图 6-123

图 6-124

6.11 测试题

1．修改图像的像素大小，在 Photoshop 中被称为（　　）。

A．重新采样　B．陷印　C．栅格化　D．初始化

2. 如果拍摄照片时持机不稳，或者没有准确对焦，画面就会不清晰，（　　）可以使此类照片变得清晰。

A．“镜头校正”滤镜　B．“防抖”滤镜

C．“减少杂色”滤镜　D．“智能锐化”滤镜

3．（　　）可以用于裁剪照片。

A．“裁剪”命令　B．“裁切”命令　C．“剪切”命令　D．“清除”命令

4．使用数码相机拍照时，如果出现（　　）情况，就可能会导致产生噪点和杂色。

A．用很高的 ISO 设置

B．曝光不足

C．用较慢的快门速度在黑暗区域中拍照

5．（　　）可以用于降噪。

A．“场景模糊”滤镜　B．“光圈模糊”滤镜

C．“移轴模糊”滤镜　D．“减少杂色”滤镜

6．“防抖”滤镜可以减少由某些相机运动产生的模糊，包括（　　）。

A．线性运动　B．弧形运动　C．旋转运动　D．Z 字形运动

7．“智能锐化”滤镜提供了许多锐化控制选项，可以（　　）。

A．设置锐化算法　B．控制阴影区域的锐化量

C．控制高光区域的锐化量　D．防抖

第7章

时尚海报：滤镜与插件

滤镜原本是一种摄影器材，可以影响色彩或产生特殊的拍摄效果。Photoshop 中的滤镜可以制作特效、校正照片、模拟各种绘画效果，也常用来编辑图层蒙版、快速蒙版和通道。

7.1 海报设计

海报（英文为 Poster）即招贴，是指张贴在公共场所的告示和印刷广告。海报作为一种视觉传达艺术，最能体现平面设计的形式特征，它的设计理念、表现手法较之其他广告媒介更具典型性。海报从用途上可分为 3 类，即商业海报、艺术海报和公共海报，如图 7-1 ～图 7-3 所示。

Shoppyland 卡通鸭海报

图 7-1

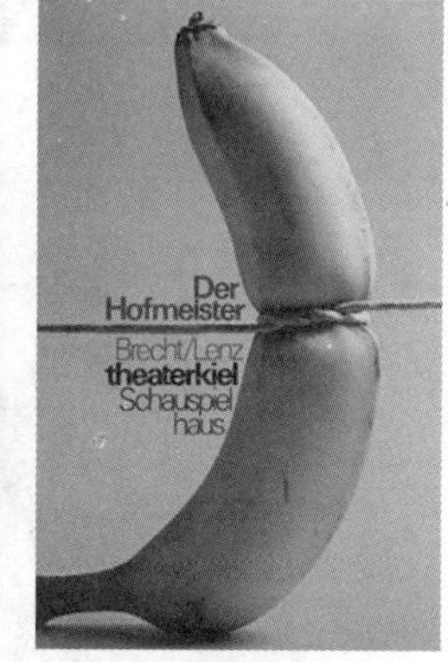

霍尔格·马提斯艺术海报

图 7-2

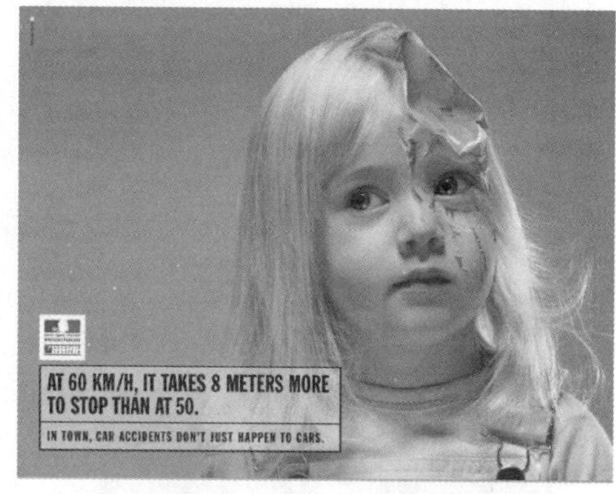

呼吁关注交通安全的公益海报

图 7-3

海报设计的常用表现手法包括写实、联想、情感、对比夸张、幽默、拟人和名人等几种。

- 写实表现法是一种直接展示对象的表现方法，它能够有效地传达产品的最佳利益点。图 7-4 为芬达饮料海报。
- 联想表现法是一种婉转的艺术表现方法，它是由一个事物联想到另外的事物，或将事物某一点与另外事物的相似点或相反点自然地联系起来的思维过程。图 7-5 为 Covergirl 睫毛刷产品宣传海报——请选择加粗。

图 7-4

图 7-5

- “感人心者，莫先于情”，情感是最能引起人们心理共鸣的一种心理感受，美国心理学家马斯诺指出：“爱的需要是人类需要层次中最重要的一个层次”，在海报中运用情感因素可以增强作品的感染力，达到以情动人的效果。图 7-6 为里维斯牛仔裤海报——融合起来的爱，叫完美！

图 7-6

- 对比表现法是将性质不同的要素放在一起相互比较，在对比中突出产品的性能和特点。图 7-7 为 PRINCE 牌细条实心面调料海报。

图 7-7

- 夸张是海报中常用的表现手法之一，它通过一种夸张的、超出观众想象的画面内容来吸引受众的眼球，具有极强的吸引力和戏剧性。图 7-8 为 Mylanta 胃药海报——人是如何成为气球的！
- 广告大师波迪斯曾经说过“巧妙地运用幽默，就没有卖不出去的东西”。幽默的海报具有很强的戏剧性、故事性和趣味性，往往能够带给人会心的一笑，让人感觉到轻松愉快，并产生良好的说服效果。图 7-9 为 Rowenta 好运达吸尘器海报——打猎利器。
- 将自然界的事物进行拟人化处理，赋予其人格和生命力，能够让受众迅速地在心理产生共鸣。图 7-10 为 Kiss FM 摇滚音乐电台海报——跟着 Kiss FM 的劲爆音乐跳舞。
- 巧妙地运用名人效应会增加产品的亲切感，产生良好的社会效益。图 7-11 为猎头公司广告——幸运之箭即将射向你。这则海报暗示了猎头公司会像丘比特一样为你制定专属的目标，帮用户找到心仪的工作。

图 7-8

图 7-9

图 7-10

图 7-11

7.2 Photoshop 滤镜

滤镜是 Photoshop 最具吸引力的功能之一。它就像是一个神奇的魔术师，随手一变，就能让普通的图像呈现出令人惊奇的视觉效果。滤镜不仅可以校正照片、制作特效，还能模拟各种绘画效果，也常用来编辑图层蒙版、快速蒙版和通道。

7.2.1 滤镜的原理

位图（如照片、图像素材等）是由像素构成的，每一个像素都有自己的位置和颜色值，滤镜能够改变像素的位置或颜色，从而生成各种特效。例如，图 7-12 为原图像，图 7-13 是“染色玻璃”滤镜处理后的图像，从放大镜中可以看到像素的变化情况。

图 7-12

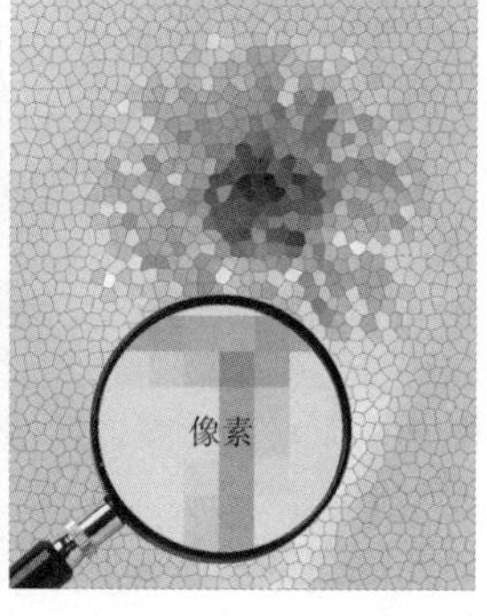

图 7-13

Photoshop 的所有滤镜都在“滤镜”菜单中，如图 7-14 所示。其中“滤镜库”“镜头校正”“液化”和“消失点”等是特殊滤镜，被单独列出，其他滤镜都依据其主要功能放置在不同类别的滤镜组中。如果安装了外挂滤镜，则它们会出现在菜单底部。

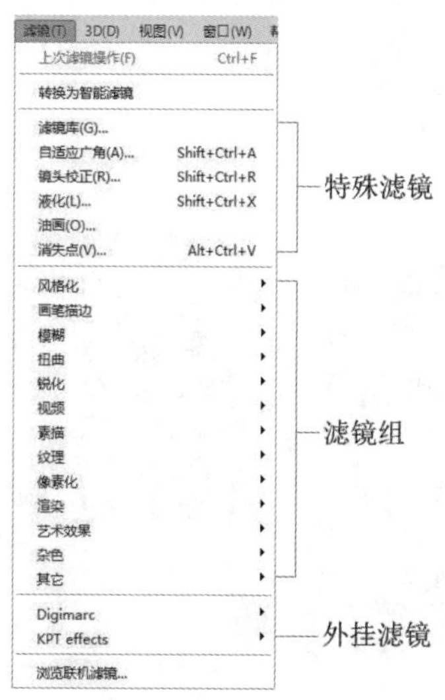

图 7-14

小知识：滤镜菜单中少了很多滤镜

执行“编辑 > 首选项 > 增效工具”命令，打开“首选项”对话框，选中“显示滤镜库的所有组和名称”选项，即可让缺少的滤镜重新出现在各个滤镜组中。

7.2.2 滤镜的使用规则和技巧

- 使用滤镜处理某一图层中的图像时，需要选择该图层，并且图层必须是可见的（缩览图前面有眼睛图标）。
- 如果创建了选区，如图 7-15 所示，滤镜只处理选中的图像，如图 7-16 所示；如果未创建选区，则处理当前图层中的全部图像，如图 7-17 所示。

图 7-15

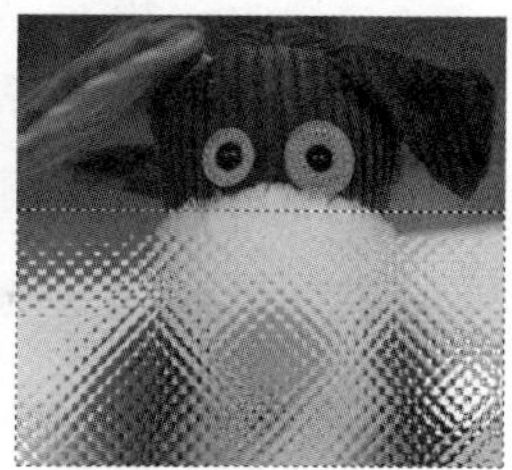

图 7-16

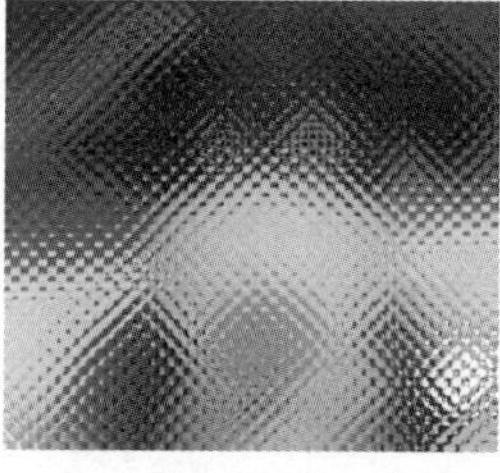

图 7-17

- 滤镜的处理效果是以像素为单位进行计算的，因此，相同的参数处理不同分辨率的图像，其效果也会有所不同。
- 滤镜可以处理图层蒙版、快速蒙版和通道。
- 只有“云彩”滤镜可以应用在没有像素的区域，其他滤镜都必须应用在包含像素的区域，

否则不能使用这些滤镜，但外挂滤镜除外。

- “滤镜”菜单中显示为灰色的命令是不可使用的命令，通常情况下，这是由于图像模式出现了问题。在 Photoshop 中，RGB 模式的图像可以使用所有滤镜，其他模式则会受到限制。在处理非 RGB 模式的图像时，可以先执行“图像 > 模式 >RGB 颜色”命令，将图像转换为 RGB 模式，再应用滤镜。
- 在任意滤镜对话框中按住 Alt 键，“取消”按钮就会变成“复位”按钮，如图 7-18 所示，单击它可以将参数恢复到初始状态。
- 使用一个滤镜后，“滤镜”菜单的第 1 行便会出现该滤镜的名称，如图 7-19 所示，单击它或按 Ctrl+F 快捷键可以快速应用该滤镜。如果要修改滤镜参数，可以按 Alt+Ctrl+F 快捷键，打开滤镜对话框重新设定。

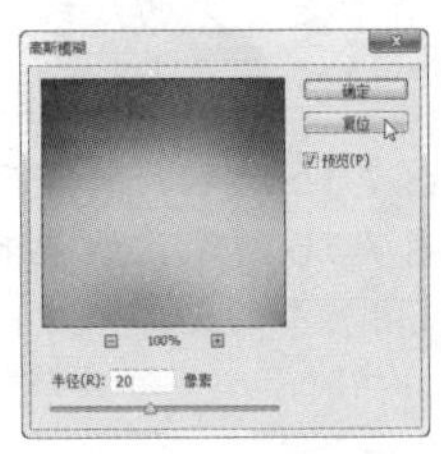

图 7-18

图 7-19

- 应用滤镜的过程中如果要终止处理，可以按 Esc 键。

小技巧：提高滤镜性能

使用“光照效果”“木刻”和“染色玻璃”等滤镜，以及编辑高分辨率的大图时，有可能造成 Photoshop 的运行速度变慢。使用滤镜之前，可以先执行“编辑 > 清理”命令释放内存，也可以退出其他应用程序，为 Photoshop 提供更多的可用内存。此外，当内存不够用时，Photoshop 会自动将计算机中的空闲硬盘作为虚拟内存来使用（也称暂存盘），因此，如果计算机中的某些个硬盘空间较大，可将其指定给 Photoshop 使用。具体设置方法是执行“编辑 > 首选项 > 性能”命令，打开“首选项”对话框，在“暂存盘”选项组中显示了计算机的硬盘驱动器盘符，只要将空闲空间较多的驱动器设置为暂存盘，如图 7-30 所示，然后重新启动 Photoshop 就可以了。

7.2.3 滤镜库

执行“滤镜 > 滤镜库”命令，或者使用“风格化”“画笔描边”“扭曲”“素描”“纹理”和“艺术效果”滤镜组中的滤镜时，都可以打开“滤镜库”，如图 7-20 所示。在“滤镜库”对话框中，左侧是预览区，中间是 6 组可供选择的滤镜，右侧是参数设置区。

图 7-20

单击新建效果图层按钮，可以添加一个效果图层，添加效果图层后，可以选取要应用的另一个滤镜，图像效果会变得更加丰富，如图 7-21 所示。滤镜效果图层与图层的编辑方法相同，上下拖曳效果图层可以调整它们的堆叠顺序，滤镜效果也会发生改变，如图 7-22 所示。单击按钮可以删除效果图层。单击眼睛图标可以隐藏或显示滤镜。

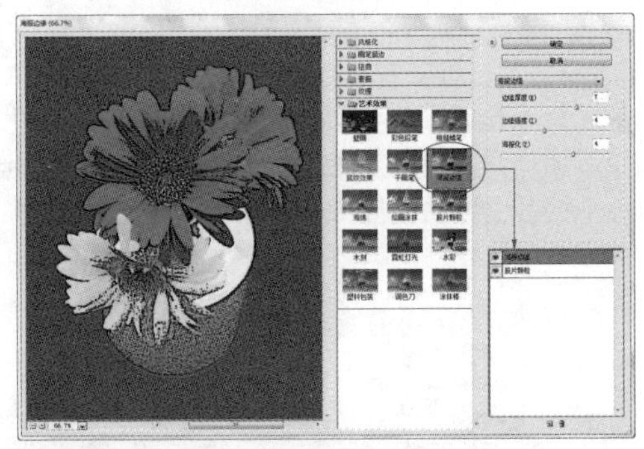

图 7-21

图 7-22

7.2.4　智能滤镜

智能滤镜可以达到与普通滤镜完全相同的效果，但它是作为图层效果出现在“图层”面板中的，因而不会真正改变图像中的任何像素。

选择要应用滤镜的图层，如图 7-23 所示，执行“滤镜 > 转换为智能滤镜”命令，弹出一个提示信息，单击“确定”按钮，将图层转换为智能对象，此后应用的滤镜即为智能滤镜，如图 7-24 所示。

图 7-23

图 7-24

双击“图层”面板中的智能滤镜，如图 7-25 所示，可以重新打开相应的滤镜对话框修改参数，如图 7-26 和图 7-27 所示。

图 7-25

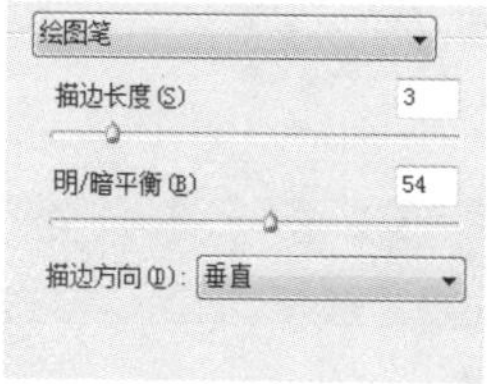

绘图笔
描边长度(S) 3
明/暗平衡(B) 54
描边方向(D)：垂直

图 7-26

图 7-27

智能滤镜包含一个图层蒙版，单击蒙版缩览图可以进入蒙版编辑状态，如果要遮盖某一处滤镜效果，可以用黑色涂抹蒙版；如果要显示某一处滤镜效果，则用白色涂抹蒙版，如图 7-28 所示；如果要减弱滤镜效果的强度，可以用灰色涂抹，滤镜将呈现不同级别的透明度，如图 7-29 所示。

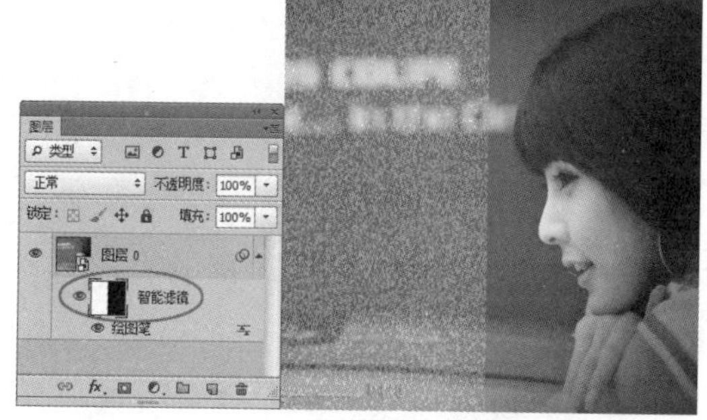

图 7-28

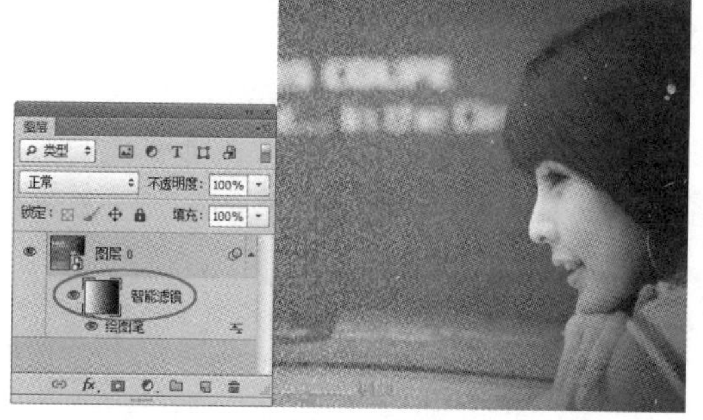

图 7-29

提示：

单击智能滤镜旁边的眼睛图标可以隐藏或重新显示智能滤镜；将智能滤镜拖至“图层”面板底部的删除图层按钮上，可将其删除。

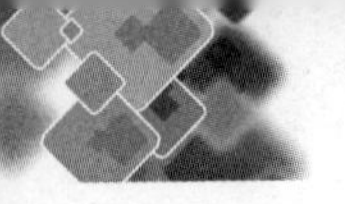

7.3 Photoshop 插件

Photoshop 提供了一个开放的平台，用户可以将第三方厂商开发的滤镜以插件的形式安装在 Photoshop 中使用，这些滤镜被称为“外挂滤镜”。外挂滤镜不仅可以轻松地制作出各种特效，还能够创造出 Photoshop 内置滤镜无法实现的神奇效果，因而备受广大 Photoshop 爱好者的青睐。

7.3.1 安装外挂滤镜

外挂滤镜与一般程序的安装方法基本相同，只是要注意应将其安装在 Photoshop CC 的 Plug-in 目录下，如图 7-30 所示，否则将无法直接运行滤镜。有些小的外挂滤镜手动复制到 plug-in 文件夹中便可使用。安装完成以后，重新运行 Photoshop，在“滤镜”菜单的底部便可以看到它们，如图 7-31 所示。

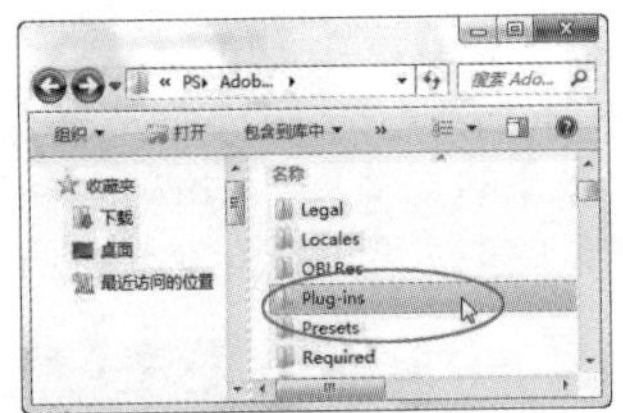

图 7-30

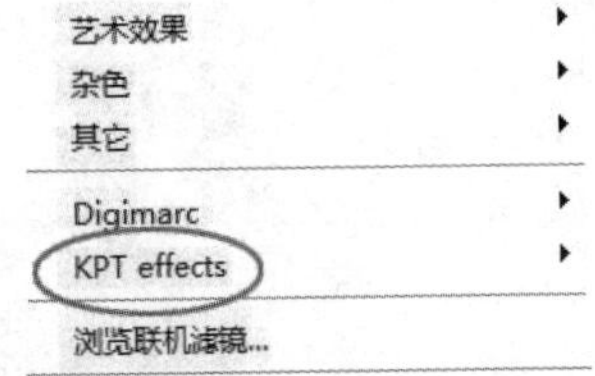

图 7-31

7.3.2 外挂滤镜的种类

- 自然特效类外挂滤镜：Ulead（友丽）公司的 Ulead Particle.Plugin 是用于制作自然环境的强大插件，它能够模拟自然界的粒子而创建诸如雨、雪、烟、火、云和星等特效。
- 图像特效类外挂滤镜：在众多的特效类外挂滤镜中，Meta Creations 公司的 KPT 系列滤镜以及 Alien Skin 公司的 Eye Candy 4000 和 Xenofex 滤镜是其中的佼佼者，它们可以创造出 Photoshop 内置滤镜无法实现的神奇效果。
- 照片处理类滤镜：Mystical Tint Tone and Colo 是专门用于调整影像色调的插件，它提供了 38 种色彩效果，可轻松应对色调调整方面的工作。Alien Skin Image Doctor 是一款新型而强大的图片校正滤镜，它可以魔法般地移除污点和各种缺陷。
- 抠图类外挂滤镜：Mask Pro 是由美国俄勒冈州波特兰市的 Ononesoftware 公司开发的抠图插件，它可以把复杂的图像，如人的头发、动物的毛发等轻易地选取出来；Knockout 是由大名鼎鼎的软件公司 Corel 开发的经典抠图插件，它能让原本复杂的抠图操作变得异常简单。
- 磨皮类外挂滤镜：磨皮是指通过模糊减少杂色和噪点，使人物皮肤洁白、细腻。Kodak 是一款简单、实用的磨皮插件；NeatImage 则更加强大，它在磨皮的同时还能保留头发、眼眉和睫毛的细节。
- 特效字类外挂滤镜：Ulead 公司出品的 Ulead Type.Plug-in 1.0 是专门用于制作特效字的滤镜。

提示：

本书配套光盘中附赠的“Photoshop 外挂滤镜使用手册”中详细介绍了外挂滤镜的安装方法，以及 KPT7、Eye Candy 4000 和 Xenofex 滤镜的具体使用方法。

7.4 课堂练习：金银纪念币

01 打开素材文件，如图 7-32 所示。这是一个分层的 PSD 文件，用来制作纪念币的图像位于一个单独图层中，如图 7-33 所示。

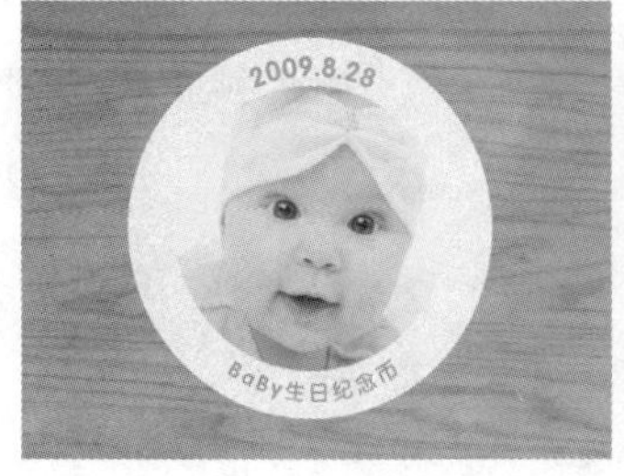

图 7-32　　图 7-33

02 执行“滤镜 > 风格化 > 浮雕效果”命令，设置参数如图 7-34 所示，创建浮雕效果，如图 7-35 所示。

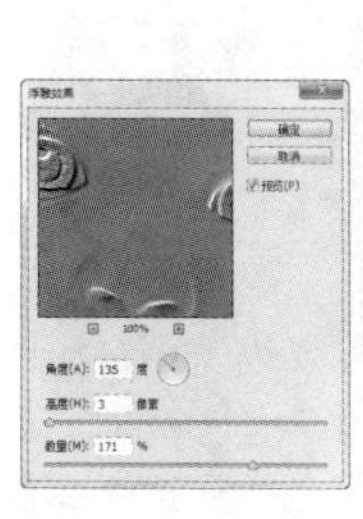

图 7-34　　图 7-35

03 按 Shift+Ctrl+U 快捷键去除颜色，如图 7-36 所示，再按 Ctrl+I 快捷键将图像反相，从而反转纹理的凹凸方向，如图 7-37 所示。

图 7-36

图 7-37

04 双击“图层 1”，打开“图层样式”对话框，在左侧列表中选择“渐变叠加”和“投影”选项，设置参数如图 7-38 和图 7-39 所示，为图层添加这两种效果，如图 7-40 所示。

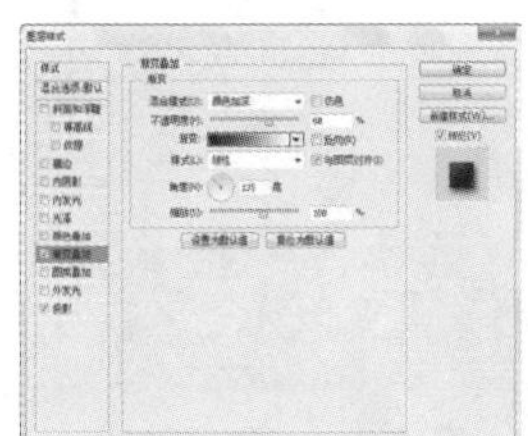

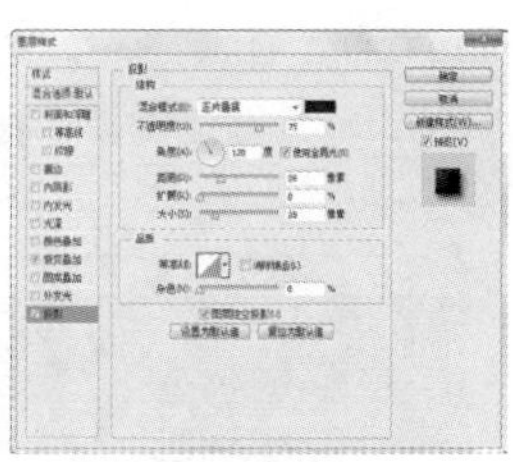

图 7-38　　图 7-39

图 7-40

05 单击“调整”面板中的按钮，创建“曲线”调整图层，按 Alt+Ctrl+G 快捷键创建剪切蒙版，如图 7-41 所示。在曲线上单击，添加 4 个控制点，拖曳这些控制点调整曲线，如图 7-42 所示。为纪念币增添光泽，如图 7-43 所示。

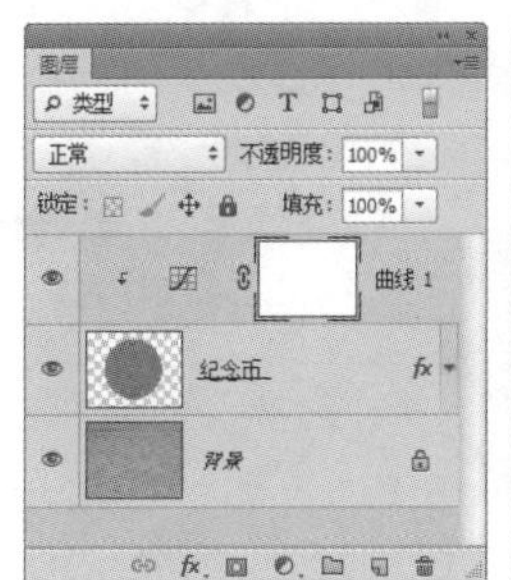

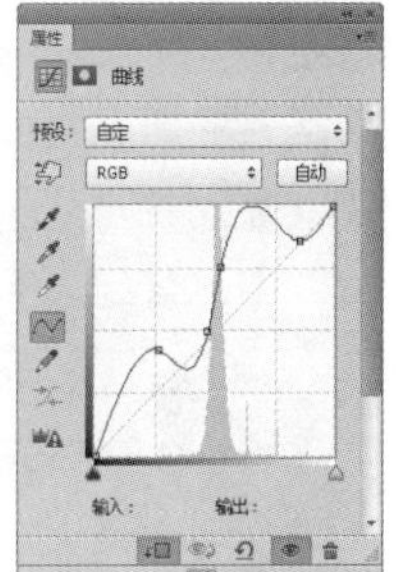

图 7-41　　图 7-42

图 7-43

06 新建一个图层，填充白色。执行“滤镜 > 素描 > 半调图案”命令，设置参数如图 7-44 所示。

07 执行“编辑 > 变换 > 旋转 90 度（顺时针）”命令，将图像旋转后按 Enter 键确认操作，如图 7-45 所示。

使用移动工具将条纹图像移动到画面左侧，再按住 Shift+Alt 键拖曳进行复制，使条纹布满画面，如图 7-46 所示。

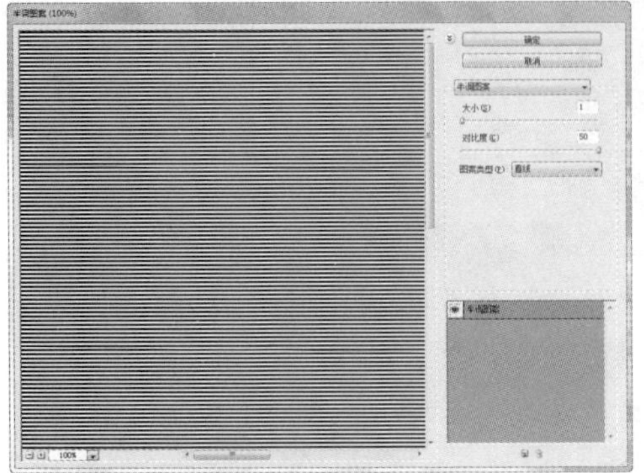

图 7-44

图 7-45

图 7-46

08 复制条纹图像后，在“图层”面板中会新增一个图层，如图 7-47 所示，按 Ctrl+E 快捷键向下合并图层，如图 7-48 所示。

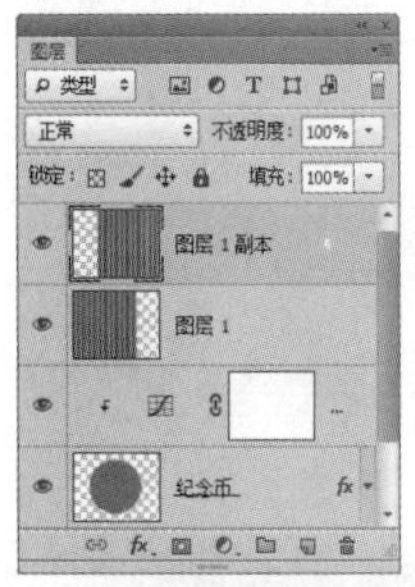

图 7-47

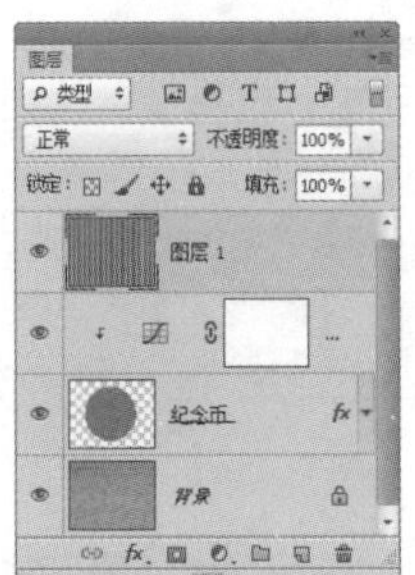

图 7-48

09 执行“滤镜 > 扭曲 > 极坐标”命令，在打开的对话框中选择“平面坐标到极坐标”选项，如图 7-49 和图 7-50 所示。

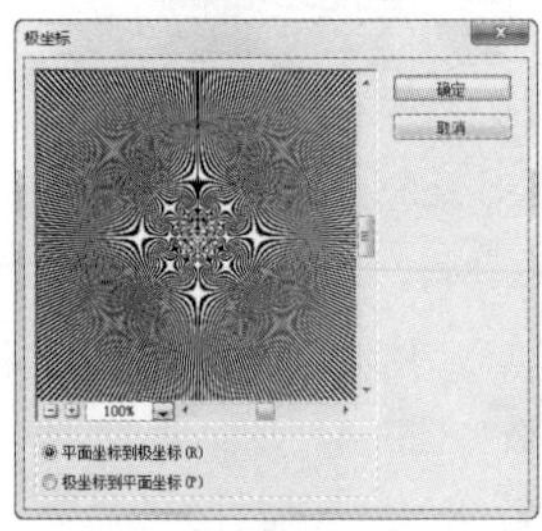

图 7-49

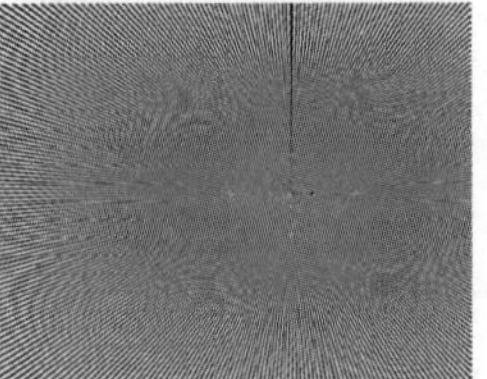

图 7-50

10 按 Ctrl+T 快捷键显示定界框，调整图像的宽度，再将图像向左拖曳，使中心点与画面中心对齐，如图 7-51 所示。按 Enter 键确认操作。

图 7-51

11 按住 Ctrl 键并单击“纪念币”图层缩览图，如图 7-52 所示，载入选区，单击按钮在选区基础上创建图层蒙版，将选区外的图像隐藏，如图 7-53 和图 7-54 所示。

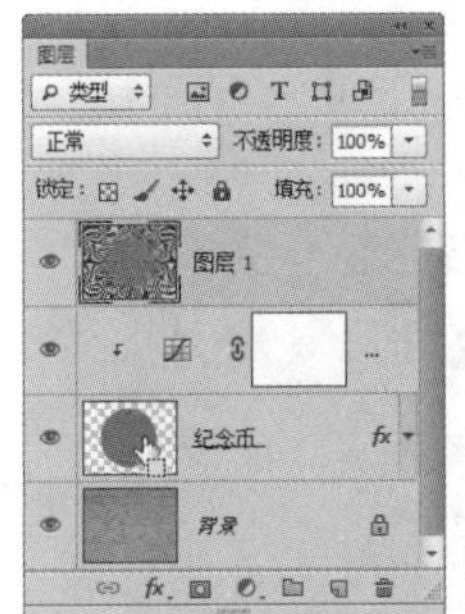

图 7-52

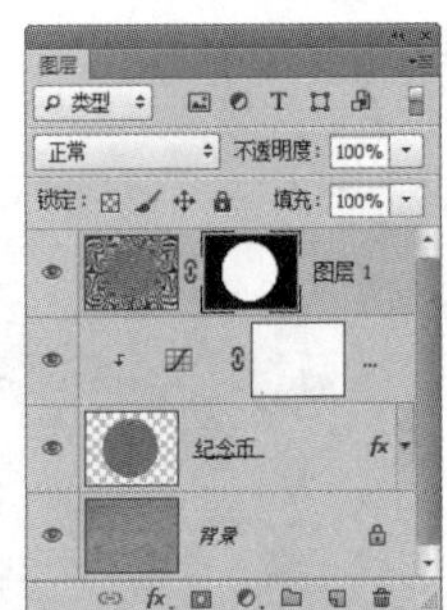

图 7-53

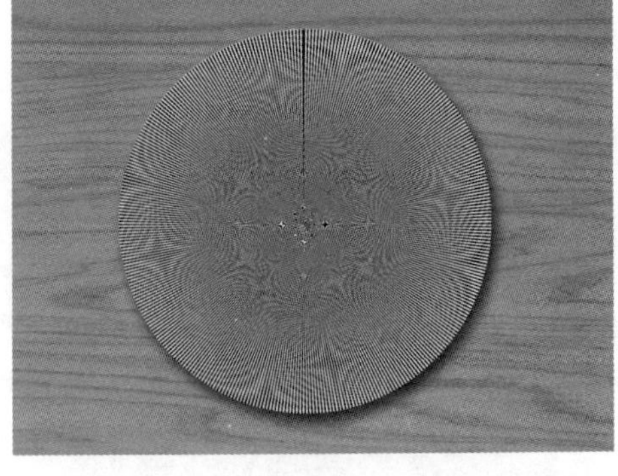

图 7-54

12 再次按住 Ctrl 键并单击“纪念币”图层缩览图，载入选区，执行“选择 > 变换选区”命令，在选区上显示定界框，如图 7-55 所示，按住 Alt+Shift 键并拖曳定界框的一角，保持中心点位置不变将选区等比例缩小，如图 7-56 所示。按 Enter 键确认操作。

13 单击“图层 1”的蒙版缩览图，并填充黑色，如图 7-57 所示，然后取消选择，如图 7-58 所示。

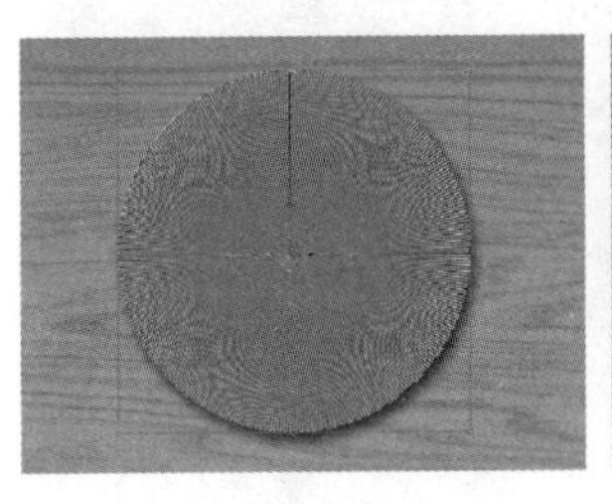
图 7-55

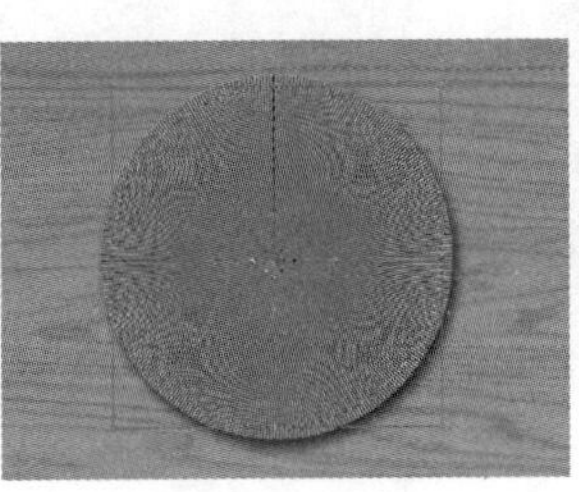
图 7-56

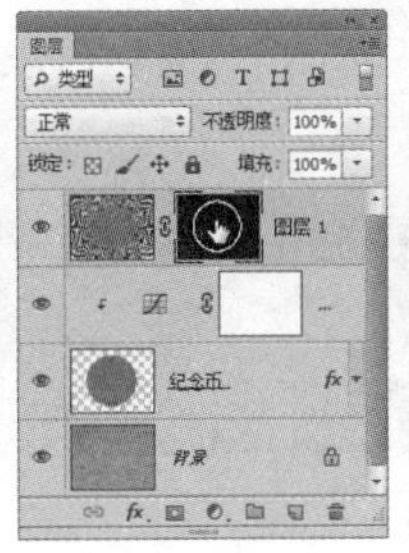
图 7-57

图 7-58

14 双击该图层，打开“图层样式”对话框，在左侧列表中选择“斜面和浮雕”效果，设置参数如图 7-59 所示，使纪念币边缘产生立体感，如图 7-60 所示。

15 单击“调整”面板中的☀按钮，创建“亮度 / 对比度”调整图层，增加亮度和对比度参数，使纪念币光泽度更强，如图 7-61 和图 7-62 所示。

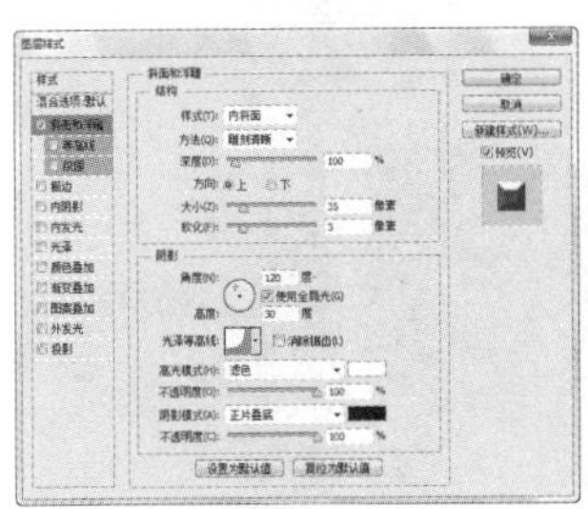
图 7-59

图 7-60

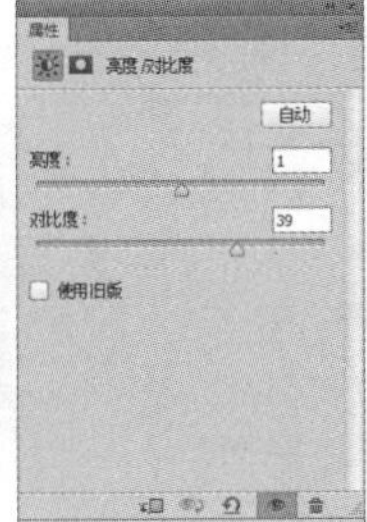
图 7-61

图 7-62

16 按 Alt+Shift+Ctrl+E 快捷键盖印图层，用它来制作金币。执行“滤镜 > 渲染 > 光照效果”命令，打开“光照效果”对话框，在“光照类型”下拉列表中选择“聚光灯”，在右侧的颜色块上单击，打开“拾色器”设置灯光颜色。设置亮部颜色为土黄色（R180,G140,B65）、暗部颜色为深黄色（R103,G85,B1），如图 7-63 所示。拖曳光源控制点，调整光源的大小，如图 7-64 所示，完成后的效果如图 7-65 所示。

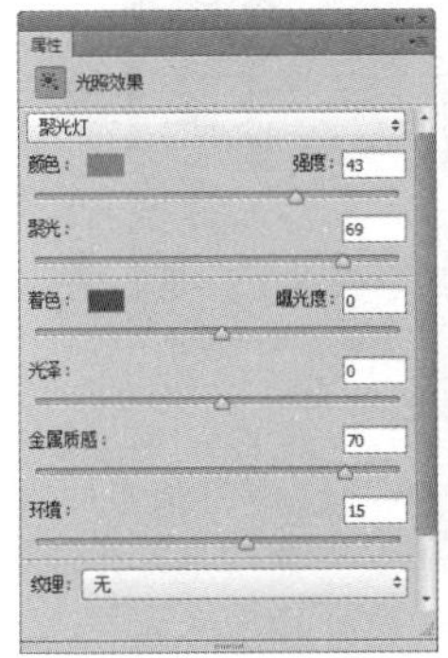
图 7-63

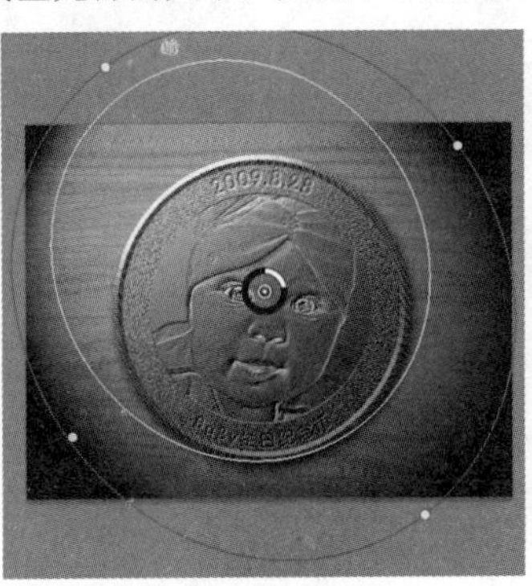
图 7-64

图 7-65

7.5 课堂练习：在气泡中奔跑

01 按 Ctrl+N 快捷键，打开“新建”对话框，创建一个 400 像素 ×400 像素、分辨率为 72 像素 / 英寸、颜色模式为 RGB、背景为黑色的文件。

02 执行“滤镜 > 渲染 > 镜头光晕”命令，设置参数如图 7-66 所示，效果如图 7-67 所示。

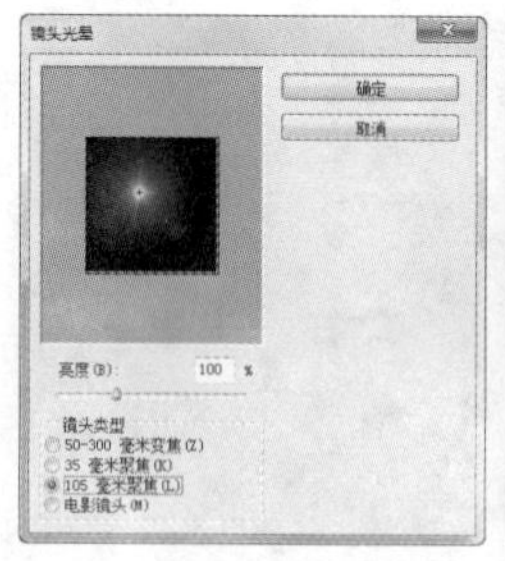

图 7-66

图 7-67

03 执行“滤镜 > 扭曲 > 极坐标”命令，选择“极坐标到平面坐标”选项，如图 7-68 所示，效果如图 7-69 所示。执行“图像 > 图像旋转 >180 度”命令旋转图像，如图 7-70 所示。

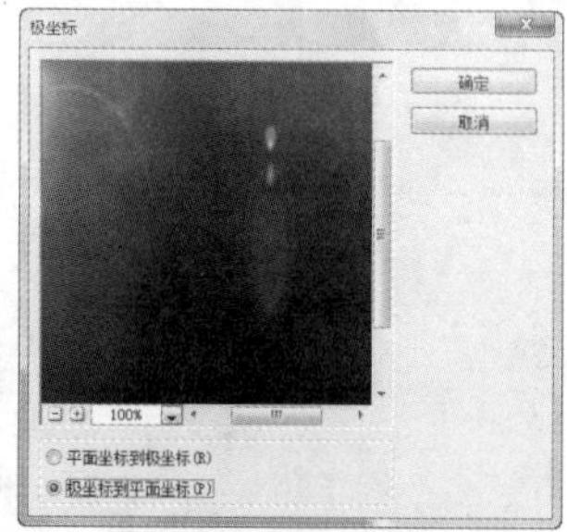

图 7-68

图 7-69

图 7-70

04 按 Shift+Ctrl+F 快捷键再次打开“极坐标”对话框，这次选择“平面坐标到极坐标”选项，即可生成一个气泡，如图 7-71 和图 7-72 所示。使用椭圆选框工具 按住 Shift 键并创建圆形选区，选择气泡，如图 7-73 所示。

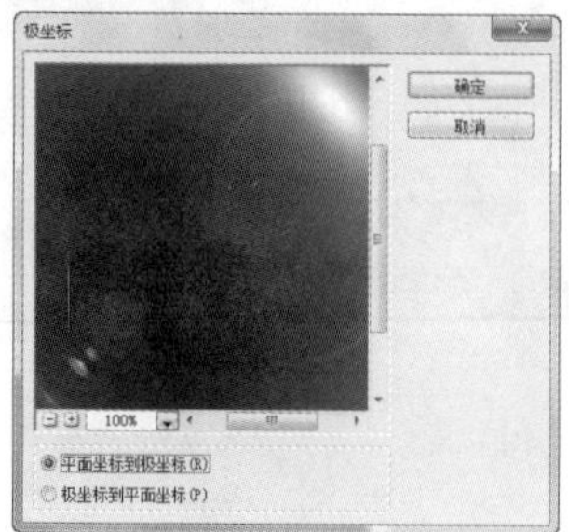

图 7-71

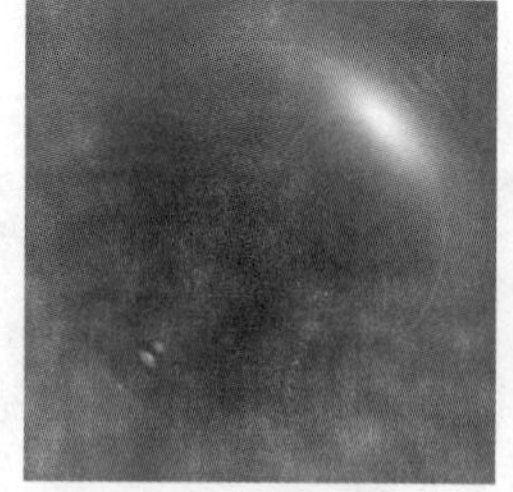

图 7-72

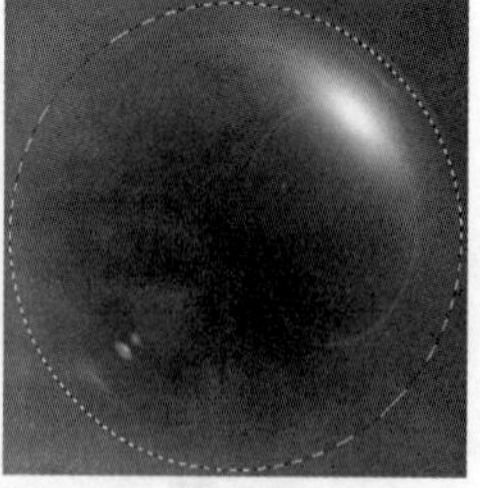

图 7-73

提示：

在创建选区时，可以同时按住空格键并移动选区的位置，使选区与气泡中心对齐。

05 打开素材文件，如图 7-74 所示，使用移动工具 将气泡移动到该文档中并适当调整大小，设置气泡图层的混合模式为“滤色”，如图 7-75 和图 7-76 所示。

图 7-74

图 7-75

图 7-76

06 按 Ctrl+J 快捷键复制气泡图层，使气泡更加清晰，如图 7-77 所示。按住 Ctrl 键并单击气泡图层的缩览图，载入气泡的选区，如图 7-78 和图 7-79 所示。

图 7-77

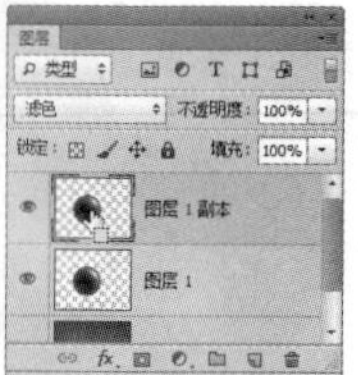

图 7-78

图 7-79

07 按 Shift+Ctrl+C 快捷键合并复制图像，再按 Ctrl+V 快捷键将图像粘贴到一个新的图层中，如图 7-80 所示。按 Ctrl+T 快捷键显示定界框，移动图像位置并缩小，再复制一个气泡并缩小，放在画面右下角，如图 7-81 所示。

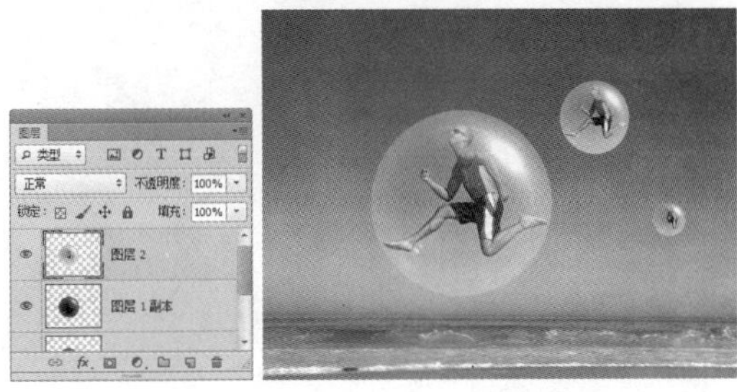

图 7-80　　图 7-81

7.6 课堂练习：音乐节海报

01 按 Ctrl+N 快捷键，打开“新建”对话框，新建一个 297 毫米 ×210 毫米、分辨率为 72 像素 / 英寸的 RGB 模式文件。

02 新建一个名称为“底纹”的图层，填充白色。执行“滤镜 > 素描 > 半调图案”命令，设置参数如图 7-82 所示。

03 按 Ctrl+T 快捷键显示定界框，拖曳一角将图像旋转，再调整其位置，如图 7-83 所示。单击“图层”面板底部的 按钮创建蒙版，使用渐变工具 填充线性渐变，隐藏部分纹理，如图 7-84 和图 7-85 所示。

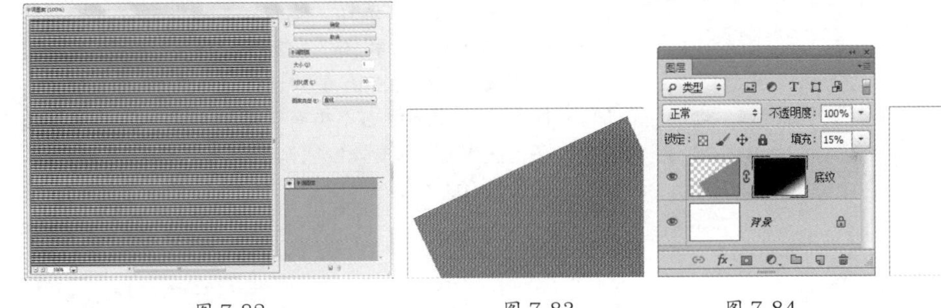

图 7-82　　图 7-83　　图 7-84　　图 7-85

04 选择钢笔工具 ，在工具选项栏中选择“形状”选项，绘制一个蓝色图形，如图 7-86 和图 7-87 所示。

05 在画面左侧绘制一个洋红色图形，如图 7-88 所示。用同样方法绘制出更多的彩条形状，如图 7-89 所示，得到相应的形状图层。按住 Shift 键并选择所有形状图层，按 Ctrl+E 快捷键将它们合并在一个图层中，命名为“彩条”。

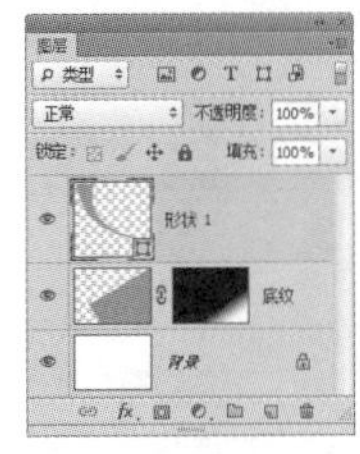

图 7-86

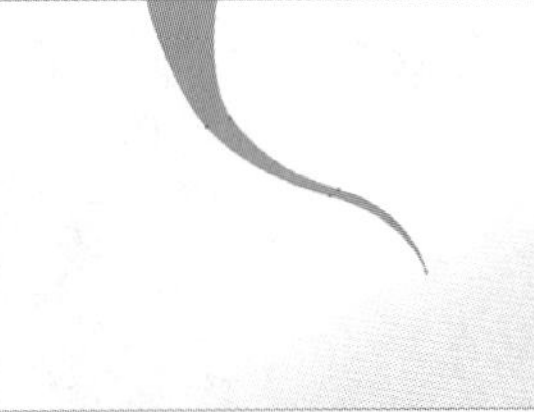

图 7-87

图 7-88

图 7-89

06 打开一个素材文件，如图 7-90 所示。使用移动工具 将素材拖至海报文档中，设置混合模式为“明度”，按 Alt+Ctrl+G 快捷键创建剪切蒙版，如图 7-91 和图 7-92 所示。

图 7-90

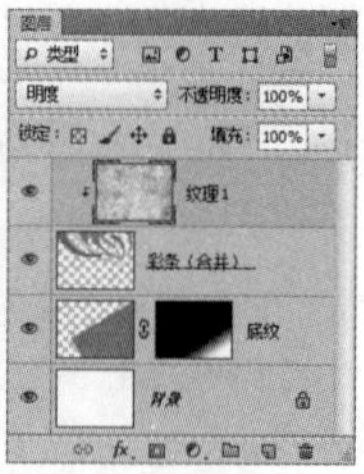

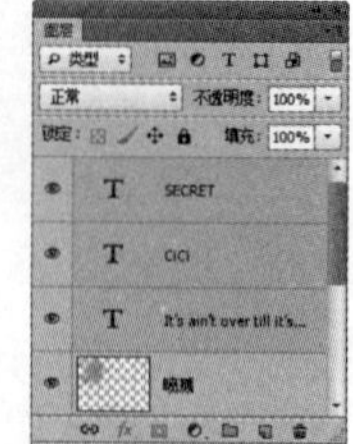
图 7-91

图 7-92

07 打开一个素材文件，如图 7-93 所示，执行“编辑 > 定义画笔预设”命令，将图像定义为画笔，如图 7-94 所示。

图 7-93

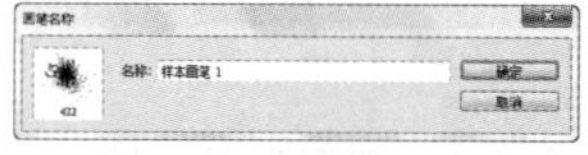
图 7-94

08 新建一个图层。选择画笔工具，将前景色调整为浅蓝色，在“画笔”下拉面板中选择自定义的画笔笔尖，在工具选项栏中设置不透明度为 30%，如图 7-95 所示，绘制斑驳墨迹，如图 7-96 所示。

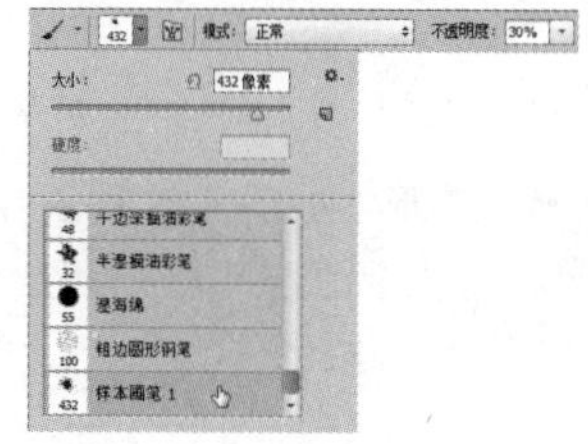
图 7-95

图 7-96

09 选择横排文字工具T，在工具选项栏中设置字体为 Arial，输入文字，大字为 85 点、小字为 16 点，如图 7-97 所示。按住 Ctrl 键并单击文字图层，将它们选取，如图 7-98 所示。按 Ctrl+E 快捷键合并，如图 7-99 所示。按 Ctrl+T 快捷键显示定界框，旋转文字，如图 7-100 所示。

图 7-97

图 7-98

图 7-99

图 7-100

10 按住 Ctrl 键并单击当前文字的缩览图，载入文字的选区，执行“选择 > 修改 > 扩展”命令，扩展选区，如图 7-101 和图 7-102 所示。选择多边形套索工具，按住 Shift 键并选择选区中镂空的部分，使整个大的选区内不再有镂空的小选区，将光标放在选区内（光标变为状），将选区略向右下方移动，如图 7-103 所示。

图 7-101　　图 7-102

图 7-103

11 在文字图层下方新建一个图层。将前景色设置为洋红色，按 Alt+Delete 快捷键填充颜色，如图 7-104 和图 7-105 所示。

图 7-104

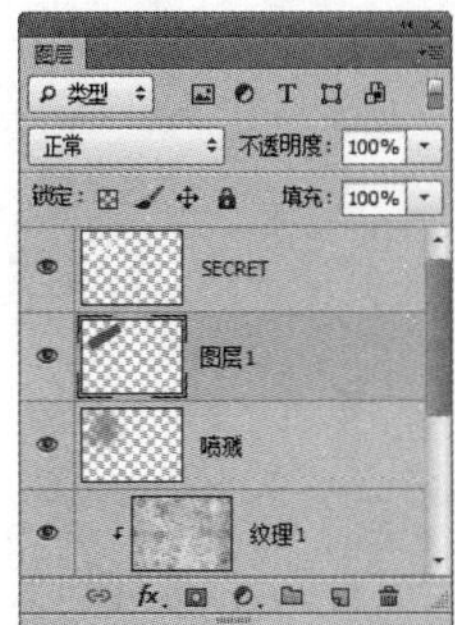

图 7-105

12 使用移动工具按住 Alt 键并向右下方移动洋红色图形，进行复制。按住 Ctrl 键并单击“图层 1 副本”的缩览图载入选区，如图 7-106 所示，将前景色调整为深红色，按 Alt+Delete 快捷键进行填充，如图 7-107 所示。

图 7-106

图 7-107

13 依然保持选区状态。选择移动工具，按住 Alt 键的同时分别按↑和←键将图形向左上方移动，移动的同时会复制图像，直到形成一个立体的文字效果，按 Ctrl+D 快捷键取消选区，效果如图 7-108 所示。

图 7-108

14 打开素材文件，如图 7-109 和图 7-110 所示。将“组 1”拖至海报文档中，如图 7-111 所示。

7-109

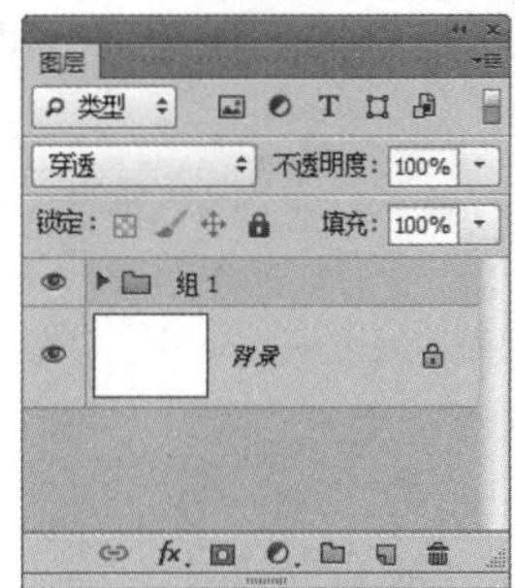

图 7-110

图 7-111

7.7 思考与练习

一、问答题

1．滤镜是基于什么原理生成特效的?

2．编辑 CMYK 模式的图像时，有些滤镜无法使用该怎么办?

3．智能滤镜有哪些优点?

4．使用滤镜时，如果内存不足，计算机速度变慢该怎么办?

5．怎样安装外挂滤镜?

二、上机练习

1. 用滤镜方法制作球面全景效果

打开素材文件，如图 7-112 所示，执行“滤镜 > 扭曲 > 极坐标”命令，打开该滤镜的对话框，选择“平面坐标到极坐标”选项，对图像进行扭曲，如图 7-113 和图 7-114 所示。按 Ctrl+T 快捷键显示定界框，拖曳控制点，将天空调整为球状，如图 7-115 所示。最后用仿制仿制图章工具对草地进行修复，如图 7-116 所示。

图 7-112

图 7-113

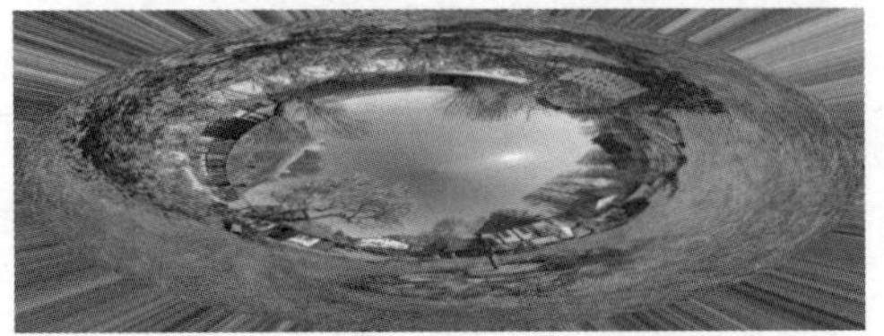

图 7-114

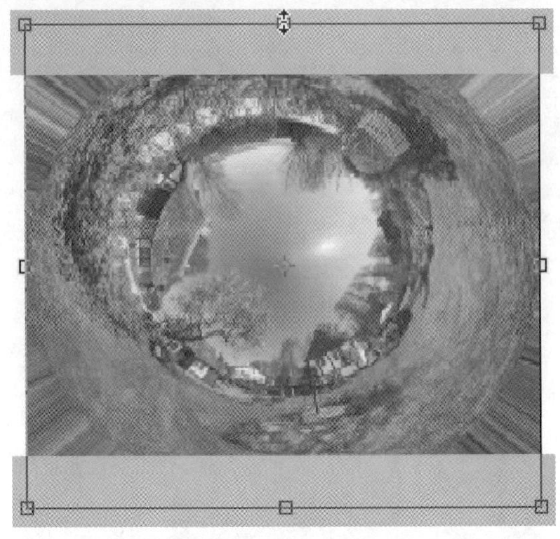

图 7-115

图 7-116

2．用滤镜 + 画布调整方法制作球面全景效果

图 7-117 和图 7-118 为另一个图像素材以及用它制作的球面效果。该实例的制作方法有所不同。首先需要使用“图像 > 图像大小”命令将画布改为正方形（不要选中“约束比例”选项）。再用“图像 > 图像旋转 >180 度”命令将图像翻转过去，然后才能使用“极坐标”滤镜处理。

图 7-117

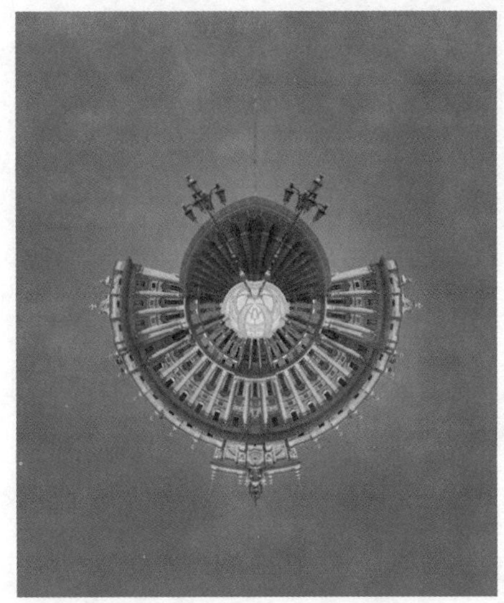

图 7-118

7.8 测试题

1．按（　　）快捷键，可以打开上次使用的滤镜的对话框。

A．Ctrl+Z　　B．Alt+Ctrl+Z　　C．Ctrl+F　　D．Alt+Ctrl+F

2．滤镜的处理效果是以（　　）为单位进行计算的。

A．百分百　　B．像素　　C．英寸　　D．毫米

3．应用滤镜的过程中如果要终止处理，可以按（　　）键。

A．Backspace　　B．Enter　　C．Tab　　D．Esc

4．滤镜可以用来编辑（　　）。

A. 图像　　B. 图层蒙版　　C．快速蒙版　　D．通道

5．下列（　　）滤镜可以减少渐变中的色带（色带是指渐变的颜色过渡不平滑，出现阶梯状的区域）。

A．杂色　　B．扩散　　C．置换　　D．USM 锐化

6．下列（　　）滤镜只对 RGB 图像起作用。

A．马赛克　　B．光照效果　　C．浮雕效果　　D．波纹

7．下列关于滤镜的操作原则，（　　）是正确的。

A．滤镜对隐藏的图层也有效

B．不能将滤镜应用于位图模式和索引模式的图像

C．有些滤镜只对 RGB 图像起作用

D．只有极少数的滤镜可用于 16 位 / 通道图像

8．用滤镜处理图像后，可以使用（　　）命令修改滤镜效果的混合模式和不透明度。

A．“编辑 > 渐隐”　　B．“编辑 > 后退一步”

C．“编辑 > 前进一步”　　D．“滤镜 > 转换为智能滤镜”

第8章

质感 UI：图层样式与特效

图层样式也称为“图层效果”，它可以为图层中的图像添加诸如投影、发光、浮雕和描边等效果，创建具有真实质感的水晶、玻璃、金属和纹理特效。图层样式可以随时修改、隐藏或删除，具有非常强的灵活性。此外，使用系统预设的样式，或者载入外部样式，只需轻点鼠标，即可将效果应用于图像。

8.1 关于UI设计

UI 是 User Interface 的简称，译为用户界面或人机界面，这一概念是 20 世纪 70 年代由施乐公司帕洛阿尔托研究中心（Xerox PARC）施乐研究机构工作小组提出的，并率先在施乐一台实验性的计算机上使用。

UI 设计是一门结合了计算机科学、美学、心理学、行为学等学科的综合性艺术，它为了满足软件标准化的需求而产生，并伴随着计算机、网络和智能化电子产品的普及而迅猛发展。UI 的应用领域主要包括手机通信移动产品、计算机操作平台、软件产品、PDA 产品、数码产品、车载系统产品、智能家电产品、游戏产品和产品的在线推广等。国际和国内很多从事手机、软件、网站、增值服务的企业和公司都设立了专门从事 UI 研究与设计的部门，以期通过 UI 设计提升产品的市场竞争力。图 8-1 为 UI 图标设计，图 8-2 和图 8-3 为软件和平板电脑操作界面设计。

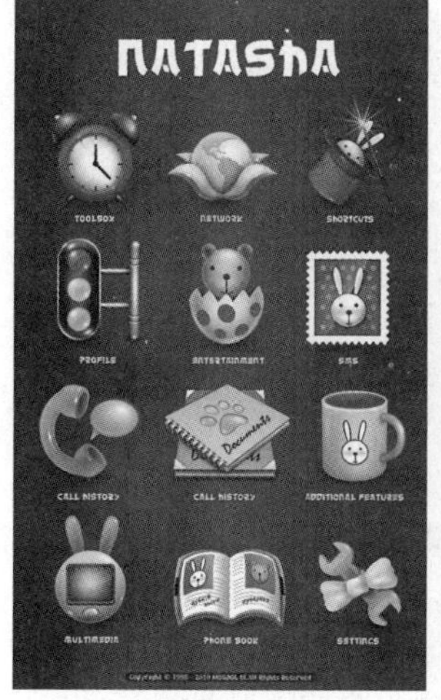

图 8-1

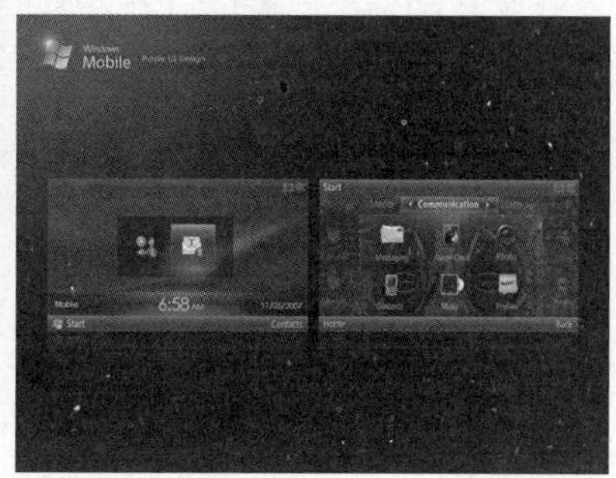

图 8-2

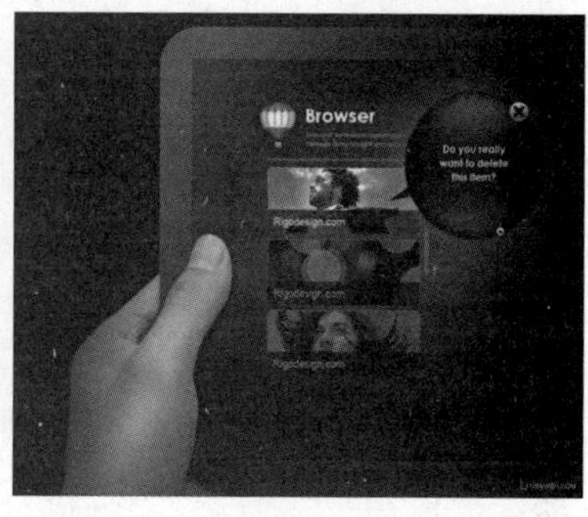

图 8-3

8.2 图层样式

图层样式也称为图层效果，这是一种可以为图层添加特效的神奇功能，能够让平面的图像和文字呈现立体效果，还能生成真实的投影、光泽和图案。

8.2.1 添加图层样式

图层样式需要在“图层样式”对话框中设置，有两种方法可以打开该对话框。一种方法是在“图层”面板中选择一个图层，然后单击面板底部的 fx 按钮，在打开的下拉菜单中选择需要的样式，如图 8-4 所示；另一种方法是双击一个图层，如图 8-5 所示，直接打开“图层样式”对话框，然后在左侧的列表中选择需要添加的效果，如图 8-6 所示。

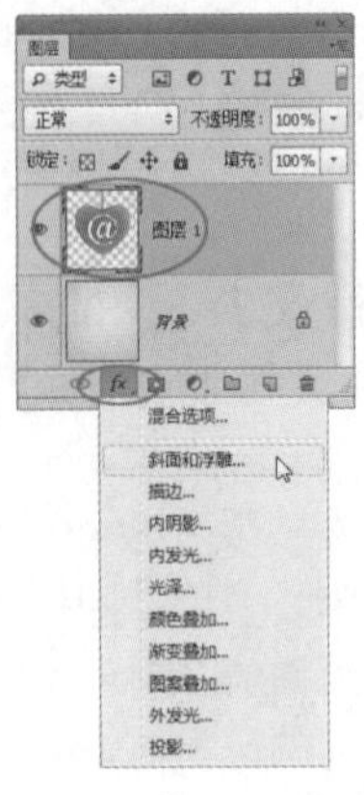

图 8-4

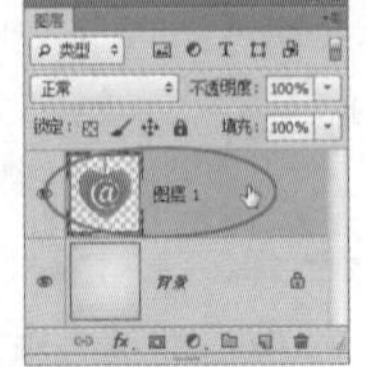

图 8-5

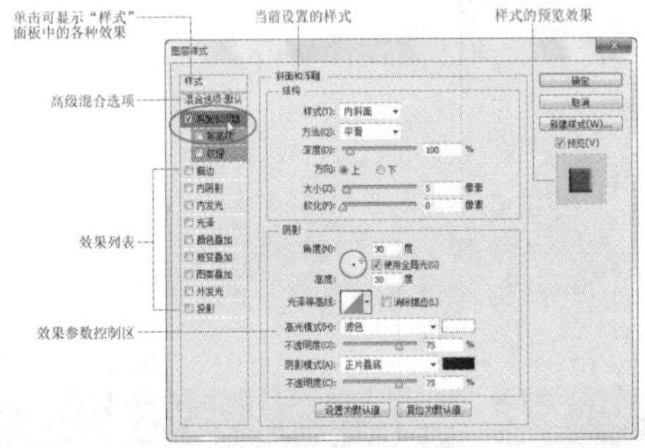

图 8-6

“图层样式”对话框左侧是效果列表，单击一种效果即可启用它，这时对话框右侧会显示相关的参数选项，此时可一边调整参数，一边观察图像的变化情况。完成调整后，单击“确定”按钮即可。

提示：

如果单击效果名称前的复选框，则可以应用该效果，但不会显示效果选项。

8.2.2 效果预览

- “斜面和浮雕”效果：可以对图层添加高光与阴影的各种组合，使图层内容呈现立体的浮雕效果，如图 8-7 所示。

图 8-7

- “描边”效果：可以使用颜色、渐变或图案描画对象的轮廓，如图 8-8 所示。它对于硬边形状，如文字等特别有用。

图 8-8

- “内阴影”效果：可以在紧靠图层内容的边缘内添加阴影，使其产生凹陷效果，如图 8-9 所示。

图 8-9

- “内发光”效果：可以沿图层内容的边缘向内创建发光效果，如图 8-10 所示。

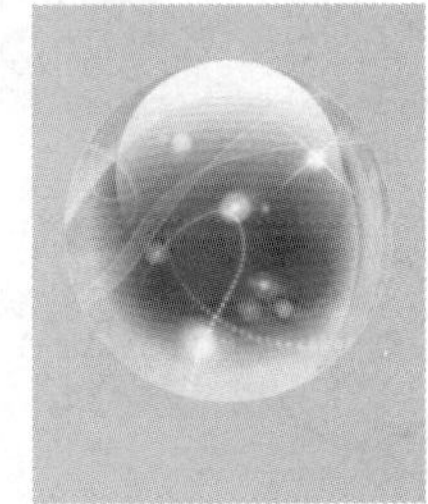

图 8-10

- “光泽”效果：可以应用具有光滑光泽的内部阴影，通常用来创建金属表面的光泽外观，如图 8-11 所示。

图 8-11

- “颜色叠加”效果：可以在图层上叠加指定的颜色，如图 8-12 所示。通过设置颜色的混合模式和不透明度，可以控制叠加效果。

图 8-12

- “渐变叠加”效果：可以在图层上叠加渐变颜色，如图 8-13 所示。

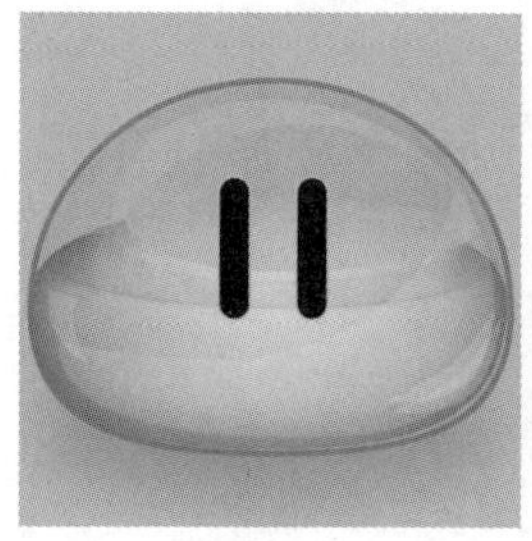

图 8-13

- “图案叠加”效果：可以在图层上叠加图案，如图 8-14 所示。图案可以缩放、设置不透明度和混合模式。

图 8-14

- “外发光”效果：可以沿图层内容的边缘向外创建发光效果，如图 8-15 所示。

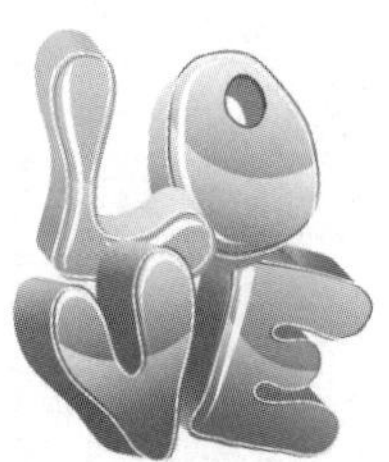

图 8-15

- “投影”效果：可以为图层内容添加投影，使其产生立体感，如图 8-16 所示。

图 8-16

8.2.3　编辑图层样式

- 修改效果参数：添加图层样式以后，如图 8-17 所示，图层下面会出现具体的效果名称，双击一个效果，如图 8-18 所示，可以打开“图层样式”对话框并修改参数，如图 8-19 和图 8-20 所示。

图 8-17

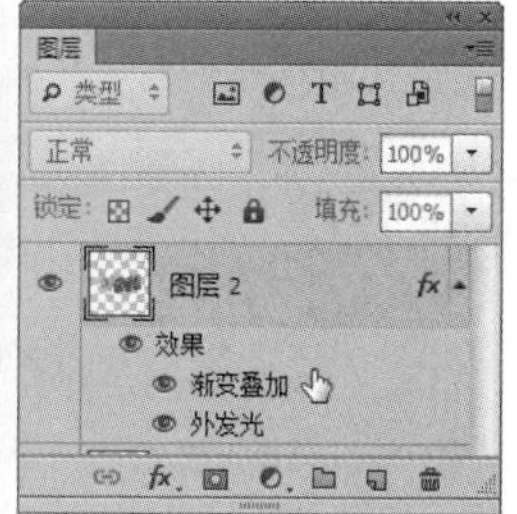

图 8-18

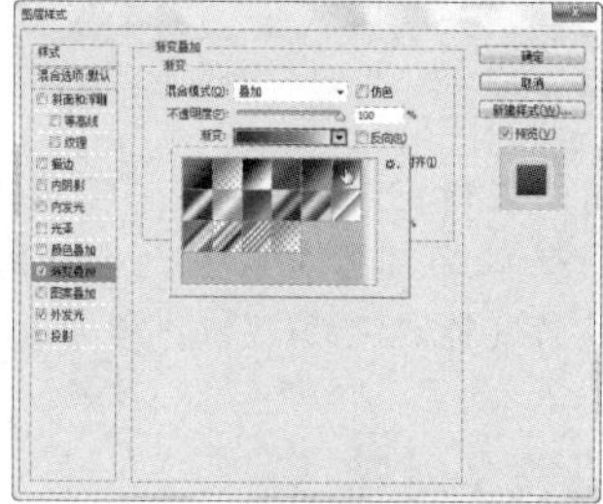

图 8-19

图 8-20

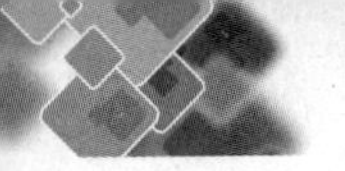

- 隐藏与显示效果：每一个效果前面都有眼睛图标，单击该图标可以隐藏效果，如图 8-21 所示。再次单击则重新显示效果，如图 8-22 所示。

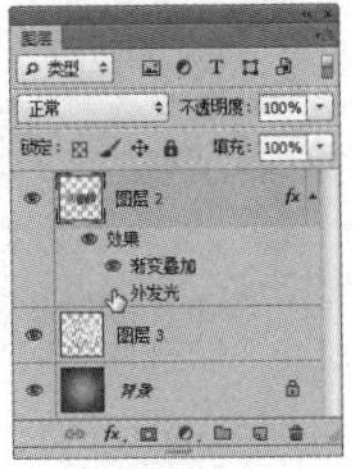

图 8-21

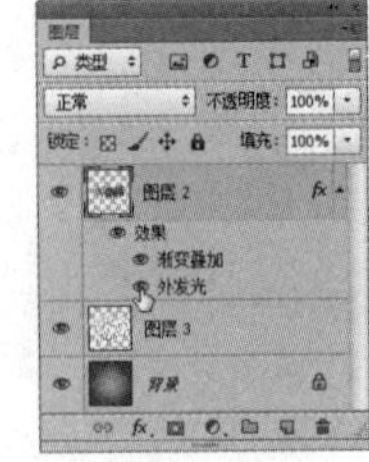

图 8-22

- 复制效果：按住 Alt 键并将效果图标 fx 从一个图层拖至另一个图层，可以将该图层的所有效果都复制到目标图层，如图 8-23 和图 8-24 所示。如果只需要复制一个效果，可按住 Alt 键并拖曳该效果的名称至目标图层。

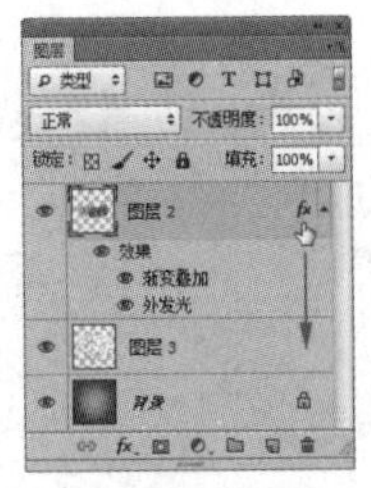

图 8-23

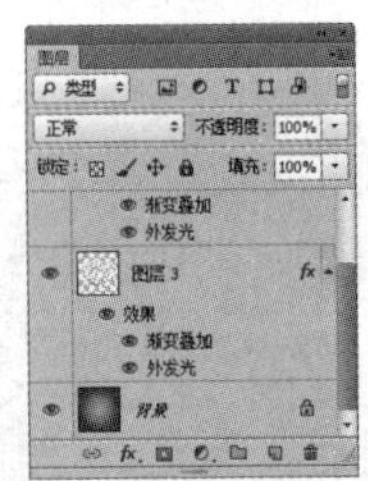

图 8-24

- 删除效果：如果要删除一种效果，可将它拖至面板底部的按钮上。如果要删除一个图层的所有效果，可以将效果图标 fx 拖至按钮上。
- 关闭效果列表：如果觉得“图层”面板中一长串的效果名称占用了太多空间，可以单击效果图标右侧的按钮，将列表关闭。

8.2.4 设置全局光

在“图层样式”对话框中，“投影”“内阴影”“斜面和浮雕”效果都包含一个“全局光”选项，选择了该选项后，以上效果就会使用相同角度的光源。例如，如图 8-25 所示的对象添加了“斜面和浮雕”和“投影”效果，在调整“斜面和浮雕”的光源角度时，如果选中了“使用全局光”选项，“投影”的光源也会随之改变，如图 8-26 所示；如果没有选中该选项，则“投影”的光源不会变，如图 8-27 所示。

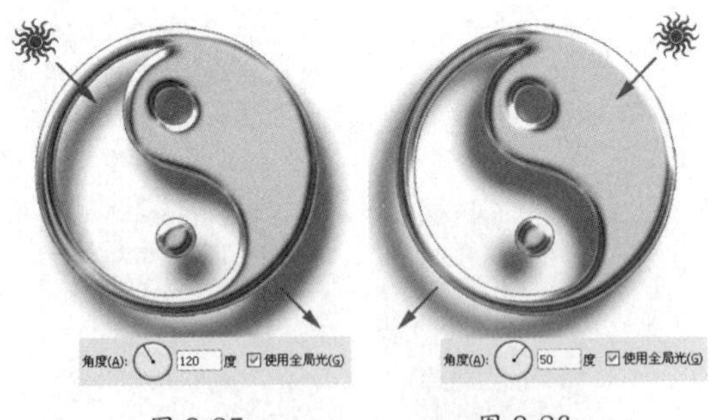

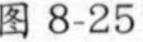

图 8-25　　图 8-26

图 8-27

8.2.5 调整等高线

等高线是一个地理名词，指的是地形图上高程相等的各个点连成的闭合曲线。Photoshop 中的等高线用来控制效果在指定范围内的形状，以模拟不同的材质。

在“图层样式”对话框中，“投影”“内阴影”“内发光”“外发光”“斜面和浮雕”和“光泽”效果都包含等高线设置选项。单击“等高线”选项右侧的按钮，可以在打开的下拉面板中选择一个预设的等高线样式，如图 8-28 所示。如果单击等高线缩览图，则可以打开“等高线编辑器”修改等高线的形状。

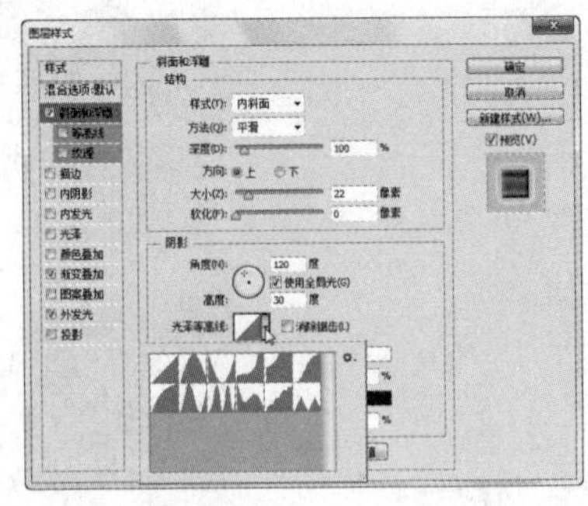

图 8-28

创建投影和内阴影效果时，可以通过“等高线”来指定投影的渐隐样式，如图 8-29 和图 8-30 所示。创建发光效果时，如果使用纯色作为发光颜色，等高线允许创建透明光环；使用渐变填充发光时，等高线允许创建渐变颜色和不透明度的重复变化。在斜面和浮雕效果中，可以使用“等高线”勾画在浮雕处理中被遮住的起伏、凹陷和凸起。

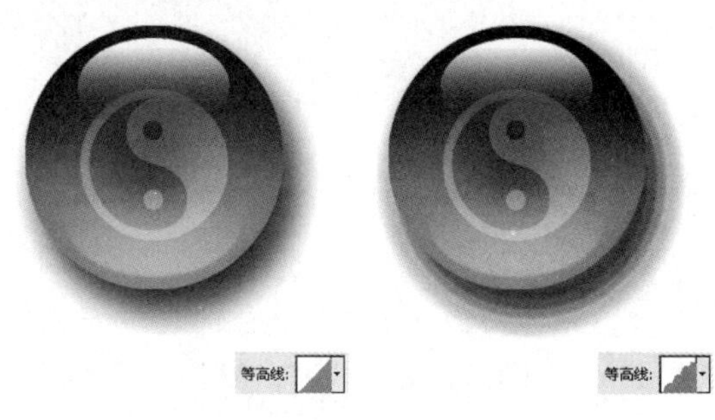

图 8-29　　图 8-30

8.2.6　让效果与图像比例相匹配

在对添加了图层样式的对象进行缩放时一定要注意，效果是不会改变比例的。例如，图 8-31 为缩放前的图像，图 8-32 为将图像缩小 50% 后的效果。缩放图像会导致发光范围和投影过大、描边过粗等与原有效果不一致的现象，看起来就像小孩子穿着大人的衣服，很不协调。遇到这种情况时，可以执行“图层 > 图层样式 > 缩放效果”命令，在打开的对话框中对样式进行缩放，使其与图像的缩放比例相一致，如图 8-33 和图 8-34 所示。

图 8-31

图 8-32

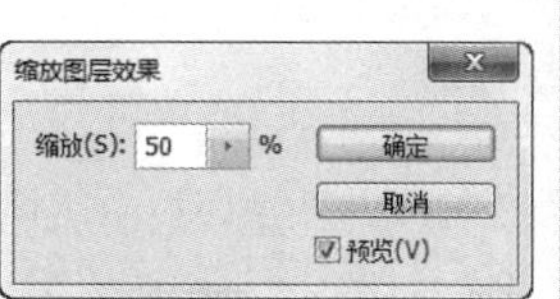

图 8-33

图 8-34

此外，使用“图像 > 图像大小”命令修改图像的分辨率时，如果文档中有图层添加了图层样式，选中“缩放样式”选项，可以使效果与修改后的图像相匹配，否则效果会在视觉上与原来产生差异。

提示：

“缩放效果”命令只能缩放效果，而不会缩放添加了效果的图层。

8.3　使用样式面板

“样式”面板用来保存、管理和应用图层样式。Photoshop 提供的预设样式或外部样式库也可以载入到该面板中使用。

8.3.1　样式面板

- 添加样式：选择一个图层，如图 8-35 所示，单击“样式”面板中的一个样式，即可为其添加该样式，如图 8-36 和图 8-37 所示。

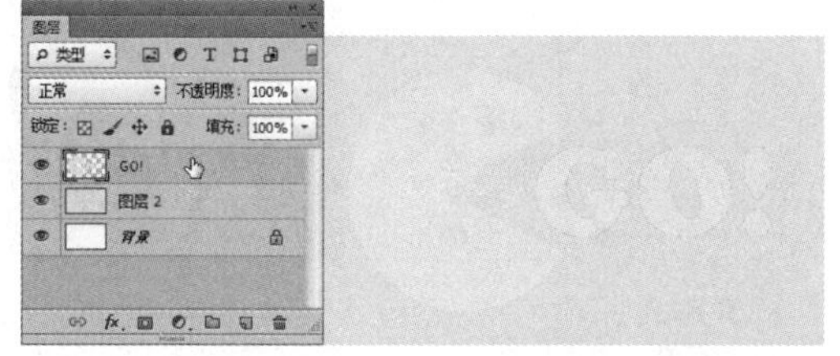

图 8-35

图 8-36

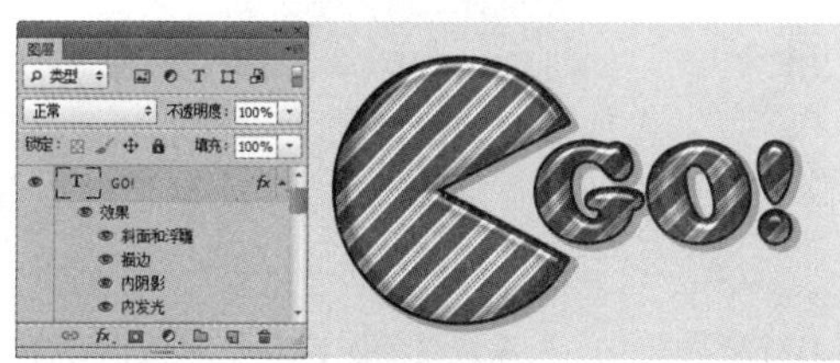

图 8-37

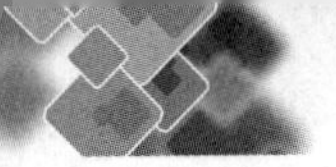

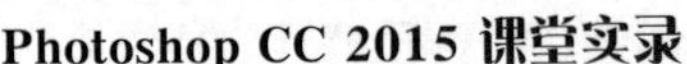

- 保存样式：用图层样式制作出满意的效果后，可单击“样式”面板中的按钮，将效果保存起来。以后要使用时，选择一个图层，然后单击该样式即可直接应用，非常方便。
- 删除样式：将“样式”面板中的一个样式拖至删除样式按钮上，可将其删除。

8.3.2 载入样式库

除了“样式”面板中显示的样式外，Photoshop还提供了其他的样式，它们按照不同的类型放在不同的库中。打开“样式”面板菜单，选择一个样式库，如图8-38所示，弹出一个对话框，如图8-39所示，单击“确定”按钮，可载入样式并替换面板中的样式；单击“追加”按钮，可以将样式添加到面板中，如图8-40所示。

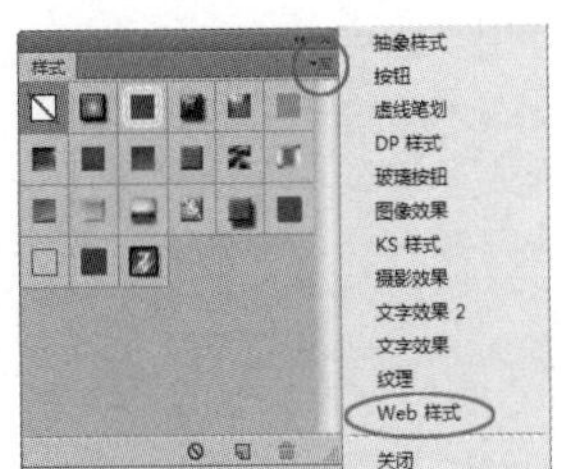

图 8-38

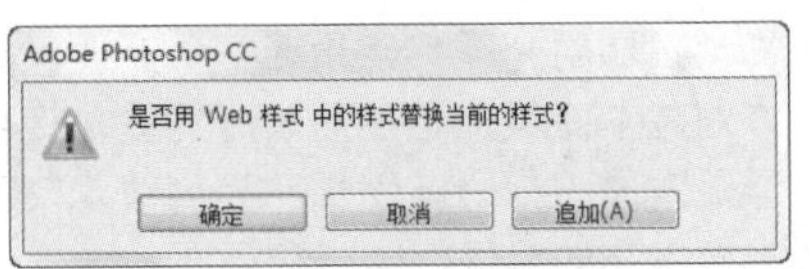

图 8-39

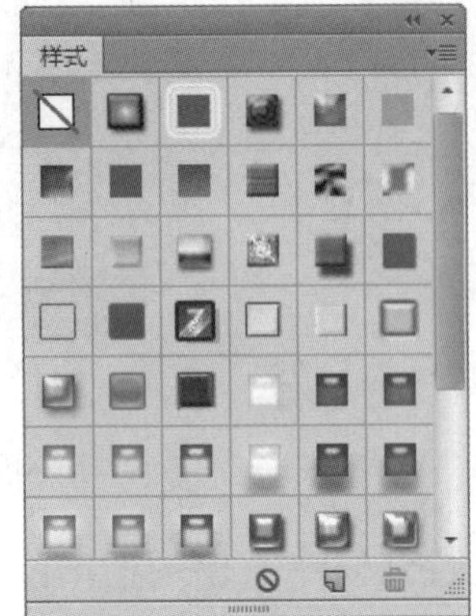

图 8-40

提示：

删除“样式”面板中的样式或载入其他样式库后，如果想要让面板恢复为Photoshop默认的预设样式，可以执行“样式”面板菜单中的“复位样式”命令。

8.4 课堂练习：炫光花朵

01 按Ctrl+N快捷键，打开“新建”对话框，创建一个21厘米×29.7厘米、分辨率为72像素/英寸、颜色模式为RGB、背景为黑色的文件。按D键，将前景色设置为黑色，按Alt+Delete快捷键，为“背景”图层填充黑色，如图8-41所示。新建一个图层，如图8-42所示。

02 将前景色设置为白色。选择自定形状工具，单击工具选项栏中的按钮，在打开的下拉列表中选择“像素”选项。打开“形状”下拉面板，选择一个图形，如图8-43所示，按住Shift键并拖曳鼠标绘制图形，如图8-44所示。

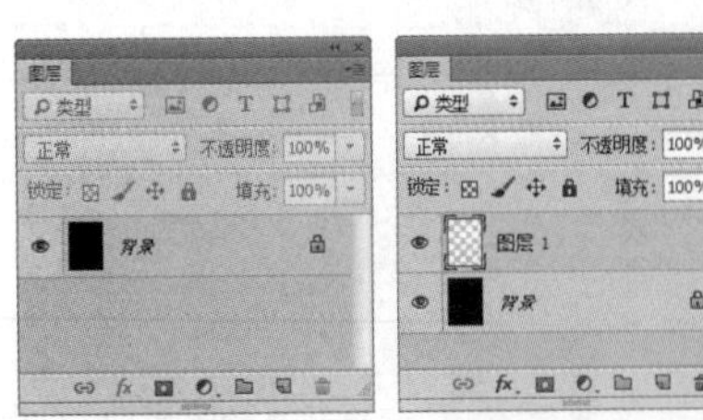

图 8-41　　图 8-42

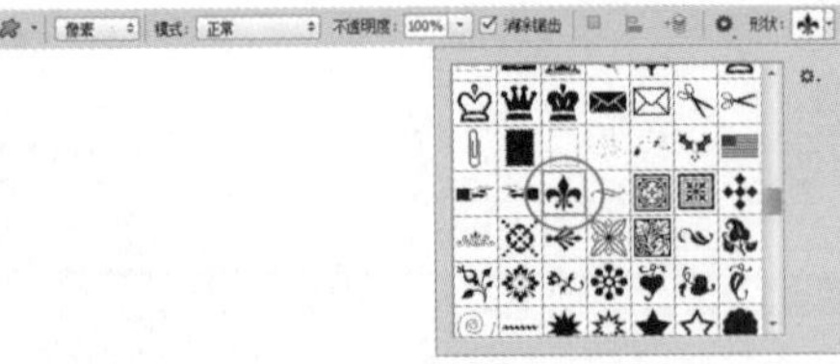

图 8-43

图 8-44

03 双击“图层1”，打开“图层样式”对话框，添加“内发光”和“描边”效果，如图8-45和图8-46所示。在“图层”面板中，将该图层的填充不透明度设置为0%，将图形隐藏，只显示所添加的效果，如图8-47所示。

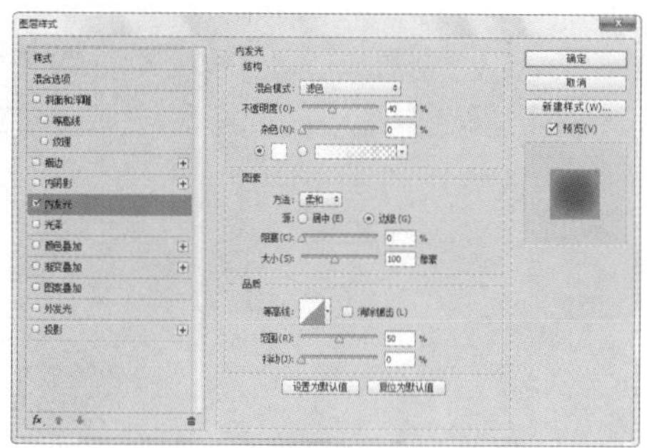

图 8-45

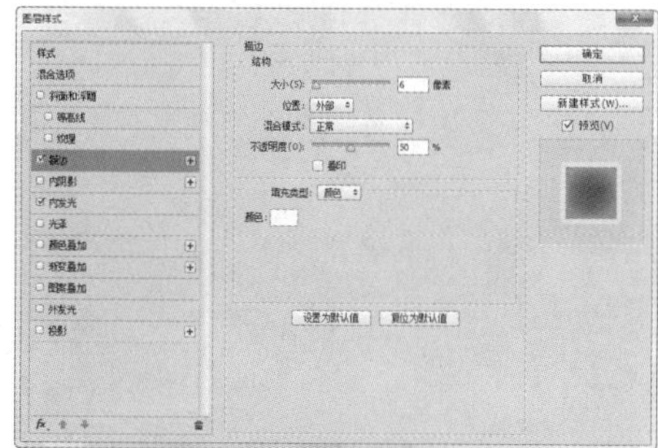

图 8-46

图 8-47

04 按 Ctrl+T 快捷键，显示定界框，移动中心点，如图 8-48 所示，在工具选项栏中输入旋转角度为 45°，旋转图形，按 Enter 键确认，如图 8-49 所示。

图 8-48

图 8-49

05 按住 Alt+Shift+Ctrl 快捷键，同时连续按 7 次 T 键，每按一次便会复制与变换出一个新的图层，直到复制的图像组成一个优美的图案，如图 8-50 和图 8-51 所示。

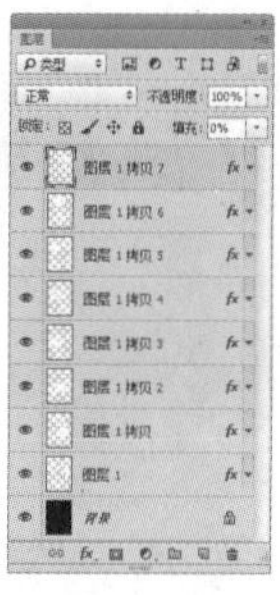

图 8-50

图 8-51

06 单击“图层”面板中的 按钮，新建一个图层，将其混合模式设置为“叠加”，如图 8-52 所示。选择渐变工具，单击工具选项栏中的径向渐变按钮 ，打开渐变下拉面板，选择一个预设的渐变，如图 8-53 所示。

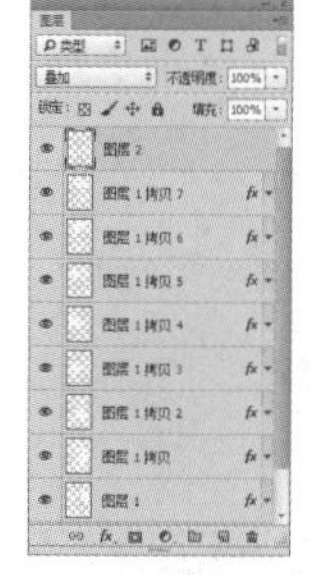

图 8-52

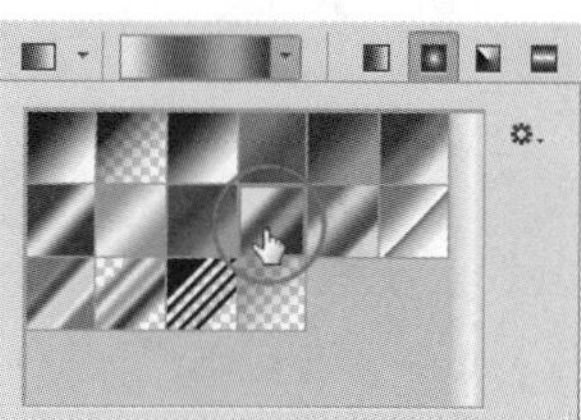

图 8-53

07 单击工具选项栏中的“反相”按钮，在图形中心单击并向外侧拖曳鼠标，填充渐变，如图 8-54 所示。图 8-55 ～图 8-57 为使用其他渐变颜色填充图层生成的效果。

图 8-54

图 8-55

图 8-56

图 8-57

8.5 课堂练习：立体标志

01 按 Ctrl+O 快捷键，打开素材文件，如图 8-58 和图 8-59 所示。

图 8-58

图 8-59

02 双击“图形”图层，打开“图层样式”对话框，添加“投影”“外发光”“斜面和浮雕”“渐变叠加”效果，如图 8-60 ～图 8-65 所示。

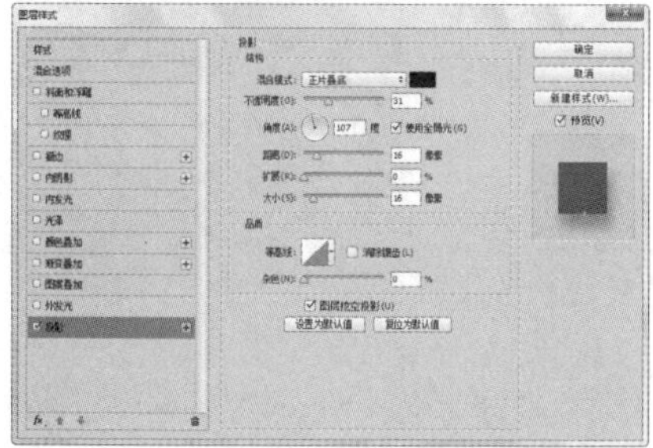

图 8-60

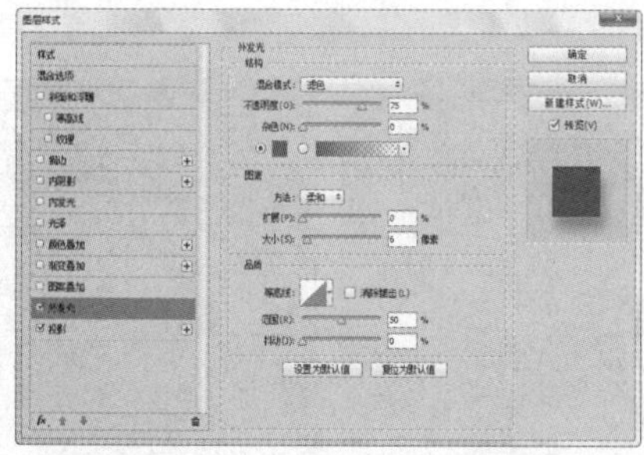

图 8-61

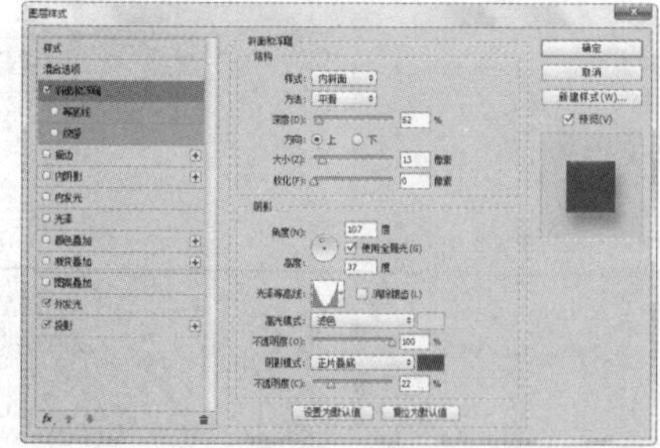

图 8-62

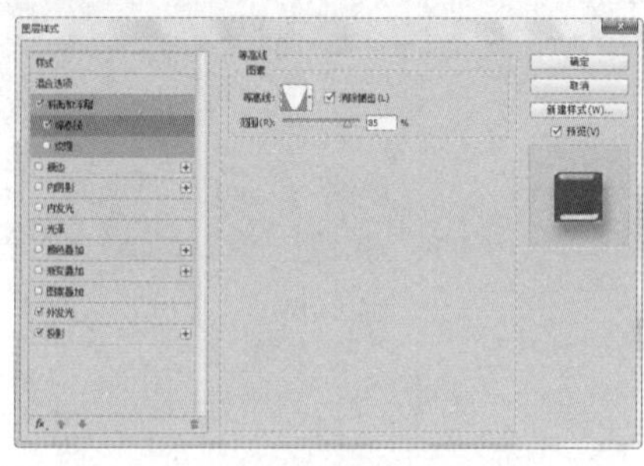

图 8-63

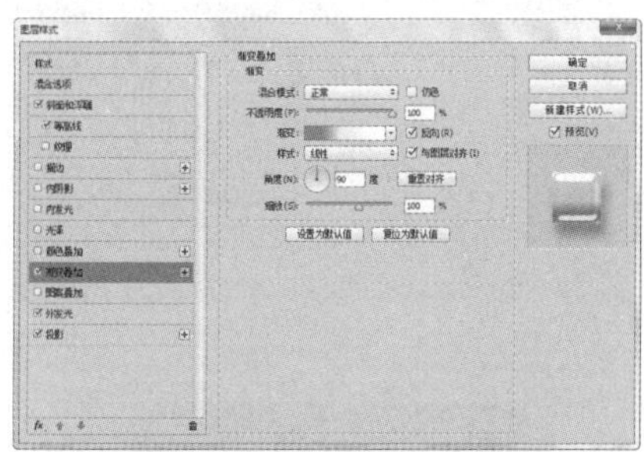

图 8-64

图 8-65

03 单击“图层”面板底部的 按钮，新建一个图层。按住 Ctrl 键并单击“图形”层的缩览图，载入图形的选区，如图 8-66 和图 8-67 所示。

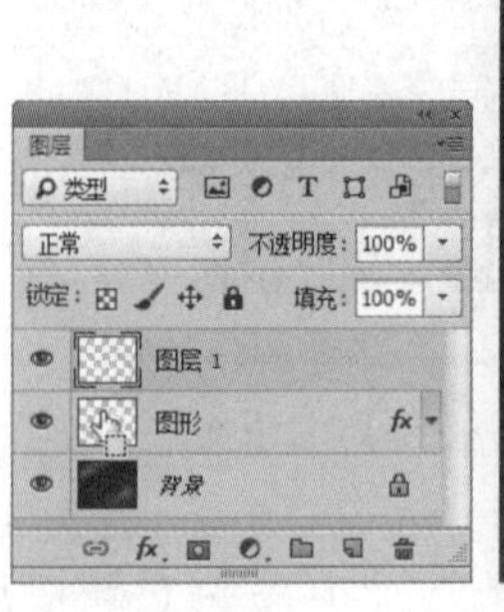

图 8-66

图 8-67

04 选择多边形套索工具，在工具选项栏中单击从选区减去按钮，在图形上半部创建选区，如图8-68所示。将光标移动到选区的起点上，单击将选区封闭，新选区会与原有的选区进行运算，从而只保留下半部选区，如图8-69所示。

图 8-68

图 8-69

05 将前景色设置为白色，按 Alt+Delete 快捷键，填充前景色，按 Ctrl+D 快捷键取消选区，如图 8-70所示。双击“图层 1”，打开“图层样式”对话框，添加“渐变叠加”效果，如图 8-71 所示。

图 8-70

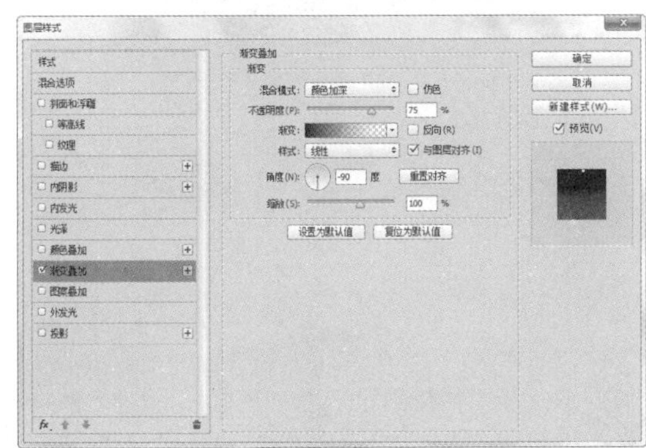

图 8-71

06 将“图层 1”的填充不透明度设置为 0%，隐藏图层中填充的白色，只显示添加的效果，这样可以使图形的下半部颜色变深，如图8-72和图8-73所示。

图 8-72

图 8-73

07 在“背景”图层上方新建一个图层，如图8-74所示。选择一个柔角画笔工具，按住 Ctrl 键（临时切换为吸管工具），在如图 8-75 所示的位置单击，拾取单击点的颜色作为前景色，释放 Ctrl 键，恢复为画笔工具，在图形中间单击，添加一点亮光，如图 8-76 所示。

图 8-74

图 8-75

图 8-76

08 新建一个图层。选择矩形选框工具，按住 Shift 键在图像上边和下边各创建一个选区，如图 8-77 所示。按 D 键，将前景色恢复为黑色，按 Alt+Delete 快捷键，填充黑色，如图 8-78 所示。按 Ctrl+D 快捷键取消选区。

图 8-77

图 8-78

09 将该图层的不透明度设置为39%，如图8-79和图8-80所示。

图 8-79

图 8-80

10 使用横排文字工具 T 输入两组文字，大字的参数如图8-81所示，小字使用Arial字体，大小设置为12点，效果如图8-82所示。

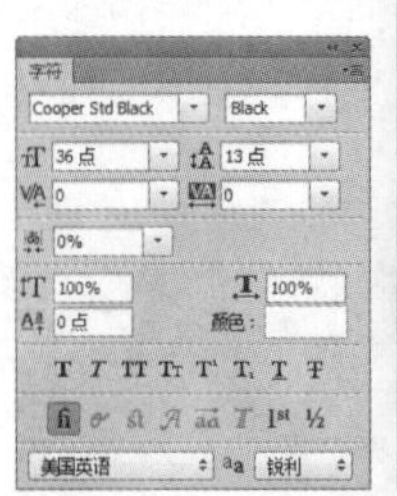

图 8-81

图 8-82

8.6 课堂练习：掌上电脑

01 按Ctrl+N快捷键，打开“新建”对话框，在“文档类型”下拉列表中选择Web选项，在“画板大小”下拉列表中选择“Web最小尺寸（1024×768）”，单击“确定”按钮，新建一个文件。

02 在背景图层上填充由白色到浅蓝色的渐变，如图8-83所示。新建一个图层，选择圆角矩形工具，在工具选项栏中设置半径为8毫米，创建一个圆角矩形，如图8-84所示。

图 8-83

图 8-84

03 双击“图层1”，在打开的对话框中选择“内发光”选项，将发光颜色设置为白色，大小为40像素，如图8-85所示。选择“渐变叠加”选项，单击渐变颜色条，打开“渐变编辑器”，调整渐变颜色和参数，如图8-86所示，效果如图8-87所示。

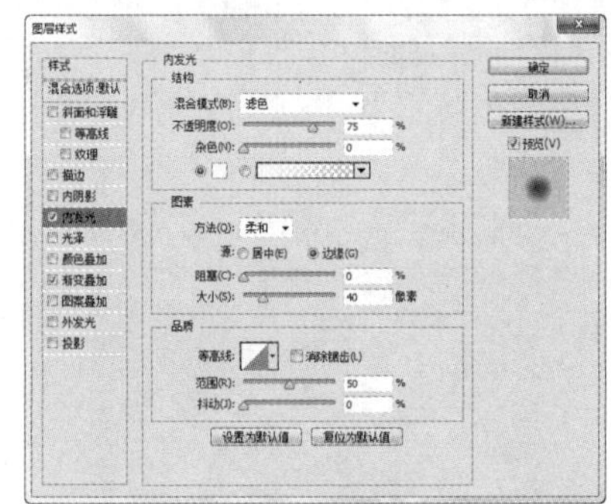

图 8-85

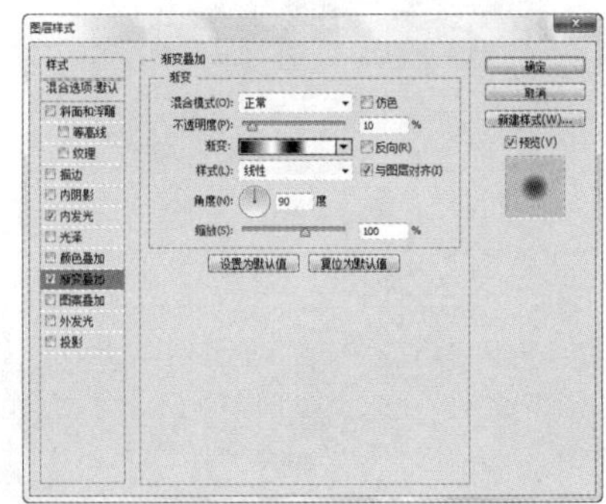

图 8-86

图 8-87

04 新建一个图层。使用圆角矩形工具 创建一个灰色的圆角矩形，如图 8-88 所示。为该图层添加“斜面和浮雕”和“内发光”效果，如图 8-89 和图 8-90 所示。

图 8-88

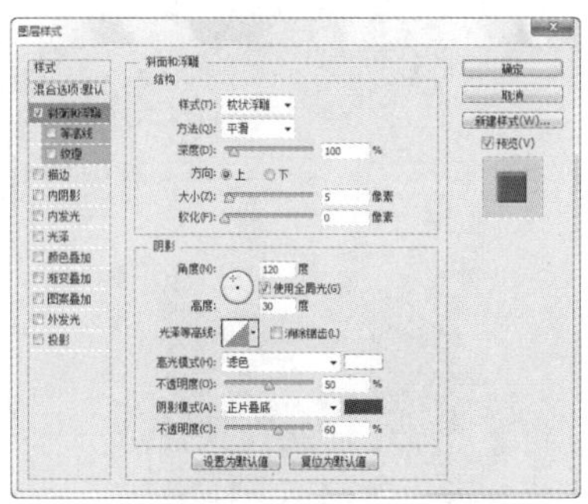

图 8-89

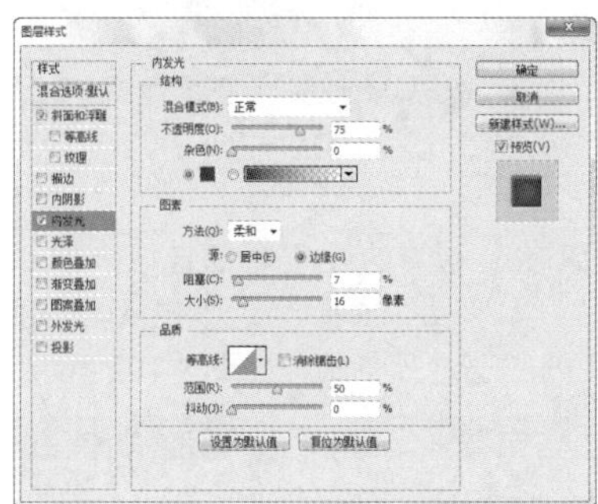

图 8-90

05 选择“渐变叠加”选项，调整渐变颜色，如图 8-91 和图 8-92 所示。

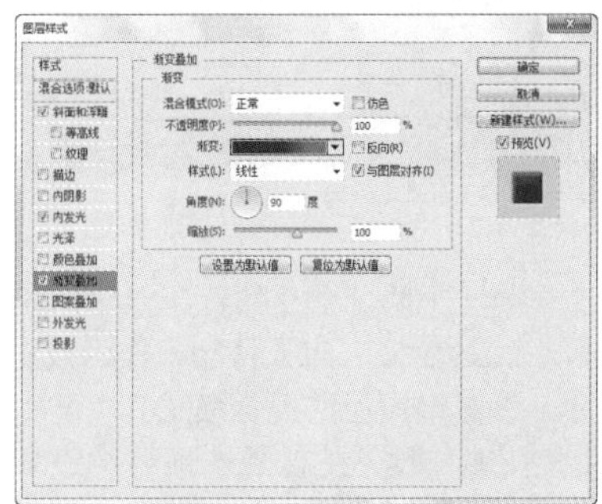

图 8-91

图 8-92

06 按 Ctrl+O 快捷键，打开素材文件，如图 8-93 所示。

图 8-93

07 将其拖至掌上电脑文档中，生成“图层 3”，设置混合模式为“变亮”。按住 Ctrl 键并单击“图层 2”的缩览图，载入屏幕图形的选区，如图 8-94 所示，单击添加图层蒙版按钮 ，用蒙版将选区以外的图像隐藏，如图 8-95 和图 8-96 所示。

图 8-94

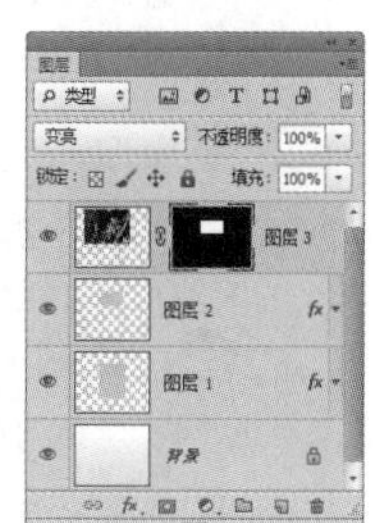

图 8-95

08 新建一个图层。用圆角矩形工具 绘制一个蓝色和一个绿色图形，再用椭圆选框工具 在矩形两边创建选区，然后按 Delete 键删除选区的内容，再使用椭圆工具 按住 Shift 键创建 4 个圆形，如图 8-97 所示。

图 8-96

图 8-97

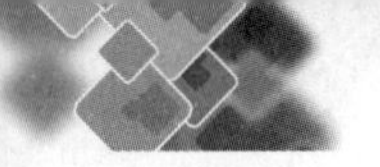

09 为该图层添加“斜面和浮雕”“渐变叠加”样式，设置参数如图 8-98 和图 8-99 所示，效果如图 8-100 所示。

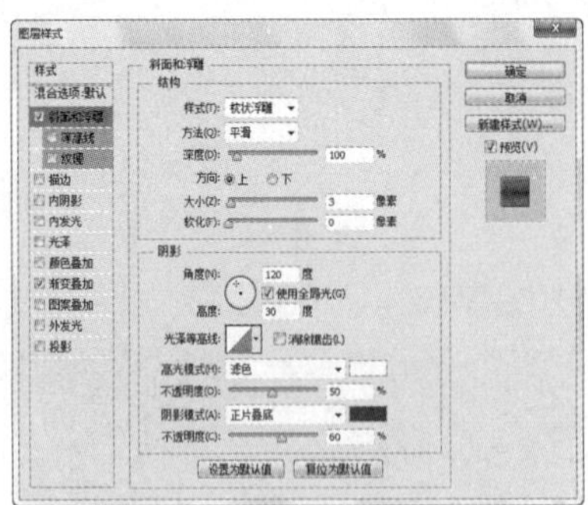

图 8-98

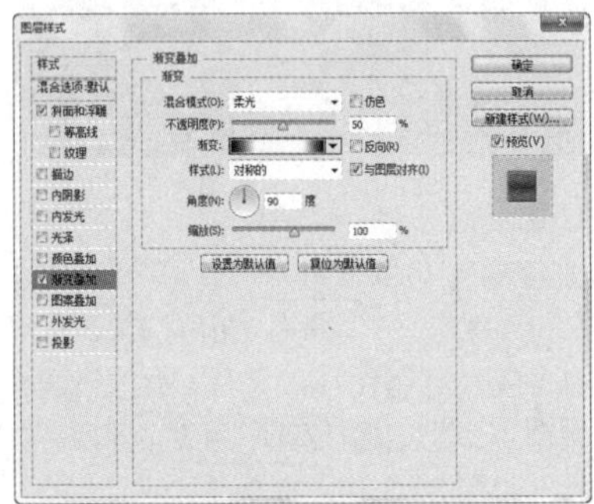

图 8-99

图 8-100

10 将前景色设置为白色，选择圆角矩形工具，在工具选项栏中设置不透明度为 15%，在操作区上绘制 4 个细长的圆角矩形，如图 8-101 所示。使用横排文字工具 T 输入文字，如图 8-102 所示。

图 8-101

图 8-102

11 新建一个图层，使用圆角矩形工具绘制一支笔，单击“图层”面板中的按钮，锁定图层的透明像素，然后在图形上涂抹蓝色和绿色，将它制作成一支电脑笔，如图 8-103 所示。将“图层 1”的样式复制到当前图层，执行“图层 > 图层样式 > 缩放效果”命令，在打开的对话框中设置缩放参数为 40%，如图 8-104 所示，效果如图 8-105 所示。

图 8-103

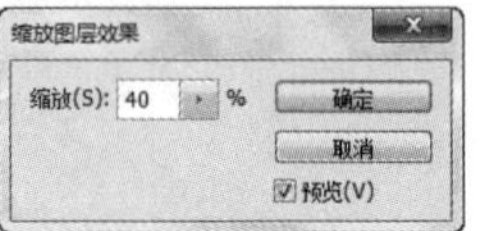

图 8-104

图 8-105

12 将组成掌上电脑的图层全部选取，按 Ctrl+E 快捷键合并，如图 8-106 所示。按住 Alt 键并向下拖曳合并后的图层进行复制，如图 8-107 所示。

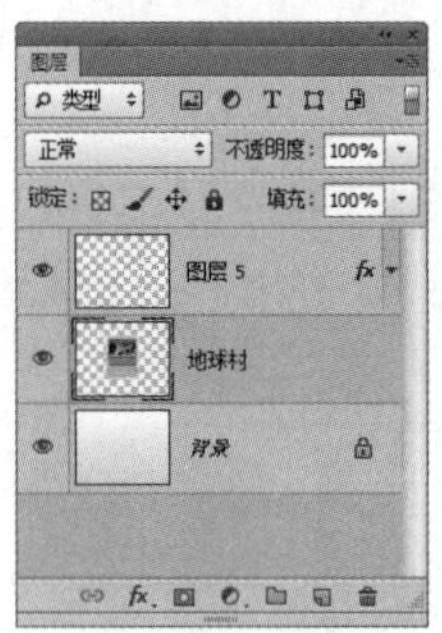

图 8-106

图 8-107

13 执行“编辑 > 变换 > 垂直翻转”命令，翻转图形，再使用移动工具将它向下移动，作为投影，如图 8-108 所示。设置该图层的混合模式为“正片叠底”。选择橡皮擦工具，在工具选项栏中设置不透明度为 50%，对投影图像进行擦除，越靠近画面边缘的部分越浅，如图 8-109 所示。

14 将电脑笔适当旋转，并用上面的方法制作出笔的投影。在背景中输入文字，再绘制一些花纹作为装饰，完成后的效果如图 8-110 所示。

图 8-108

图 8-109

图 8-110

8.7 思考与练习

一、问答题

1．全局光有什么用处？

2．怎样在不影响图像的情况下单独调整图层样式的比例？

3．添加“斜面和浮雕”效果时，在“样式”下拉列表中选择“描边浮雕”样式，为什么不会出现相应的效果？

4．删除“样式”面板中的样式或载入其他样式库后，使用哪个命令可以让面板恢复为 Photoshop 默认的预设样式？

5．怎样复制图层样式？

二、上机练习

1．用光盘中的样式制作金属特效

在“样式”面板的菜单中有一个“载入样式”命令，通过该命令可以将外部样式库载入到 Photoshop 中使用。例如，本书的相关素材中提供了许多样式库，可以用“载入样式”命令将它们载入，图 8-111 的可爱的特效字就是用素材中的样式制作的。制作方法是，打开素材文件，如图 8-112 所示，通过“载入样式”命令加载素材中的样式，如图 8-113 和图 8-114 所示，然后为小熊和文字图像添加该样式，如图 8-115 和图 8-116 所示。

图 8-111

图 8-112

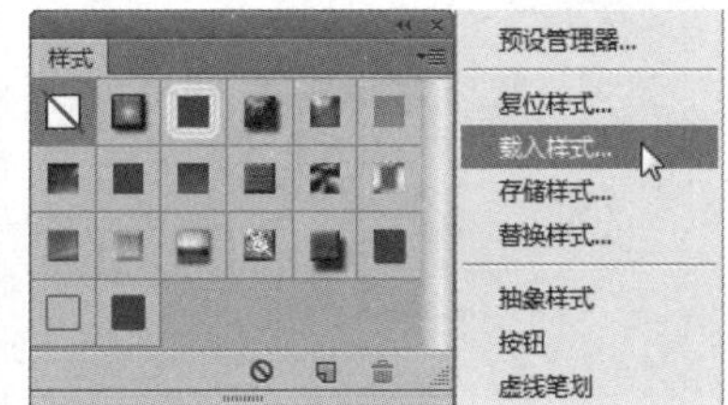

图 8-113

图 8-114

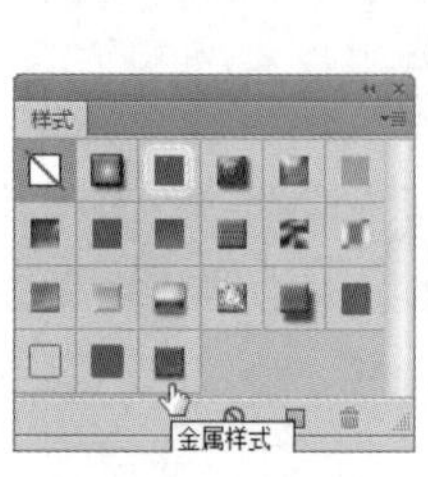

图 8-115

图 8-116

2. 制作霓虹灯发光效果

打开素材文件，如图 8-117 所示。双击文字图层，如图 8-118 所示，打开“图层样式”对话框，分别选择“外发光”“内发光”和“投影”选项，设置参数如图 8-119～图 8-121 所示，制作出发光的霓虹灯文字，如图 8-122 所示。

图 8-117

图 8-118

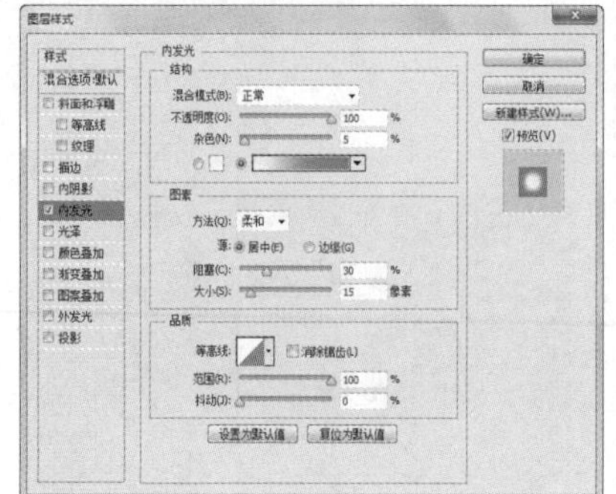

图 8-119

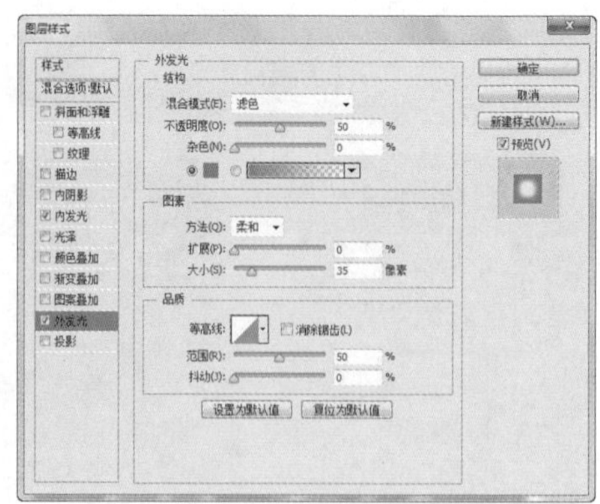

图 8-120

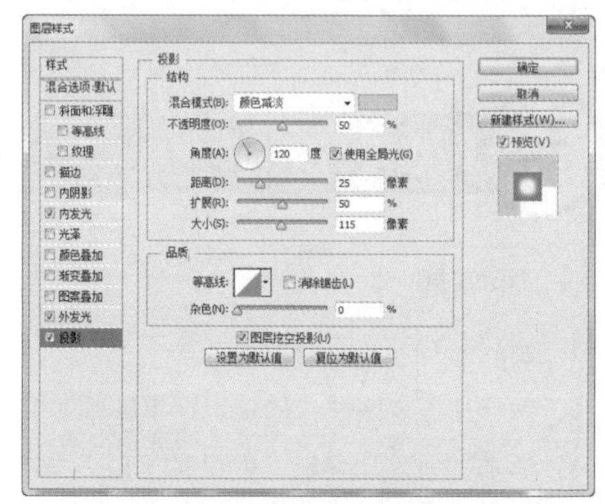

图 8-121

图 8-122

按住 Alt 键并拖曳文字图层后面的fx图标到“图层 1”，复制效果到图形上面。由于图形的线条比文字细，发光效果还需要进一步调整。执行“图层 > 图层样式 > 缩放效果”命令，设置参数为 50%，如图 8-123 和图 8-124 所示。

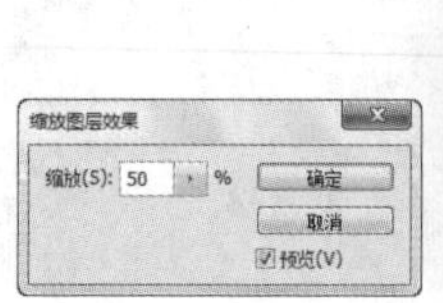

图 8-123

图 8-124

8.8 测试题

1. 图层样式不能用于（　　）。

A. 图层组　　B. 被锁定了透明像素的图层

C. 背景图层　　D. 添加了矢量蒙版的图层

2. 等高线用来控制效果在指定范围内的形状，以模拟不同的（　　）。

A. 光泽　　B. 阴影

C. 颜色　　D. 材质

3. 在“图层”面板中，单击一个效果前面的眼睛图标，可以（　　）。

A. 隐藏该图层　　B. 隐藏该效果

C. 隐藏该图层中的所有效果　　D. 隐藏文档中的所有效果

4. 在“图层样式”对话框中，“混合选项”用于设置（　　）。

A. 混合模式　　B. 不透明度

C. 挖空　　D. 混合颜色带

5. “斜面和浮雕”效果可以对图层添加（　　）组合，使图层内容呈现立体的浮雕效果。

A. 高光与浮雕　　B. 斜面与浮雕

C. 高光与阴影　　D. 斜面与阴影

6. “描边”效果可以使用（　　）描绘对象的轮廓。

A. 纹理　　B. 颜色

C. 渐变　　D. 图案

7. 在“图层样式”对话框中，（　　）效果包含“全局光”选项。

A. 投影　　B. 内阴影

C. 光泽　　D. 斜面和浮雕

第9章

特效文字：文字与矢量工具

计算机图形图像分为两大类：一类是位图图像，其包括数码照片、扫描仪扫描的图片、网上的图片素材等；另一类是矢量图形，即由图形软件通过数学的向量方式进行计算得到的图形。Photoshop 包含 3 类矢量工具：第一类是钢笔工具，主要用来绘图和抠图；第二类是各种形状工具，如矩形工具、椭圆工具和自定形状工具等，它们用来绘制相应的矢量图形；第三类是文字工具，用来创建和编辑文字。

9.1 关于字体设计

文字是人类文化的重要组成部分，也是信息传达的主要方式。字体设计以其独特的艺术感染力，广泛应用于视觉传达设计中，好的字体设计是增强视觉传达效果、提高审美价值的重要组成因素。

9.1.1 字体设计的原则

字体设计首先应具备易读性，即在遵循形体结构的基础上进行变化，不能随意改变字体的结构，增减笔划，随意造字，切忌为了设计而设计，文字设计的根本目的是为了更好地表达设计的主题和构想理念，不能为变而变。其次要体现艺术性，文字应做到风格统一、美观实用、创意新颖，且有一定的艺术性。最后要具备思想性，字体设计应从文字内容出发，能够准确地诠释文字的精神含义。

9.1.2 字体的创意方法

- 外形变化：在原字体的基础之上通过拉长、压扁，或者根据需要进行弧形、波浪形等变化处理，突出文字特征或以内容为主要表达方式，如图 9-1 所示。

图 9-1

- 笔画变化：笔画的变化灵活多样，如在笔画的长短上变化，或者在笔画的粗细上加以变化等。笔画的变化应以副笔变化为主，主要笔画变化较少，可避免因繁杂而不易识别，如图 9-2 所示。

图 9-2

- 结构变化：将文字的部分笔画放大、缩小，或者改变文字的重心、移动笔画的位置，都可以使字形变得更加新颖、独特，如图 9-3 和图 9-4 所示。

图 9-3

图 9-4

9.1.3 创意字体的类型

- 形象字体：将文字与图画有机结合，充分挖掘文字的含义，再采用图画的形式使字体形象化，如图 9-5 和图 9-6 所示。

图 9-5

图 9-6

- 装饰字体：装饰字体通常以基本字体为原型，采用内线、勾边、立体、平行透视等变化方法，使字体更加活泼、浪漫，富于诗情画意，如图 9-7 所示。

图 9-7

- 书法字体：书法字体美观流畅、欢快轻盈，节奏感和韵律感都很强，但易读性较差，因此只适宜在人名、地名等短句上使用，如图 9-8 所示。

图 9-8

9.2 创建文字

Photoshop 中的文字是由以数学方式定义的形状组成的，在将其栅格化以前，可以任意缩放或调整文字大小而不会出现锯齿，也可以随时修改文字的内容、字体和段落等属性。在 Photoshop 中可以通过 3 种方法创建文字，即在点上创建、在段落中创建和沿路径创建。Photoshop 提供了 4 种文字工具，其中，横排文字工具 T 和直排文字工具 ↓T 用来创建点文字、段落文字和路径文字，横排文字蒙版工具 T 和直排文字蒙版工具 ↓T 用来创建文字状选区。

9.2.1 创建点文字

点文字是一个水平或垂直的文本行。在处理标题等字数较少的文字时，可以通过点文字来完成。

选择横排文字工具 T（也可以使用直排文字工具 ↓T 创建直排文字），在工具选项栏中设置字体、大小和颜色，如图 9-9 所示，在需要输入文字的位置单击，设置插入点，画面中会出现闪烁的“I”形光标，如图 9-10 所示，此时可输入文字，如图 9-11 所示。单击工具选项栏中的 ✔ 按钮结束文字的输入操作，“图层”面板中会生成一个文字图层，如图 9-12 所示。如果要放弃输入，可以单击工具选项栏中的 ⊘ 按钮或按 Esc 键。

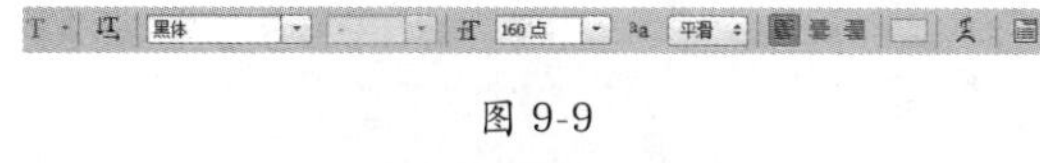

图 9-9

图 9-10

图 9-11

图 9-12

使用横排文字工具 T 在文字上单击并拖曳鼠标选择部分文字，如图 9-13 所示，在工具选项栏中修改所选文字的颜色（也可以修改字体和大小），如图 9-14 所示。如果重新输入文字，则可修改所选文字，如图 9-15 所示。

图 9-13

图 9-14

图 9-15

按 Delete 键可删除所选文字，如图 9-16 所示。如果要添加文字内容，可以将光标放在文字行上，光标变为“I”状时单击，设置文字插入点，如图 9-17 所示，此时输入文字便可添加文字内容，如图 9-18 所示。

图 9-16

图 9-17

图 9-18

小知识：Photoshop 文字的适用范围

对于从事设计工作的人员，用 Photoshop 完成海报、平面广告等文字量较少的设计任务是没有任何问题的。但如果是以文字为主的印刷品，如宣传册和商场的宣传单等，最好用排版软件（InDesign）制作，因为 Photoshop 的文字编排能力还不够强大，此外，过于细小的文字打印时容易出现模糊现象。

9.2.2 创建段落文字

段落文字是在定界框内输入的文字，它具有自动换行、可调整文字区域大小等优势。在需要处理文字量较大的文本（如宣传手册）时，可以使用段落文字来完成。

选择横排文字工具 T，在工具选项栏中设置字体、字号和颜色，在画面中单击并向右下角拖出一个定界框，如图 9-19 所示，释放鼠标时，会出现闪烁的“I”形光标，如图 9-20 所示，此时可输入文字，当文字到达文本框边界时会自动换行，如图 9-21 所示。单击工具选项栏中的 ✔ 按钮，完成段落文本的创建。

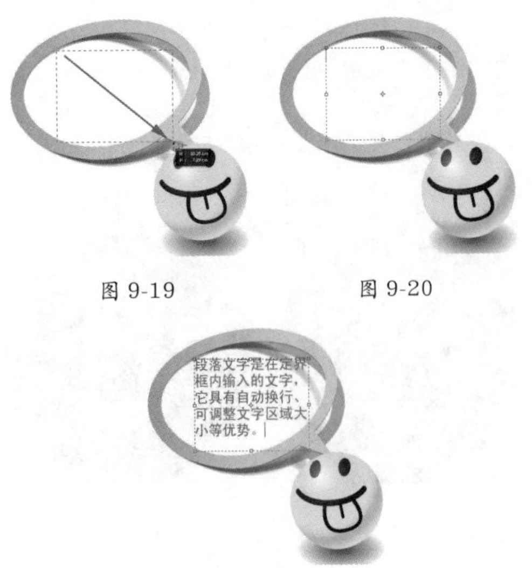

图 9-19　　图 9-20

图 9-21

提示：

在单击并拖曳鼠标定义文字区域时，如果同时按住 Alt 键，会弹出“段落文字大小”对话框，输入“宽度”和“高度”值，可以精确定义文字区域的大小。

创建段落文字后，使用横排文字工具 T 在文字中单击，设置插入点，同时显示文字的定界框，如图 9-22 所示，拖曳控制点调整定界框的大小，文字会在调整后的定界框内重新排列，如图 9-23 所示。按住 Ctrl 键并拖曳控制点可等比缩放文字，如图 9-24 所示。将光标移至定界框外，当指针变为弯曲的双向箭头时拖曳鼠标可以旋转文字，如图 9-25 所示。如果同时按住 Shift 键，则能够以 15° 角为增量进行旋转。

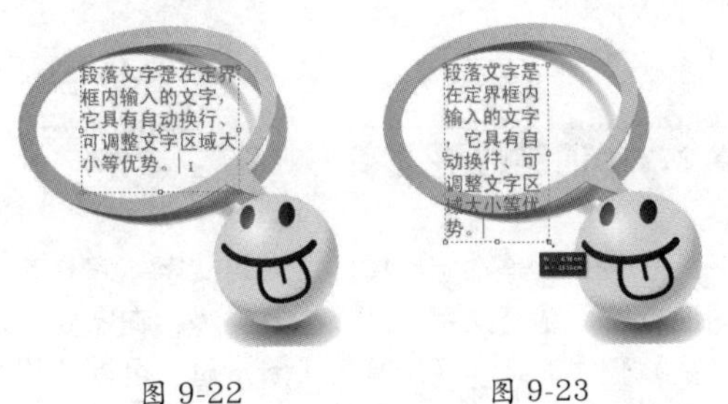

图 9-22　　图 9-23

图 9-24　　图 9-25

9.2.3　创建路径文字

路径文字是指创建在路径上的文字，文字会沿着路径排列，修改路径的形状时，文字的排列方式也会随之改变。

用钢笔工具或自定形状工具绘制一个矢量图形，选择横排文字工具 T，将光标放在路径上，光标会变为状，如图 9-26 所示，单击，画面中会闪烁“I”形光标，此时输入的文字就会沿着路径排列，如图 9-27 所示。选择路径选择工具或直接选择工具，将光标定位在文字上，当光标变为状时，单击并拖曳鼠标，可以沿着路径移动文字，如图 9-28 所示；向路径另一侧拖曳，则可将文字翻转过去，如图 9-29 所示。

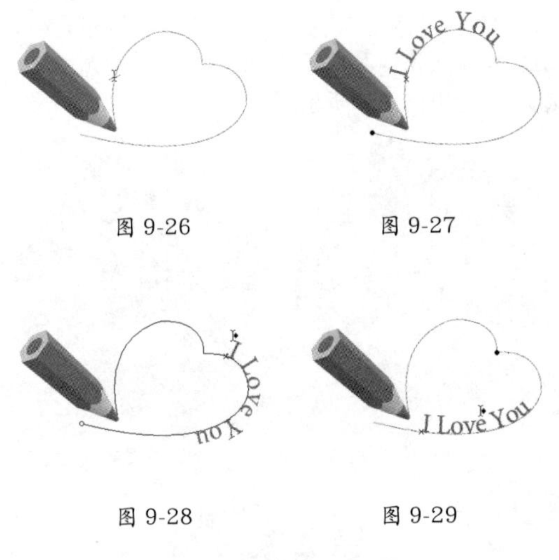

图 9-26　　图 9-27

图 9-28　　图 9-29

9.3　编辑文字

输入文字之前，可以在工具选项栏或“字符”面板中设置文字的字体、大小和颜色等属性，创建文字之后，可以通过工具选项栏、“字符”面板和“段落”面板修改字符和段落属性。

9.3.1 格式化字符

格式化字符是指设置字体、文字大小和行距等属性。在输入文字之前，可以在工具选项栏或“字符”面板中设置这些属性，创建文字之后，也可以通过以上两种方式修改字符的属性。图 9-30 为横排文字工具 T 的选项栏，图 9-31 为“字符”面板。默认情况下，设置字符属性时会影响所选文字图层中的所有文字，如果要修改部分文字，可以先用文字工具将它们选中，再进行编辑。

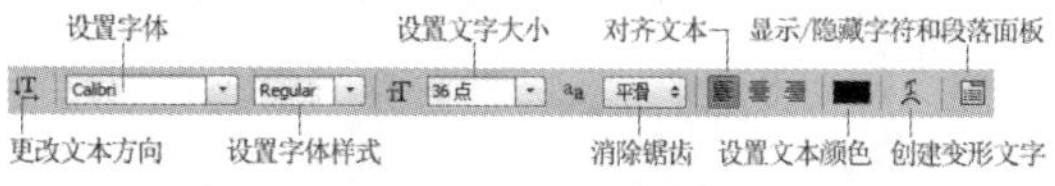

图 9-30

图 9-31

小技巧：文字编辑技巧

- 调整文字大小：选取文字后，按住 Shift+Ctrl 键并连续按 > 键，能够以 2 点为增量将文字调大；按 Shift+Ctrl+< 键，则以 2 点为增量将文字调小。
- 调整字间距：选取文字以后，按住 Alt 键并连续按→键可以增加字间距；按 Alt+←键，则减小字间距。
- 调整行间距：选取多行文字以后，按住 Alt 键并连续按↑键可以增加行间距；按 Alt+↓键，则减小行间距。

9.3.2 格式化段落

格式化段落是指设置文本中的段落属性，如段落的对齐方式、缩进和文字行的间距等。“段落”面板用来设置段落属性，如图 9-32 所示。如果要设置单个段落的格式，可以用文字工具在该段落中单击，设置文字插入点并显示定界框，如图 9-33 所示；如果要设置多个段落的格式，先要选择这些段落，如图 9-34 所示。如果要设置全部段落的格式，则可在“图层”面板中选择该文本图层，如图 9-35 所示。

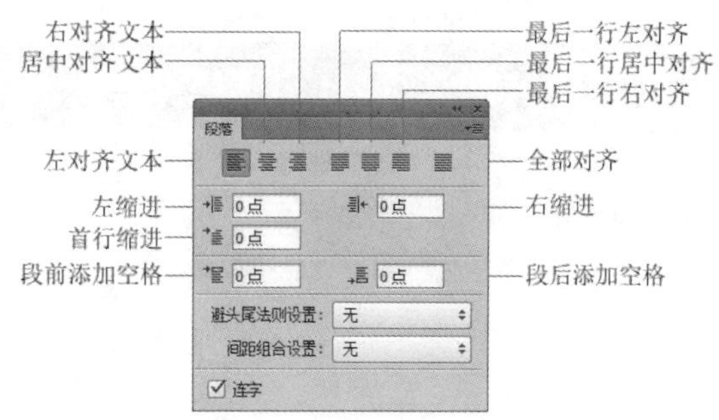

图 9-32

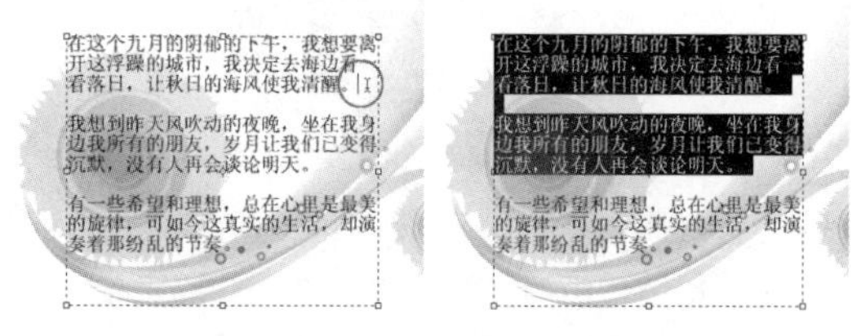

图 9-33　　图 9-34

图 9-35

9.3.3 栅格化文字

文字与路径一样，也是一种矢量对象，因此，渐变工具 以及其他图像编辑工具，如画笔工具 、滤镜以及各种调色命令都不能用来处理文字。如果要使用上述工具，需要先将文字栅格化。具体操作方法是在文字图层上右击，在弹出的快捷菜单中选择“栅格化文字”命令，如图 9-36 所示。文字栅格化后会变为图像，并且文字内容无法修改，如图 9-37 所示。

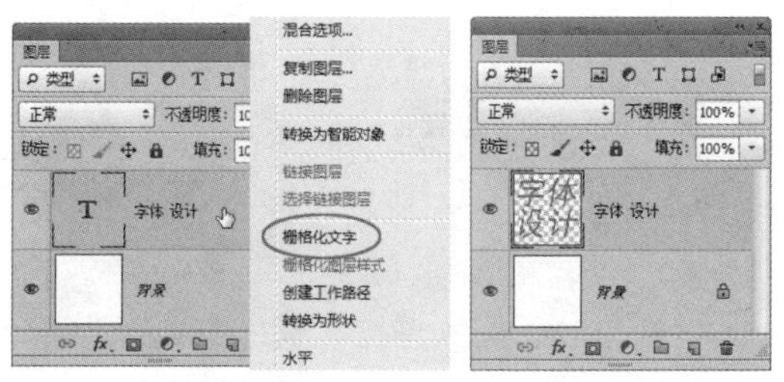

图 9-36　　图 9-37

9.4 课堂练习：手提袋设计

01 打开素材文件，如图 9-38 所示。

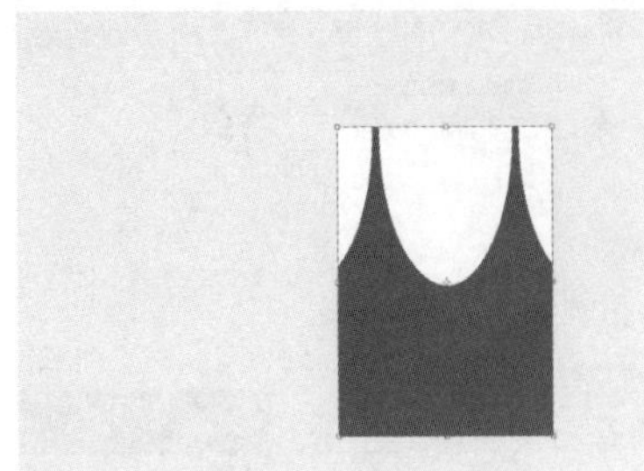

图 9-38

02 将前景色设置为白色。选择自定形状工具，单击工具选项栏中的按钮，打开形状下拉面板，单击右上角的按钮，选择“形状”命令，加载该形状库，如图 9-39 所示。使用库中的“圆形画框”“窄边圆框”和“心形”图形绘制手提袋，并在心形上加入企业标志，如图 9-40 所示。

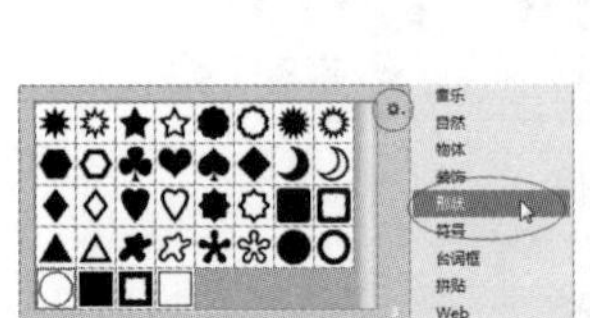

图 9-39

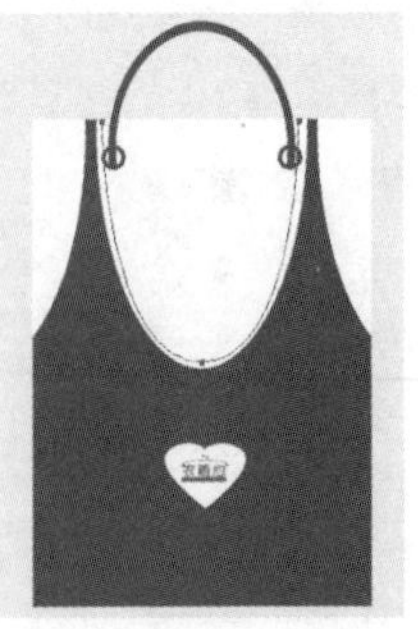

图 9-40

03 下面围绕图像创建路径文本，创建路径文本前首先要制作用于排列文本的路径，它可以是闭合式的，也可以是开放式的。单击“路径”面板中的创建新路径按钮，新建“路径 1”，如图 9-41 所示，选择钢笔工具，在工具选项栏中选择“路径”选项，绘制如图 9-42 所示的路径。

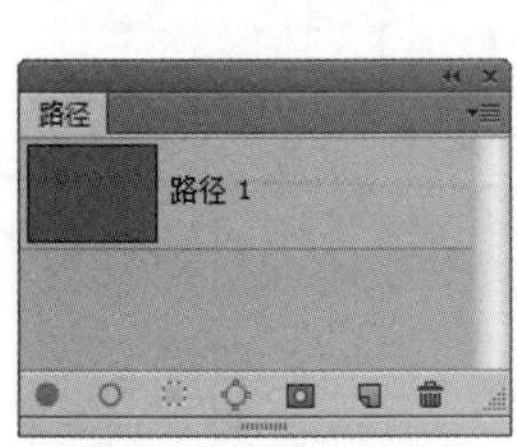

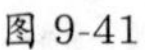

图 9-41

图 9-42

04 选择横排文字工具 T，将光标移至路径上，当光标显示为状时单击并输入文字，如图 9-43 所示。按住 Ctrl 键并将光标放在路径上，光标会显示为状，单击并沿路径拖曳文字，使文字全部显示出来，如图 9-44 所示，

图 9-43

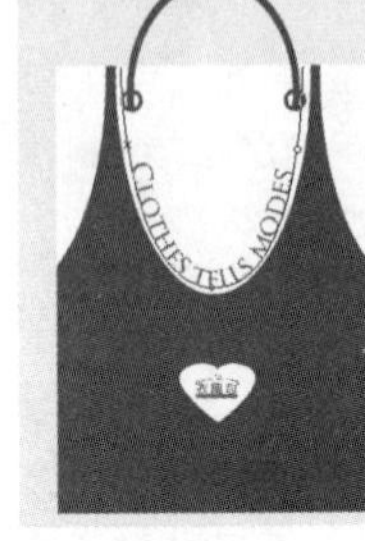

图 9-44

05 将组成手提袋的图层全部选择，按 Ctrl+E 快捷键合并。按 Ctrl+T 快捷键显示定界框，按住 Alt+Shift+Ctrl 键并拖曳定界框一侧的控制点，使图像呈梯形变化，如图 9-45 所示，按 Enter 键确认操作。复制当前图层，将位于下方的图层填充为灰色（可单击锁定透明像素按钮，再对图层进行填色，这样不会影响透明区域），如图 9-46 所示。制作浅灰色矩形，再通过自由变换命令进行调整，从而表现手提袋的另外两个面，如图 9-47 所示。

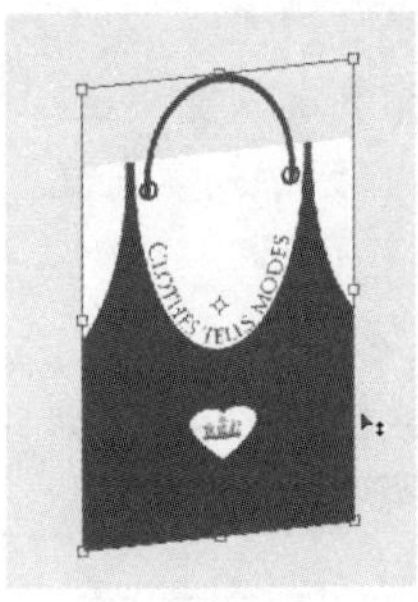

图 9-45

图 9-46

图 9-47

06 将组成手提袋的图层全部选中，按 Alt+Ctrl+E 快捷键将它们盖印到一个新的图层中，再按 Shift+Ctrl+[快捷键将该图层移至底层。按 Ctrl+T 快捷键显示定界框，右击，在弹出的快捷菜单中选择“垂直翻转”命令，然后将图像向下移动，再按住 Alt+Shift+Ctrl 键并拖曳控制点，对图像的外形进行调整，如图 9-48 所示。设置该图层的不透明度为 30%，效果如图 9-49 所示。

07 最后可以复制几个手提袋，再通过“色相 / 饱和度”命令调整手提袋的颜色，制作出不同颜色的手提袋，如图 9-50 所示。

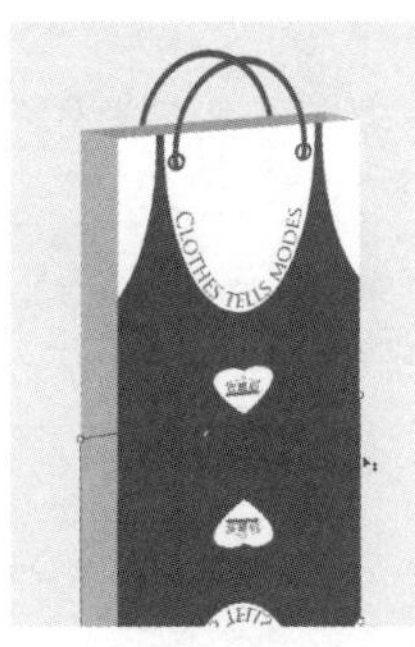

图 9-48

图 9-49

图 9-50

9.5 课堂练习：冰雪字

01 按 Ctrl+N 快捷键，打开“新建”对话框，创建一个 20 厘米 ×10 厘米、分辨率为 300 像素 / 英寸的 RGB 模式文件，如图 9-51 所示。

02 将背景色调整为深蓝色，如图 9-52 所示。选择渐变工具，按住 Shift 键并在画面中填充蓝 - 黑渐变，如图 9-53 所示。

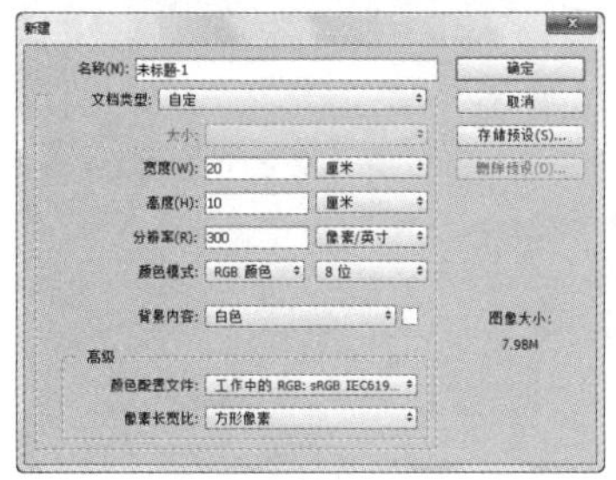

图 9-51

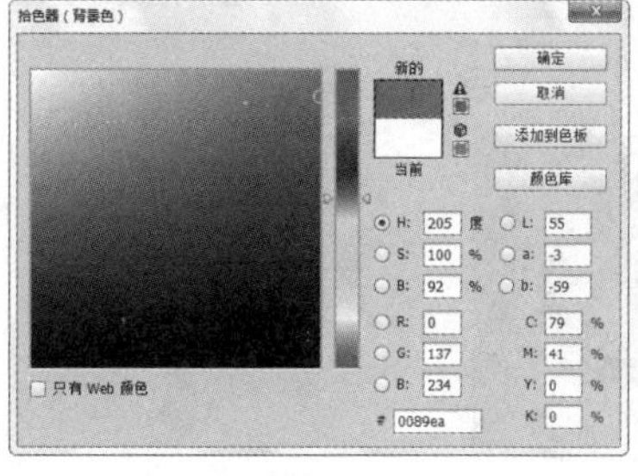

图 9-52

图 9-53

03 打开“字符”面板，选择字体并设置大小，如图 9-54 所示。选择横排文字工具，在画面中单击并输入文字，如图 9-55 所示。

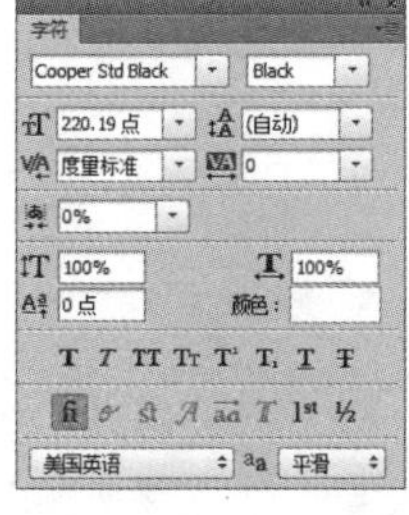

图 9-54

图 9-55

04 双击文字图层，打开“图层样式”对话框。在左侧列表中选择“渐变叠加”效果，添加该效果。单击渐变颜色条，如图 9-56 所示，打开“渐变编辑器”调整颜色，其中，渐变滑块颜色依次为蓝（R139,G183,B209），蓝（R90,G155,B292）、紫（R76,G59,B88）、灰（R206,G206,B206）、白（R255,G255,B255），如图 9-57 所示，文字效果如图 9-58 所示。

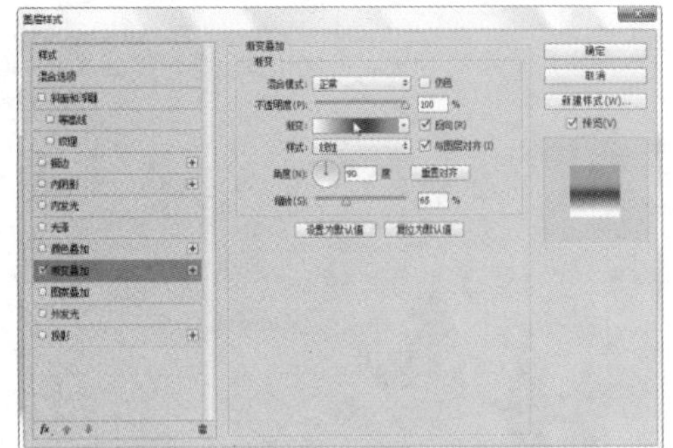

图 9-56

图 9-57

图 9-58

05 在左侧列表中选择“内阴影”效果，添加该效果，如图 9-59 和图 9-60 所示。

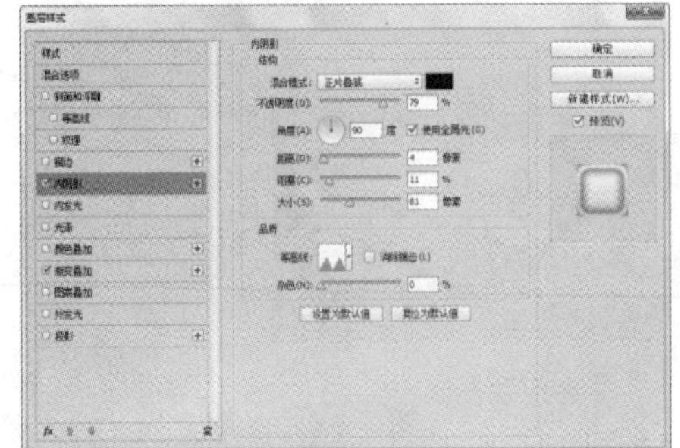

图 9-59

图 9-60

06 继续添加“外发光”效果，如图 9-61 和图 9-62 所示。

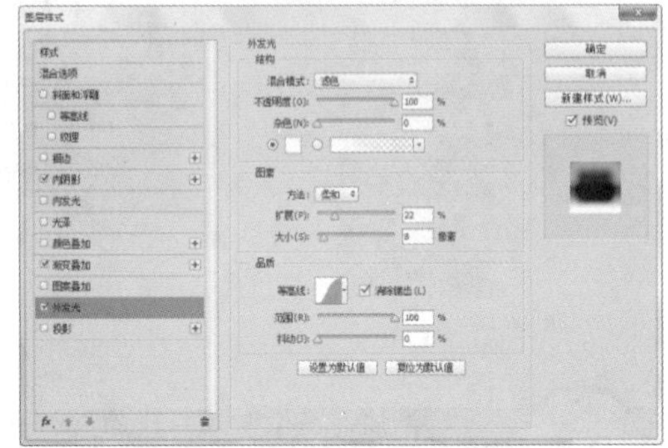

图 9-61

图 9-62

07 再添加白色的“内发光”效果，如图 9-63 和图 9-64 所示。单击“确定”按钮关闭对话框。

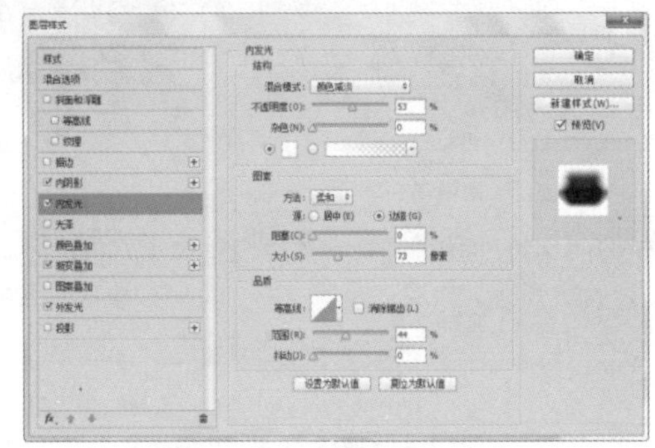

图 9-63

图 9-64

08 按Ctrl+J快捷键，复制文字图层。按Ctrl+T快捷键，显示定界框，右击，在弹出的快捷菜单中选择“垂直翻转”命令，如图9-65所示，翻转文字之后，将其移动到下方，作为倒影，按Enter键确认，如图9-66所示。

图 9-65

图 9-66

09 按住Ctrl键并单击“图层”面板底部的 按钮，在当前图层下方创建一个图层，如图9-67所示。按住Ctrl键并单击上一个图层，同时选取这两个图层，按Ctrl+E快捷键合并，如图9-68所示。

图 9-67

图 9-68

10 单击“图层”面板底部的 按钮，添加蒙版，使用渐变工具 填充黑-白线性渐变，将靠近文字底部的倒影隐藏，如图9-69和图9-70所示。

图 9-69

图 9-70

11 打开素材文件，如图9-71所示。使用移动工具 将其拖入文字文档中，放在文字的后方。按Ctrl+J快捷键，复制企鹅图层，然后采用与制作文字投影相同的方法，给小企鹅也制作一个投影，效果如图9-72所示。

图 9-71

图 9-72

9.6 课堂练习：水滴字

01 按Ctrl+N快捷键，打开“新建”对话框，创建一个20厘米×10厘米、72像素/英寸的RGB模式文档。

02 选择横排文字工具 T ，在“字符”面板中设置字体和大小，如图9-73所示，在画面中输入文字，如图9-74所示。

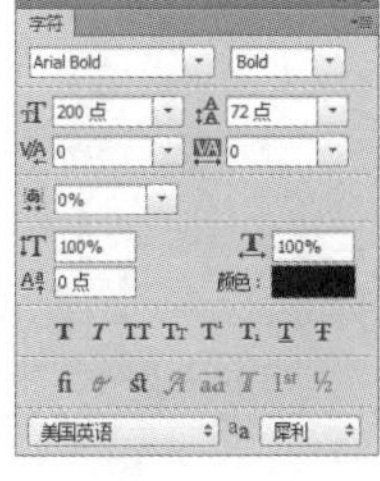

图 9-73

图 9-74

03 按住 Ctrl 键并单击创建新图层按钮 ，在文字下方新建一个图层，然后填充白色，如图 9-75 所示。按住 Ctrl 键并单击文字图层，将这两个图层同时选取，如图 9-76 所示，按 Ctrl+E 快捷键合并，如图 9-77 所示。

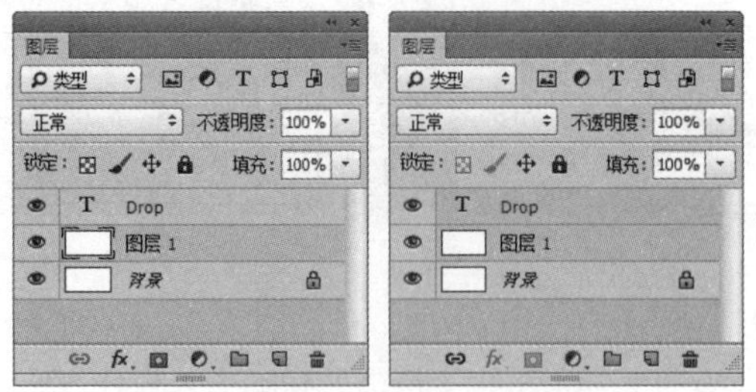

图 9-75　　图 9-76

图 9-77

04 执行“滤镜 > 像素化 > 晶格化”命令，对文字进行变形处理，如图 9-78 和图 9-79 所示。

图 9-78

图 9-79

05 执行“滤镜 > 模糊 > 高斯模糊”命令，对文字进行模糊处理，使文字变得柔和，如图 9-80 和图 9-81 所示。

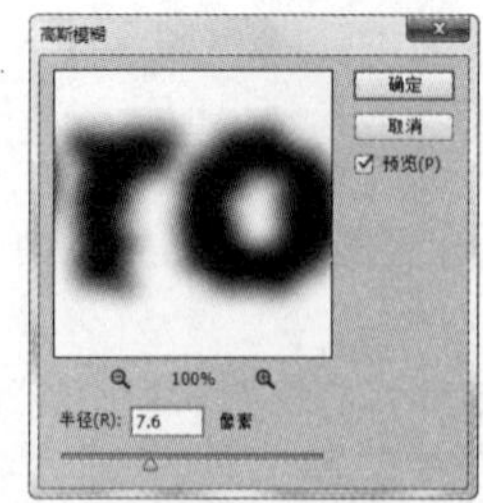

图 9-80

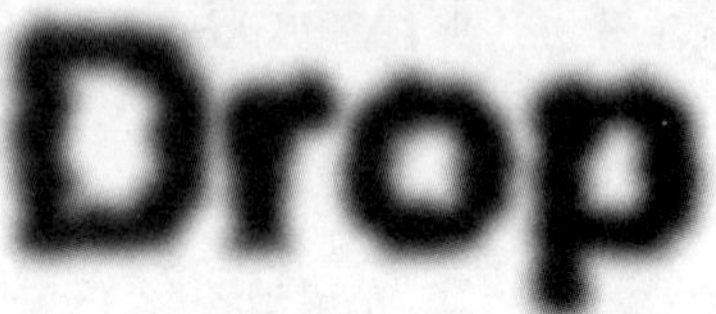

图 9-81

06 执行“图像 > 调整 > 阈值”命令，对文字的边缘进行简化处理，如图 9-82 和图 9-83 所示。

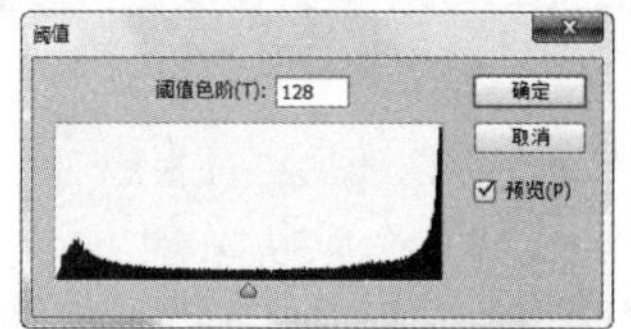

图 9-82

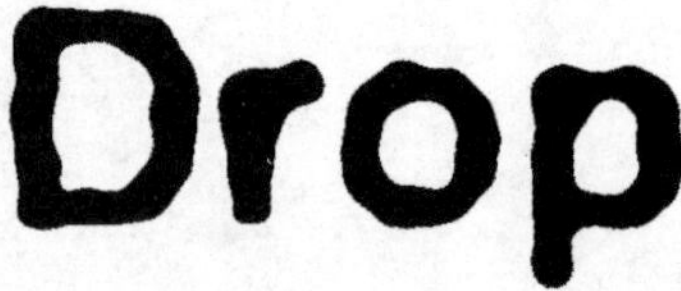

图 9-83

07 选择魔棒工具 ，在工具选项栏中取消选中“连续”选项，在黑色文字上单击并将其选中，如图 9-84 所示。执行“选择 > 修改 > 扩展”命令，扩展选区的边界范围，如图 9-85 和图 9-86 所示。按 Alt+Delete 快捷键，填充黑色，如图 9-87 所示。

图 9-84

图 9-85

图 9-86

图 9-87

08 打开素材文件，使用移动工具，将选中的文字拖入该文档中，如图 9-88 所示。按 Ctrl+I 快捷键反相，使文字变为白色，如图 9-89 所示。

图 9-88　　图 9-89

09 将文字图层的填充不透明度设置为3%，如图 9-90 和图 9-91 所示。

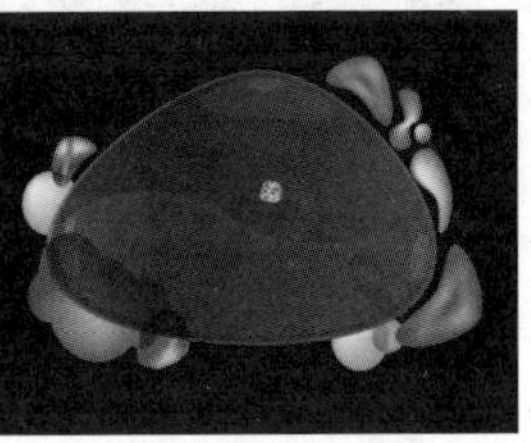

图 9-90　　图 9-91

10 双击“图层 1”，打开“图层样式”对话框，添加“投影”效果，如图 9-92 和图 9-93 所示。

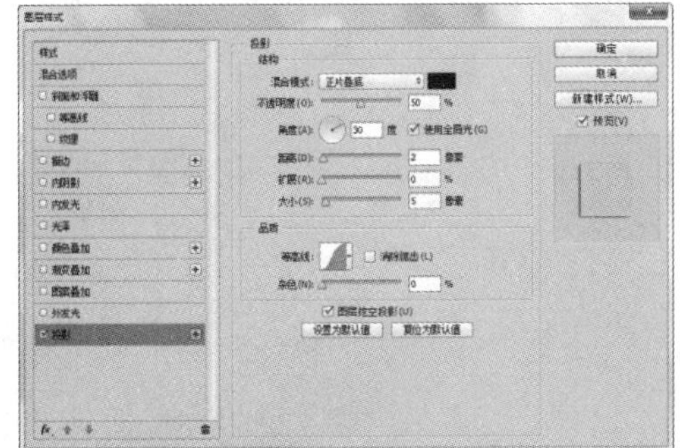

图 9-92

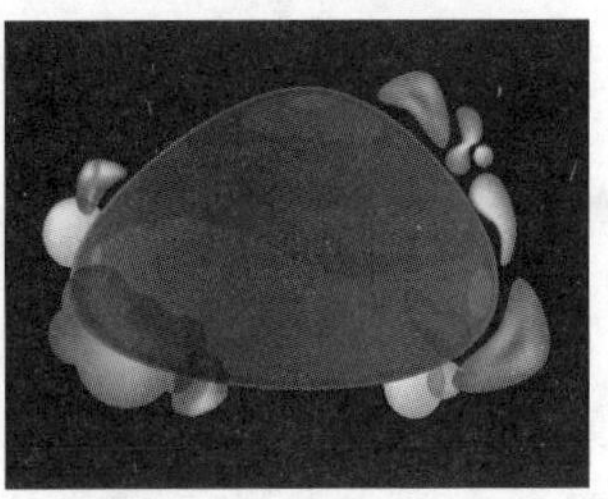

图 9-93

11 继续添加“内阴影”效果，如图 9-94 和图 9-95 所示。

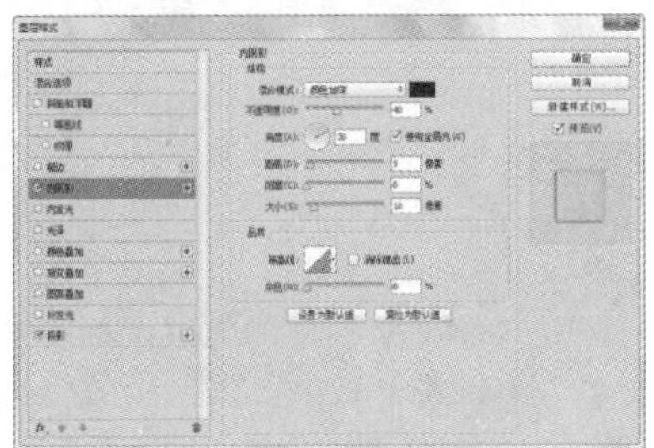

图 9-94

图 9-95

12 添加“斜面和浮雕”效果，生成水滴质感，如图 9-96 和图 9-97 所示。

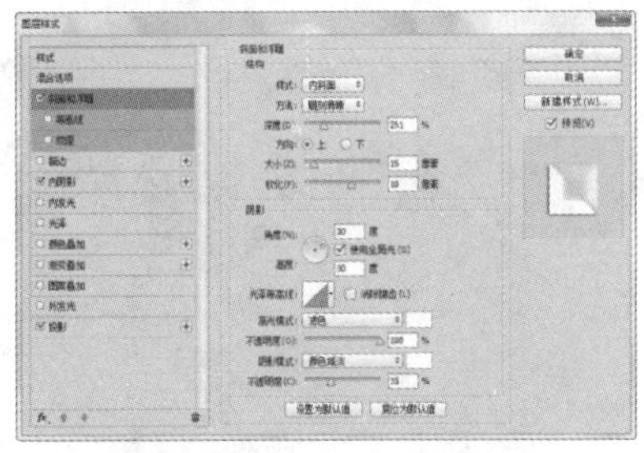

图 9-96

图 9-97

13 按 Ctrl+J 快捷键，复制文字图层，让水滴效果更加清晰，如图 9-98 和图 9-99 所示。

图 9-98

图 9-99

14 单击“图层”面板底部的 按钮，新建一个图层。使用画笔工具 点一些白点，如图 9-100 所示。将该图层的填充不透明度设置为 3%，隐藏白点，如图 9-101 所示。

15 按住 Alt 键，将文字图层的效果图标 fx 拖至该图层，为其复制同样的效果，如图 9-102 所示。按 Ctrl+J 快捷键，复制图层，效果如图 9-103 所示。

图 9-100

图 9-101

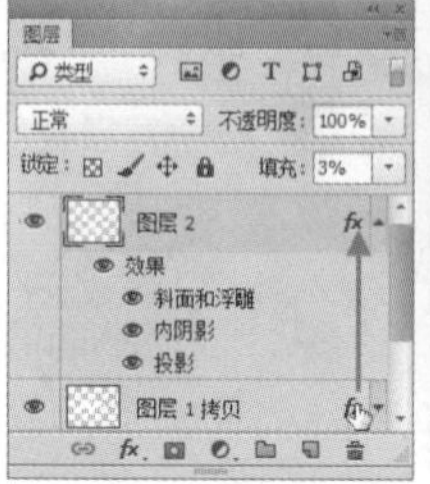

图 9-102

图 9-103

9.7 课堂练习：生锈铁字

01 按 Ctrl+O 快捷键，打开素材文件，如图 9-104 所示。执行“编辑 > 定义图案”命令，打开“图案名称”对话框，如图 9-105 所示，单击“确定”按钮，将纹理素材定义为图案。

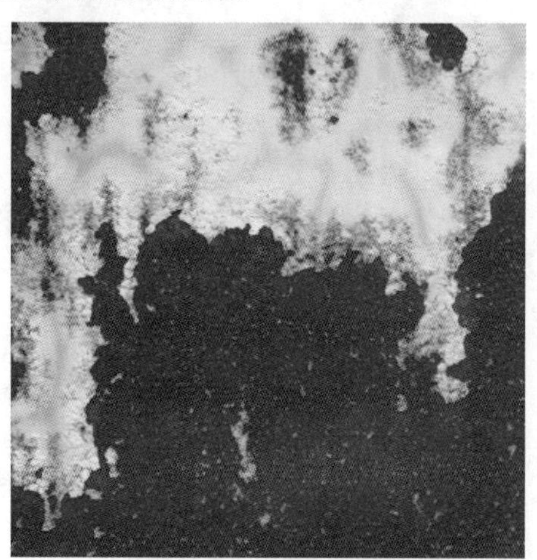

图 9-104

图 9-105

02 打开素材文件，如图 9-106 和图 9-107 所示。

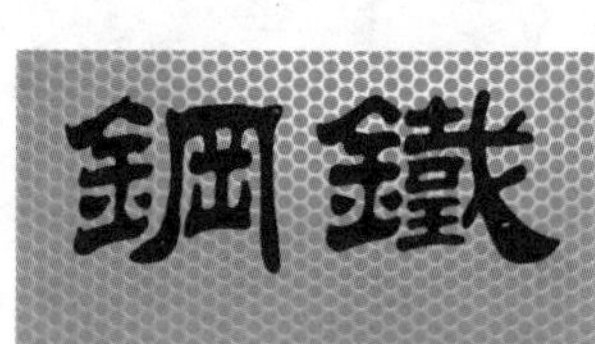

图 9-106

图 9-107

03 双击“钢铁”图层，打开“图层样式”对话框，添加“斜面和浮雕”效果，如图 9-108 所示。在左侧列表中选择“纹理”选项，单击“图案”右侧的三角按钮，打开下拉面板，选择前面定义的图案并设置参数，如图 9-109 所示，文字效果如图 9-110 所示。

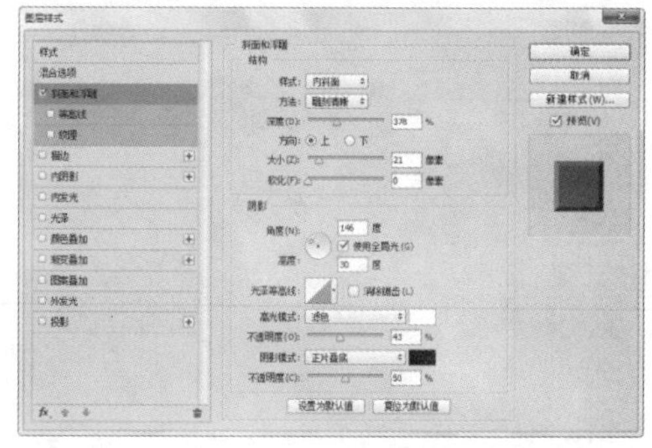

图 9-108

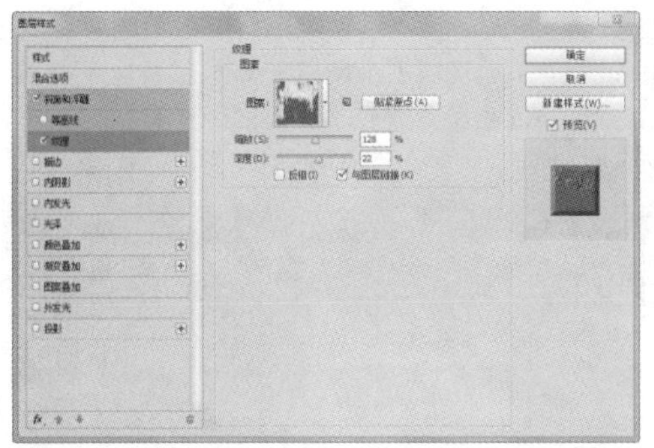

图 9-109

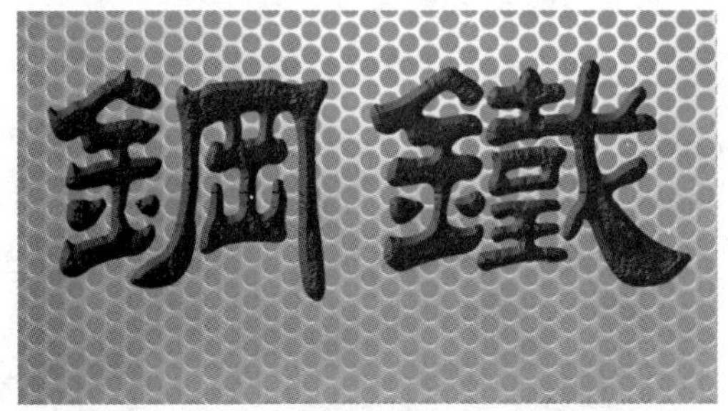

图 9-110

04 在左侧列表中选择“图案叠加”选项，添加“图案叠加”效果，还是使用自定义的图案，将其映射到文字表面，如图 9-111 和图 9-112 所示。

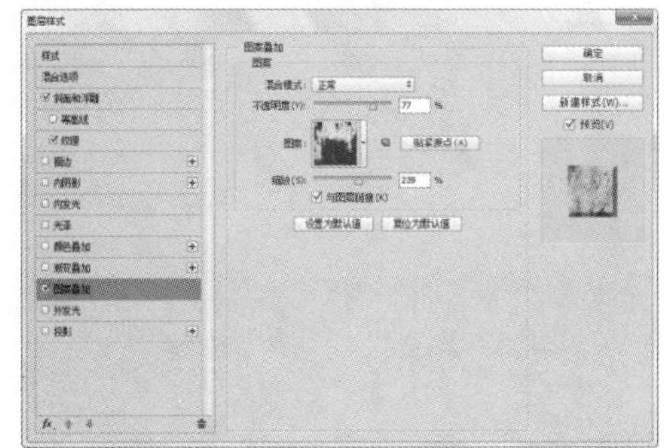

图 9-111

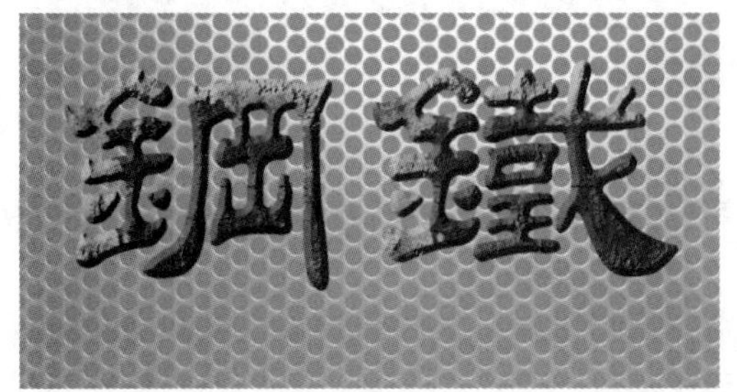

图 9-112

05 在左侧列表中选择“描边”选项，添加“描边”效果，将图案应用到文字的描边轮廓上，如图 9-113 和图 9-114 所示。

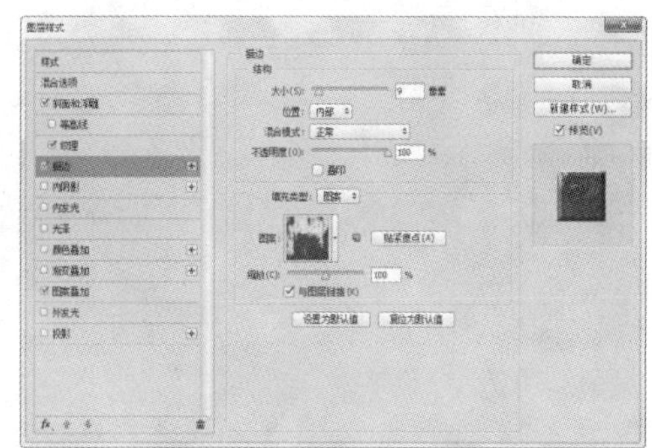

图 9-113

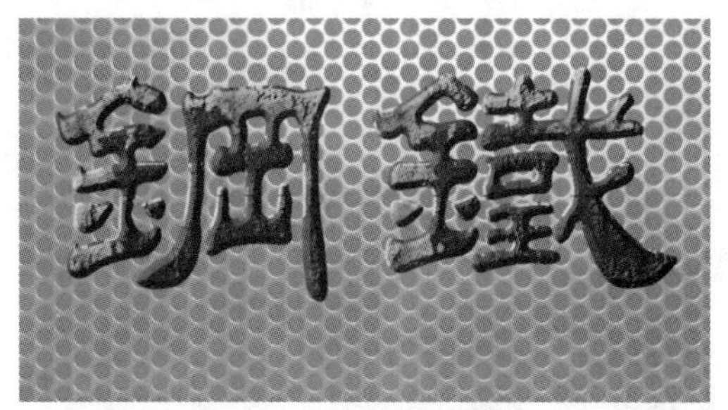

图 9-114

06 在左侧列表中选择“渐变叠加”选项，添加黑白“渐变叠加”效果，如图 9-115 所示。再分别添加“外发光”和“投影”效果，如图 9-116 和图 9-117 所示，文字效果如图 9-118 所示。

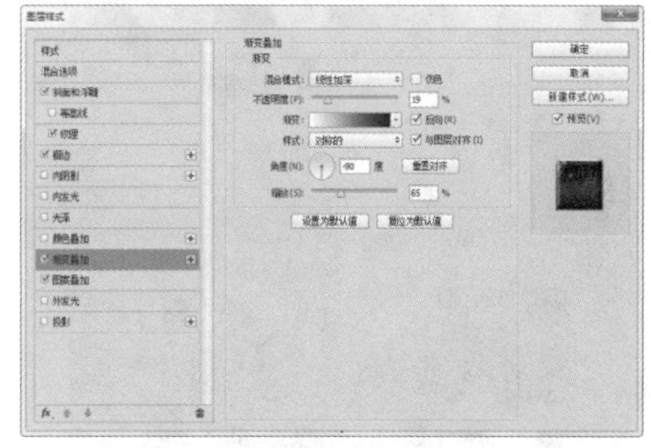

图 9-115

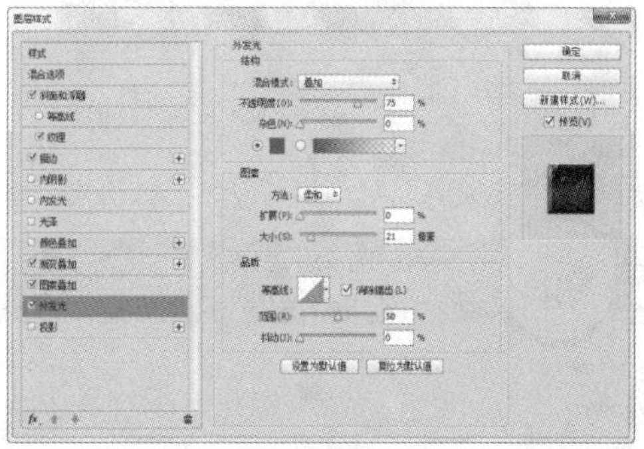

图 9-116

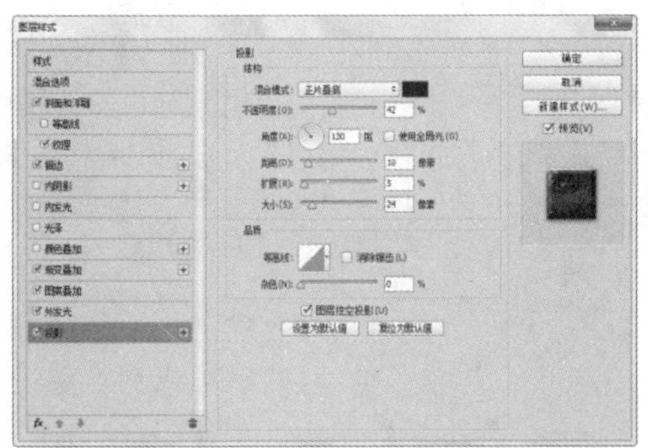

图 9-117

图 9-118

07 打开“字符”面板，选择字体并设置大小，如图 9-119 所示。使用横排文字工具 T 输入文字，如图 9-120 所示。

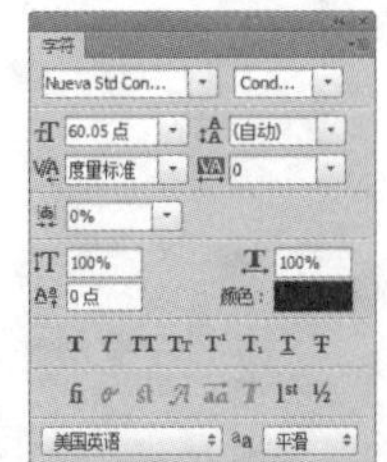

图 9-119

图 9-120

08 按住 Alt 键，将“钢铁”图层的效果图标 fx 拖至 Steel 层上，如图 9-121 所示，释放鼠标之后再释放 Alt 键，为该图层复制该效果，如图 9-122 和图 9-123 所示。

图 9-121

图 9-122

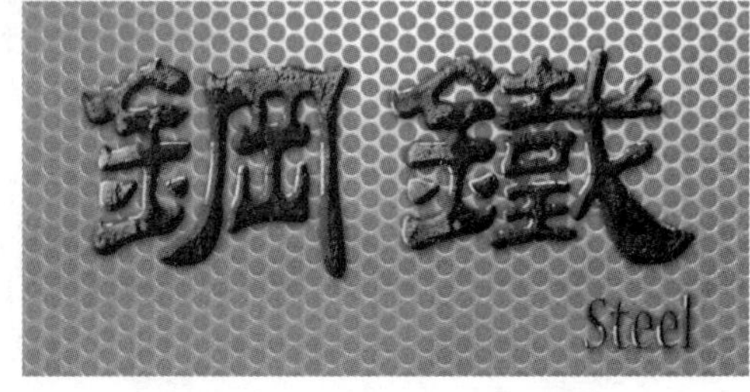

图 9-123

09 执行“图层 > 图层样式 > 缩放效果”命令，单独对效果进行缩放处理，如图 9-124 和图 9-125 所示。

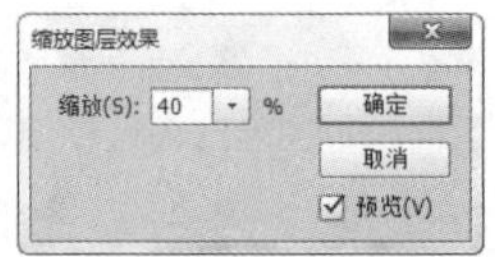

图 9-124

图 9-125

9.8 课堂练习：塑料充气字

01 按 Ctrl+N 快捷键，打开“新建”对话框，创建一个 10 厘米 ×6 厘米、350 像素 / 英寸的 RGB 模式文档。

02 选择横排文字工具 T，在“字符”面板中设置字体和大小，如图 9-126 所示，输入文字，如图 9-127 所示。单击工具选项栏中的 ✓ 按钮，结束文字的输入状态。

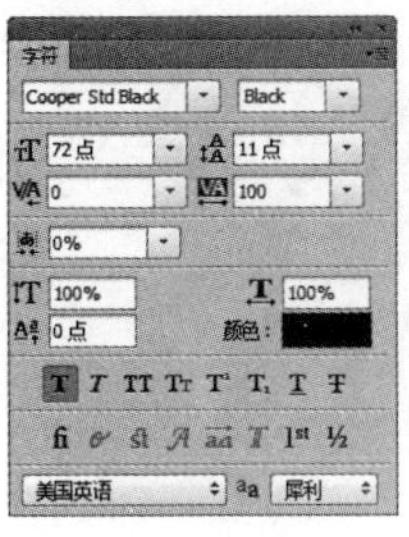

图 9-126　　图 9-127

03 双击文字图层，打开“图层样式”对话框，添加“斜面和浮雕”效果，如图 9-128 所示，其中“阴影模式”的颜色为橙色。单击左侧列表中的“等高线”效果，选择一个预设的等高线样式，如图 9-129 所示。

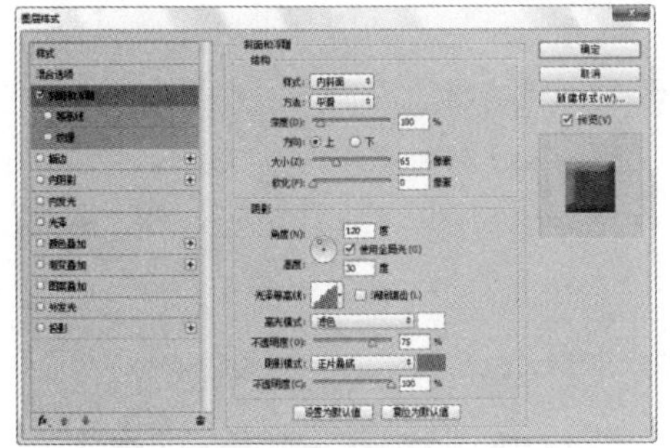

图 9-128

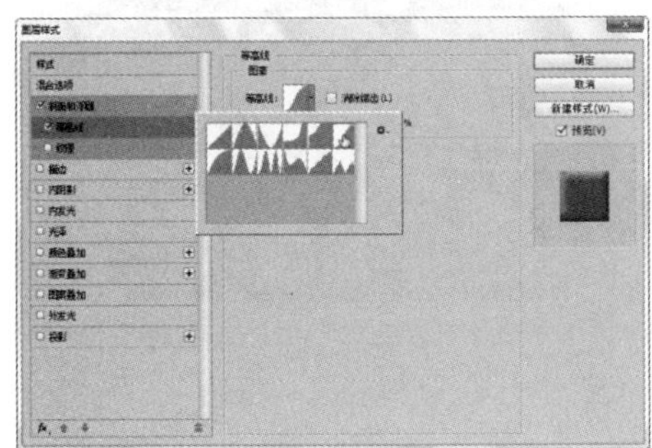

图 9-129

04 单击左侧列表中的“颜色叠加”效果，将颜色设置为橙色（R253,G103,B3），如图 9-130 和图 9-131 所示。

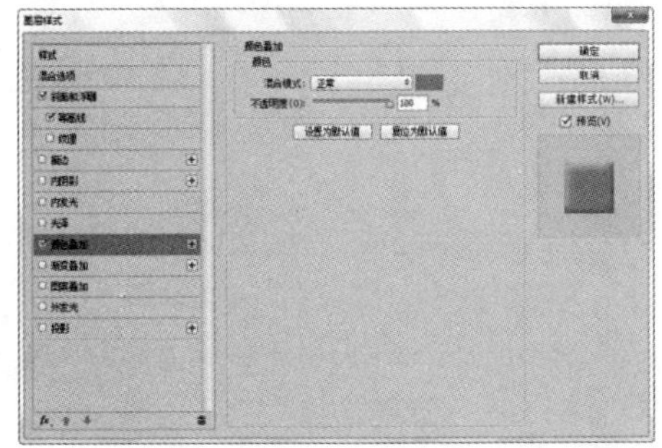

图 9-130

图 9-131

05 单击左侧列表中的“描边”效果，设置描边颜色为黑色，其他参数如图 9-132 所示，效果如图 9-133 所示。

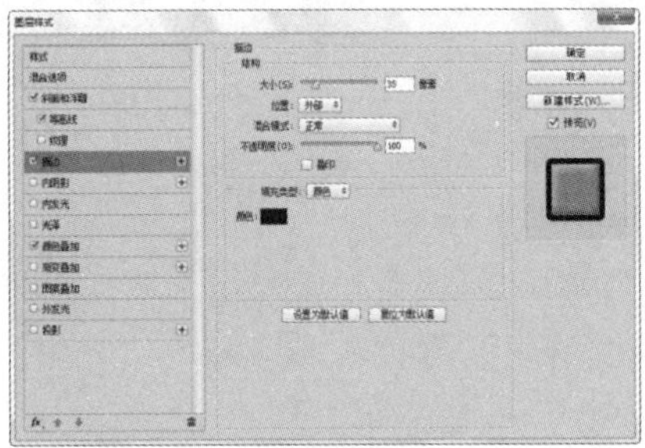

图 9-132

图 9-133

06 单击“图层”面板底部的 按钮，新建一个图层。按住 Ctrl 键并单击文字图层的缩览图，载入文字选区，如图 9-134 所示。

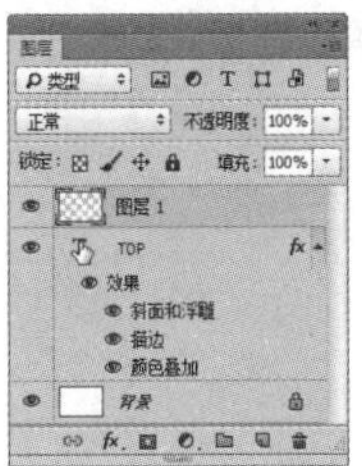

图 9-134

07 执行“编辑 > 描边”命令，设置描边颜色为白色，如图 9-135 所示，按 Ctrl+D 快捷键，取消选区，如图 9-136 所示。

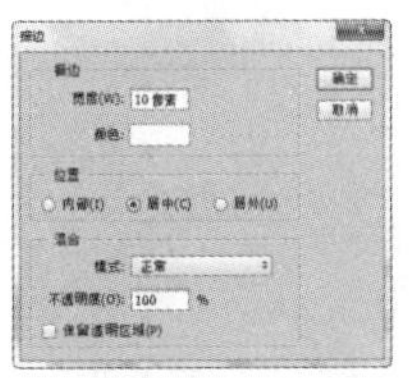

图 9-135　　图 9-136

08 使用横排文字工具 T 输入一行文字，然后在“字符”面板中修改字体的大小，如图 9-137 和图 9-138 所示。按 Shift+Ctrl+[快捷键，将文字图层调整到“背景”图层上面，如图 9-139 所示。

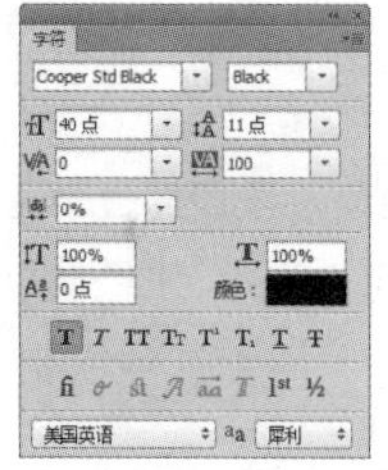

图 9-137

图 9-138

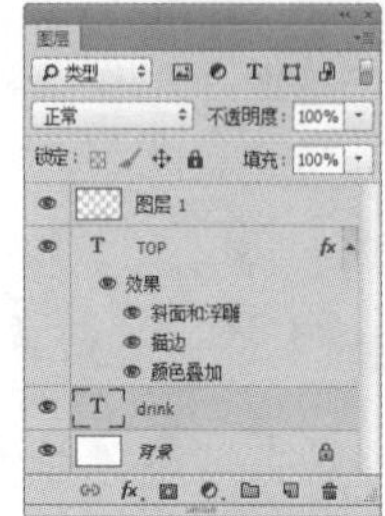

图 9-139

09 单击“图层”面板底部的 fx 按钮，打开“图层样式”对话框，选择“颜色叠加”效果，将叠加的颜色设置为橙色（R253,G103,B3），如图 9-140 所示。选择左侧列表中的“描边”效果，设置描边颜色为黑色，如图 9-141 所示，效果如图 9-142 所示。

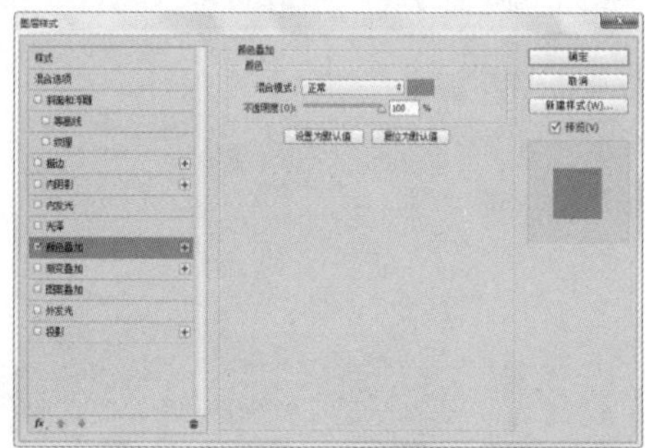

图 9-140

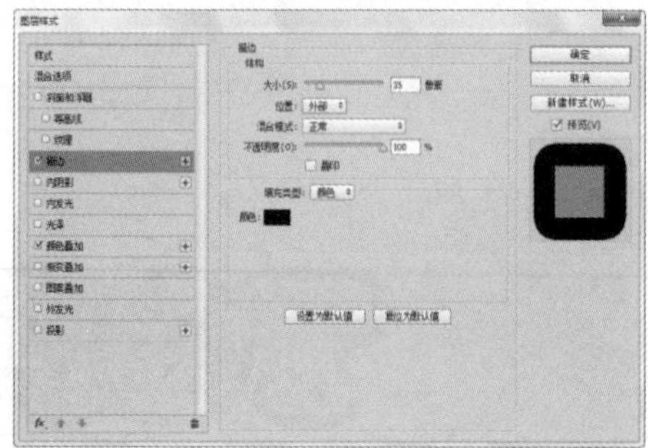

图 9-141

图 9-142

10 单击“图层”面板底部的 按钮，新建“图层 2”。按住 Ctrl 键并单击文字 drink 图层的缩览图，载入选区，如图 9-143 所示。

11 执行“编辑 > 描边”命令，设置描边颜色为白色，如图 9-144 所示，按 Ctrl+D 快捷键，取消选区，如图 9-145 所示。

图 9-143

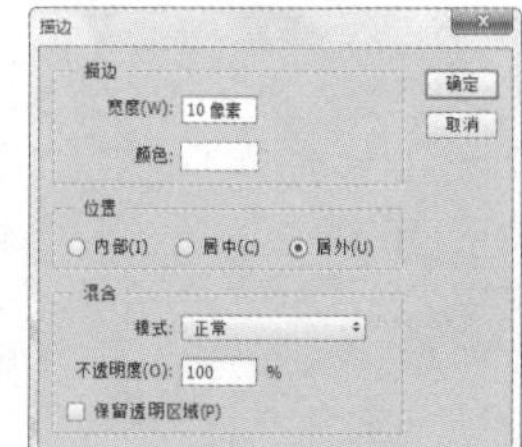

图 9-144

图 9-145

12 按住 Ctrl 键并单击下面的文字图层，将这两个图层选中，如图 9-146 所示，按 Ctrl+E 快捷键合并图层，如图 9-147 所示。

图 9-146

图 9-147

13 双击该图层，打开“图层样式”对话框，为其添加“斜面和浮雕”和“等高线”效果，如图 9-148 ～图 9-150 所示。

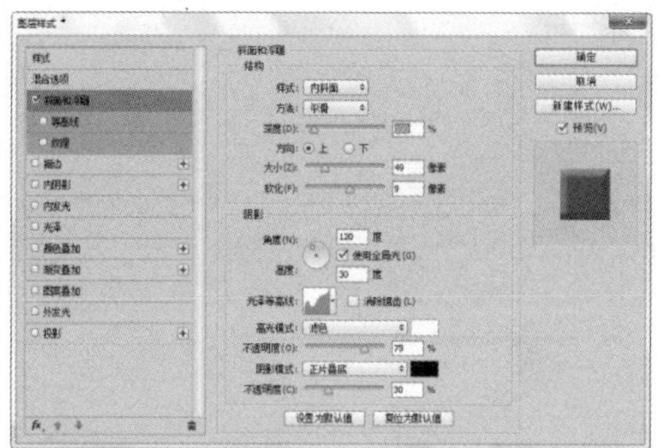

图 9-148

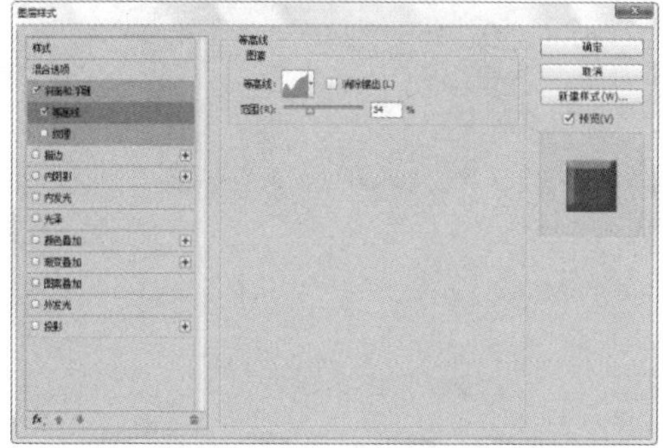

图 9-149

图 9-150

14 在“图层”面板中选择除“背景”以外的其他图层，如图 9-151 所示，按 Ctrl+E 快捷键，将它们合并，如图 9-152 所示。

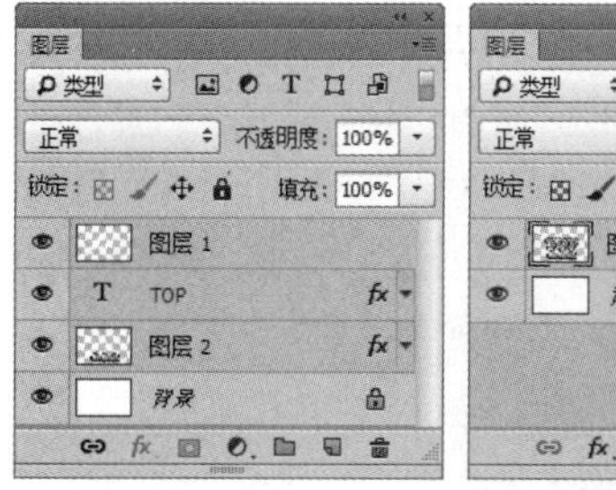

图 9-151　　图 9-152

15 执行“滤镜 > 扭曲 > 球面化”命令，对文字进行扭曲，使其呈现膨胀效果，如图 9-153 和图 9-154 所示。

图 9-153　　图 9-154

16 打开素材文件，如图 9-155 所示。将文字拖至该文档，可以适当旋转角度，如图 9-156 所示。

图 9-155　　图 9-156

17 双击文字所在的图层，打开“图层样式”对话框，添加“投影”效果，如图 9-157 和图 9-158 所示。

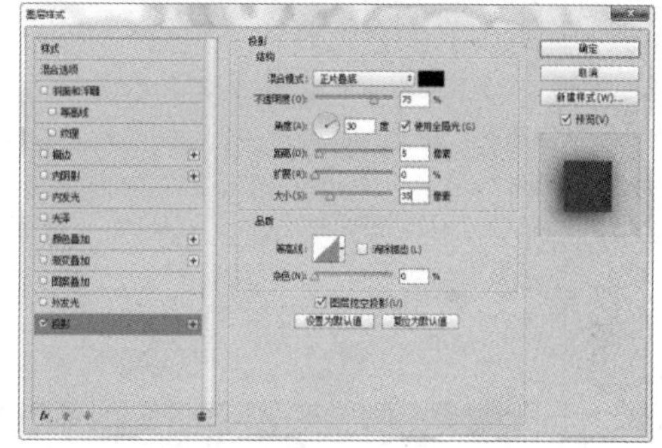

图 9-157

图 9-158

18 使用移动工具按住 Alt 键并向左侧拖曳气球，复制出一个（适当旋转它）。按 Ctrl+U 快捷键，打开“色相 / 饱和度”对话框，调整气球的颜色，如图 9-159 和图 9-160 所示。

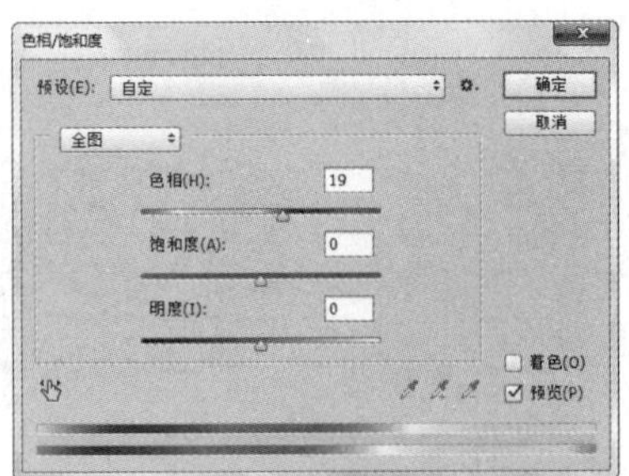

图 9-159

图 9-160

19 按住 Alt 键并向左侧拖曳鼠标，再复制出一个，并调整颜色，如图 9-161 和图 9-162 所示。

20 使用椭圆选框工具 对准黄色气球边界创建一个选区，如图 9-163 所示，按住 Alt 键并单击“图层”面板底部的 按钮，创建蒙版，将选中的文字隐藏，如图 9-164 所示。

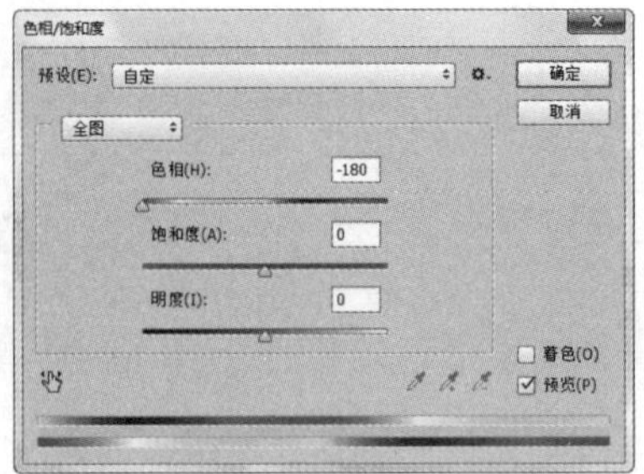

图 9-161

图 9-162

图 9-163　　图 9-164

9.9 课堂练习：企业名片设计

01 按 Ctrl+N 快捷键，打开“新建”对话框，设置参数，如图 9-165 所示，新建一个文档。

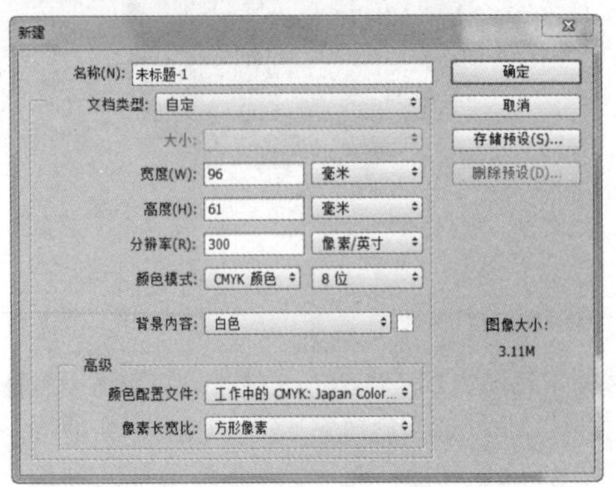

图 9-165

02 调整前景色，如图 9-166 所示，按 Alt+Delete 快捷键，填充前景色。按 Ctrl+R 快捷键显示标尺，在垂直标尺上拖出几条参考线，分别定位在 15、18、48、78、81 毫米处，如图 9-167 所示。下面将根据参数线的位置绘制图形，使其居中，并且左右对称。

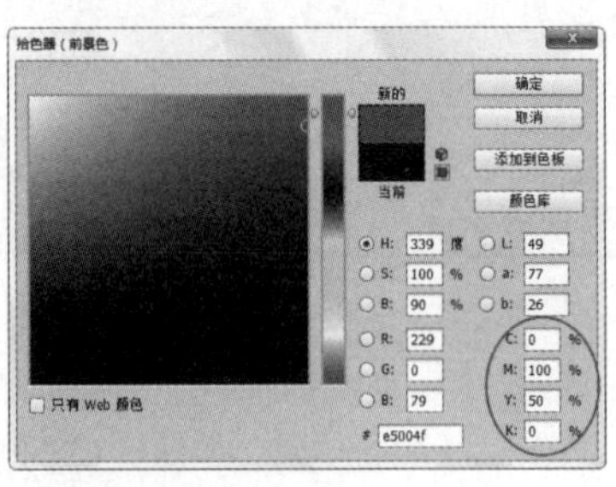

图 9-166

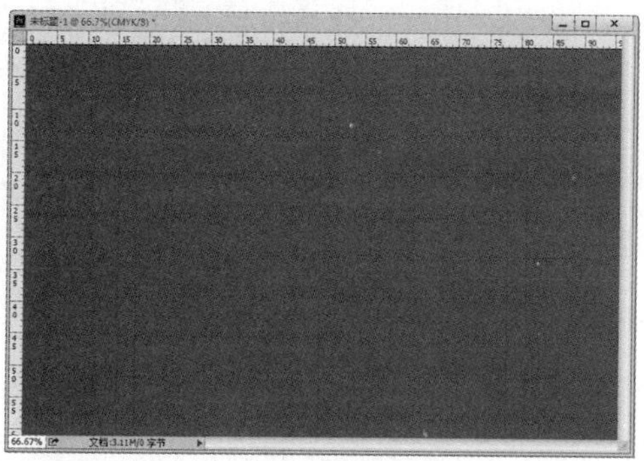

图 9-167

03 选择椭圆选框工具 ，将光标定位在画面中心的参考线上，按住 Shift+Alt 快捷键，以单击点为中心按住鼠标并向外拖曳，创建一个圆形选区，如图 9-168 所示。将光标放在选区内（光标变为状），单击并向上拖曳选区，如图 9-169 所示。

图 9-168

图 9-169

04 按 D 键，恢复为默认的前景色和背景色，按 Ctrl+Delete 快捷键，在选区内填充白色，如图 9-170 所示。将光标放在选区内，将选区向左移动，使选区右侧与预先设置的参考线对齐，按 Ctrl+Delete 快捷键填充白色，如图 9-171 所示。将选区移动到右侧，填充白色后，按 Ctrl+D 快捷键取消选区，如图 9-172 所示。

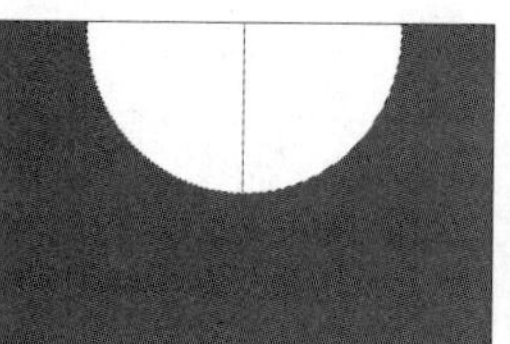

图 9-170

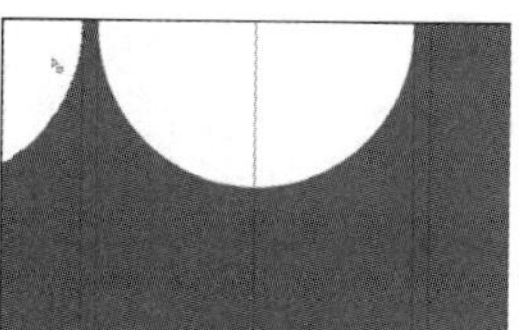

图 9-171

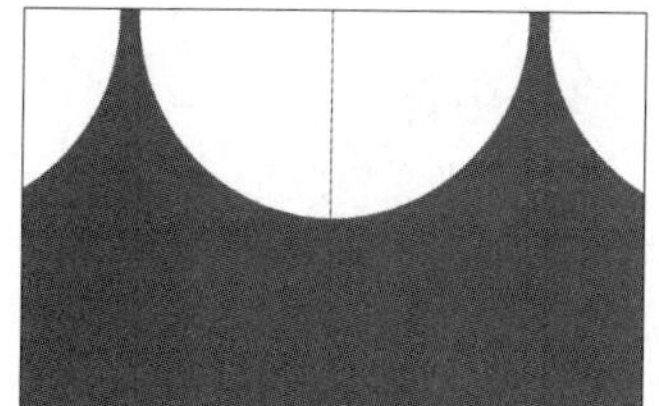

图 9-172

05 打开素材文件，如图 9-173 所示。使用移动工具 ，将标志拖至名片文档中并适当缩小，如图 9-174 所示。

图 9-173

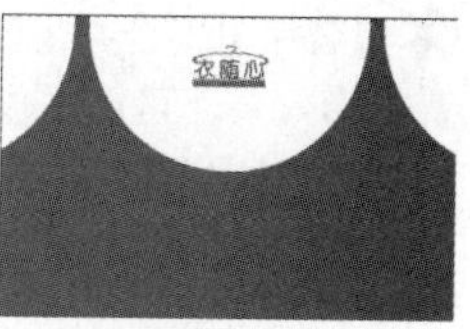

图 9-174

06 使用横排文字工具 T 输入公司的名称，在工具选项栏中设置字体为黑体，大小为 7 点，如图 9-175 所示。

图 9-175

提示：

创建点文本或段落文本后，单击工具箱中的任意工具都可以结束文本的输入状态。如果想要取消文字的输入，可以按 Esc 键。

07 在名片中心位置单击，输入设计师的名字，然后在名字上双击，将文字全部选中，打开“字符”面板，设置字体为幼圆，大小为 10 点，单击仿粗体按钮 **T**，为文字设置粗体形式，如图 9-176 所示。在文字“服装设计师”上单击并拖曳鼠标，将其选中，设置大小为 7 点，如图 9-177 所示。在名片下方输入公司地址、邮编、电话、邮箱等信息，如图 9-178 所示。

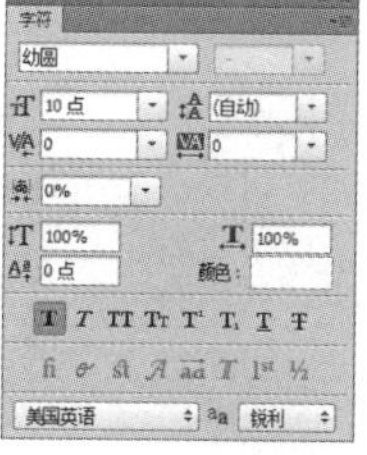

图 9-176

图 9-177

图 9-178

08 将名片图层合并，放在一个背景文件中，为其设置投影效果，可以制作成一幅展示名片的效果图，如图 9-179 所示。

图 9-179

9.10 矢量功能

Photoshop 是典型的位图软件，但它也可以绘制矢量图形。矢量图形与光栅类的图像相比，最大的特点是可任意缩放和旋转而不会出现锯齿；其次，矢量图形在选择和修改方面也十分方便。

9.10.1 绘图模式

Photoshop 中的钢笔工具、矩形工具、椭圆工具和自定形状工具等属于矢量工具，它们可以创建不同类型的对象，包括形状图层、工作路径和像素图形。选择一个矢量工具后，需要先在工具选项栏中选择相应的绘制模式，然后再进行绘图操作。

选择"形状"选项后，可在单独的形状图层中创建形状。形状图层由填充区域和形状两部分组成，填充区域定义了形状的颜色、图案和图层的不透明度，形状则是一个矢量图形，它同时出现在"路径"面板中，如图 9-180 所示。

图 9-180

选择"路径"选项后，可创建工作路径，并出现在"路径"面板中，如图 9-181 所示。路径可以转换为选区或创建矢量蒙版，也可以填充和描边从而得到光栅化的图像。

图 9-181

选择"像素"选项后，可以在当前图层上绘制栅格化的图形（图形的填充颜色为前景色）。由于不能创建矢量图形，因此，"路径"面板中也不会有路径，如图 9-182 所示。该选项不能用于钢笔工具。

图 9-182

9.10.2 路径运算

用魔棒和快速选择等工具选取对象时，通常都要对选区进行相加、相减等运算，以使其符合要求。使用钢笔或形状等矢量工具时，也可以对路径进行相应的运算，以便得到所需的轮廓。

单击工具选项栏中的按钮，可以在打开的下拉列表中选择路径运算方式，如图 9-183 所示。下面有两个矢量图形，如图 9-184 所示，邮票是先绘制的路径，人物是后绘制的路径。绘制完邮票图形后，单击不同的运算按钮，再绘制人物图形，即可得到不同的运算结果。

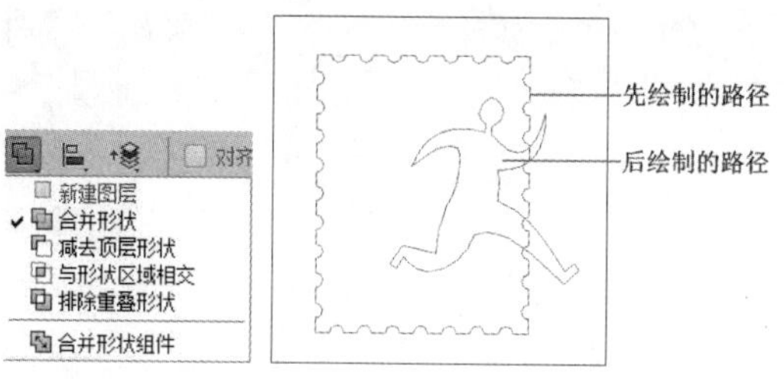

图 9-183　　图 9-184

- 新建图层 ：单击该按钮，可以创建新的路径层。
- 合并形状 ：单击该按钮，新绘制的图形会与现有的图形合并，如图 9-185 所示。

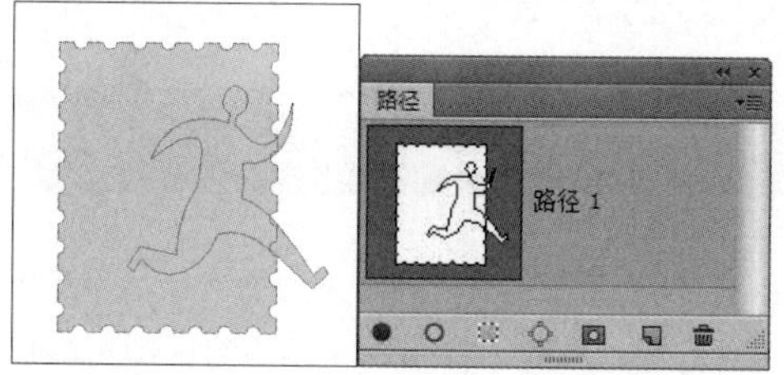

图 9-185

- 减去顶层形状 ：单击该按钮，可从现有的图形中减去新绘制的图形，如图 9-186 所示。

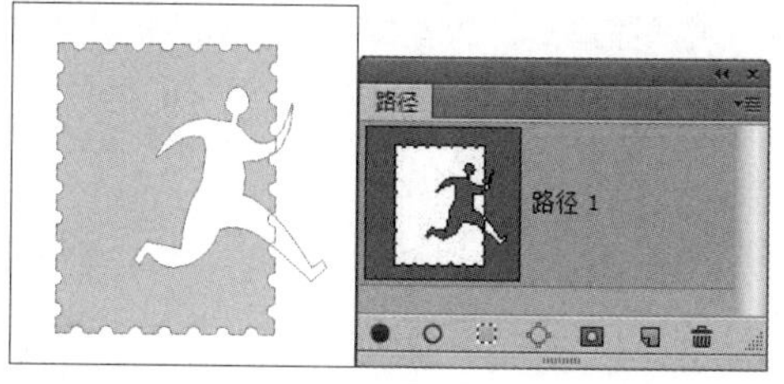

图 9-186

- 与形状区域相交 ：单击该按钮，得到的图形为新图形与现有图形相交的区域，如图 9-187 所示。

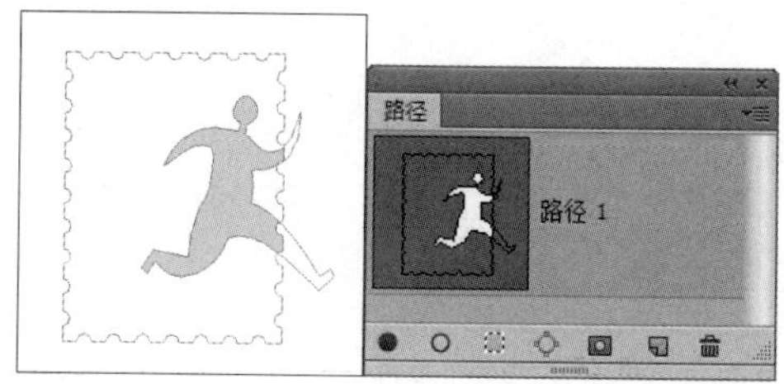

图 9-187

- 排除重叠形状 ：单击该按钮，得到的图形为合并路径中排除重叠的区域，如图 9-188 所示。

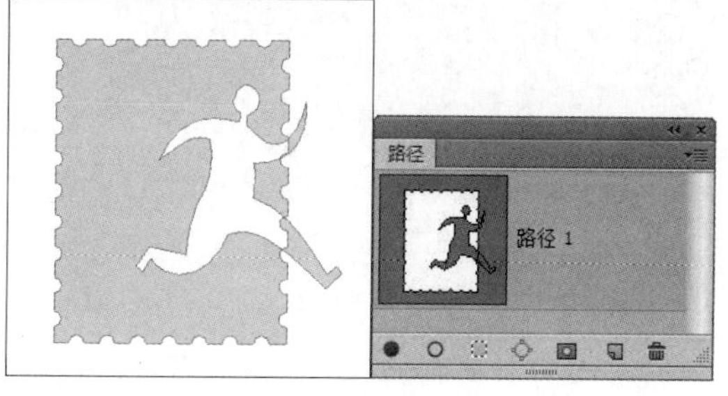

图 9-188

- 合并形状组件 ：单击该按钮，可以合并重叠的路径组件。

9.10.3 路径面板

“路径”面板用于保存和管理路径，面板中显示了每条存储的路径，当前工作路径和当前矢量蒙版的名称及缩览图，如图 9-189 所示。

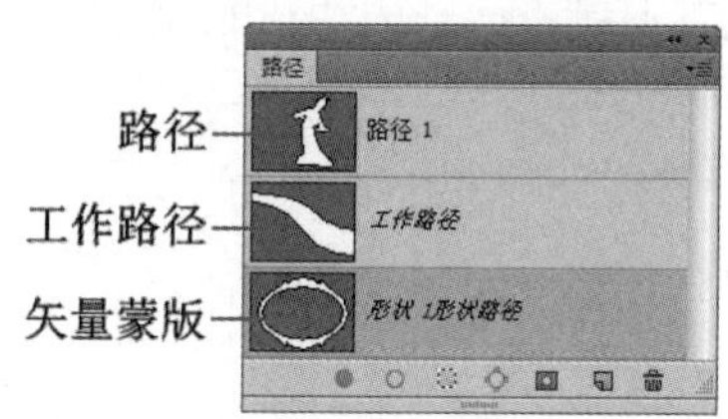

图 9-189

- 路径 / 工作路径 / 矢量蒙版：显示了当前文档中包含的路径、临时路径和矢量蒙版。
- 用前景色填充路径 ：用前景色填充路径区域。
- 用画笔描边路径 ：用画笔工具对路径进行描边。
- 将路径作为选区载入 ：将当前选择的路径转换为选区。
- 从选区生成工作路径 ：从当前的选区中生成工作路径。
- 添加蒙版 ：以当前路径创建蒙版。例如，图 9-190 为当前图像，在“路径”面板中选择路径层，单击添加蒙版按钮 ，如图 9-191 所示，即可从路径中生成矢量蒙版，如图 9-192 所示。

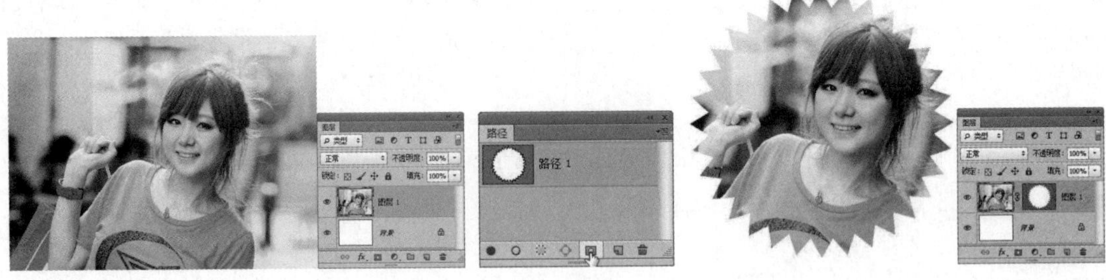

图 9-190　　图 9-191　　图 9-192

- 创建新路径 ：单击该按钮可以创建新的路径层。
- 删除当前路径 ：选择一个路径层，单击该按钮可将其删除。

小知识：工作路径

使用钢笔工具或形状工具绘图时，如果单击“路径”面板中的创建新路径按钮 ，新建一个路径层，然后再绘图，可以创建路径；如果没有单击 按钮而直接绘图，则创建的是工作路径。工作路径是一种临时路径，用于定义形状的轮廓。将工作路径拖至面板底部的 按钮上，可将其转换为路径。

9.11 用钢笔工具绘图

钢笔工具是 Photoshop 中功能最为强大的绘图工具，它主要有两种用途，一是绘制矢量图形，二是用于选取对象。在作为选取工具使用时，钢笔工具描绘的轮廓光滑、准确，将路径转换为选区即可准确地选择对象。

9.11.1 了解路径与锚点

路径是由钢笔工具或形状工具创建的矢量对象，一条完整的路径由一个或多个直线段或曲线段组成，用来连接这些路径段的对象是锚点，如图 9-193 所示。锚点分为两种，一种是平滑点，另一种是角点，平滑的曲线由平滑点连接而成，如图 9-194 所示，直线和转角曲线则由角点连接而成，如图 9-195 和图 9-196 所示。

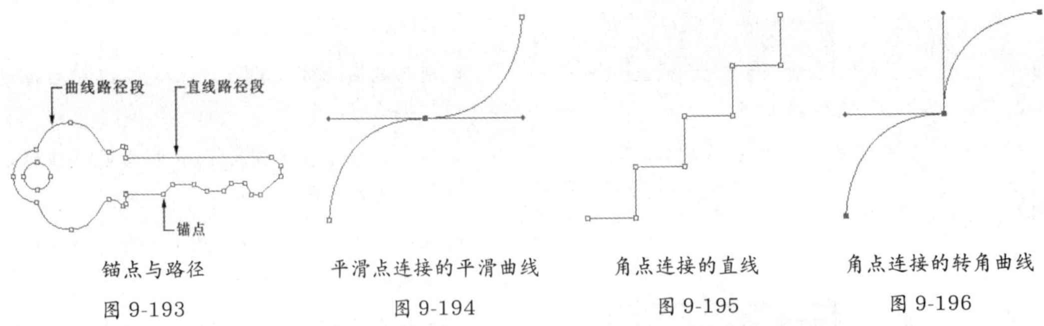

锚点与路径　　平滑点连接的平滑曲线　　角点连接的直线　　角点连接的转角曲线

图 9-193　　图 9-194　　图 9-195　　图 9-196

在曲线路径段上，每个锚点都包含一条或两条方向线，方向线的端点是方向点，如图 9-197 所示。移动方向点可以改变方向线的长度和方向，从而改变曲线的形状。当移动平滑点上的方向线时，可以同时影响该点两侧的路径段，如图 9-198 所示；移动角点上的方向线时，只影响与该方向线同侧的路径段，如图 9-199 所示。

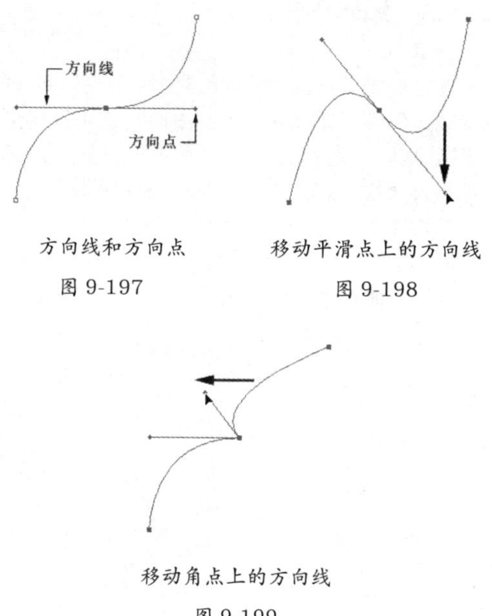

方向线和方向点

图 9-197

移动平滑点上的方向线

图 9-198

移动角点上的方向线

图 9-199

9.11.2 绘制直线

选择钢笔工具，在工具选项栏中选择“路径”选项，在文档窗口单击可以创建锚点，释放鼠标按键，然后在其他位置单击可以创建路径，按住 Shift 键并单击可锁定水平、垂直或以 45 度为增量创建直线路径。如果要封闭路径，可在路径的起点处单击。图 9-200 为一个矩形的绘制过程。

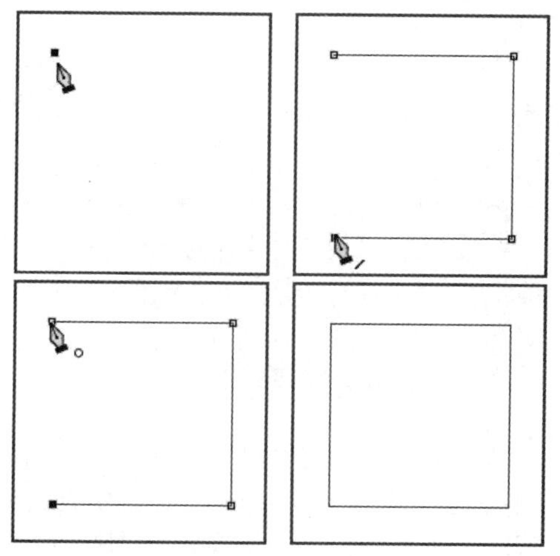

图 9-200

如果要结束一段开放式路径的绘制，可以按住 Ctrl 键（转换为直接选择工具）在画面的空白处单击、在工具箱选择其他工具，或者按 Esc 键也可以结束路径的绘制。

提示：

在“路径”面板路径层下方的空白处单击，可以取消选择路径，文档窗口中便不会显示路径。此外，按 Ctrl+H 快捷键则可以在选择路径的状态下隐藏或显示路径。

9.11.3 绘制曲线

钢笔工具可以绘制任意形状的光滑曲线。选择该工具后，在画面单击并按住鼠标按键拖曳可以创建平滑点（在拖曳的过程中可以调整方向线的长度和方向），将光标移动至下一位置，单击并拖曳鼠标创建第 2 个平滑点，继续创建平滑点，可以生成光滑的曲线，如图 9-201 所示。

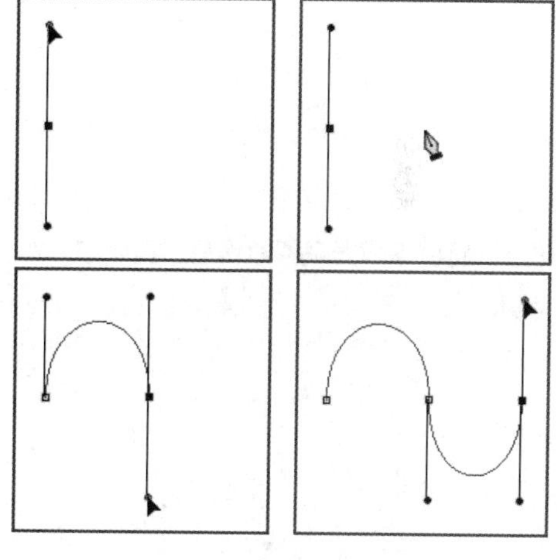

图 9-201

小知识：贝塞尔曲线

钢笔工具绘制的曲线称作“贝塞尔曲线”。它是由法国计算机图形学大师 Pierre E.Bézier 在 20 世纪 70 年代早期开发的一种锚点调节方式，其原理是在锚点上加上两个控制柄，不论调整哪一个控制柄，另外一个始终与其保持为直线并与曲线相切。贝塞尔曲线具有精确和易于修改的特点，被广泛地应用在计算机图形领域，如 Illustrator、CorelDRAW、Flash 和 3ds Max 等软件都包含贝塞尔曲线绘制工具。

9.11.4 绘制转角曲线

转角曲线是与上一段曲线之间出现转折的曲线。要绘制这样的曲线，需要在定位锚点前改变曲线的走向，具体的操作方法是，将光标放在最后一个平滑点上，按住 Alt 键（光标显示为状）单击

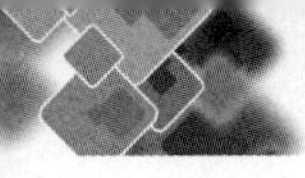

该点，将其转换为只有一条方向线的角点，然后在其他位置单击并拖曳鼠标便可以绘制转角曲线，如图 9-202 所示。

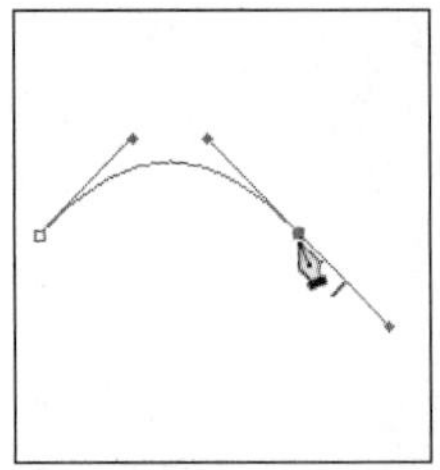

将光标放在平滑点上

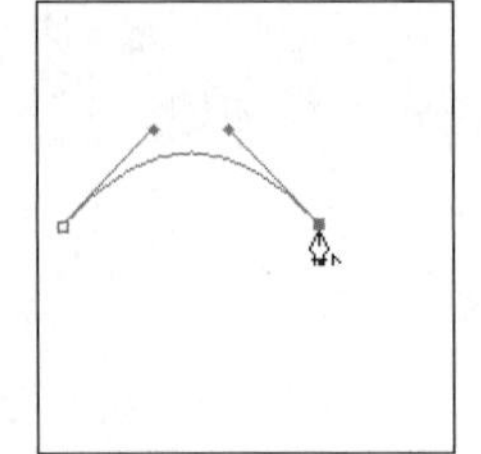

按住 Alt 键单击

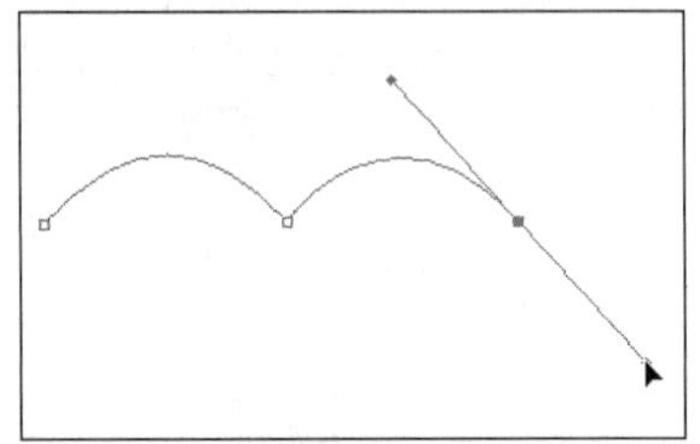

在另一处单击并拖曳鼠标

图 9-202

小技巧：通过观察光标判断钢笔工具用途

使用钢笔工具时，光标在路径和锚点上会有不同的显示状态，通过对光标的观察可以判断钢笔工具此时的功能，从而更加灵活地使用钢笔工具绘图。

- ：当光标在画面中显示为状时，单击可以创建一个角点；单击并拖曳鼠标可以创建一个平滑点。
- ：在工具选项栏中选中了“自动添加/删除”选项后，当光标在路径上变为状时，单击可在路径上添加锚点。
- ：选中“自动添加/删除”选项后，当光标在锚点上变为状时，单击可删除该锚点。
- ：在绘制路径的过程中，将光标移至路径起始的锚点上，光标会变为状，此时单击可闭合路径。
- ：选择一个开放式路径，将光标移至该路径的一个端点上，光标变为状时单击，然后便可继续绘制该路径；如果在绘制路径的过程中将钢笔工具移至另外一条开放路径的端点上，光标变为状时单击，可以将这两段开放式路径连接成为一条路径。

9.11.5 编辑路径形状

直接选择工具和转换点工具都可以调整方向线。例如，图 9-203 为原图形，使用直接选择工具拖曳平滑点上的方向线时，方向线始终保持为一条直线状态，锚点两侧的路径段都会发生改变，如图 9-204 所示；使用转换点工具拖曳方向线时，则可以单独调整平滑点任意一侧的方向线，而不会影响到另外一侧的方向线和同侧的路径段，如图 9-205 所示。

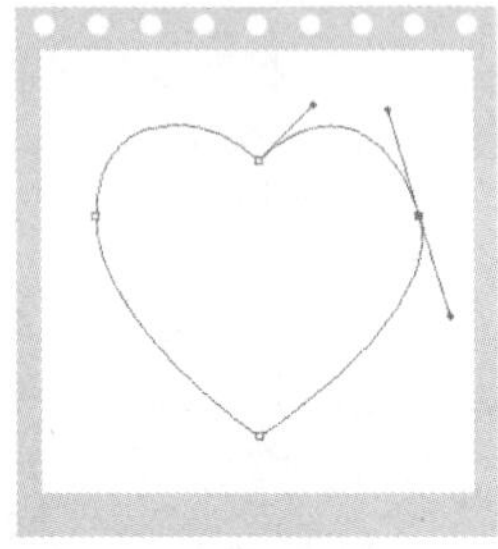

图 9-203

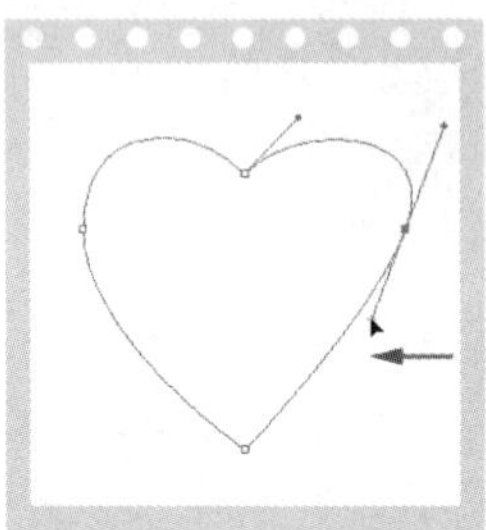

图 9-204

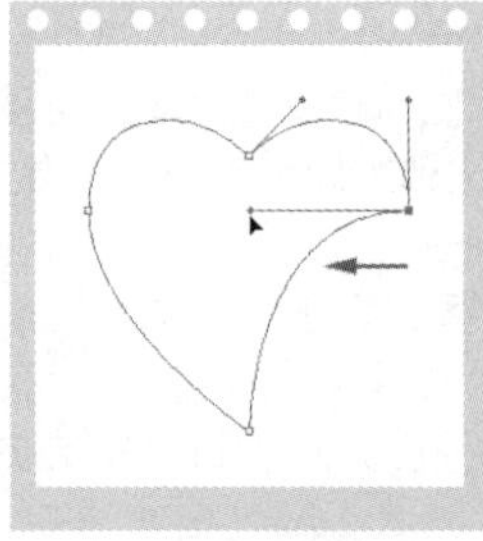

图 9-205

提示：

转换点工具可以转换锚点的类型。选择该工具后，将光标放在锚点上，如果当前锚点为角点，单击并拖曳鼠标可将其转换为平滑点；如果当前锚点为平滑点，则单击可将其转换为角点。

9.11.6 选择锚点和路径

使用直接选择工具单击一个锚点即可选中该锚点，选中的锚点为实心方块，未选中的锚点为空心方块，如图 9-206 所示。单击一个路径段时，可以选择该路径段，如图 9-207 所示。使用路径选择工具单击路径即可选择整个路径，如图 9-208 所示。选择锚点、路径段和整条路径后，按住并拖曳鼠标，即可将其移动。

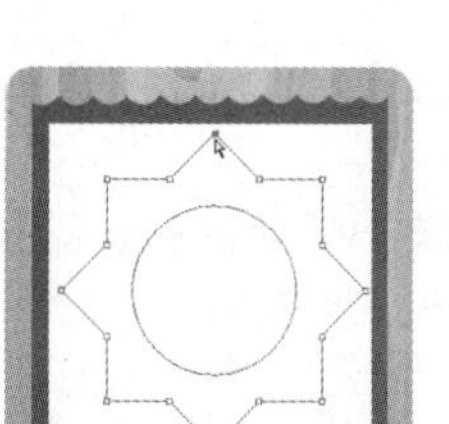

图 9-206

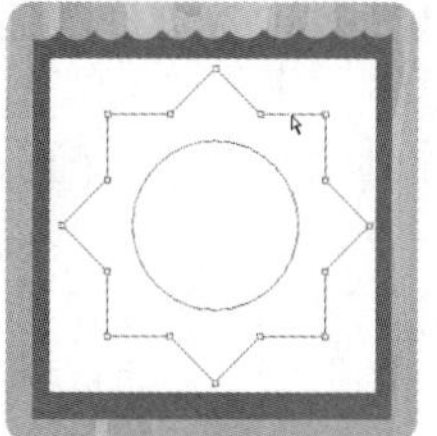

图 9-207

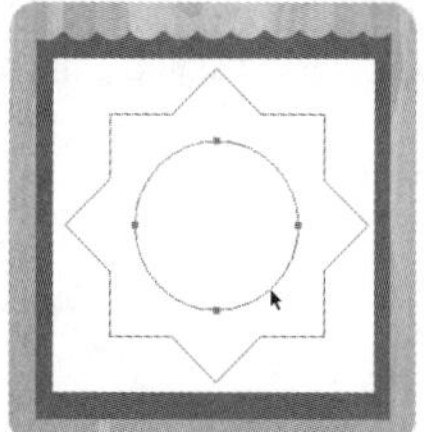

图 9-208

9.11.7 路径与选区的转换方法

创建了选区后，如图 9-209 所示，单击“路径”面板中的按钮，可以将选区转换为工作路径，如图 9-210 所示。如果要将路径转换为选区，可以按住 Ctrl 键并单击“路径”面板中的路径层，如图 9-211 所示。

图 9-209

图 9-210

图 9-211

9.12 用形状工具绘图

Photoshop 中的形状工具包括矩形工具、圆角矩形工具、椭圆工具、多边形工具、直线工具和自定形状工具，它们可以绘制标准的几何矢量图形，也可以绘制由用户自定义的图形。

9.12.1 创建基本图形

- 矩形工具用来绘制矩形和正方形（按住 Shift 键操作），如图 9-212 所示。
- 圆角矩形工具用来创建圆角矩形，如图 9-213 所示。
- 椭圆工具用来创建椭圆形和圆形（按住 Shift 键操作），如图 9-214 所示。

图 9-212

图 9-213

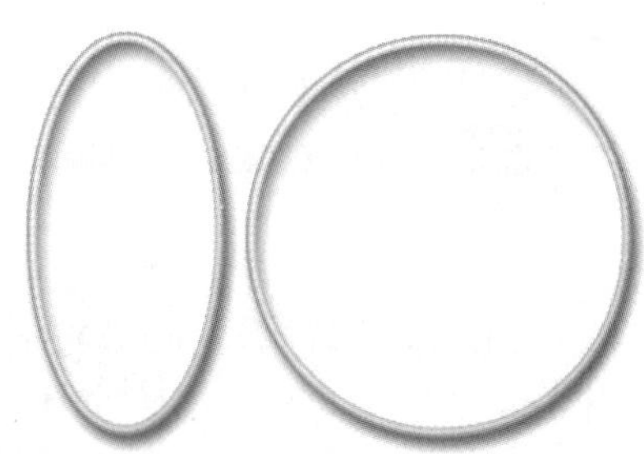

图 9-214

- 多边形工具 用来创建多边形和星形，范围为 3 ～ 100。单击工具选项栏中的 按钮，打开下拉面板，可设置多边形选项，如图 9-215 和图 9-216 所示。

图 9-215

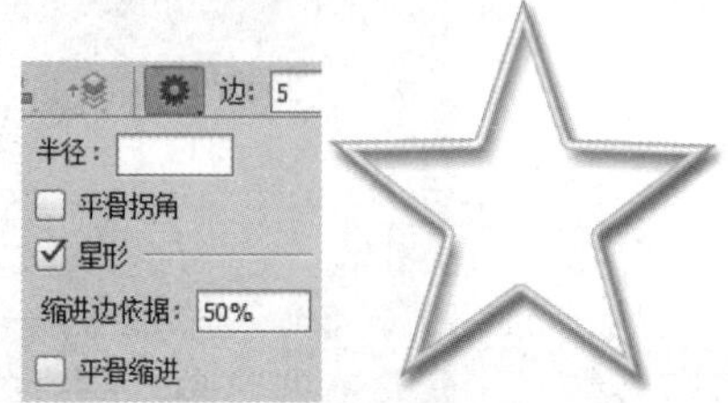

图 9-216

- 直线工具 用来创建直线和带有箭头的线段（按住 Shift 键操作可以锁定水平或垂直方向），如图 9-217 所示。

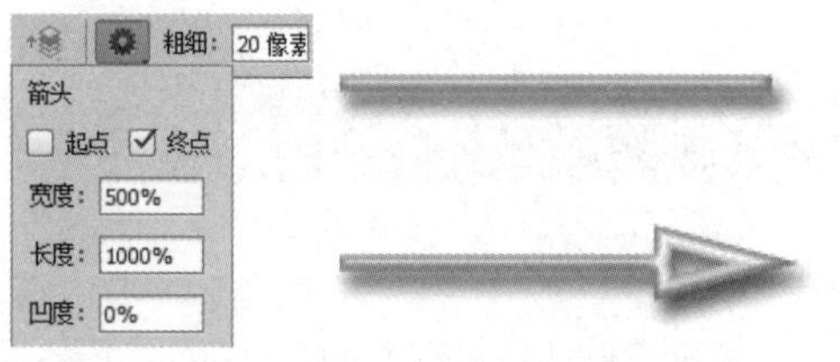

图 9-217

提示：

绘制矩形、圆形、多边形、直线和自定义形状时，创建形状的过程中按空格键并拖曳鼠标，可以移动形状。

9.12.2 创建自定义形状

使用自定形状工具 可以创建 Photoshop 预设的形状、自定义的形状或者是外部提供的形状。选择该工具后，需要单击工具选项栏中的 按钮，在打开的形状下拉面板中选择一种形状，然后单击并拖曳鼠标即可创建该图形，如图 9-218 所示。如果要保持形状的比例，可以按住 Shift 键绘制图形。此外，下拉面板菜单中还包含了 Photoshop 预设的各种形状库，选择一个形状库，即可将其加载到形状下拉面板中。

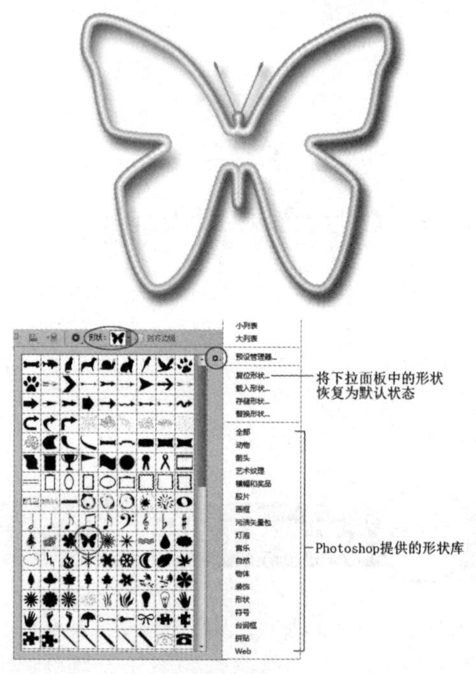

图 9-218

提示：

执行形状下拉面板菜单中的“载入形状”命令，在打开的对话框中，选择素材文件中“形状库”的文件，可将其载入 Photoshop 使用。

9.13 课堂练习：为咖啡杯贴图

01 按 Ctrl+N 快捷键，打开“新建”对话框，在“文档类型”下拉列表中选择 Web 选项，在“画板大小”下拉列表中选择“Web 最小尺寸（1024,768）”选项，单击“确定”按钮，新建一个文件。

02 使用横排文字工具 输入文字，如图 9-219 所示。如果计算机中没有这种字体，可以使用素材文件进行操作。按 Ctrl+T 快捷键显示定界框，在工具选项栏中设置垂直缩放比例为 78%，水平斜切为 -30.4°，如图 9-220 所示，按 Enter 键，对文字进行变形处理。

图 9-219

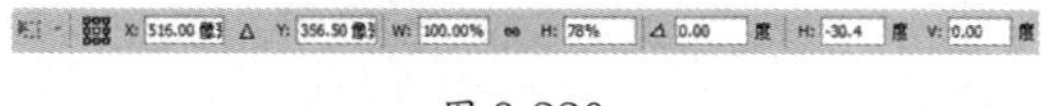

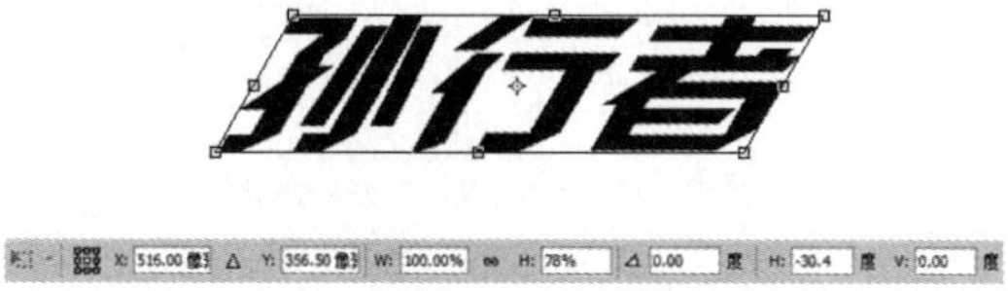

图 9-220

03 按住 Ctrl 键并单击文本图层的缩览图，载入文字的选区，如图 9-221 和图 9-222 所示。

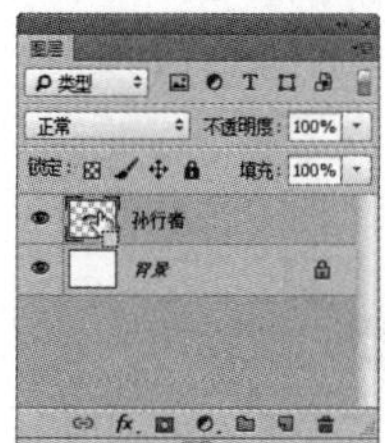

图 9-221　　图 9-222

04 打开“路径”面板菜单，选择“建立工作路径”命令，如图9-223所示，在打开的对话框中设置“容差”为0.8像素，如图 9-224 所示。“容差”值用于定义锚点的数量，该值越高，锚点越少，生成的路径与原选区的差别就越大。单击“确定”按钮，将选区保存为工作路径，如图 9-225 所示。

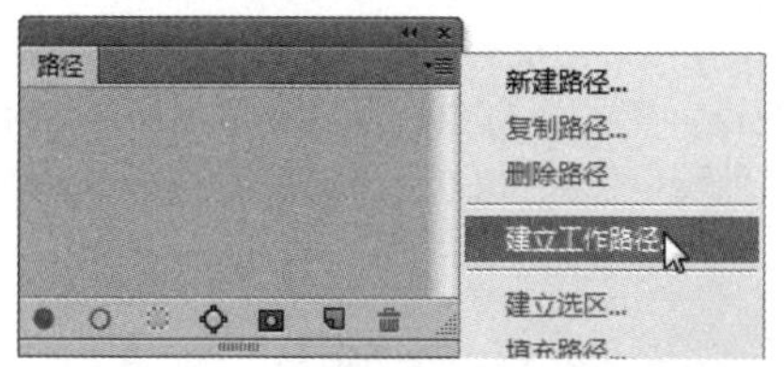

图 9-223

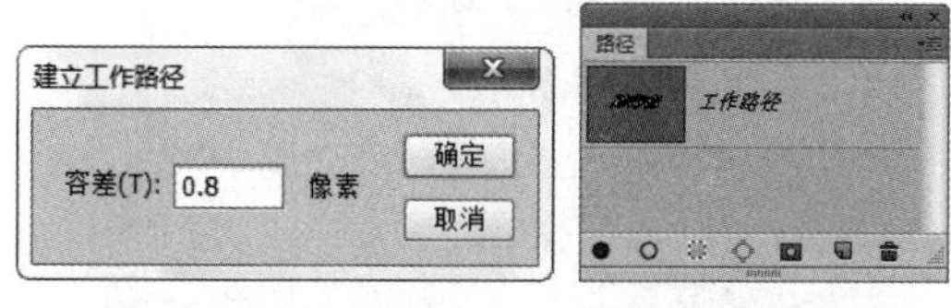

图 9-224　　图 9-225

05 由于工作路径是临时路径，如果取消了对它的选择（在“路径”面板空白处单击），再绘制新的路径时，原工作路径将被新绘制的工作路径替换，因此，还需要保存工作路径。双击工作路径的名称，在打开的“存储路径”对话框中输入一个新名称，也可以使用默认的名称，单击“确定”按钮即可保存路径，如图 9-226 和图 9-227 所示。

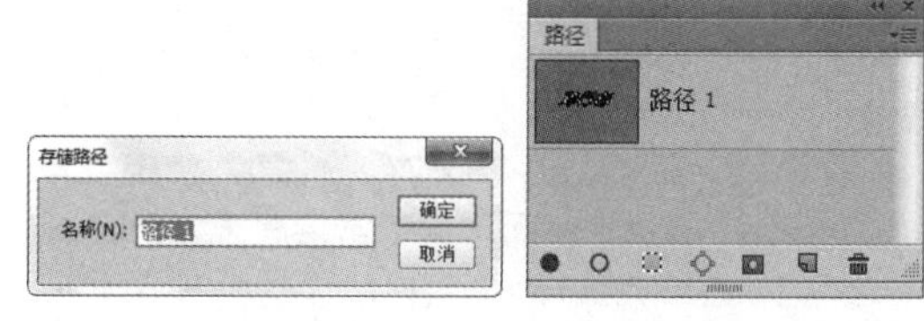

图 9-226　　图 9-227

06 使用直接选择工具，在路径上单击，显示锚点，如图 9-228 所示，拖曳锚点改变路径的形状，如图 9-229 所示。移动下面笔画的锚点，由于该转折处存在多个锚点，只移动一个锚点，路径的形状并不理想，如图 9-230 所示。此时可将该位置的锚点都移开，如图 9-231 所示，然后用删除锚点工具在如图 9-232 所示的两个锚点上单击，将它们删除，再按住 Ctrl 键切换为直接选择工具，拖曳方向线，调整路径的形状，如图 9-233 所示。

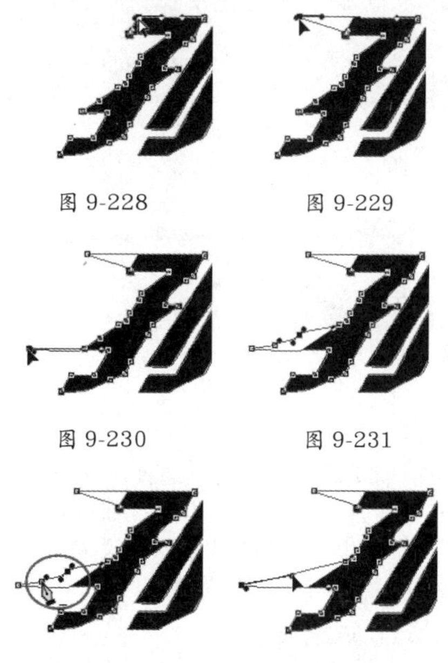

图 9-228　　图 9-229

图 9-230　　图 9-231

图 9-232　　图 9-233

07 用同样方法编辑其他路径，如图 9-234 所示。

图 9-234

08 选择文字图层，按 Delete 键删除。再新建一个图层，如图 9-235 所示。单击“路径”面板中的用前景色填充路径按钮，填充路径区域。在“路径”面板的空白处单击，隐藏路径，效果如图 9-236 所示。

图 9-235　　图 9-236

09 双击“图层 1”，打开“图层样式”对话框，添加“渐变叠加”效果，如图 9-237 和图 9-238 所示。

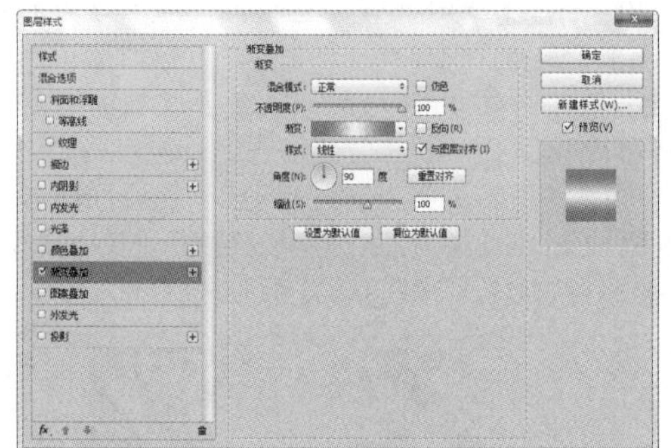

图 9-237

图 9-238

10 单击“背景”图层并将其选择。选择钢笔工具，在工具选项栏中单击按钮，在打开的下拉列表中选择“形状”选项，将前景色设置为黑色，基于文字的轮廓绘制路径，如图 9-239 和图 9-240 所示。

图 9-239　　图 9-240

11 按住 Ctrl 键并单击创建新图层按钮，在当前图层的下方新建一个图层。选择自定形状工具，在工具选项栏中单击按钮，打开形状下拉面板，在面板菜单中选择“台词框”形状库，将其加载到面板中，然后选择如图 9-241 所示的形状。将前景色设置为浅灰色，绘制该图形，如图 9-242 所示。

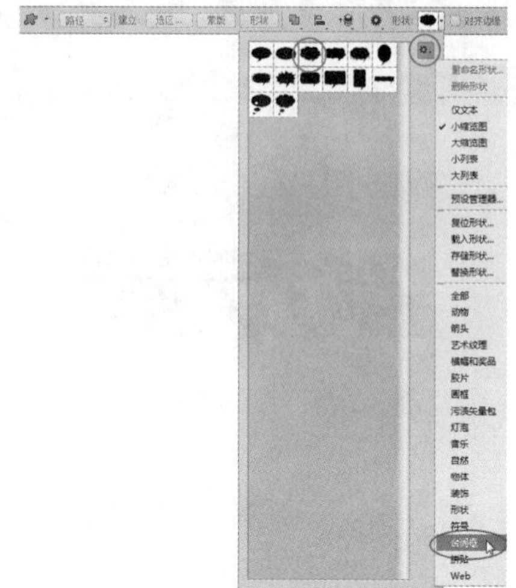

图 9-241

图 9-242

12 选择除“背景”图层以外的其他图层，按 Ctrl+E 快捷键合并图层。打开素材文件，将标志贴在餐具表面，设置图层的混合模式为“正片叠底”。执行“编辑 > 变换 > 变形”命令，显示变形网格，对标志进行扭曲处理，使其符合杯子的结构，效果如图 9-243 所示。

图 9-243

9.14 课堂练习：超萌表情图标

01 按 Ctrl+N 快捷键，打开“新建”对话框，在“文档类型”下拉列表中选择 Web，在“画板大小”下拉列表中选择“Web 最小尺寸（1024,768）”，新建一个文件。

02 单击“图层”面板中的按钮，新建“图层 1”。将前景色设置为洋红色，选择椭圆工具，在工具选项栏中选择“像素”选项，绘制一个椭圆形，如图 9-244 所示。选择移动工具，按住 Alt+Shift 键向右侧拖曳椭圆形进行复制，如图 9-245 所示。

图 9-244　　图 9-245

03 单击按钮新建“图层 2”。创建一个大一点的圆形，将前面创建的两个圆形覆盖，如图 9-246 所示。使用矩形选框工具在圆形上半部分创建选区，按 Delete 键删除选区内的图像，形成一个嘴唇的形状，如图 9-247 所示。按 Ctrl+D 快捷键取消选区。

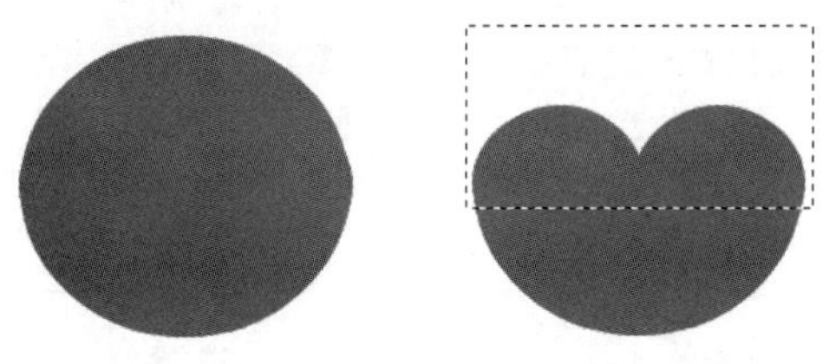

图 9-246　　图 9-247

04 使用椭圆工具按住 Shift 键在嘴唇图形左侧绘制一个黑色的圆形，如图 9-248 所示。按 Ctrl+E 快捷键将当前图层与下面的图层合并，按住 Ctrl 键并单击“图层 1”的缩览图，载入图形的选区，如图 9-249 和图 9-250 所示。

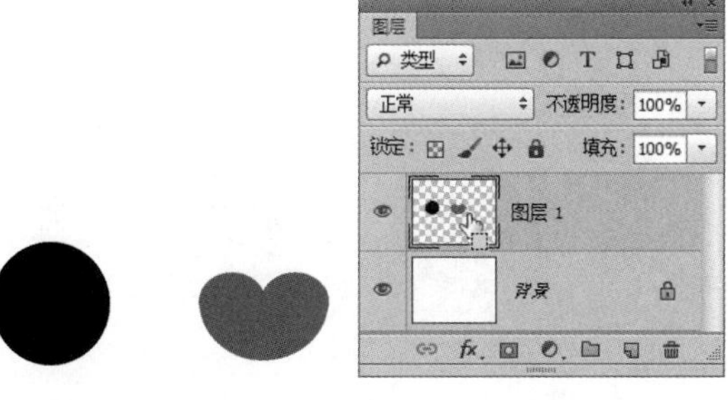

图 9-248　　图 9-249

图 9-250

05 选择画笔工具（柔角为 65 像素），在圆形内部涂抹橙色，再使用浅粉色填充嘴唇，如图 9-251 所示。按 Ctrl+D 快捷键取消选区。

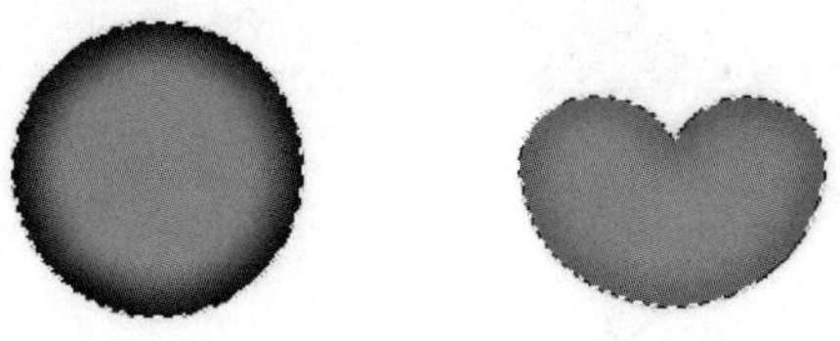

图 9-251

06 用椭圆选框工具按住 Shift 键创建一个圆形选区。选择油漆桶工具，在工具选项栏中加载图案库，选择“生锈金属”图案，如图 9-252 所示，在选区内单击，填充该图案，如图 9-253 所示。

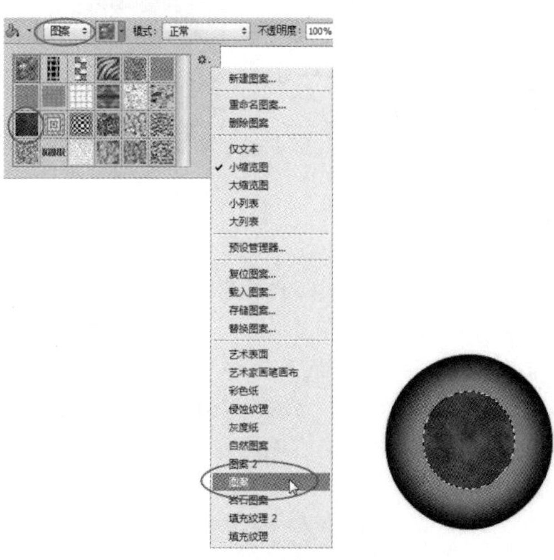

图 9-252　　图 9-253

07 执行“滤镜 > 模糊 > 径向模糊”命令，打开“径向模糊”对话框。在“模糊方法”选项中选择“缩放”，将“数量”设置为 60，如图 9-254 所示。单击“确定”按钮关闭对话框，图像的模糊效果如图 9-255 所示。按 Ctrl+D 快捷键取消选区。

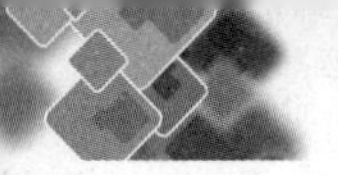

图 9-254

图 9-255

08 使用椭圆工具按住 Shift 键绘制一个黑色的圆形，如图 9-256 所示。将前景色设置为紫色，选择直线工具，在工具选项栏中选择“像素”选项，在嘴唇图形上绘制一条水平线，再使用多边形套索工具创建一个小的菱形选区，用油漆桶工具填充紫色，如图 9-257 所示。

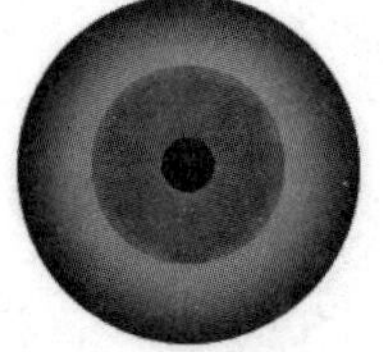

图 9-256

图 9-257

09 选择自定形状工具，在工具选项栏中选择“像素”选项，打开“形状”下拉面板，选择“雨点”形状，如图 9-258 所示。新建一个图层，绘制一个浅蓝色的泪滴，如图 9-259 所示。

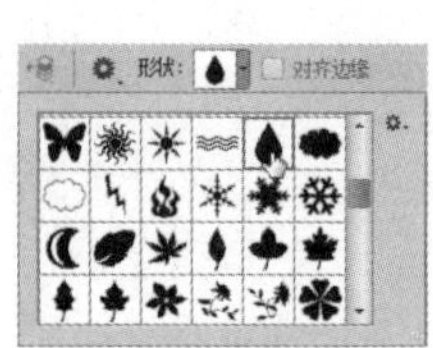

图 9-258

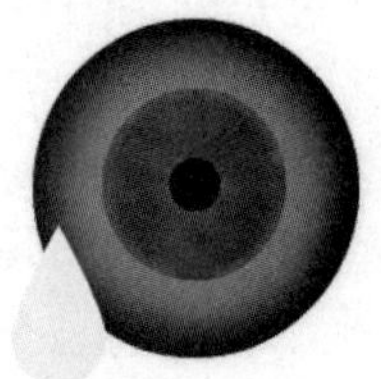

图 9-259

10 单击“图层”面板中的按钮，将该图层的透明区域保护起来，如图 9-260 所示。将前景色设置为蓝色，选择画笔工具（柔角为 35 像素），在泪滴的边缘涂抹蓝色，如图 9-261 所示。将前景色设置为深蓝色，在泪滴右侧涂抹，产生立体效果，如图 9-262 所示。

图 9-260

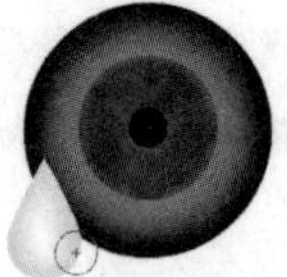

图 9-261

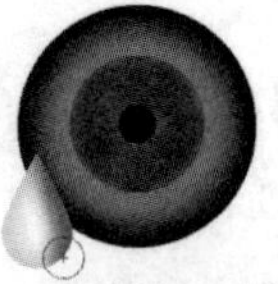

图 9-262

11 新建一个图层。使用椭圆工具绘制一个白色的圆形，如图 9-263 所示。选择橡皮擦工具（柔角为 100 像素），将椭圆形下面的区域擦除，通过这种方式可以创建眼球上的高光，如图 9-264 所示。

图 9-263

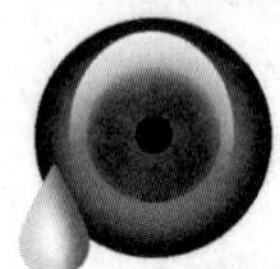

图 9-264

12 用同样的方法制作泪滴和嘴唇上的高光，如图 9-265 所示。按 Ctrl+E 快捷键，将组成水晶按钮的图层合并。

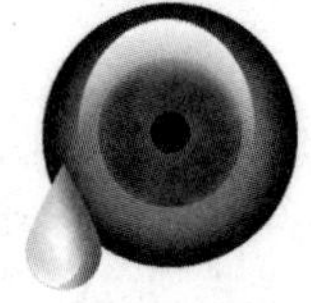

图 9-265

13 按住 Ctrl 键并单击创建新图层按钮，在当前图层下面新建一个图层。选择一个柔角画笔，绘制按钮的投影，如图 9-266 所示。为了使投影的边缘逐渐变淡，可以用橡皮擦工具（不透明度为 30%）对边缘进行擦除。在靠近按钮处涂抹白色，创建反光的效果，如图 9-267 所示。选择“图层 1”，按 Ctrl+E 快捷键将其与“图层 2”合并，使水晶按钮及其投影成为一个图层。

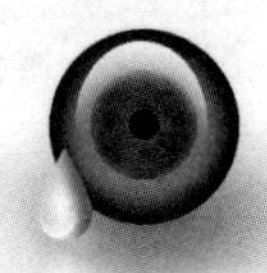

图 9-266

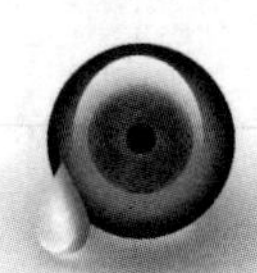

图 9-267

14 选择移动工具，按住 Alt 键并拖曳水晶按钮进行复制，如图 9-268 所示。执行“编辑 > 变换 > 水平翻转”命令，翻转图像，如图 9-269 所示。

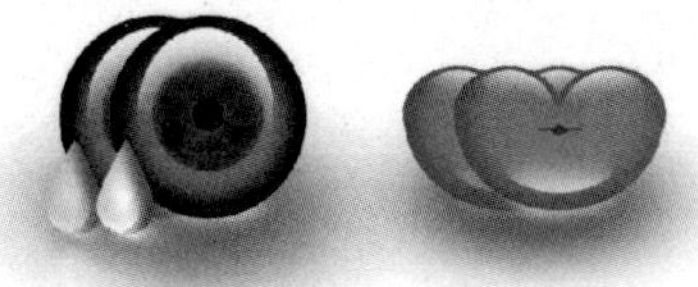

图 9-268

图 9-269

15 将复制后的图像移动到画面右侧，用橡皮擦工具将嘴唇按钮擦除。按 Ctrl+U 快捷键打开“色相/饱和度”对话框，调整“色相”参数，改变按钮的颜色，如图 9-270 和图 9-271 所示。

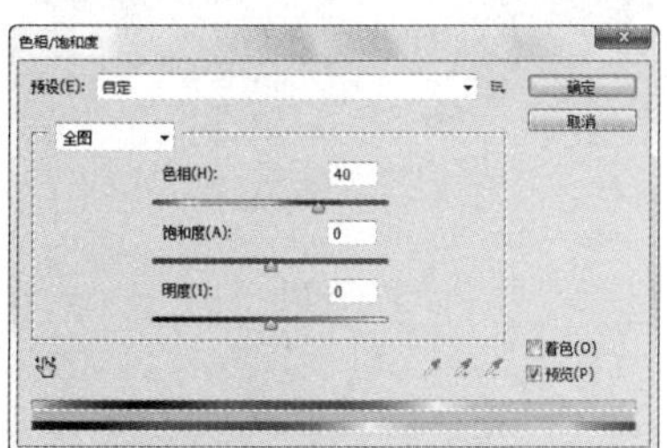

图 9-270

图 9-271

16 打开一个素材文件，如图 9-272 所示。这个素材中的条纹和格子是用“半调图案”滤镜制作的，右上角的花纹图案则是形状库中的低音符号。使用移动工具按住 Shift 键将该图像拖至水晶按钮文件中，按 Shift+Ctrl+[快捷键将其移至底层作为背景，再调整一个嘴唇的位置。用多边形套索工具选取嘴唇按钮，按住 Ctrl 键切换为移动工具，将光标放在选区内单击并向下移动按钮，如图 9-273 所示。

图 9-272

图 9-273

17 选择横排文字工具，在工具选项栏中设置字体及大小，在画面中单击，然后输入文字，如图 9-274 所示。单击工具选项栏中的创建文字变形按钮，打开“变形文字”对话框，在“样式”下拉列表中选择“扇形”，设置“弯曲”为 50%，如图 9-275 所示，弯曲后的文字看起来很像眼眉，如图 9-276 所示。

图 9-274

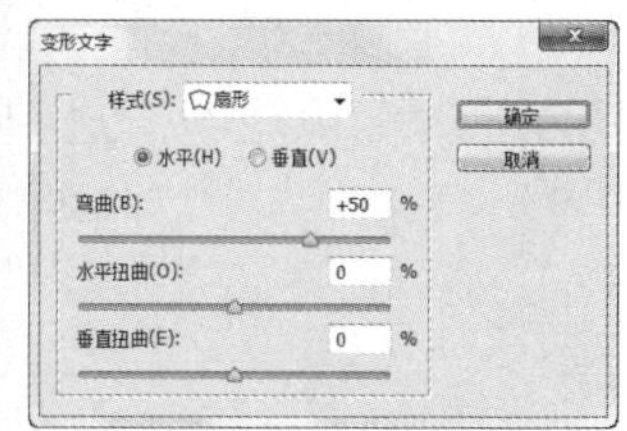

图 9-275

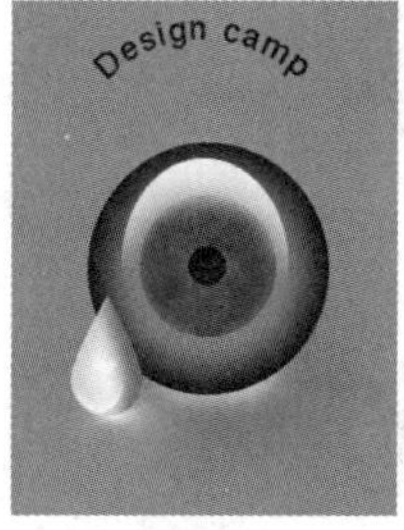

图 9-276

18 用同样方法制作另一侧文字，完成后的效果如图 9-277 所示。

图 9-277

9.15 思考与练习

一、问答题

1. Photoshop 中的文字在什么情况下可以随时修改其内容、字体和段落等属性?

2. 在“字符”面板中，字距微调和字距调整选项有何不同之处?

3. 路径上的方向点和方向线有什么用途?

4. Photoshop 中的钢笔工具、矩形工具和自定形状工具等可以创建哪些类型的对象?

5. 如何可以切换为磁性钢笔工具?

二、上机练习

1. 路径文字练习

打开素材文件，如图 9-278 所示，在“路径”面板中有一个心形路径，如图 9-279 所示，单击它可以使路径显示在画面中。使用横排文字工具 T 在路径上单击并输入文字，进行路径文字的练习，如图 9-280 所示。

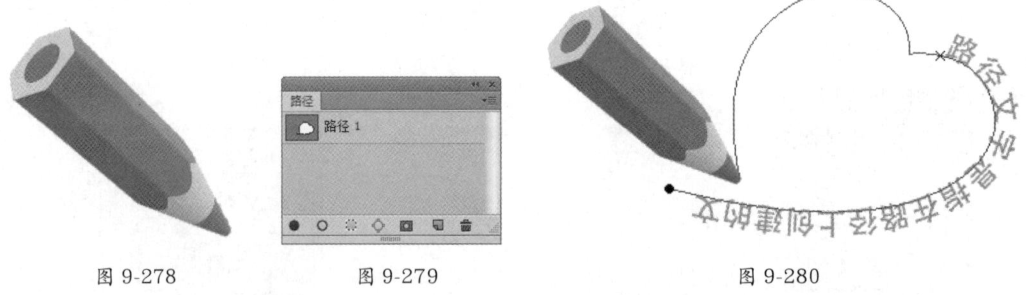

图 9-278　　图 9-279　　图 9-280

2. 雾状变形字

创建文字以后，可以对其进行变形处理。例如，如图 9-281 所示的类似于雾气状的特效字是对素材中的文字进行扭曲，并添加外发光效果制作而成的。

图 9-281

本实例的操作方法是选择素材中的文字图层，如图 9-282 所示，执行“文字 > 文字变形”命令，打开“变形文字”对话框并进行参数的设定，如图 9-283 所示。“样式”下拉列表中有 15 种变形样式，选择一种之后，还可以调整弯曲程度，以及应用透视扭曲效果。扭曲文字以后，为其添加“外发光”效果，发光颜色设置为黄色，再将“图层”面板中的“填充”参数设置为 0% 即可。

图 9-282

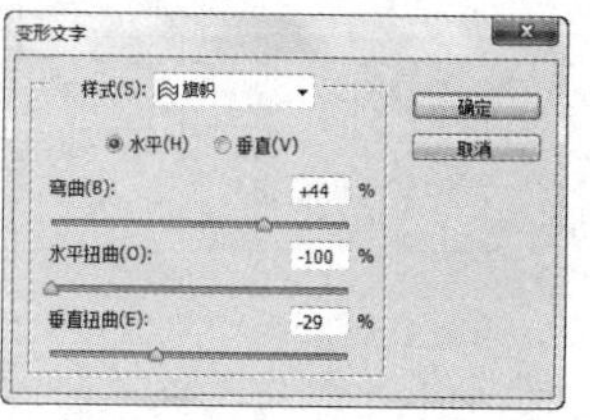

图 9-283

9.16 测试题

1．使用钢笔工具时，工具选项栏中的（　　）绘图模式不可用。

A．形状　B．路径　C．像素

2．路径可以转换为（　　）。

A．选区　B．通道　C．形状图层　D. 图层蒙版

3．创建形状图层或路径后，可以通过（　　）面板调整图形的大小、位置、填色和描边属性。

A．“路径”　B．“调整”　C．“属性”　D．“工具预设”

4．点文字可以通过（　　）命令转换为段落文字。

A．“文字 > 转换为段落文本”　B．“文字 > 转换为形状”

C．“文字 > 文本排列方向”　D．“文字 > 文字变形”

5．将文字图层栅格化以后，不能修改（　　）属性。

A．文字字体　B．文字大小　C．文字内容　D．文字间距

6．将选区转换为路径时，所创建的路径的状态是（　　）。

A．工作路径　B．开放的子路径　C．填充的子路径　D．剪贴路径

7．当单击“路径”面板下方的用画笔描边路径按钮时，如果想弹出“描边工具”对话框，应按住（　　）键操作。

A．Alt　B．Shift　C．Ctrl　D．Alt+ Ctrl

8．在文档中创建路径后，以（　　）格式保存文件可以存储路径。

A．BMP　B．JPEG　C．TIFF　D．PSD

第10章

炫酷动漫：动画与视频

Photoshop 可以编辑视频文件的各个帧，使用任意工具在视频上绘制、应用滤镜、蒙版、变换、图层样式和混合模式。进行编辑之后，既可作为 QuickTime 影片进行渲染，也可将文档存储为 PSD 格式，以便在 Premiere Pro、After Effects 等应用程序中再编辑。Photoshop 还可以制作动画，利用 Photoshop 的变形、图层样式等功能，可以制作出漂亮的 GIF 动画。

10.1 关于卡通和动漫

卡通是英语 Cartoon 的汉语音译。卡通作为一种艺术形式最早起源于欧洲。17 世纪的荷兰，画家的笔下首次出现了含卡通夸张意味的素描图轴。17 世纪末，英国的报刊上出现了许多类似卡通的幽默插图。随着报刊出版业的繁荣，到了 18 世纪初，出现了专职卡通画家。20 世纪是卡通发展的黄金时代，这一时期美国卡通艺术的发展水平居于世界的领先地位，期间诞生了超人、蝙蝠侠、闪电侠和潜水侠等超级英雄形象。第二次世界大战后，日本卡通正式如火如荼地展开，从手冢治虫的漫画发展出来的日本风味的卡通，再到宫崎骏的崛起，在全世界都刮起了一股旋风。图 10-1 为各种版本的多啦 A 梦趣味卡通形象。

图 10-1

动漫属于 CG（Computer Graphics 简写）行业，主要是指通过漫画、动画结合故事情节，以平面二维、三维动画和动画特效等表现手法，形成特有的视觉艺术创作模式。它包括前期策划、原画设计、道具与场景设计和动漫角色设计等环节。用于制作动漫的软件主要有，2D 动漫软件 Animo、Retas Pro、Usanimatton；3D 动漫软件 3ds Max，Maya、Lightwave；网页动漫软件 Flash。动漫及其衍生品有着非常广阔的市场，而且现在动漫也已经从平面媒体和电视媒体扩展到游戏机、网络和玩具等众多领域，如图 10-2 和图 10-3 所示。

宫崎骏动画作品《千与千寻》

图 10-2

Tad Carpenter 玩具公仔设计

图 10-3

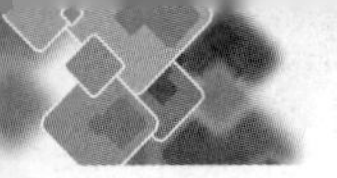

10.2 Photoshop 视频与动画功能

Photoshop 可以制作 GIF 动画，也可以编辑视频文件的各个帧。不论是制作动画，还是编辑视频，都会用到“时间轴”面板。

10.2.1 视频功能概述

在 Photoshop 中打开视频文件时，如图 10-4 所示，会自动创建一个视频组，组中包含视频图层（视频图层带有▣状图标），如图 10-5 所示。视频组中可以创建其他类型的图层，如文本、图像和形状图。可以使用任意工具在视频上进行编辑和绘制、应用滤镜、蒙版、变换、图层样式和混合模式。图 10-6 为复制视频图像后的效果。进行编辑之后，既可作为 QuickTime 影片进行渲染，也可将文档存储为 PSD 格式，以便在 Premiere Pro、After Effects 等应用程序中再编辑。

图 10-4

图 10-5

图 10-6

在 Photoshop 中可以打开 3GP、3G2、AVI、DV、FLV、F4V、MPEG-1、MPEG-4、QuickTime MOV 和 WAV 等格式的视频文件。

10.2.2 时间轴面板

执行“窗口 > 时间轴”命令，打开“时间轴”面板，如图 10-7 所示。面板中显示了视频的持续时间，使用面板底部的工具可浏览各个帧、放大或缩小时间显示、删除关键帧和预览视频。默认状态下，“时间轴”面板为视频编辑模式，如果要制作动画，可单击面板左下角的▣▣▣按钮，显示动画选项。

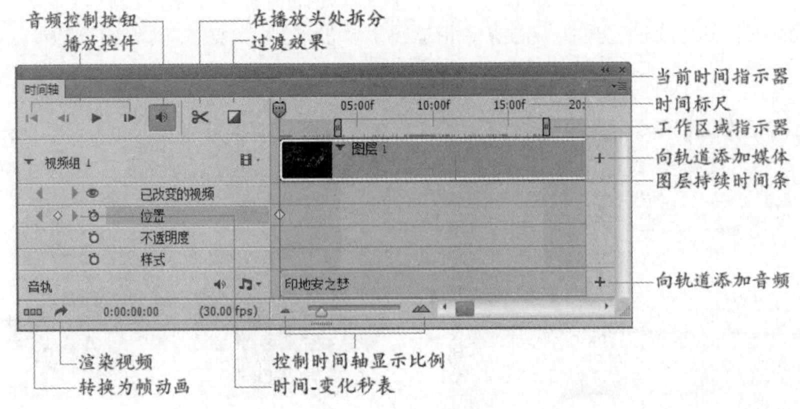

图 10-7

10.3 课堂练习：小兔子蹦跳动画

动画是在一段时间内显示的一系列图像或帧，当每一帧较前一帧都有轻微的变化时，连续、快速地显示这些帧就会产生运动或其他视觉效果。

10.3.1 了解帧模式时间轴面板

打开“时间轴”面板，如果面板为时间轴模式，可单击面板中的▭▭▭按钮，切换为帧模式，如图 10-8 所示。“时间轴”面板会显示动画中每一帧的缩览图，面板底部的按钮可以设置循环选项、浏览各个帧、添加和删除帧，以及预览动画。

图 10-8

10.3.2 制作兔子蹦跳动画

01 打开素材文件，这是一个 PSD 格式的分层文件，如图 10-9 和图 10-10 所示。

图 10-9

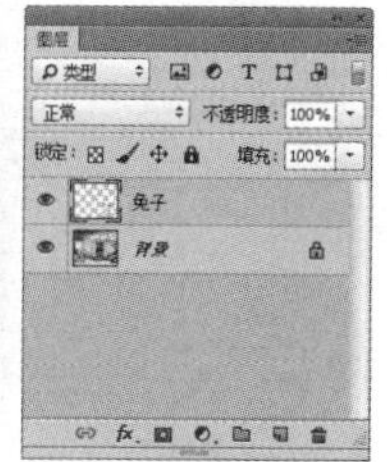

图 10-10

02 打开“动画”面板。将帧的延迟时间设定为 0.1 秒，循环次数设置为“永远”，如图 10-11 所示。单击面板底部的▣按钮，复制关键帧，如图 10-12 所示。

图 10-11

图 10-12

03 选择“兔子”图层，按 Ctrl+J 快捷键进行复制，得到“兔子 拷贝”层，如图 10-13 所示，保持该图层的选择状态，将“兔子”图层隐藏，如图 10-14 所示。

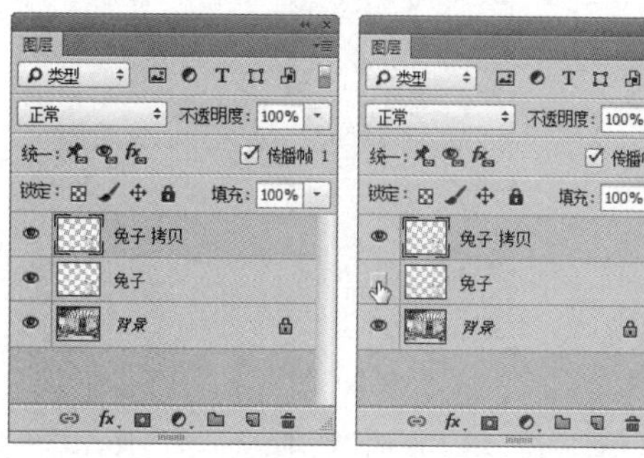

图 10-13　　图 10-14

04 按 Ctrl+T 快捷键，显示定界框，如图 10-15 所示，按住 Shift 键并拖曳控制点，将图像缩小，移动到木地板上，按 Enter 键确认，如图 10-16 所示。

图 10-15

图 10-16

05 单击“动画”面板底部的▣按钮，复制关键帧，如图 10-17 所示。在“图层”面板中，按住 Alt 键并将“兔子”层拖至图层列表的顶部，释放鼠标和

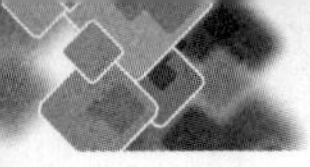

按键后，可以在面板顶部复制一个图层，如图 10-18 所示。

图 10-17

图 10-18

06 显示该图层，将下面的图层隐藏，如图 10-19 所示。按 Ctrl+T 快捷键，显示定界框，调整图像的大小和位置，按 Enter 键确认，如图 10-20 所示。

图 10-19　　图 10-20

07 单击“动画”面板底部的按钮，复制出第 4 个关键帧。按住 Alt 键并将“兔子”层拖至面板顶部进行复制，隐藏下面的图层，如图 10-21 所示。按 Ctrl+T 快捷键，显示定界框，拖曳顶部的控制点，将兔子向下压一点，效果如图 10-22 所示。

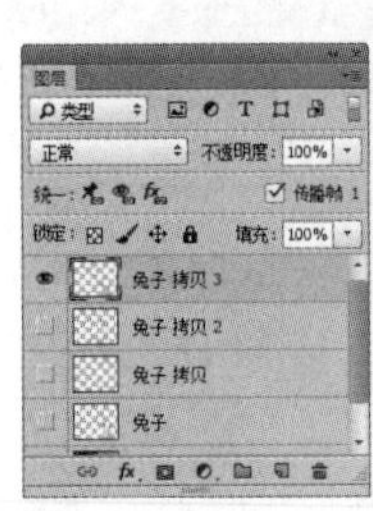

图 10-21　　图 10-22

08 单击“动画”面板底部的按钮，复制出第 5 个关键帧。按住 Alt 键复制“兔子”层，并隐藏下面的图层，如图 10-23 所示。按 Ctrl+T 快捷键，显示定界框，调整图像的大小和位置，如图 10-24 所示。

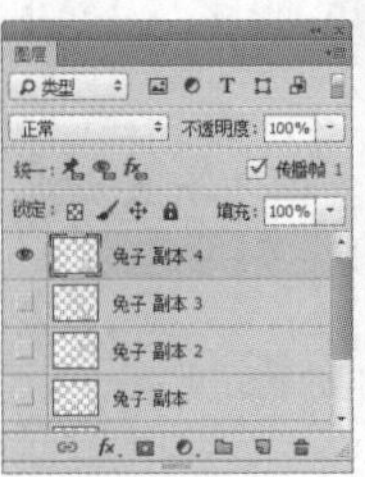

图 10-23　　图 10-24

09 按空格键播放动画，可以看到，兔子会从远处的门旁边蹦到我们眼前。

10 执行“文件 > 导出 > 存储为 Web 所用格式”命令，在打开的对话框中选择 GIF 格式，如图 10-25 所示，单击“存储”按钮，弹出“将优化结果存储为”对话框，如图 10-26 所示，设置文件名和保存位置后，单击“保存”按钮关闭对话框。

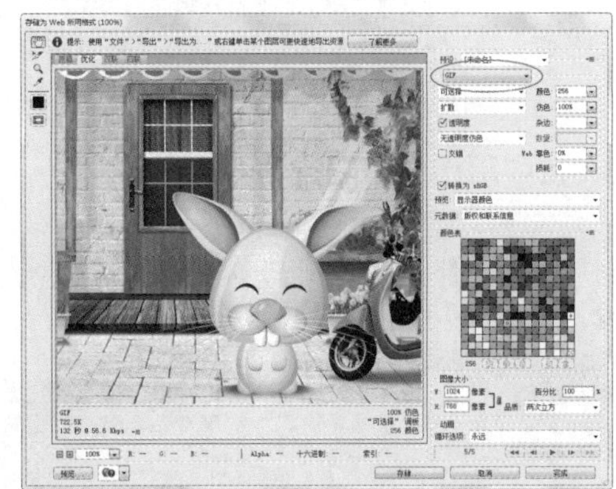

图 10-25

图 10-26

11 打开 GIF 文件所在的文件夹，双击该动画文件，即可播放动画。该文件还可以插入到网页中，或者通过 QQ 发送，让其他人也能够欣赏到该动画。

10.4 课堂练习：在视频中添加文字和特效

01 打开视频素材，如图 10-27 所示。选择横排文字工具 T，在“字符”面板中设置文字属性，如图 10-28 所示，在画面中单击并输入文字“我的视频短片”，如图 10-29 和图 10-30 所示。

图 10-27

图 10-28

图 10-29

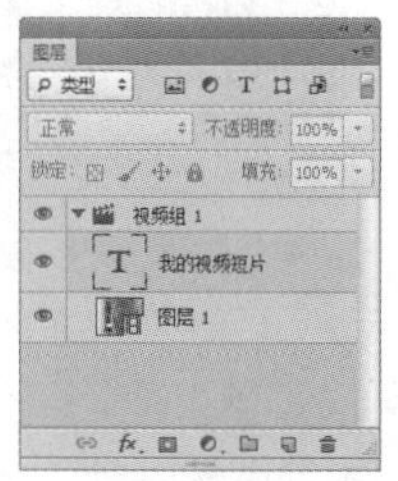

图 10-30

02 打开“时间轴”面板，将文字剪辑拖至视频前方，如图 10-31 和图 10-32 所示。

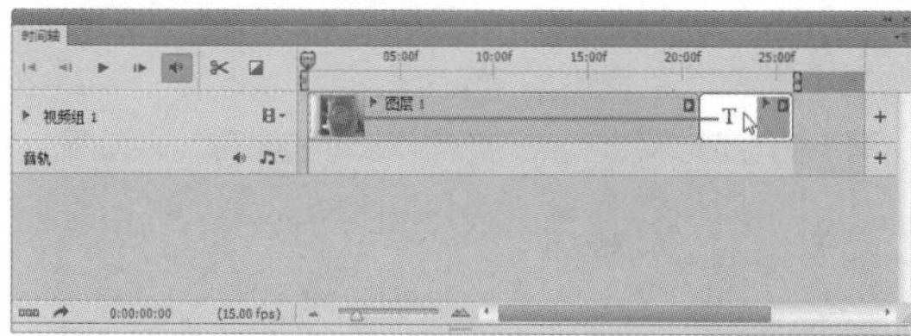

图 10-31

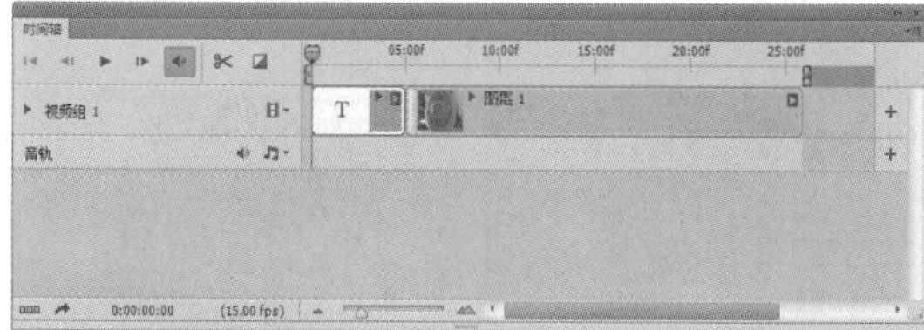

图 10-32

03 按 Ctrl+J 快捷键，复制文字图层，如图 10-33 所示。将其拖至视频图层后方，如图 10-34 所示。

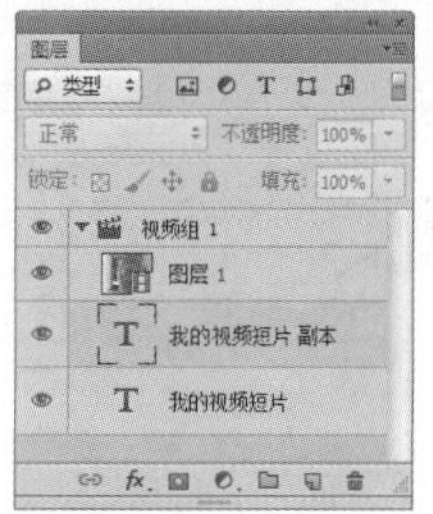

图 10-33

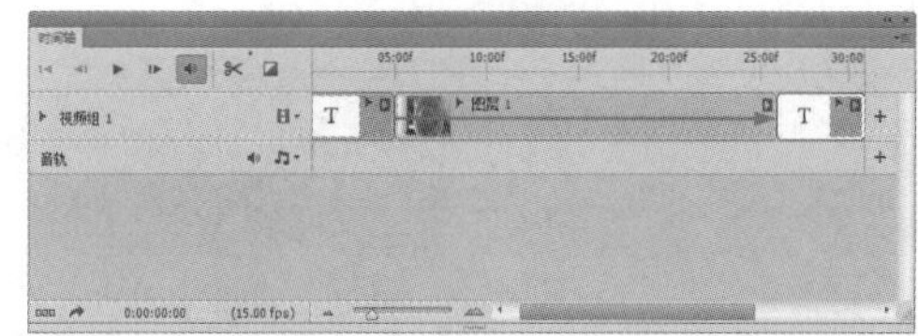

图 10-34

04 双击文字缩览图，如图 10-35 所示，进入文本编辑状态，将文字内容修改为“谢谢观看！”，如图 10-36 所示。

图 10-35　　图 10-36

05 关闭视频组，如图 10-37 所示。按住 Ctrl 键并单击“图层”面板底部的按钮，在视频组下方新建一个图层，如图 10-38 所示。将前景色调整为淡红色，按 Alt+Delete 快捷键，为该图层填色，如图 10-39 所示。

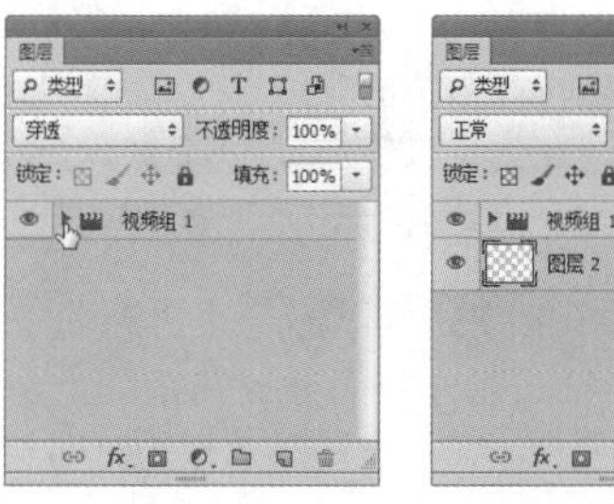

图 10-37　　图 10-38

图 10-39

06 单击“时间轴”面板中的转到第一帧按钮，切换到视频的起始位置，再将图层时间条拖至视频的起始位置，如图 10-40 所示。

图 10-40

07 展开文字列表，如图 10-41 所示。单击按钮打开下拉菜单，将“渐隐”过渡效果拖至文字上，如图 10-42 所示。

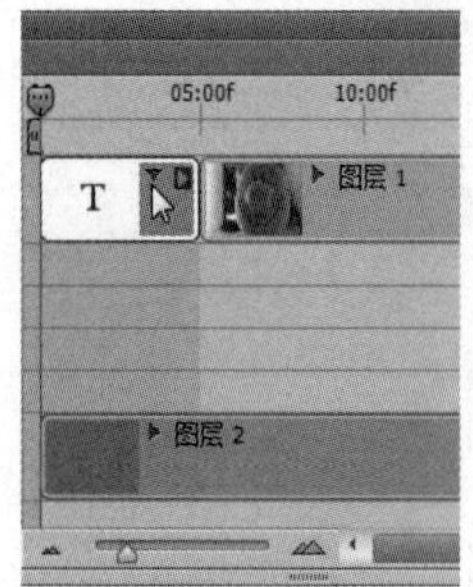

图 10-41

图 10-42

08 在文字与视频衔接处再添加一个“渐隐”过渡效果，如图 10-43 所示，将光标放在滑块上，如图 10-44 所示，拖曳滑块，调整渐隐效果的时间长度，如图 10-45 所示。

09 采用同样的方法，为视频以及最后面的文字也添加“渐隐”过渡效果，如图 10-46 所示。

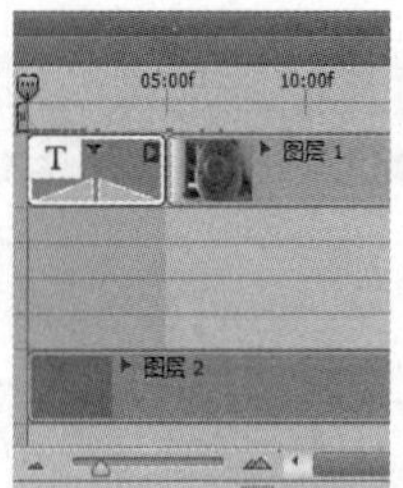

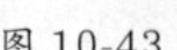

图 10-43

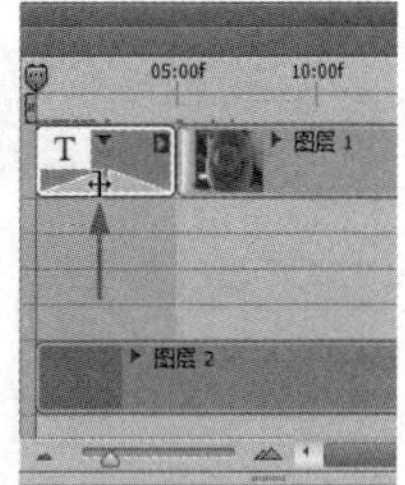

图 10-44

图 10-45

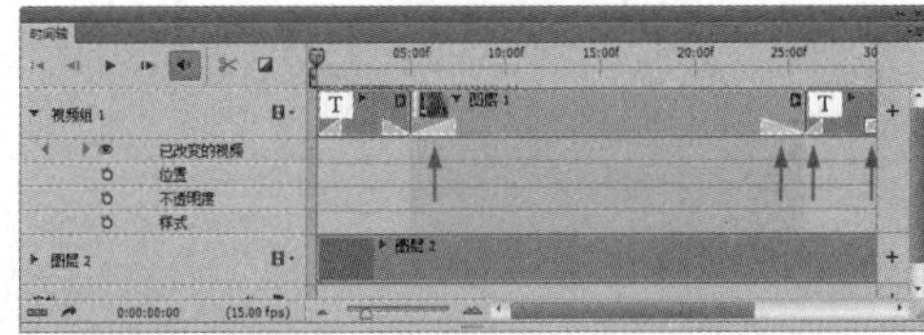

图 10-46

10 在后方文字上右击，打开下拉菜单，选择“旋转和缩放”选项，设置缩放样式为“缩小”，如图 10-47 所示。按空格键播放视频，如图 10-48 所示。可以看到，画面中首先出现一组文字，然后播放视频内容，最后以旋转的文字收尾，文字和视频的切换都呈现淡入、淡出效果。

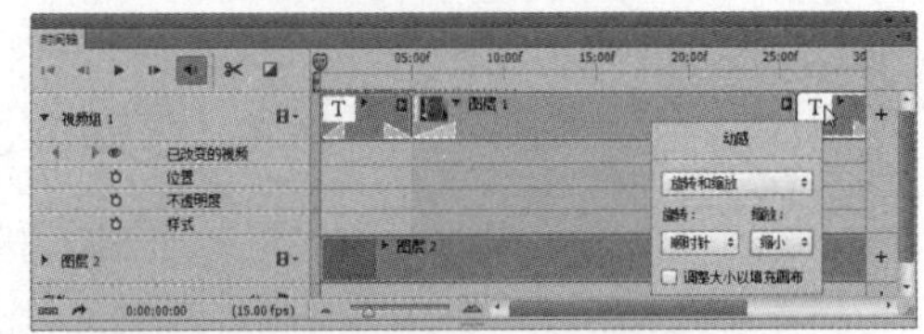

图 10-47

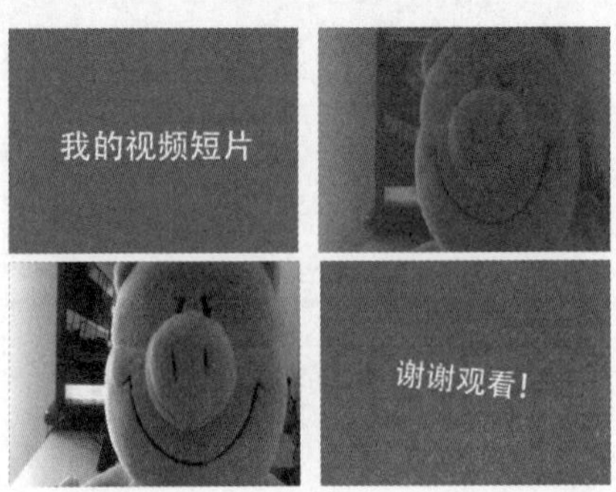

图 10-48

10.5 思考与练习

一、问答题

1. 怎样创建一个可以在视频中使用的文档？

2. 在 Photoshop 中编辑视频文件以后，怎样导出为 QuickTime 影片？

3. 在 Photoshop 中编辑的视频文件可以与哪些程序交互使用？

4. 如果由于某种原因导致视频图层和源文件之间的链接断开，例如源文件修改名称或移动了位置，这样的情况该怎样处理？

5. 动画的原理是什么？

二、上机练习

1. 从视频中获取静帧图像

使用"文件 > 导入 > 视频帧到图层"命令可以从视频中获取静帧图像。执行该命令时会弹出"打开"对话框，选择视频文件后，单击"载入"按钮，打开"将视频导入图层"对话框，选择"仅限所选范围"选项，然后拖曳时间滑块定义导入的帧的范围，之后单击"确定"按钮，即可将指定范围内的视频帧导入到图层中。

2. 文字变色动画

打开素材文件，如图 10-49 和图 10-50 所示。分别创建两个"色相 / 饱和度"调整图层，改变画面中文字及其发光的颜色，如图 10-51 和图 10-52 所示。

图 10-49

图 10-50

图 10-51

图 10-52

在"图层"面板中隐藏这两个调整图层，在"时间轴"面板中设置当前帧的延迟时间为 0.5 秒，选择"永远"选项，如图 10-53 所示。单击按钮复制所选帧，在"图层"面板中显示"色相 / 饱和度 1"调整图层，如图 10-54 所示。重复上面的操作，复制帧，显示"色相 / 饱和度 2"调整图层，如图 10-55 所示。3 个动画帧分别是 3 种不同的颜色，单击▶按钮播放动画，观看效果。

图 10-53

图 10-54

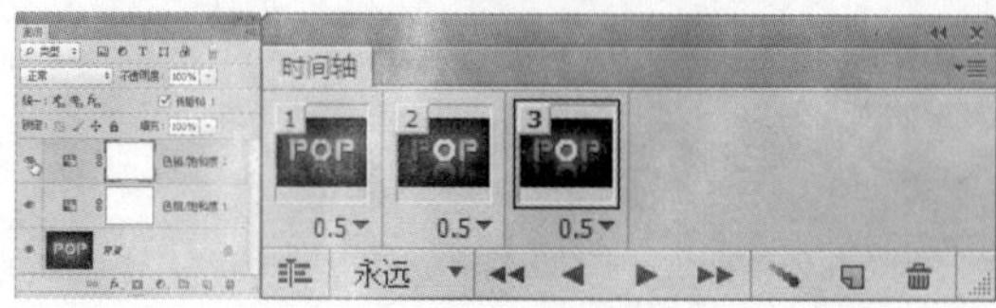
图 10-55

10.6 测试题

1. 计算机显示器上的图像是由方形像素组成的，而视频编码设备使用的是非方形像素，这就导致在两种设备之间交换图像时造成图像扭曲。使用（　　）命令可以缩放屏幕显示，从而校正图像。

A. “视图 > 按屏幕大小缩放”　　B. “视图 > 显示额外内容”

C. “视图 > 像素长宽比校正”　　D. “视图 > 校样设置”

2. 使用（　　）命令可以将视频导入到当前的文档中。

A. “图层 > 视频图层 > 从文件新建视频图层”

B. “图层 > 视频图层 > 新建空白视频图层”

C. “图层 > 视频图层 > 插入空白帧”

D. “图层 > 视频图层 > 解释素材”

3. 在 Photoshop 中可以打开（　　）格式的视频文件。

A. AVI　　B. MPEG-1

C. MPEG-4　　D. WAV

4. 在 Photoshop 中打开视频文件时，“图层”面板中会自动创建一个（　　）。

A. 图层　　B. 智能对象

C. 视频组　　D. 快照

5. 视频文件可以进行（　　）操作。

A. 应用滤镜　　B. 添加蒙版

C. 变形　　D. 添加图层样式

6. 使用（　　）可以编辑视频文件。

A. “属性”面板　　B. “时间轴”面板

C. “导航器”面板　　D. “工具预设”面板

7. 制作动画后，将文件存储为（　　）格式，动画文件可以插入到网页中播放。

A. PSD　　B. JPEG

C. GIF　　D. PNG

第11章

完美包装：3D 的应用

在 Photoshop 的 3D 界面中，可以轻松创建 3D 模型，如立方体、球面、圆柱和 3D 明信片等，也可以非常灵活地修改场景和对象方向，拖曳阴影重新调整光源位置，编辑地面反射、阴影和其他效果，甚至还可以将 3D 对象自动对齐至图像中的消失点上。

11.1 关于包装设计

包装是产品的第一推销员，好的商品要有好的包装来衬托才能充分体现其价值，以便能够引起消费者的注意，扩大企业和产品的知名度。包装具有三大功能，即保护性、便利性和销售性。包装设计应向消费者传递一个完整的信息，即这是一种什么样的商品，这种商品的特色是什么，它适用于哪些消费群体。图 11-1 为 Fisherman 胶鞋的包装设计。

图 11-1

包装设计还要突出品牌，巧妙地将色彩、文字和图形组合，形成有一定冲击力的视觉形象，从而将产品的信息准确地传递给消费者。例如，图 11-2 为美国 Gloji 公司灯泡型枸杞子混合果汁包装设计，它打破了饮料包装的常规形象，让人眼前一亮。灯泡形的包装与产品的定位高度契合，传达出的是：Gloji 混合型果汁饮料让人感觉到的是能量的源泉，如同灯泡给人带来光明，Gloji 灯泡饮料似乎也可以带给你取之不尽的力量。该包装在 2008 年 Pentawards 上获得了果汁饮料包装类金奖。

图 11-2

11.2 3D 功能概述

Photoshop 可以打开和编辑 U3D、3DS、OBJ、KMZ 和 DAE 等格式的 3D 文件。这些 3D 文件可以来自于不同的 3D 程序，包括 Adobe Acrobat3D Version 8 、3ds Max、Alias Maya 以及 GoogleEarth 等。

11.2.1 3D 操作界面概览

在 Photoshop 中打开、创建或编辑 3D 文件时，会自动切换到 3D 界面中，如图 11-3 所示。Photoshop 能够保留对象的纹理、渲染和光照信息，并将 3D 模型放在 3D 图层上，在其下面的条目中显示对象的纹理。

图 11-3

3D 文件包含网格、材质和光源等组件。其中，网格相当于 3D 模型的骨骼，如图 11-4 所示；材质相当于 3D 模型的皮肤，如图 11-5 所示；光源相当于太阳或白炽灯，可以使 3D 场景亮起来，让 3D 模型可见，如图 11-6 所示。

图 11-4

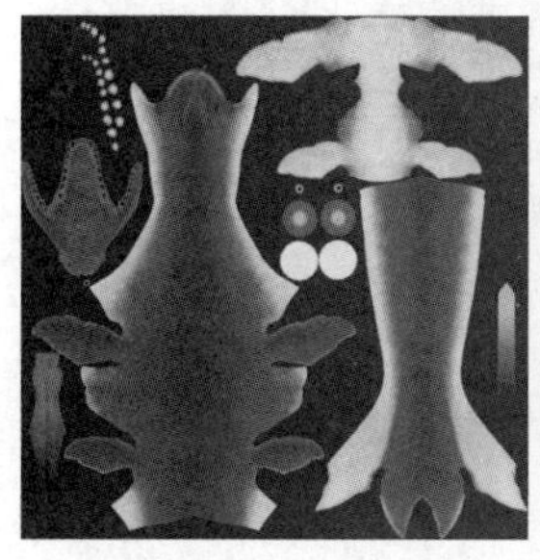

图 11-5

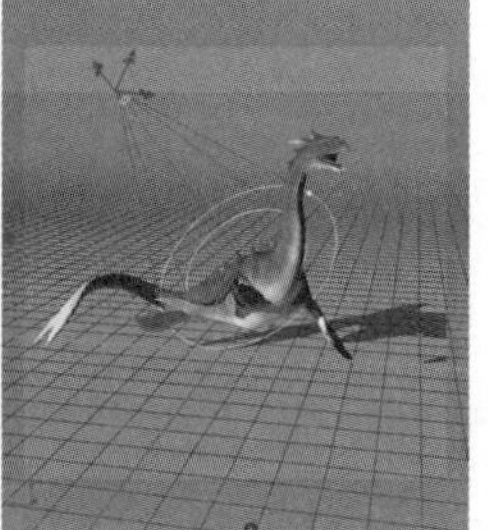

图 11-6

11.2.2 3D 面板

选择 3D 图层后，3D 面板中会显示与之关联的 3D 文件组件。面板顶部包含场景按钮、网格按钮、材质按钮和光源按钮。单击这些按钮可以筛选出现在面板中的组件，如图 11-7～图 11-10 所示。

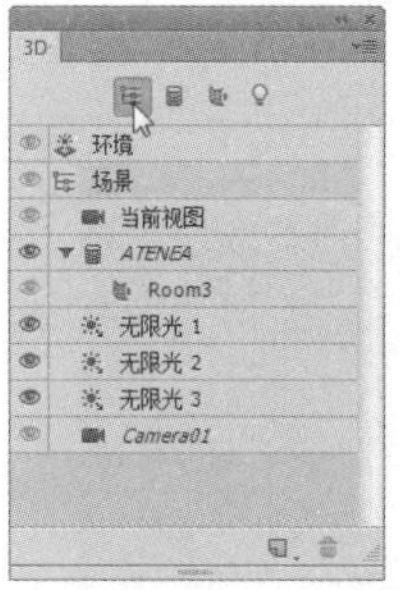

图 11-7

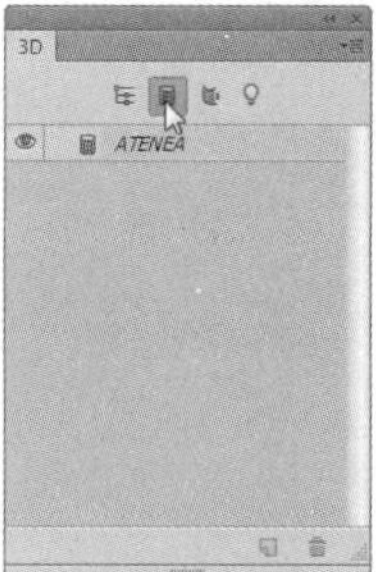

图 11-8

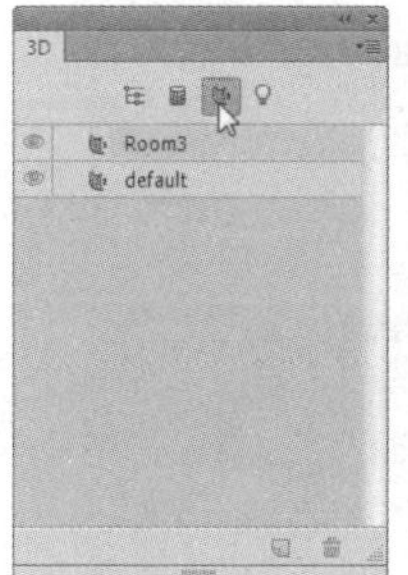

图 11-9

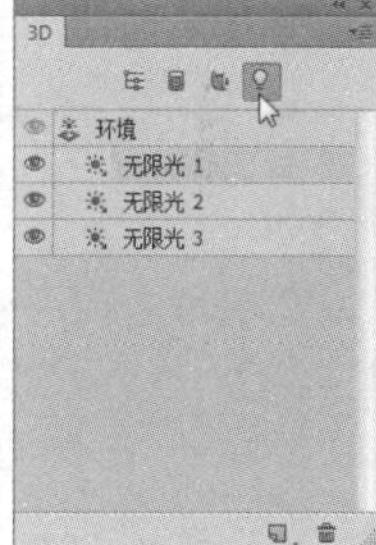

图 11-10

- 场景：单击场景按钮，3D 面板中会列出场景中的所有条目。
- 网格：单击网格按钮，面板中只显示网格组件，此时可以在“属性”面板中设置网格属性。
- 材质：单击材质按钮，面板中会列出在 3D 文件中使用的材质，此时可以在“属性”面板中设置材质属性。
- 光源：单击光源按钮，面板中会列出场景中所包含的全部光源。

11.2.3 调整 3D 模型

在 Photoshop 中打开 3D 文件后，选择移动工具，在其工具选项栏中包含一组 3D 工具，如图 11-11 所示，使用这些工具可以修改 3D 模型的位置、大小，还可以修改 3D 场景视图，调整光源位置。

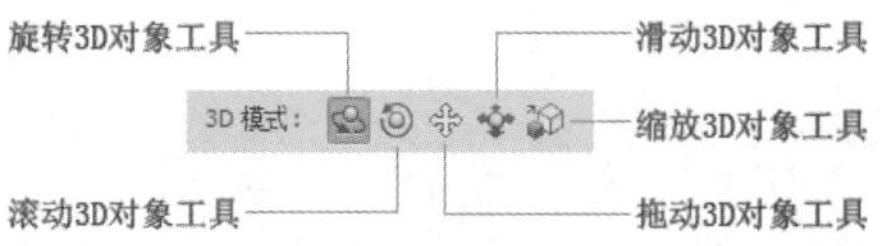

图 11-11

- 旋转 3D 对象工具 ：在 3D 模型上单击，选择模型，如图 11-12 所示，垂直拖曳鼠标可以使模型围绕其 X 轴旋转，如图 11-13 所示；水平拖曳鼠标可围绕其 Y 轴旋转，如图 11-14 所示。

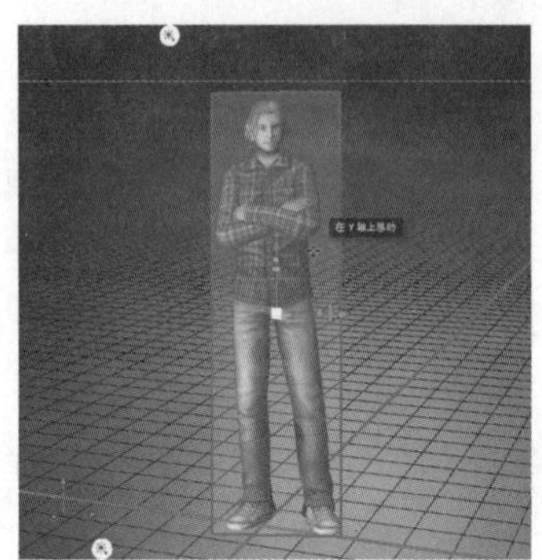

图 11-12

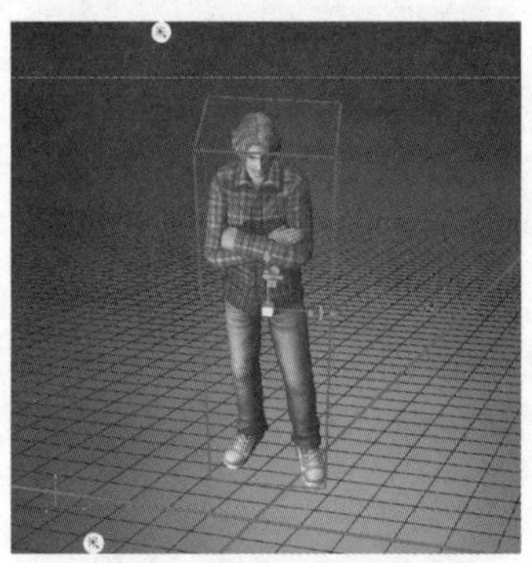

图 11-13

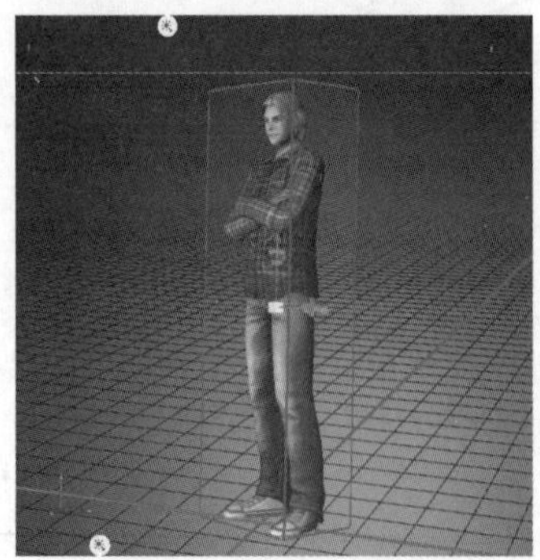

图 11-14

- 滚动 3D 对象工具 ：在 3D 对象两侧拖曳鼠标可以使模型围绕其 Z 轴旋转，如图 11-15 所示。

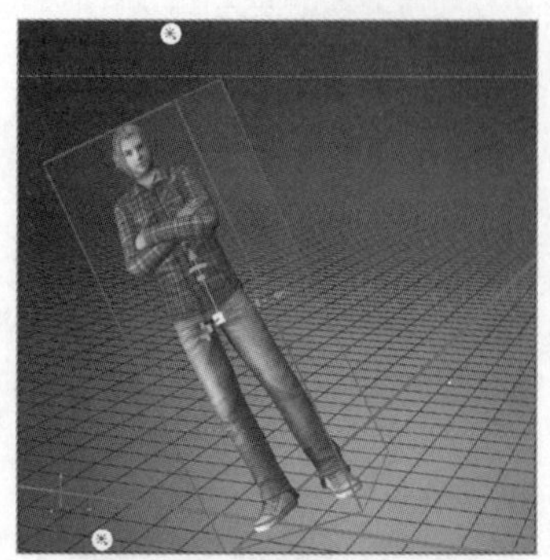

图 11-15

- 拖曳 3D 对象工具 ：在 3D 对象两侧拖曳鼠标可沿水平方向移动模型，如图 11-16 所示；垂直拖曳鼠标可沿垂直方向移动模型。

图 11-16

- 滑动 3D 对象工具 ：在 3D 对象两侧拖曳鼠标可沿水平方向移动模型，如图 11-17 所示；垂直拖曳鼠标可以将模型移近或移远。

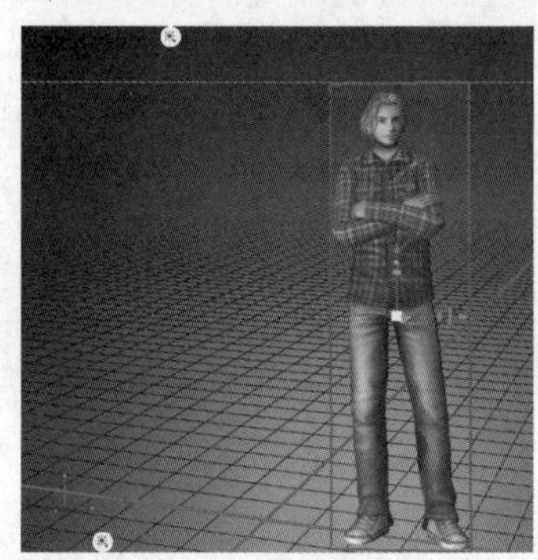

图 11-17

- 缩放 3D 对象工具 ：单击 3D 对象并垂直拖曳鼠标可以放大或缩小模型。

提示：

移动 3D 对象以后，执行“3D> 将对象紧贴地面”命令，可以使其紧贴到 3D 地面上。

11.2.4 调整 3D 相机

进入 3D 操作界面后，如果在模型以外的空间单击（当前工具为移动工具），如图 11-18 所示，则可调整相机视图，同时保持 3D 对象的位置不变。例如，旋转 3D 对象工具可以旋转相机视图，如图 11-19 所示；使用滚动 3D 对象工具可以滚动相机视图，如图 11-20 所示；使用拖曳 3D 对象工具可以让相机沿 X 或 Y 轴平移。

图 11-18

图 11-19

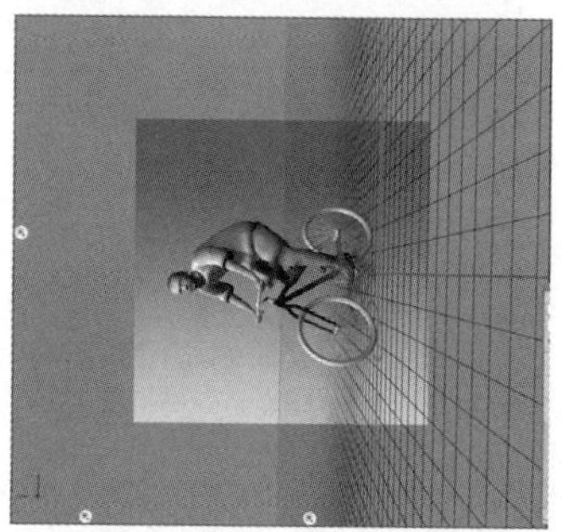

图 11-20

11.2.5 通过 3D 轴调整模型和相机

选择 3D 对象后，画面中会出现 3D 轴，如图 11-21 所示，它显示了 3D 空间中模型（或相机、光源和网格）在当前 X、Y 和 Z 轴的方向。将光标放在 3D 轴的控件上，使其高亮显示，如图 11-22 所示，然后单击并拖曳鼠标即可移动、旋转和缩放 3D 项目（3D 模型、相机、光源和网格）。

图 11-21

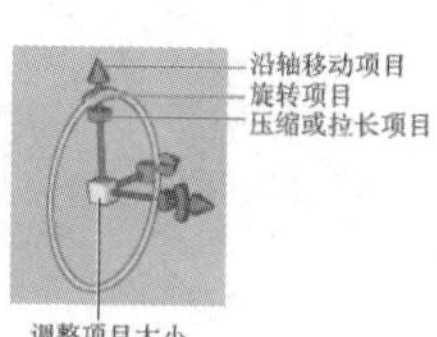

图 11-22

- 沿 X/Y/Z 轴移动项目：将光标放在任意轴的锥尖上，向相应的方向拖曳，如图 11-23 所示。

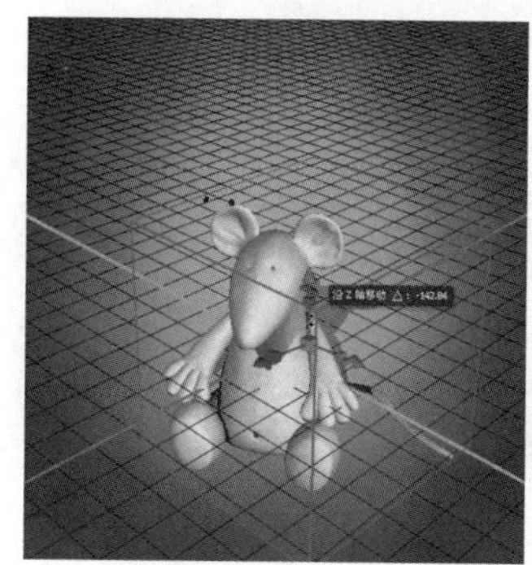

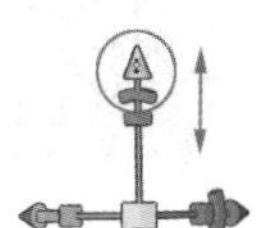

图 11-23

- 旋转项目：单击轴尖内弯曲的旋转线段，此时会出现旋转平面的黄色圆环，围绕 3D 轴中心沿顺时针或逆时针方向拖曳圆环即可旋转模型，如图 11-24 所示。要进行幅度更大的旋转，可将鼠标向远离 3D 轴的方向移动。

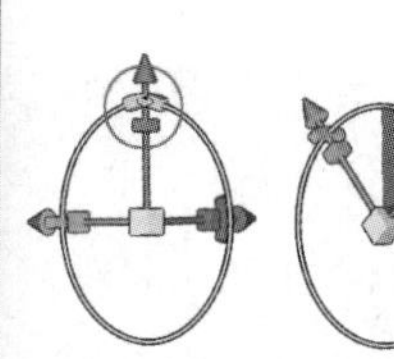

图 11-24

- 调整项目大小（等比缩放）：向上或向下拖曳 3D 轴中的中心立方体，如图 11-25 所示。

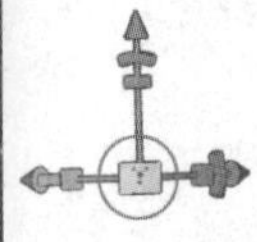

图 11-25

- 沿轴压缩或拉长项目（不等比缩放）：将某个彩色的变形立方体朝中心立方体拖曳，或向远离中心立方体的位置拖曳，如图 11-26 所示。

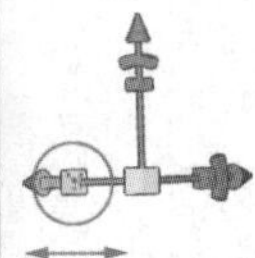

图 11-26

11.2.6 调整点光

Photoshop 提供了点光、聚光灯和无限光，这 3 种光源有各自不同的选项和设置方法。点光在 3D 场景中显示为小球状，它就像灯泡一样，可以向各个方向照射，如图 11-27 所示。使用拖曳 3D 对象工具和滑动 3D 对象工具可以调整点光位置。点光包含“光照衰减”选项组，选中“光照衰减”选项后，可以让光源产生衰减变化，如图 11-28 和图 11-29 所示。

图 11-27

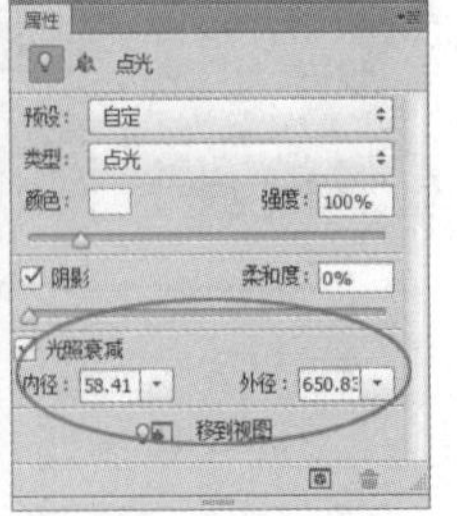

图 11-28

图 11-29

11.2.7 调整聚光灯

聚光灯在 3D 场景中显示为锥形，它能照射出可调整的锥形光线，如图 11-30 所示。使用拖曳 3D 对象工具和滑动 3D 对象工具可以调整聚光灯的位置，如图 11-31 所示。

图 11-30

图 11-31

11.2.8 调整无限光

无限光在 3D 场景中显示为半球状，它像太阳光，可以从一个方向平面照射，如图 11-32 所示。使用拖曳 3D 对象工具和滑动 3D 对象工具可以调整无限光的位置，如图 11-33 所示。

图 11-32

图 11-33

11.2.9　存储和导出 3D 文件

编辑 3D 文件后，如果要保留文件中的 3D 内容，包括位置、光源、渲染模式和横截面，可以执行“文件 > 存储”命令，选择 PSD、PDF 或 TIFF 作为保存格式。如果要将 3D 文件导出为 Collada DAE、Flash 3D、Wavefront/OBJ、U3D 和 Google Earth 4 KMZ 格式，则可以在“图层”面板中选择 3D 图层，然后执行“3D> 导出 3D 图层”命令进行操作。

11.3　课堂练习：制作 3D 玩偶

01 打开素材文件，如图 11-34 所示，玩偶图像位于单独的图层中，如图 11-35 所示。

图 11-34

图 11-35

02 执行“3D> 从所选图层新建 3D 凸出”命令，即可从选中的图层中生成 3D 对象，如图 11-36 所示。单击“3D”面板中的“图层 1”，如图 11-37 所示，在“属性”面板中为玩偶选择凸出样式，设置“凸出深度”为 12，如图 11-38 和图 11-39 所示。

图 11-36

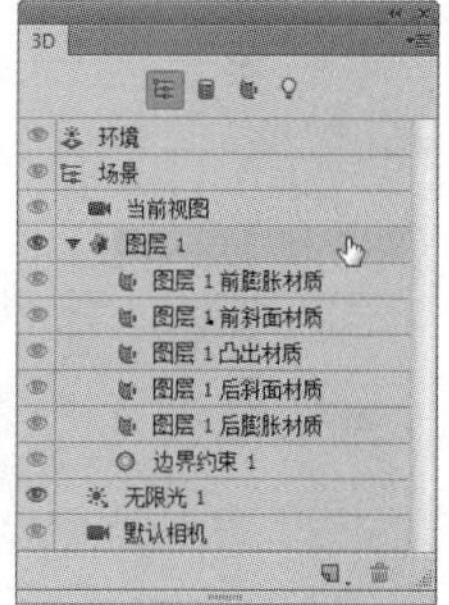

图 11-37

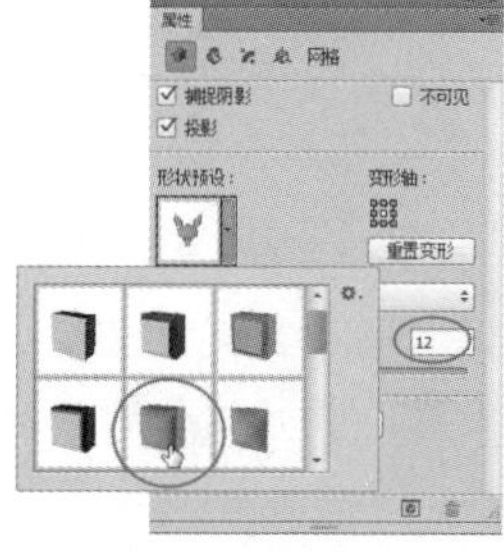

图 11-38

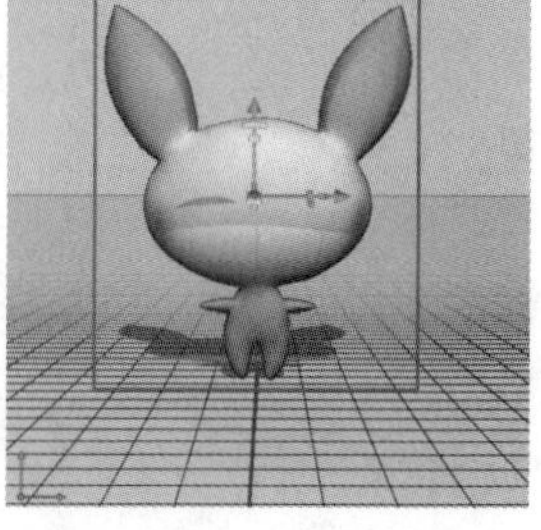

图 11-39

03 使用旋转 3D 对象工具调整玩偶的角度和位置，如图 11-40 所示。单击场景中的图标，显示光源，在画面中调整光源的照射方向，如图 11-41 所示，完成后的效果如图 11-42 所示。图 11-43 为玩偶不同角度的展示效果。

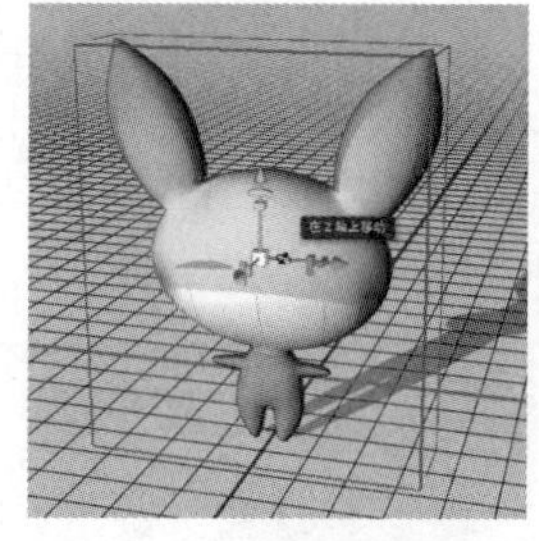

图 11-40

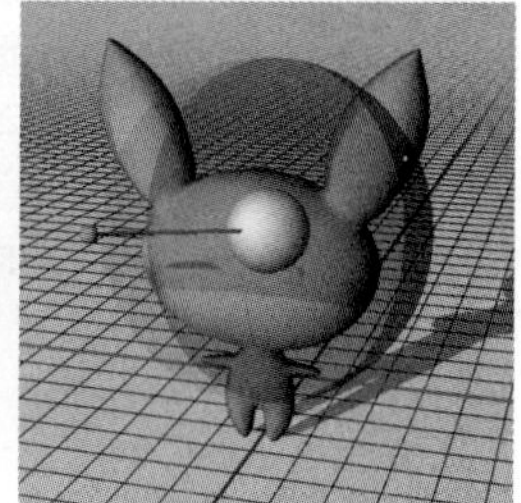

图 11-41

图 11-42

图 11-43

11.4 思考与练习

一、问答题

1．Photoshop 能编辑 3D 模型本身的多边形网格吗?

2．在 3D 场景中添加灯光后，怎样开启阴影功能?

3．编辑 3D 文件后，如果要保留文件中的 3D 内容，包括位置、光源、渲染模式和横截面，应该选择哪种文件格式?

4．怎样将 3D 图层转换为普通的 2D 图层?

5．3D 文件包含网格、材质和光源等组件。请用形象的比喻说明它们的用途。

二、上机练习

1. 从路径中创建 3D 模型

打开素材文件。打开“路径”面板，单击老爷车路径，如图 11-44 所示，在画面中显示该图形，如图 11-45 所示。执行“3D> 从所选路径新建 3D 凸出”命令，基于路径生成 3D 对象，如图 11-46 所示。使用旋转 3D 对象工具调整模型角度，再使用 3D 材质吸管工具在模型正面单击，选择材质，如图 11-47 所示，在“属性”面板中选择“石砖”材质，如图 11-48 和图 11-49 所示。

图 11-44

图 11-45

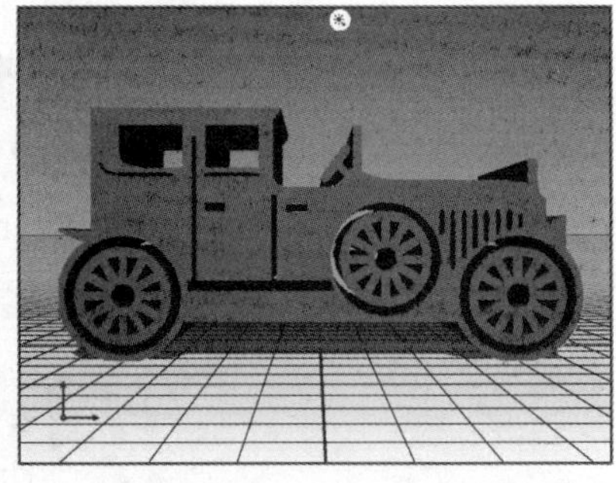

图 11-46

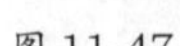
图 11-47

图 11-48

图 11-49

2. 使用材质吸管工具为模型设置材质

打开素材文件。使用 3D 材质吸管工具单击椅子靠背，从 3D 模型上取样，如图 11-50 所示，取样后，可以在“属性”面板中选择材质，如图 11-51 和图 11-52 所示。用 3D 材质吸管工具单击椅子扶手，如图 11-53 所示，为它贴上“软木”材质，如图 11-54 和图 11-55 所示。

图 11-50

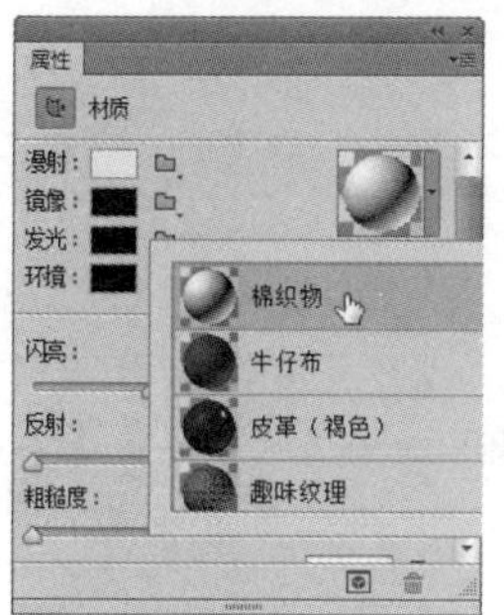

图 11-51

图 11-52

图 11-53

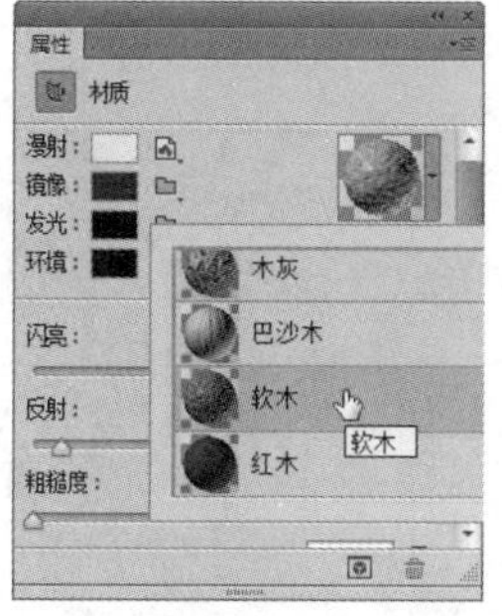

图 11-54

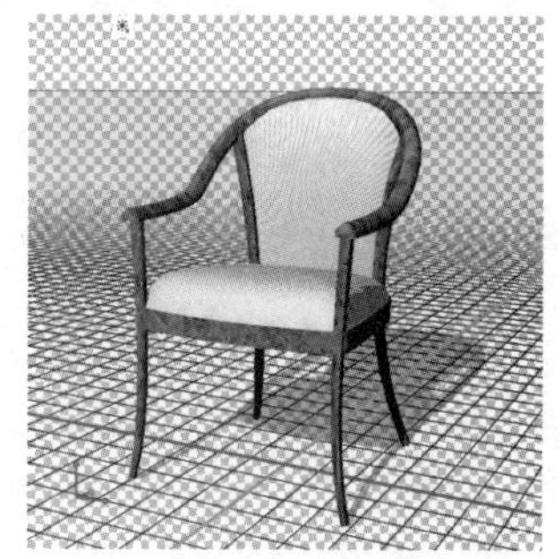

图 11-55

11.5 测试题

1．创建文字后，使用（　　）命令，可以将其创建为 3D 文字。

A．“文字 > 创建 3D 文字”　　B．“3D> 从所选图层新建 3D 模型”

C．“3D> 从所选路径新建 3D 模型”　　D．“3D> 从当前选区新建 3D 模型”

2．在 Photoshop 中打开 3D 文件后，选择（　　）工具时，它的工具选项栏中会出现 3D 编辑工具。

A．直接选择　　B．快速选择　　C．抓手　　D．移动

3．Photoshop 可以打开和编辑（　　）格式的 3D 文件。

A．U3D　　B．3DS　　C．OBJ　　D .KMZ

4．Photoshop 可以编辑来自于（　　）等 3D 程序创建的 3D 文件。

A．Maya　　B．3ds Max　　C．Alias　　D．GoogleEarth

5．使用其他程序创建 3D 文件时，Photoshop 可以保留 3D 对象的（　　）。

A．参数　　B．纹理　　C．渲染　　D．光照信息

6．Photoshop 为 3D 对象提供了（　　）等光源。

A．自然光　　B．点光　　C．聚光灯　　D．无限光

7．使用（　　）在 3D 对象两侧拖曳鼠标可以使模型围绕其 Z 轴旋转。

A．旋转 3D 对象工具　　B．滚动 3D 对象工具

C．拖曳 3D 对象工具　　D．滑动 3D 对象工具

第12章

经典解码：综合实例

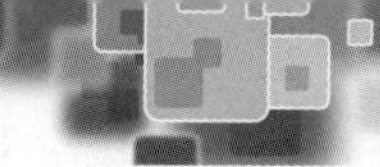

12.1 海报设计

01 打开素材文件，如图12-1所示。选择“树叶”图层，如图12-2所示。单击“路径”面板中的路径层，如图12-3所示。

图 12-1

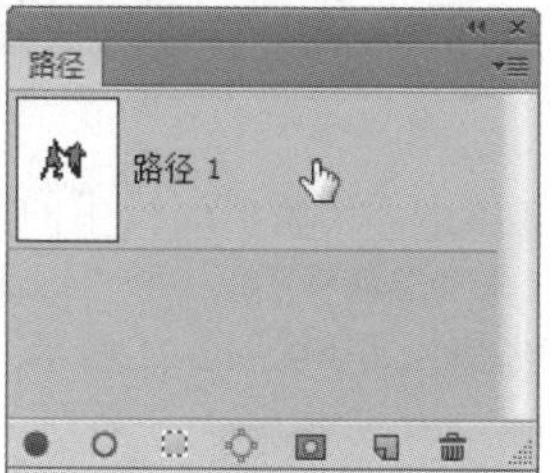

图 12-2　　图 12-3

02 执行“图层＞矢量蒙版＞当前路径”命令，或按住Ctrl键并单击“图层”面板中的 按钮，基于当前路径创建矢量蒙版，路径区域外的图像会被蒙版遮盖，如图12-4和图12-5所示。

图 12-4　　图 12-5

03 按住Ctrl键并单击“图层”面板中的 按钮，在“树叶”层下方新建图层，如图12-6所示。按住Ctrl键并单击蒙版，如图12-7所示，载入人物选区。

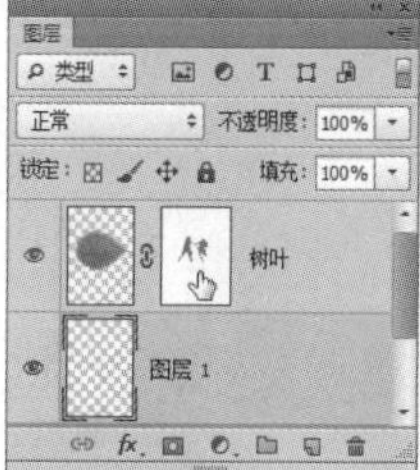

图 12-6　　图 12-7

04 执行“编辑＞描边”命令，打开“描边”对话框，将描边颜色设置为深绿色，宽度设置为4像素，位置选择“内部”，如图12-8所示，单击“确定”按钮，对选区进行描边。按Ctrl+D快捷键，取消选区。选择移动工具，按数次→键和↓键，将描边图像向右下方轻微移动，效果如图12-9所示。

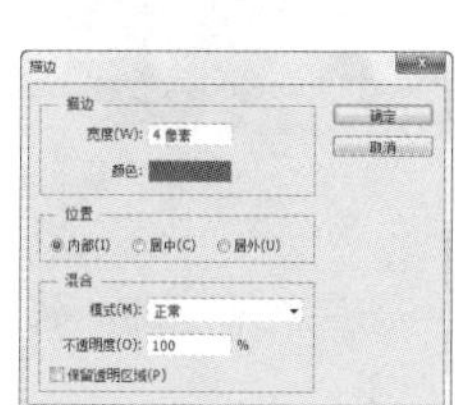

图 12-8　　图 12-9

05 单击“图层”面板中的 按钮新建一个图层。选择柔角画笔工具，在运动员脚部绘制阴影，如图12-10和图12-11所示。

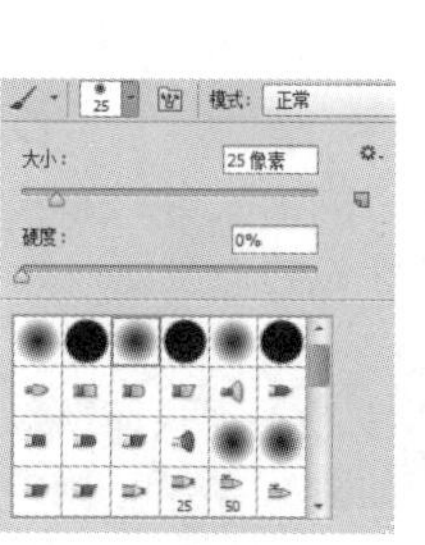

图 12-10　　图 12-11

12.2 奇妙的照片

01 打开素材文件，如图 12-12 和图 12-13 所示。使用移动工具将手图像拖入小猫文档中。

图 12-12

图 12-13

02 按住 Ctrl 键并单击“卡片”图层的缩览图，载入选区，如图 12-14 和图 12-15 所示。

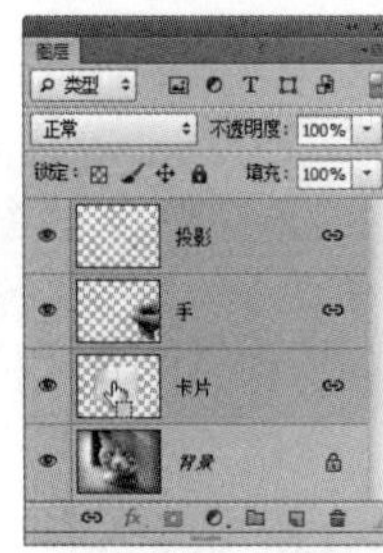

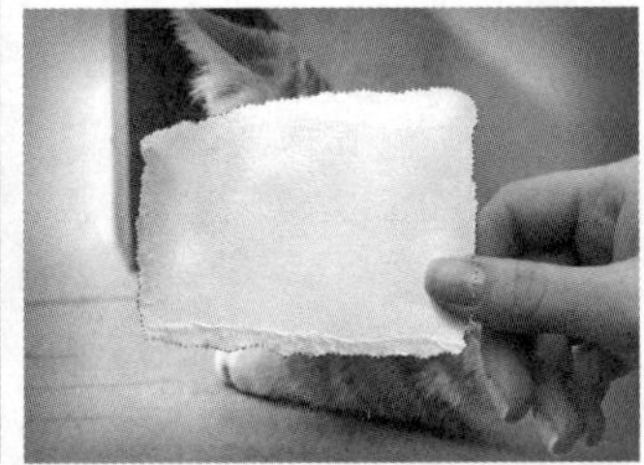

图 12-14　　图 12-15

03 执行“选择 > 变换选区”命令，显示定界框，拖曳控制点将选区缩小，如图 12-16 所示。按 Enter 键确认。将“背景”图层拖至按钮上复制，如图 12-17 所示。

04 单击按钮添加蒙版，再按 Ctrl+] 快捷键将该图层向上移动一个堆叠顺序，如图 12-18 和图 12-19 所示。

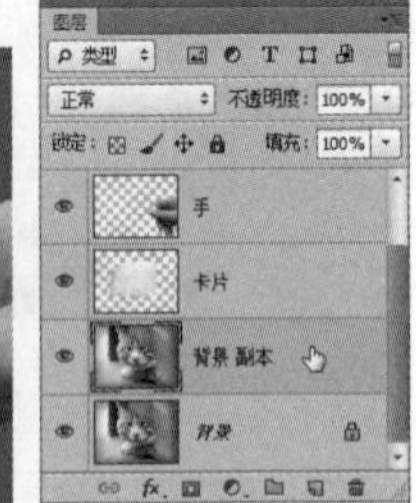

图 12-16　　图 12-17

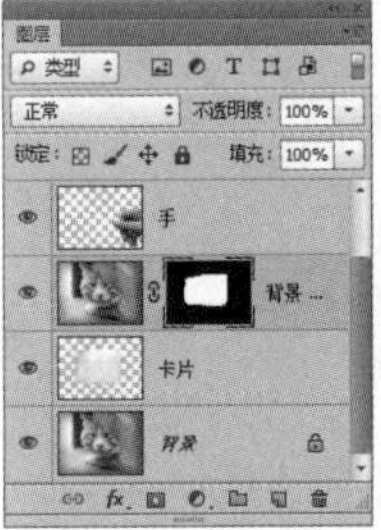

图 12-18　　图 12-19

05 单击“调整”面板中的按钮，创建“色相/饱和度”调整图层。将“饱和度”滑块拖至最左侧，如图 12-20 和图 12-21 所示。

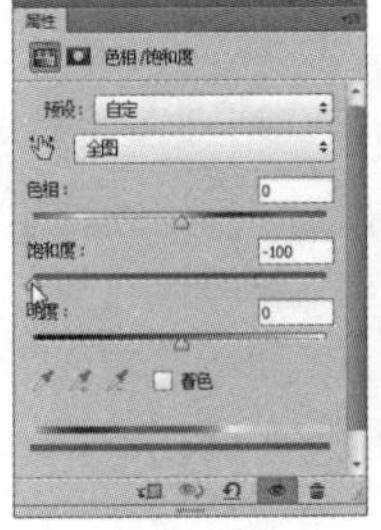

图 12-20　　图 12-21

06 按 Alt+Ctrl+G 快捷键创建剪切蒙版，使调整图层只影响其下面的一个图层，如图 12-22 和图 12-23 所示。

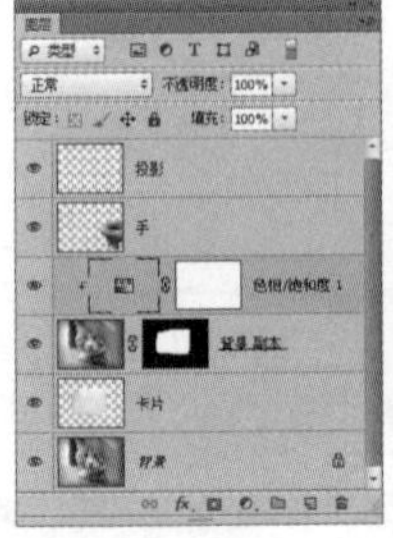

图 12-22　　图 12-23

12.3 光盘封套设计

01 按 Ctrl+N 快捷键打开“新建”对话框，在“文档类型”下拉列表中选择“国际标准纸张”，创建一个 A4 大小的 RGB 文件。

02 将前景色设置为青色。选择自定形状工具，在工具选项栏中选择“形状”选项，打开“自定形状”下拉面板，选择“男人”图形，如图 12-24 所示，在画面中绘制一个男人图形，“图层”面板中会生成一个形状图层，如图 12-25 和图 12-26 所示。

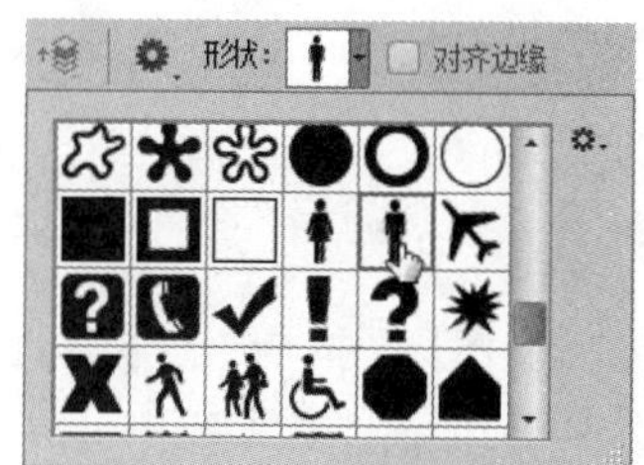

图 12-24

图 12-25

图 12-26

提示：

如果工具选项栏的形状下拉面板中没有“男人”图形，可以单击面板右上角的按钮，打开面板菜单，选择“全部”命令，加载全部形状库。

03 双击该图层，打开“图层样式”对话框，添加“描边”效果，如图 12-27 和图 12-28 所示。

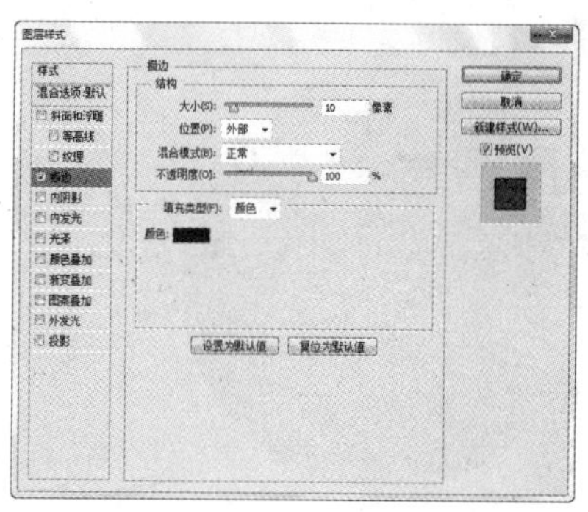

图 12-27

图 12-28

04 将前景色设置为白色。在“自定形状”面板中选择“雨滴”形状，如图 12-29 所示，按住 Shift 键锁定图形的比例绘制形状，生成另一个形状图层，如图 12-30 所示。按住 Alt 键将“形状 1”图层后面的效果图标拖至“形状 2”，复制描边效果，如图 12-31 所示。使用移动工具按住 Ctrl 键同时选择两个形状图层，单击工具选项栏中的水平居中对齐按钮，对齐两个图形，如图 12-32 所示。

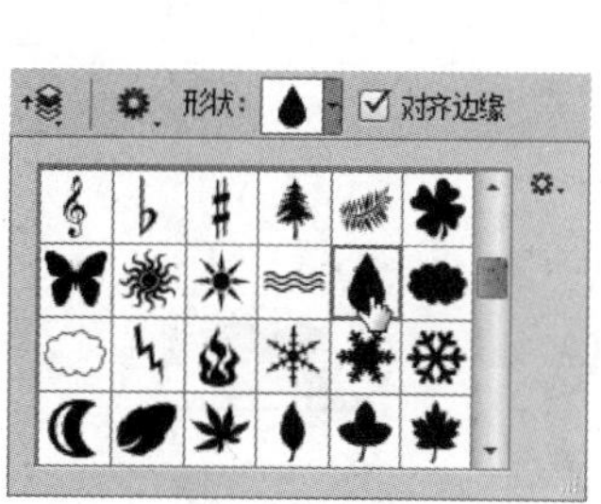

图 12-29

图 12-30

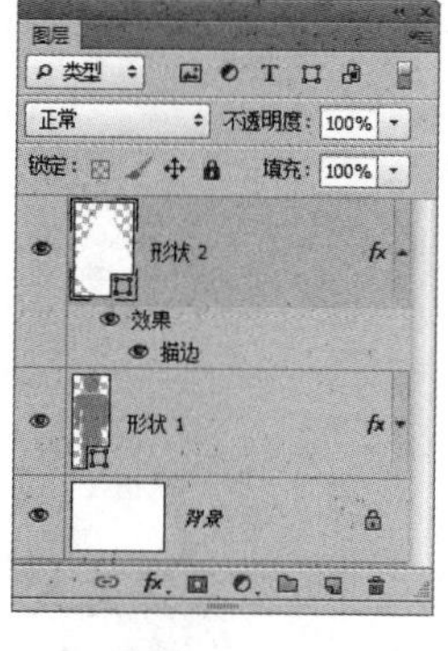

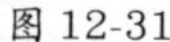

图 12-31

图 12-32

提示：

绘制形状的过程中，在没释放鼠标的情况下按住空格键拖曳，可以调整形状的位置。

05 将前景色重新设置为青色。选择椭圆工具，按住 Shift 键绘制一个圆形，如图 12-33 所示。单击工具选项栏中的按钮，在打开的下拉菜单中选择合并形状，使用路径选择工具按住 Alt+Shift 键并向右拖曳圆形，复制出一个圆形与原来的圆形相融合，如图 12-34 所示。

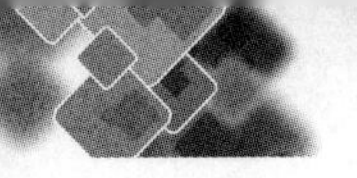

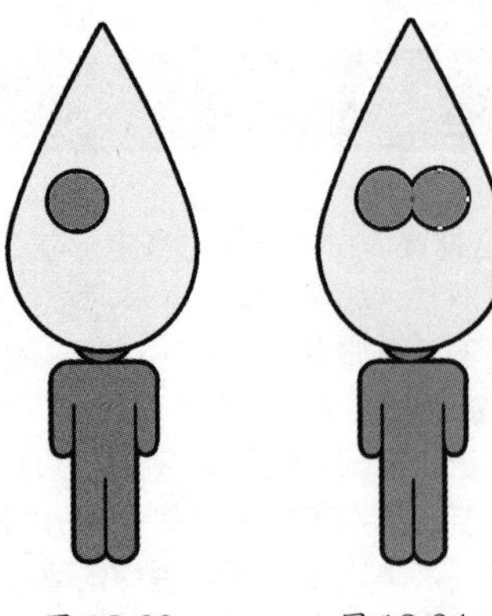

图 12-33　　图 12-34

06 将前景色设置为白色，绘制一个稍大的圆形，如图 12-35 所示。选择矩形工具，单击工具选项栏中的按钮，选择减去顶层形状，绘制一个矩形与圆形进行减法运算，得到一个半圆图形，如图 12-36 所示。

图 12-35　　图 12-36

07 将前景色设置为黑色。选择自定形状工具，在“自定形状”面板中选择“拼贴 2”，如图 12-37 所示，绘制一个图形，如图 12-38 所示。

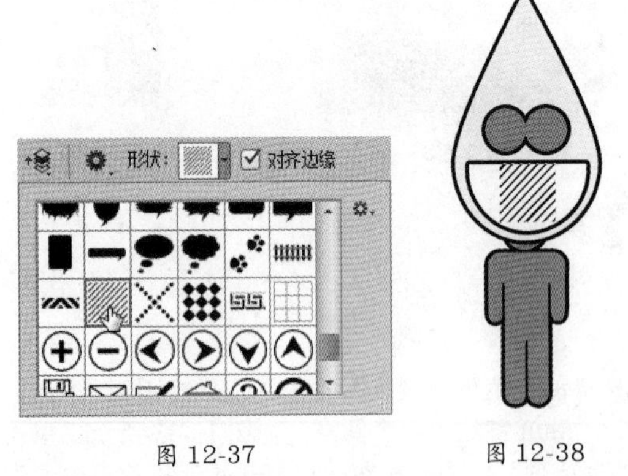

图 12-37　　图 12-38

08 选择椭圆工具，单击工具选项栏中的按钮，选择与形状区域相交，按住 Shift 键并拖曳鼠标绘制一个圆形，它会与条纹运算，得到一个圆形条纹图形，如图 12-39 所示。采用相同或者类似的方法绘制头发、眼珠和装饰图形，如图 12-40 所示。

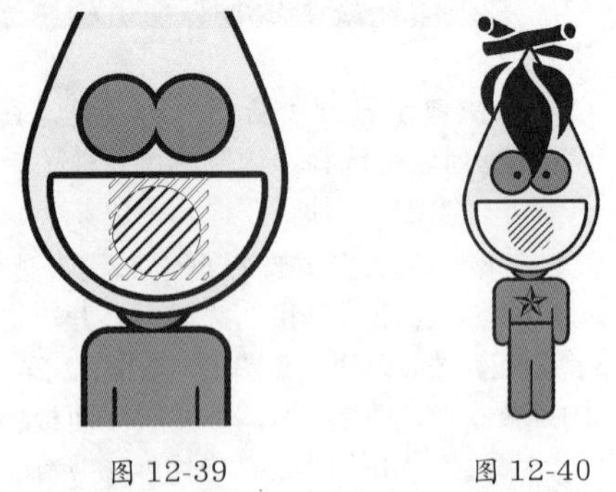

图 12-39　　图 12-40

提示：

可使用先选择图层，再单击工具选项栏中的对齐按钮的方法对齐各个图像。

09 选择所有形状图层，按 Ctrl+G 快捷键将这些图层编组。按 Alt+Ctrl+E 快捷键盖印，得到一个新的合并图层，重命名该图层，然后隐藏图层组，如图 12-41 所示。

10 按住 Ctrl 键并单击“图层”面板中的按钮，在“火柴人”图层下面创建一个名称为“封套”的图层组，如图 12-42 所示。将前景色设置为黑色。选择椭圆工具，在工具选项栏中设置椭圆的大小，如图 12-43 所示，绘制一个圆形，如图 12-44 所示。

图 12-41　　图 12-42

图 12-43

图 12-44

11 双击该图层，打开"图层样式"对话框，添加"内发光"效果，设置发光颜色为黄色，如图 12-45 和图 12-46 所示。

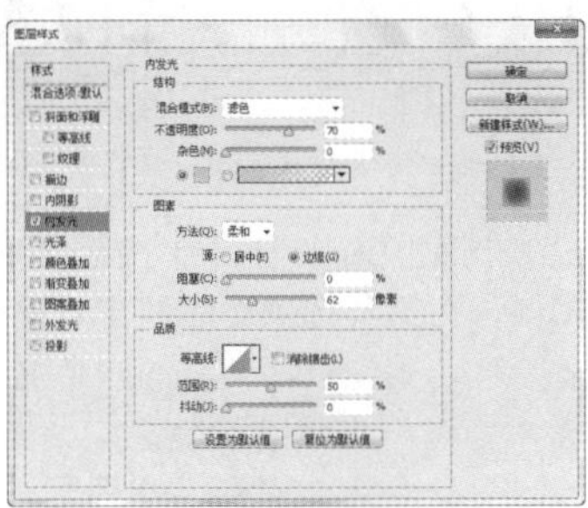

图 12-45

图 12-46

12 将前景色设置为黄色。重新设置椭圆的大小（W3.6 厘米、H3.6 厘米），绘制一个小圆，如图 12-47 所示，使用移动工具按住 Ctrl 键的同时选择两个圆形图层，单击工具选项栏中的和按钮，使两个圆形的中心对齐，如图 12-48 所示。

图 12-47

图 12-48

13 选择矩形工具，按住 Shift 键锁定比例绘制一个正方形，如图 12-49 所示。

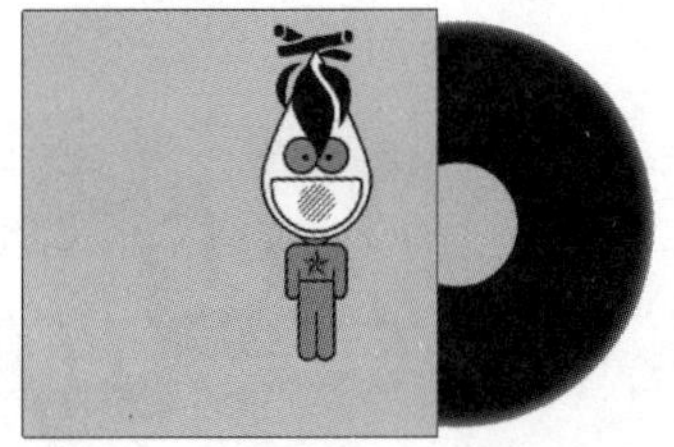

图 12-49

14 双击该图层，打开"图层样式"对话框，添加"内发光"和"投影"效果，如图 12-50 ～图 12-52 所示。将前景色设置为黑色，绘制一个黑色矩形，如图 12-53 所示。

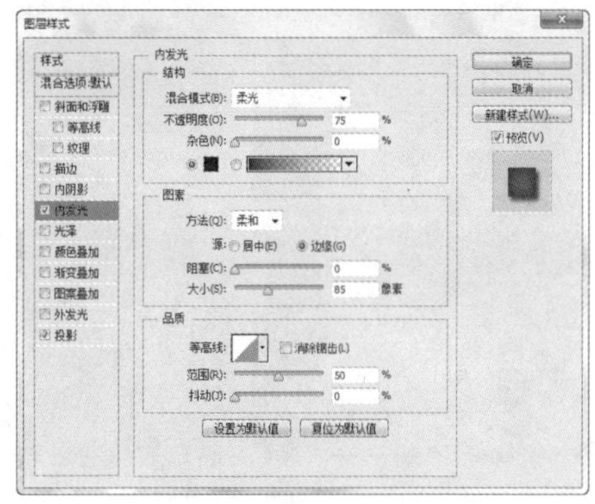

图 12-50

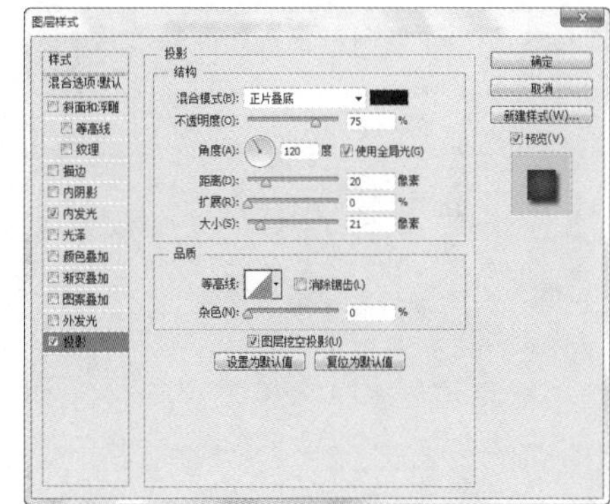

图 12-51

图 12-52

图 12-53

15 选择"火柴人"图层，按 Ctrl+T 快捷键显示定界框，右击选择"旋转 90 度（逆时针）"命令，旋转图像，按住 Shift 键锁定图像的比例，拖曳定界框的一角缩小图像，如图 12-54 所示，按 Enter 键确认操作。按 Ctrl+J 快捷键复制图像，再将图像缩小，如图 12-55 所示。

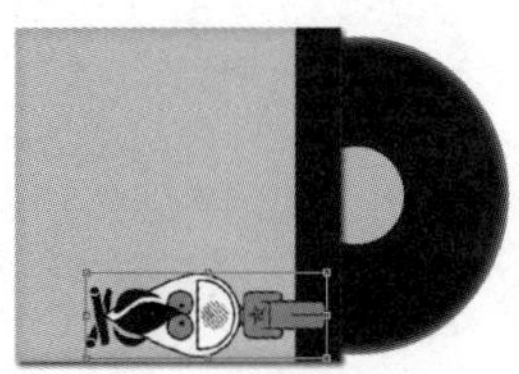

图 12-54

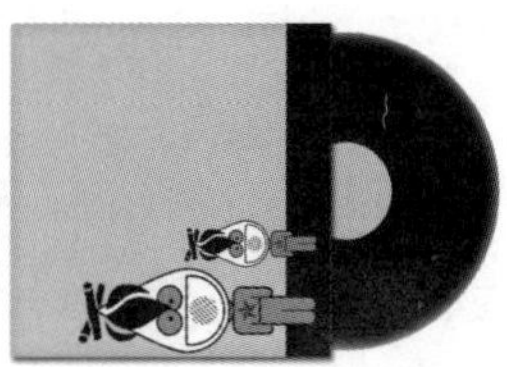

图 12-55

16 将前景色设置为白色。选择横排文字工具 T，设置字体为 Impact，大小为 48 点，输入 100% GMO 字样，如图 12-56 所示。在文字图层上右击，选择“转换为形状”命令，将文本转换为形状图层，如图 12-57 所示。

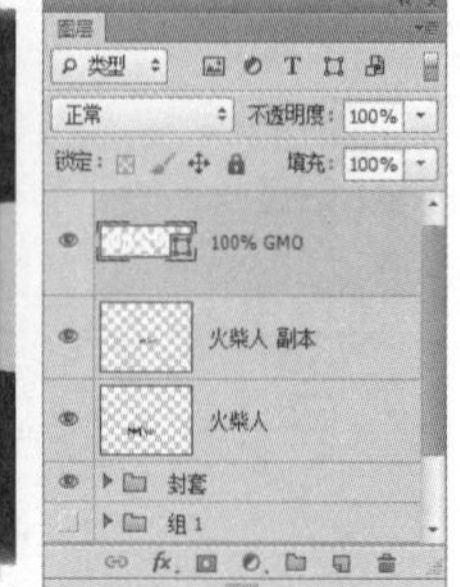

图 12-56　　图 12-57

17 使用路径选择工具选取其中单个字母的路径，按 Ctrl+T 快捷键调整位置和倾斜的角度，如图 12-58 和图 12-59 所示。

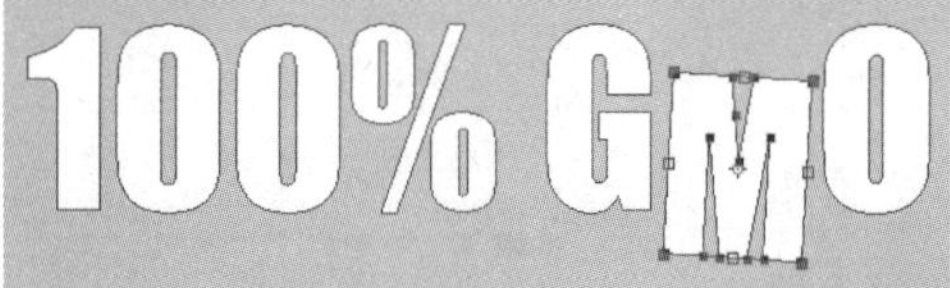

图 12-58

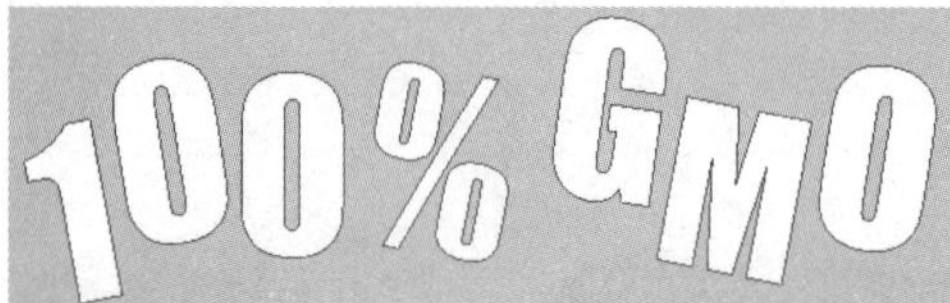

图 12-59

18 双击该图层，打开“图层样式”对话框，添加“描边”效果，如图 12-60 和图 12-61 所示。

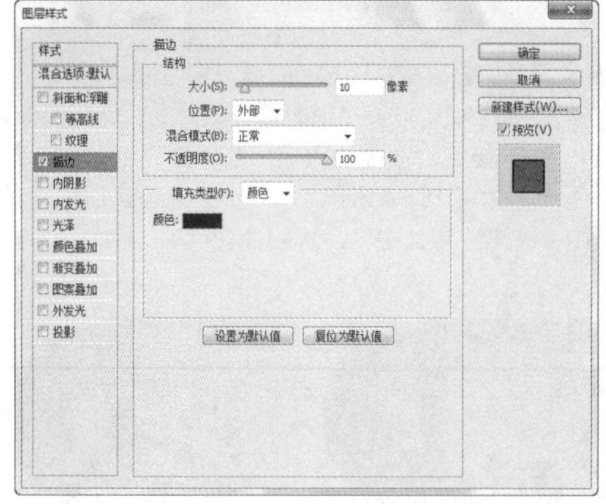

图 12-60

图 12-61

19 按 Ctrl+J 快捷键复制当前图层，按 Ctrl+[快捷键向下移动图层，在工具选项栏中将形状颜色设置为青色，并适当移动其位置，使其与白色文字图形之间保持距离，呈现出立体字的效果，如图 12-62 所示。新建一个图层，将其与蓝色文字图层一同选取，按 Ctrl+E 快捷键合并，此操作的目的是为了将形状图层及其效果转变为普通图层，如图 12-63 所示。

图 12-62

图 12-63

20 将前景色设置为青色。选择画笔工具（尖角 10 像素），将“%”符号中的黑色线遮盖，如图 12-64 所示。再在两个文字图形的交接处绘制直线，加强立体效果，图 12-65 所示。

图 12-64

图 12-65

提示：

使用画笔工具绘制直线时可先在一点单击，然后按住 Shift 键在另一点单击，两点之间会以直线连接。

21 选择自定形状工具，在形状下拉面板中选择“装饰 1”形状，结合画笔工具制作文字装饰图形，如图 12-66 和图 12-67 所示。选择适当的字体，输入小文字以丰富画面，如图 12-68 所示。

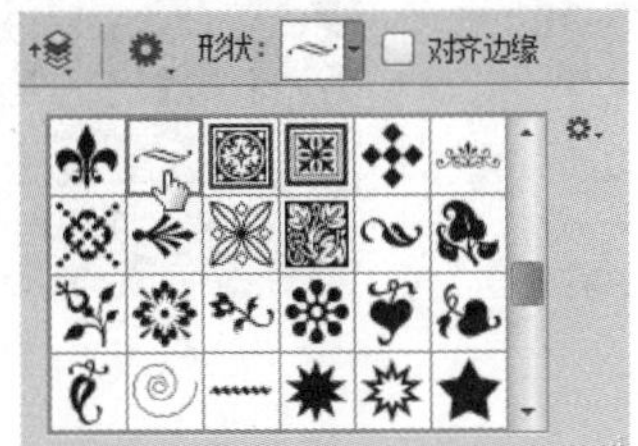

图 12-66

图 12-67

图 12-68

22 分别复制火柴人图层和文字图层，用它们制作出一个小图标放置在光盘的上面，如图 12-69 所示。选择除“背景”图层和隐藏的图层组外的所有图层，按 Alt+Ctrl+E 快捷键盖印，得到一个合并的图层，调整图层的不透明度为 30%。按 Ctrl+T 快捷键显示定界框，右击，在弹出的快捷菜单中选择“垂直翻转”命令，将图像翻转，并移动图像位置制作成倒影，如图 12-70 所示。

图 12-69　　图 12-70

23 选择“背景”图层。选择渐变工具，打开“渐变编辑器”调整渐变颜色并填充，如图 12-71 和图 12-72 所示。

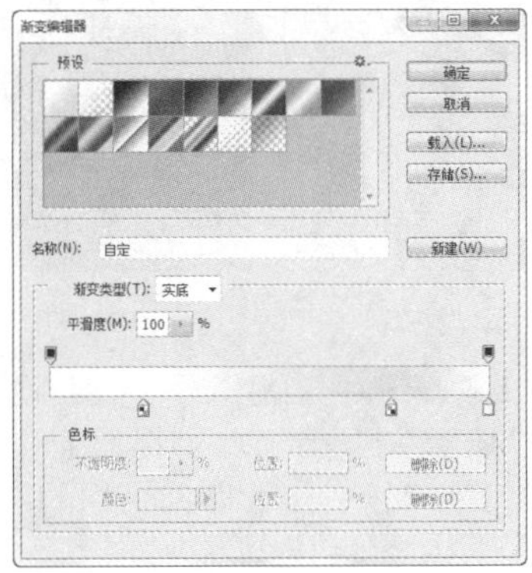

图 12-71

图 12-72

12.4 圆环组成的人像

01 打开素材文件，如图 12-73 所示。单击“图层”面板中的按钮，新建一个图层。将前景色设置为洋红色，用柔角画笔工具在人物以外的区域涂抹，如图 12-74 所示。

02 将图层的混合模式设置为“正片叠底”，从而改变背景颜色，如图 12-75 和图 12-76 所示。

图 12-73

图 12-74

图 12-75

图 12-76

03 按 Ctrl+E 快捷键，将当前图层与下面的图层合并，如图 12-77 所示。执行“滤镜 > 像素化 > 马赛克”命令，设置参数为 60，如图 12-78 和图 12-79 所示。通过该滤镜将人像处理为马赛克状方块，后面还要定义一个圆环图案，在图像中填充该图案后，每一个马赛克方块都会对应一个圆环。

图 12-77

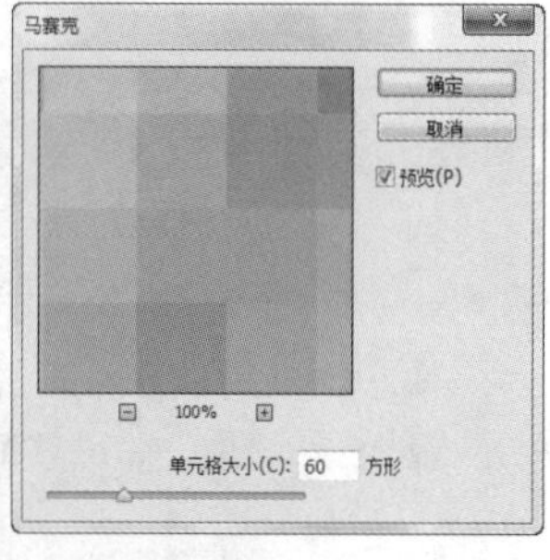

图 12-78

图 12-79

04 单击“图层”面板底部的 按钮，创建“色相 / 饱和度”调整图层，设置参数如图 12-80 所示，效果如图 12-81 所示。

图 12-80

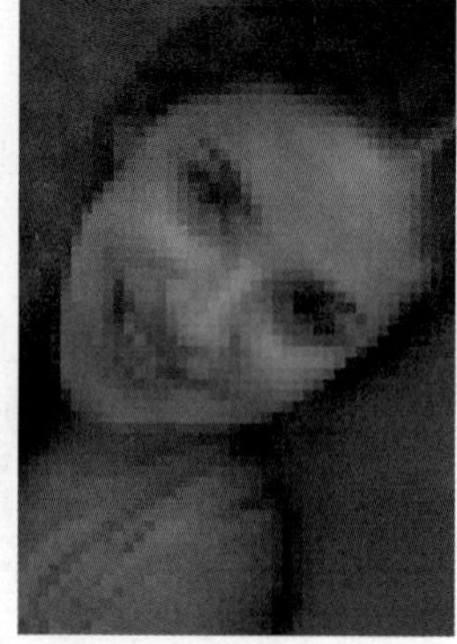
图 12-81

05 按 Ctrl+N 快捷键打开“新建”对话框，设置文件大小，在“背景内容”下拉列表中选择“透明”，创建一个透明背景的文件，如图 12-82 所示。由于创建的文档太小，还要按 Ctrl+0 快捷键放大窗口以方便操作，如图 12-83 所示。

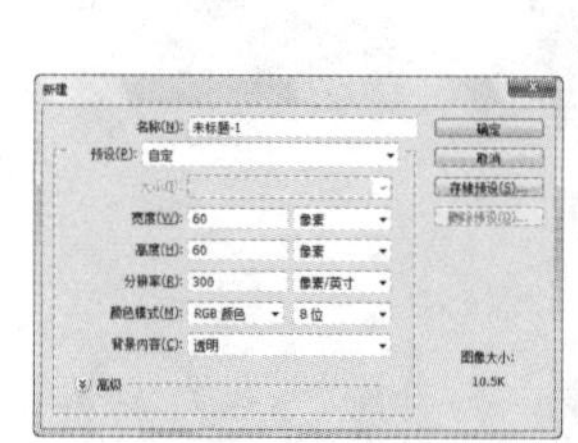
图 12-82

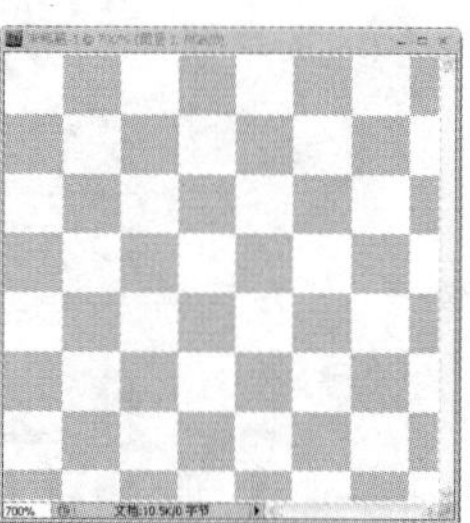
图 12-83

06 选择椭圆工具 ，在工具选项栏中选择“形状”选项，将前景色设置为白色，按住 Shift 键绘制一个圆形，在绘制时可以同时按住空格键移动图形位置，如图 12-84 所示。按 Ctrl+C 快捷键复制，按 Ctrl+V 快捷键粘贴，再按 Ctrl+T 快捷键显示定界框，按住 Shift+Alt 键并拖曳控制点，以圆心为中心向内缩小图形，如图 12-85 所示。按 Enter 键确认。

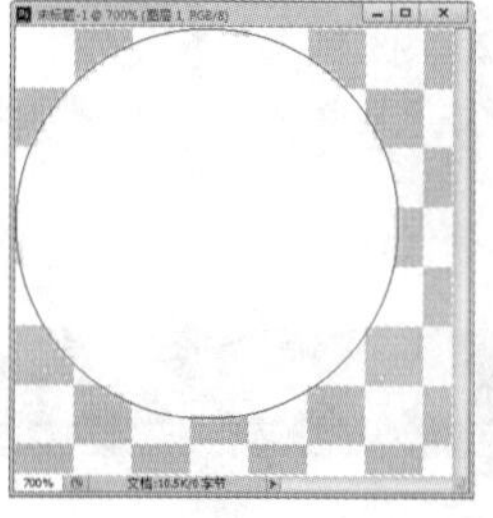
图 12-84

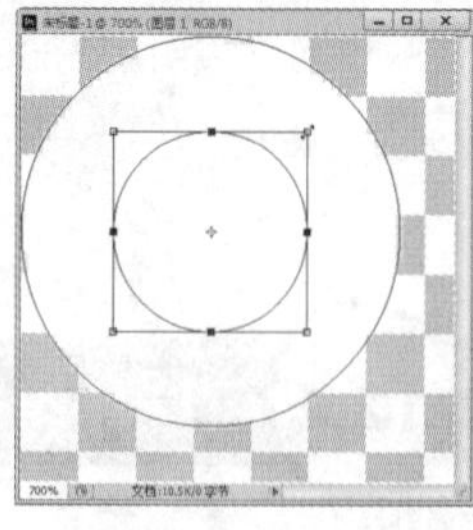
图 12-85

07 用路径选择工具 单击并拖出一个选框选中两个圆形，如图 12-86 所示，单击工具选项栏中的按钮，在下拉列表中选择排除重叠形状，通过路径运算在两个圆形中间生成孔洞，如图 12-87 所示。

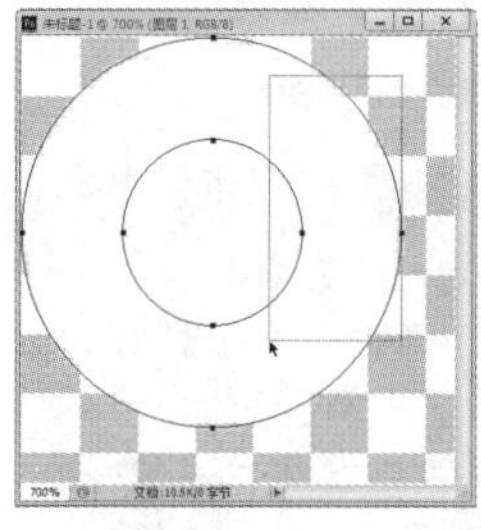

图 12-86

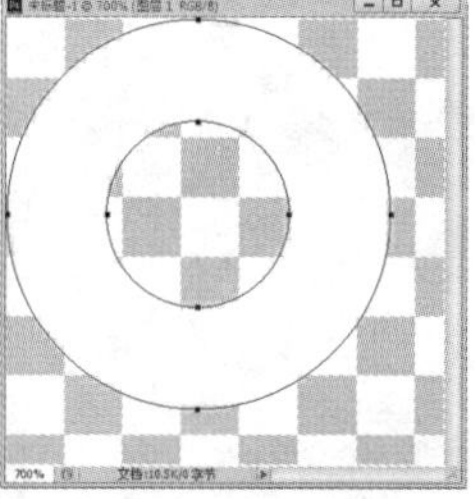

图 12-87

08 单击“图层”面板底部的 fx 按钮，选择“投影”命令，打开“图层样式”对话框，添加“投影”效果，如图 12-88 和图 12-89 所示。

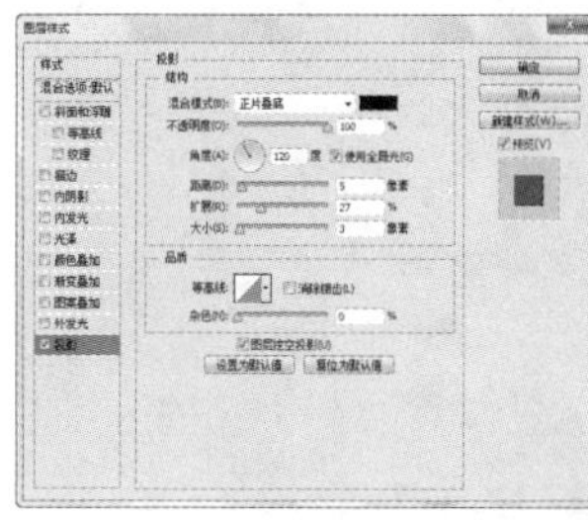

图 12-88

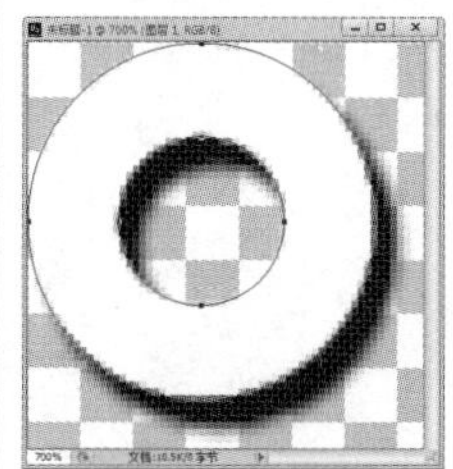

图 12-89

09 执行“编辑 > 定义图案”命令，打开“图案名称”对话框，如图 12-90 所示，单击“确定”按钮，将圆环图像定义为图案，然后关闭该文档。

图 12-90

10 切换到人物文档。在调整图层上面新建一个图层，填充白色，将该图层的填充不透明度设置为 0%，如图 12-91 所示。双击该图层，打开“图层样式”对话框，在图案选项中选择前面定义的圆环图案，将混合模式设置为“叠加”，使图形叠加到人物图像上，如图 12-92 和图 12-93 所示。

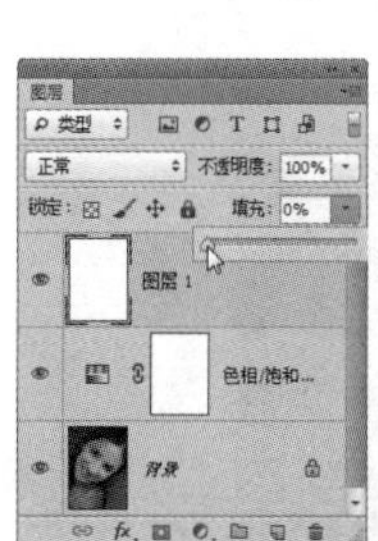

图 12-91

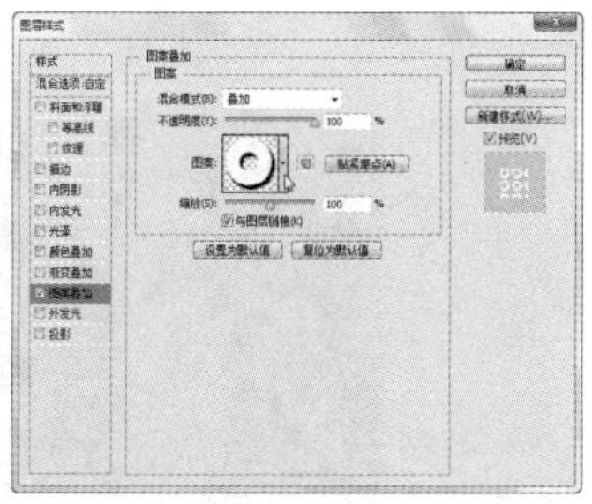

图 12-92

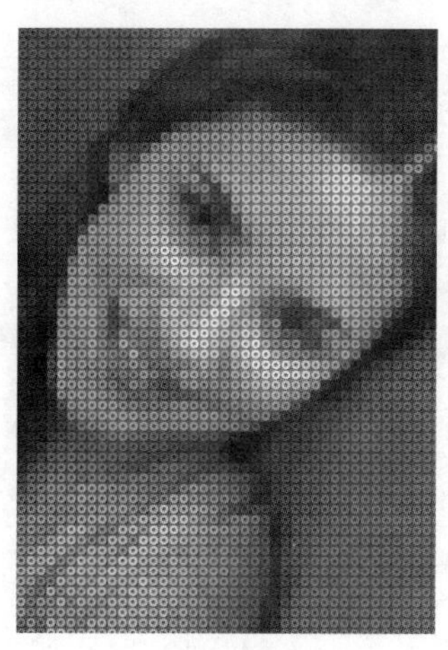

图 12-93

11 选择“背景”图层，单击“图层”面板底部的按钮，创建一个“色调分离”调整图层，如图 12-94 和图 12-95 所示，图 12-96 为最终效果。如果放大窗口观察就可以看到，整个图像都是由一个个小圆环组成的，并且每一个马赛克方块都在一个圆环中。

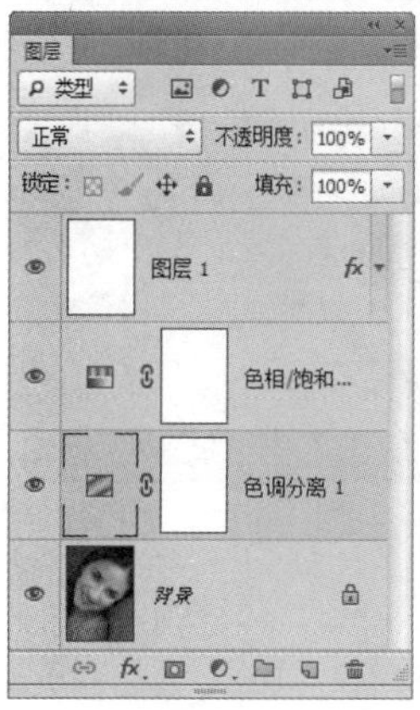

图 12-94

图 12-95

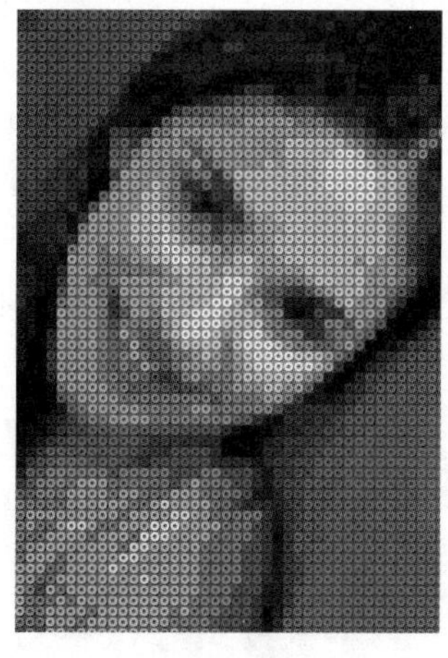

图 12-96

12.5 多彩激光字

01 按 Ctrl+O 快捷键，打开 3 个素材文件，如图 12-97～图 12-99 所示。

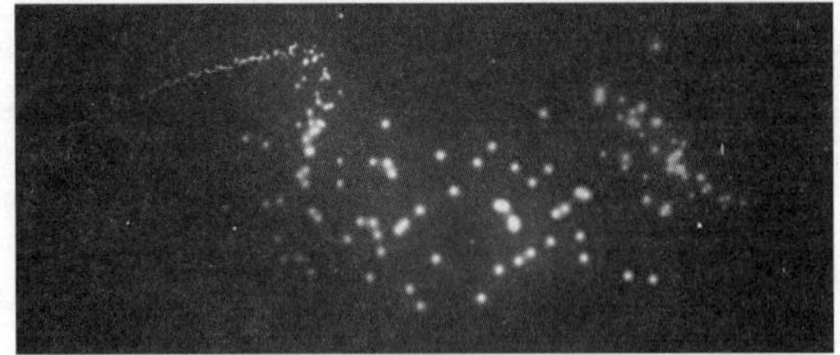

图 12-97

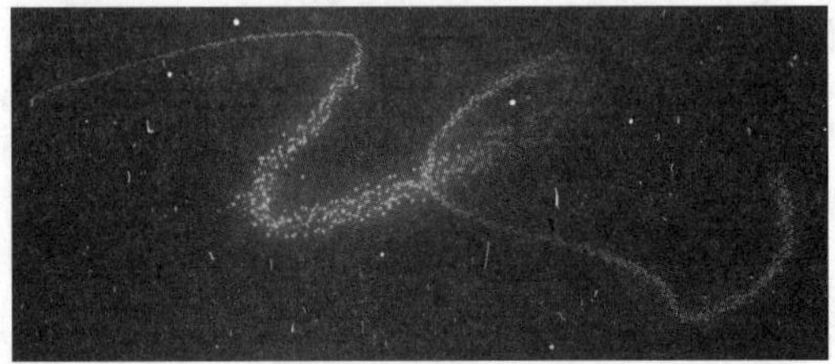

图 12-98

图 12-99

02 切换到第 1 个素材文件，执行“编辑 > 定义图案”命令，打开“图案名称”对话框，命名图案为“图案 1”，如图 12-100 所示。单击“确定”按钮关闭对话框。用同样方法将另外两个文件也定义为图案。

图 12-100

03 再打开一个素材文件，如图 12-101 和图 12-102 所示。素材中的文字为矢量智能对象。如果双击图标，则可以在 Illustrator 软件中打开智能对象的原文件，对图形进行编辑并按 Ctrl+S 快捷键保存后，Photoshop 中的对象会同步更新，这是矢量智能对象的独特之处。

图 12-101　　图 12-102

04 双击该图层，打开“图层样式”对话框，在左侧列表中选择“投影”效果，设置参数如图 12-103 所示。选择“图案叠加”效果，在图案下拉面板中选择自定义的“图案 1”，设置缩放参数为 184%，如图 12-104 所示，效果如图 12-105 所示。

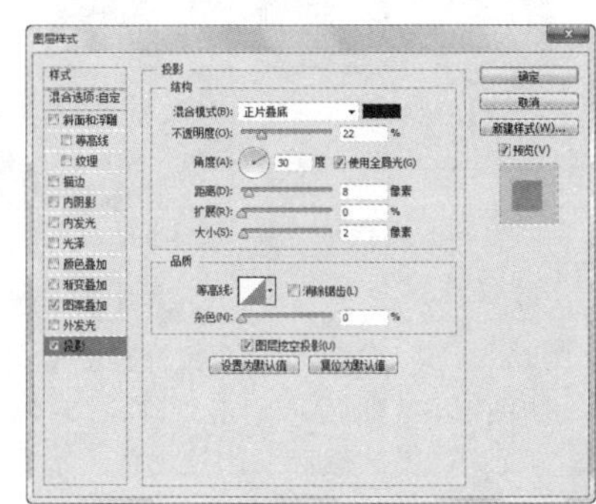

图 12-103

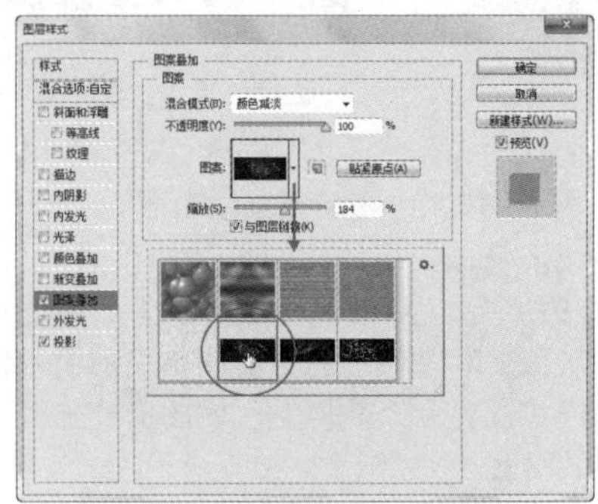

图 12-104

图 12-105

05 不要关闭“图层样式”对话框，此时将光标放在文字上，光标会自动呈现为移动工具，在文字上拖曳鼠标，可以改变图案在文字中的位置，如图12-106 所示。调整完毕后再关闭对话框。

图 12-106

06 按 Ctrl+J 快捷键复制当前图层，如图 12-107 所示。选择移动工具，按 10 次 ↑ 键，使文字之间产生一定距离，如图 12-108 所示。

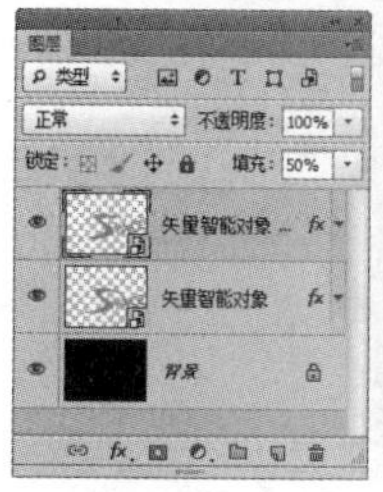

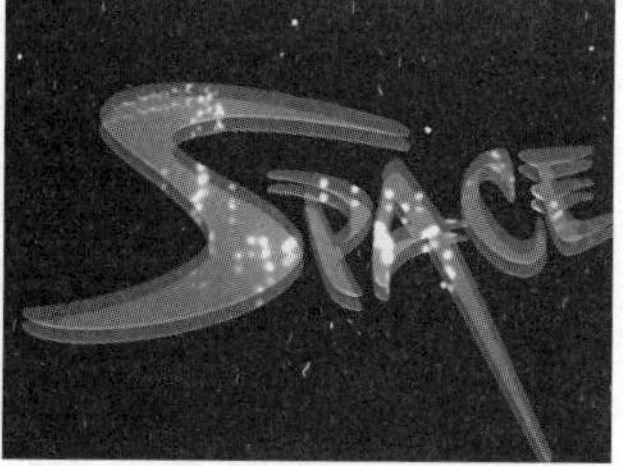

图 12-107　　图 12-108

07 双击该图层后面的图标，打开“图层样式”对话框，选择“图案叠加”效果，在图案下拉面板中选择“图案 2”，修改缩放参数为 77%，如图12-109 所示，效果如图 12-110 所示。同样，在不关闭对话框的情况下调整图案的位置，如图 12-111 所示。

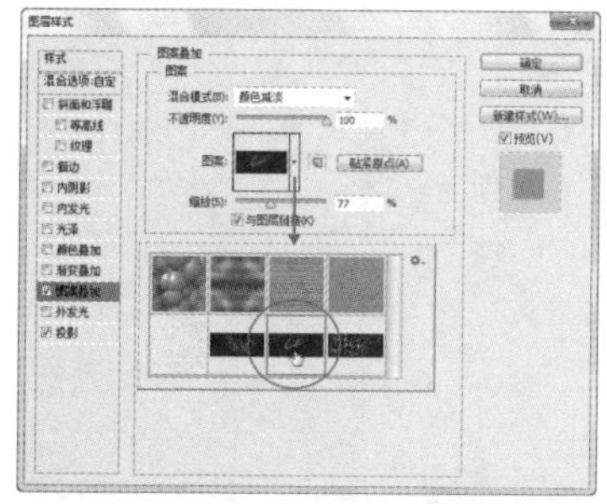

图 12-109

图 12-110　　图 12-111

08 重复上面的操作。复制图层，如图 12-112 所示。将复制后的文字向上移动，如图 12-113 所示。使用自定义的“图案 3”对文字进行填充，如图 12-114 和图 12-115 所示。

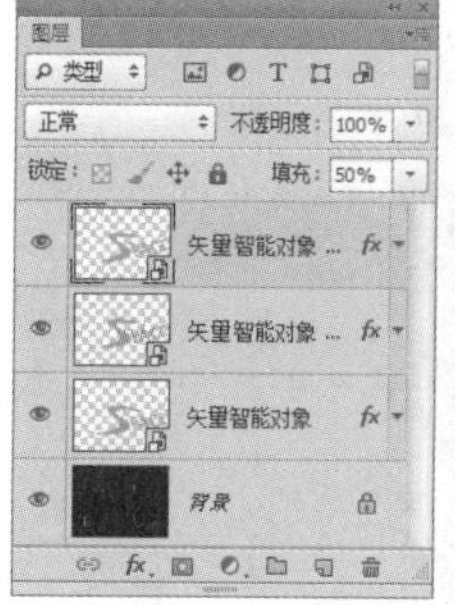

图 12-112　　图 12-113

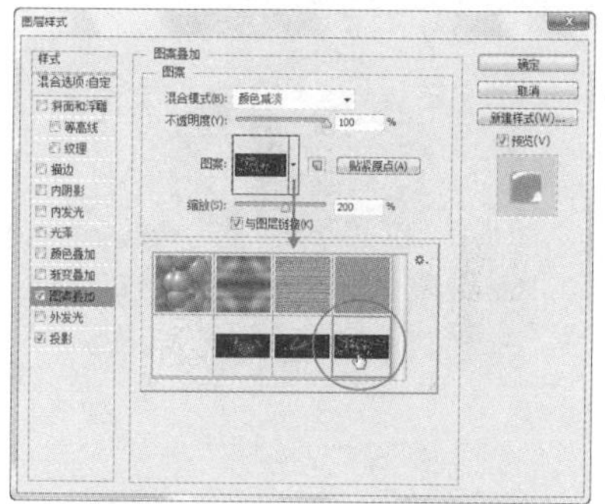

图 12-114

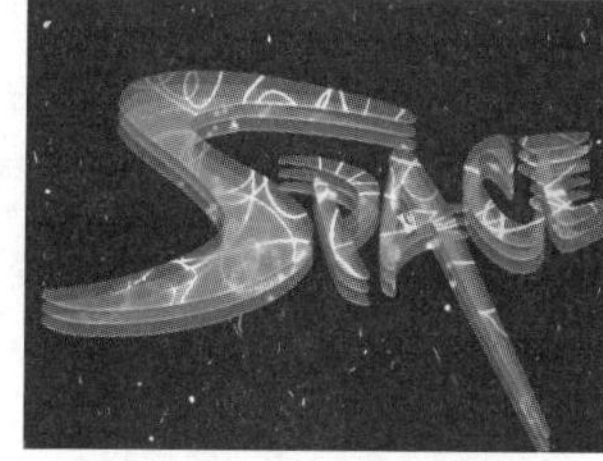

图 12-115

09 在画面中输入其他文字，注意版面的布局，如图12-116 所示。

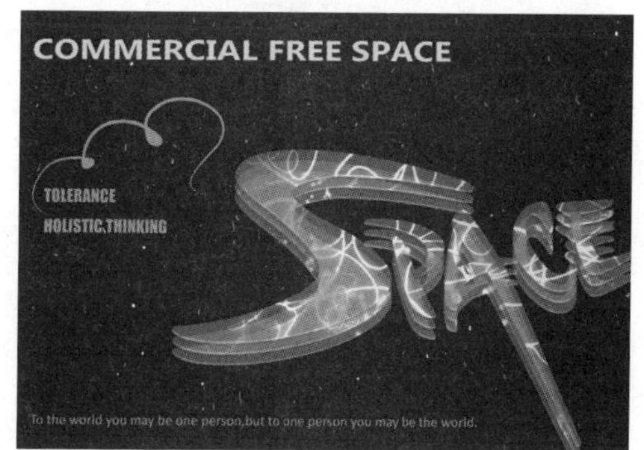

图 12-116

12.6 金属特效字

01 打开素材文件，如图 12-117 所示。使用横排文字工具 T 在画面中单击输入文字，在工具选项栏中设置字体及大小，如图 12-118 所示。

图 12-117

图 12-118

02 双击该图层，打开“图层样式”对话框，在左侧列表中分别选择“内发光”“渐变叠加”“投影”选项并设置参数，如图 12-119 ～图 12-122 所示。

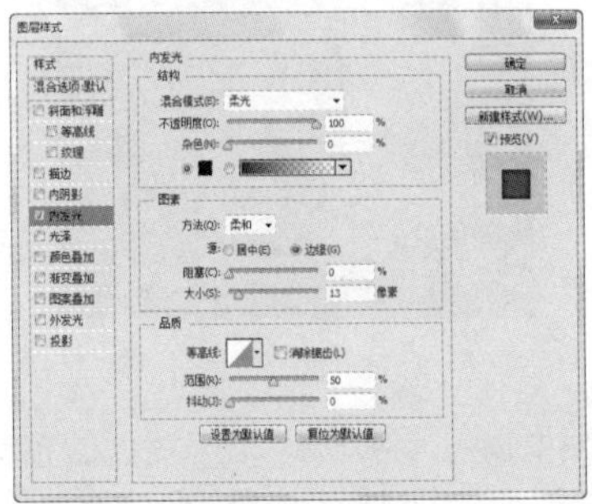

图 12-119

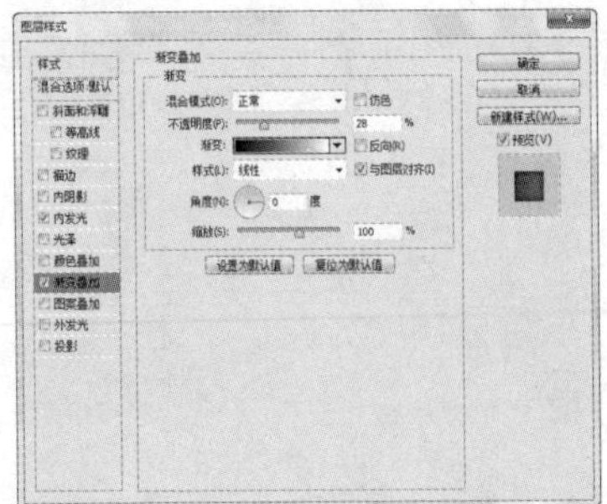

图 12-120

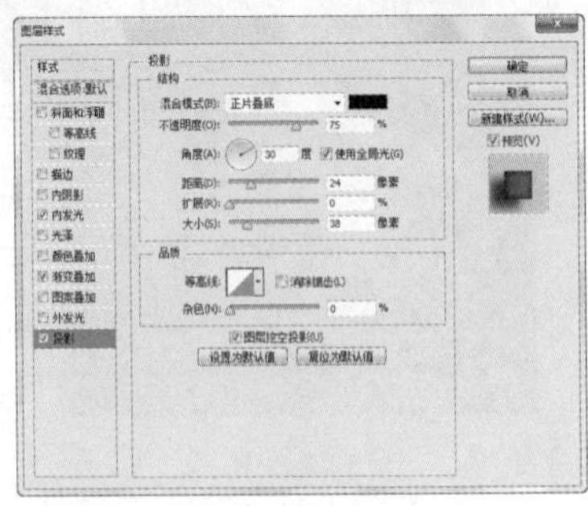

图 12-121

图 12-122

03 选择“斜面和浮雕”“等高线”选项，使文字呈现立体效果，并具有一定的光泽感，如图 12-123 ～图 12-125 所示。

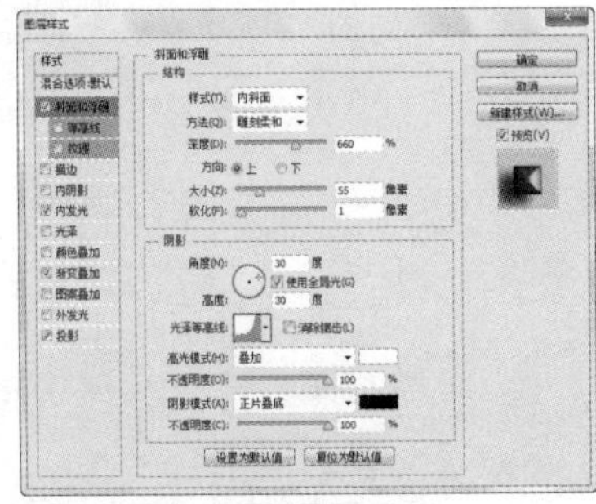

图 12-123

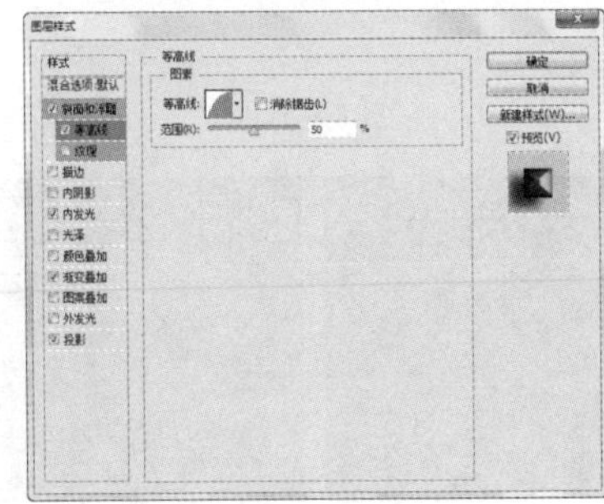

图 12-124

图 12-125

04 打开一个纹理素材，如图 12-126 所示。使用移动工具将素材拖至文字文档中，如图 12-127 所示。按 Alt+Ctrl+G 快捷键，创建剪切蒙版，将纹理图像的显示范围限定在文字区域内，如图 12-128 和图 12-129 所示。

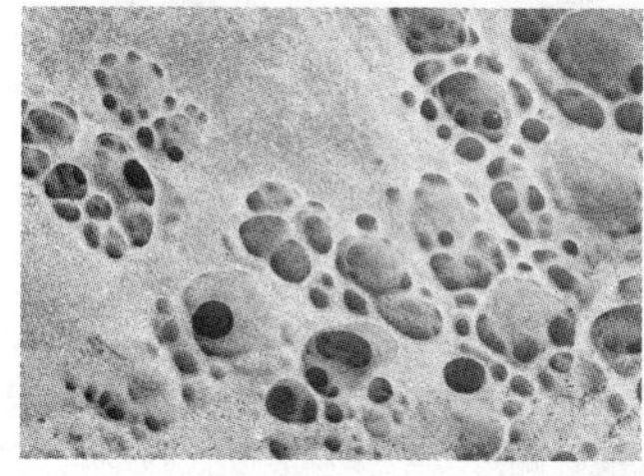

图 12-126

图 12-127

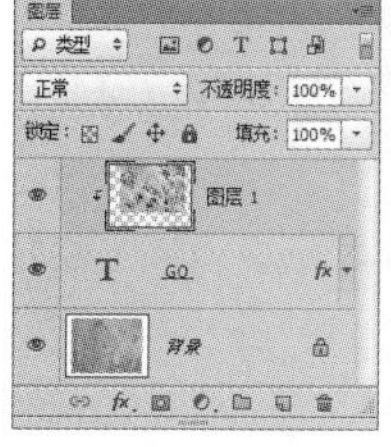

图 12-128

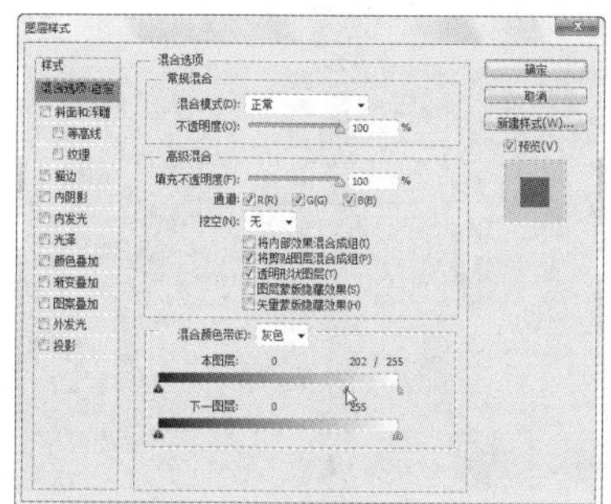

图 12-129

05 双击“图层 1”，打开“图层样式”对话框，按住 Alt 键并拖曳“本图层”选项中的白色滑块，将滑块分开，拖曳时观察渐变条上方的数值到 202 时释放鼠标，如图 12-130 所示。此时纹理素材中色阶高于 202 的亮调图像会被隐藏起来，只留下深色图像，使金属字具有斑驳的质感，如图 12-131 所示。

图 12-130

图 12-131

06 使用横排文字工具 T 输入文字，如图 12-132 所示。

图 12-132

07 按住 Alt 键并将文字 GO 图层的效果图标 fx 拖至当前文字图层上，为当前图层复制效果，如图 12-133 和图 12-134 所示。

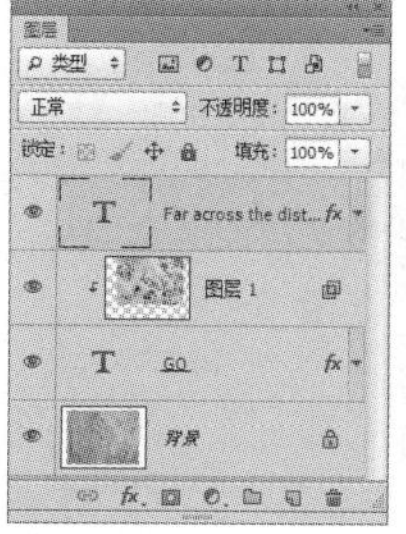

图 12-133

图 12-134

08 执行“图层 > 图层样式 > 缩放效果”命令，对效果进行缩放，使其与文字大小相匹配，如图 12-135 和图 12-136 所示。

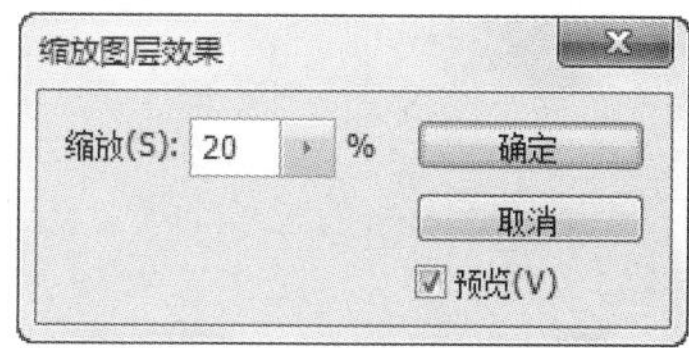

图 12-135

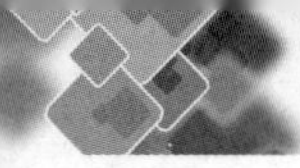

图 12-136

09 按住 Alt 键并将“图层 1”拖至当前文字层的上方，复制出一个纹理图层，按 Alt+Ctrl+G 快捷键，创建剪切蒙版，为当前文字也应用纹理贴图，如图 12-137 和图 12-138 所示。

10 单击“调整”面板中的按钮，创建“色阶”调整图层，拖曳阴影滑块，增加图像色调的对比度，如图 12-139 所示，使金属质感更强。再输入其他文字，效果如图 12-140 所示。

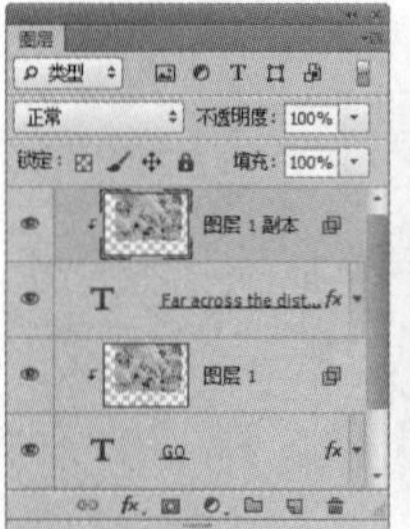

图 12-137

图 12-138

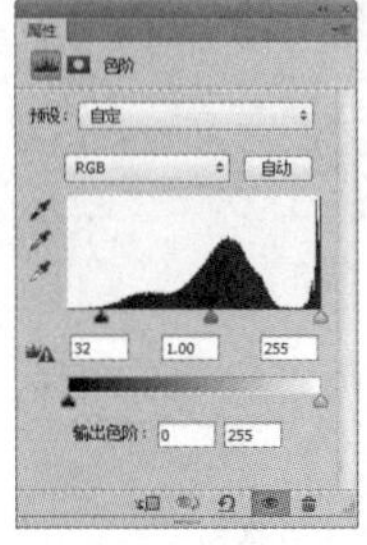

图 12-139

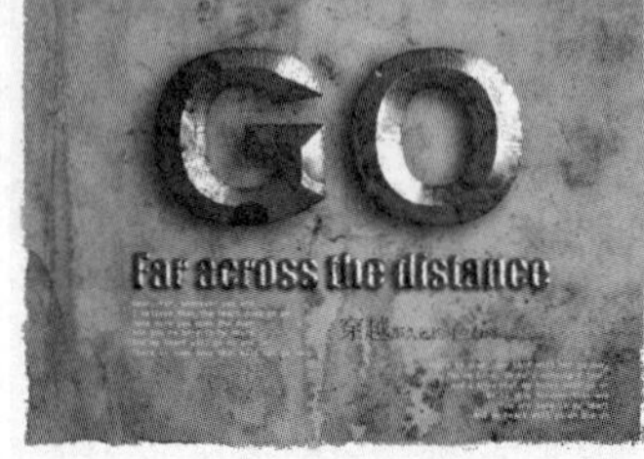

图 12-140

12.7 冰雕特效

01 打开素材文件，如图 12-141 所示。单击“图层”面板底部的按钮，新建一个图层，设置混合模式为“线性加深”，如图 12-142 所示。

图 12-141

图 12-142

02 使用快速选择工具并按住 Shift 键将两只手选中，如图 12-143 所示。按 Shift+Ctrl+I 快捷键反选。选择一个柔角画笔工具，在工具选项栏中将工具的不透明度设置为 50%，在键盘和背景图像上涂抹灰蓝色，如图 12-144 所示。

图 12-143

图 12-144

03 按 Shift+Ctrl+I 快捷键反选，重新选中手。选择“背景”图层，如图 12-145 所示，连按 4 次 Ctrl+J 快捷键进行复制。分别双击各个图层名称，将它们重命名为“手”“质感”“轮廓”和“高光”，如图 12-146 所示。

图 12-145　　图 12-146

04 选择“质感”图层，隐藏其他 3 个图层。执行“滤镜 > 艺术效果 > 水彩”命令，用“水彩”滤镜处理图像，如图 12-147 和图 12-148 所示。

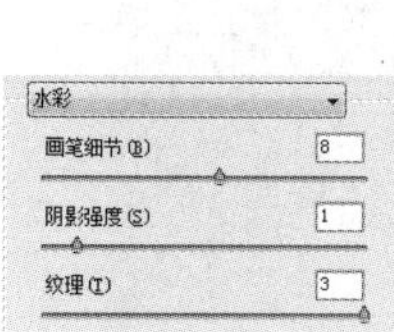

图 12-147　　图 12-148

05 双击“质感”图层，打开“图层样式”对话框，按住 Alt 键并拖曳“本图层”中的黑色滑块，将滑块分开调整，这样可以隐藏该图层中较暗的像素，只保留淡淡的纹理，如图 12-149 和图 12-150 所示。

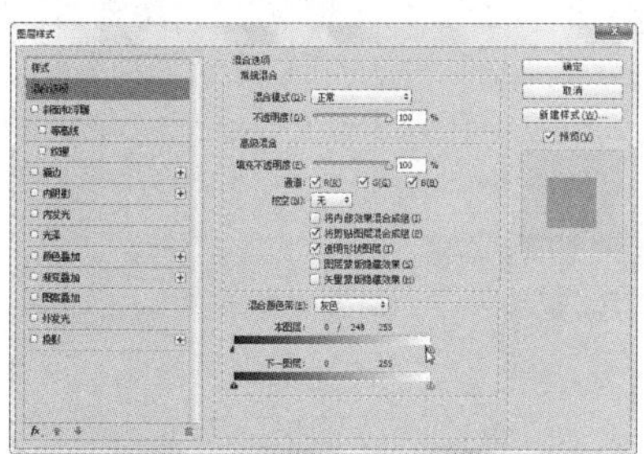

图 12-149

图 12-150

06 选择并显示“轮廓”图层，如图 12-151 所示。执行“滤镜 > 风格化 > 照亮边缘”命令，添加滤镜效果，如图 12-152 和图 12-153 所示。

图 12-151　　图 12-152

图 12-153

07 按 Shift+Ctrl+U 快捷键，去除颜色，设置该图层的混合模式为“滤色”，如图 12-154 所示。按 Ctrl+L 快捷键，打开“色阶”对话框，向左侧拖曳高光滑块将图像调亮，如图 12-155 和图 12-156 所示。

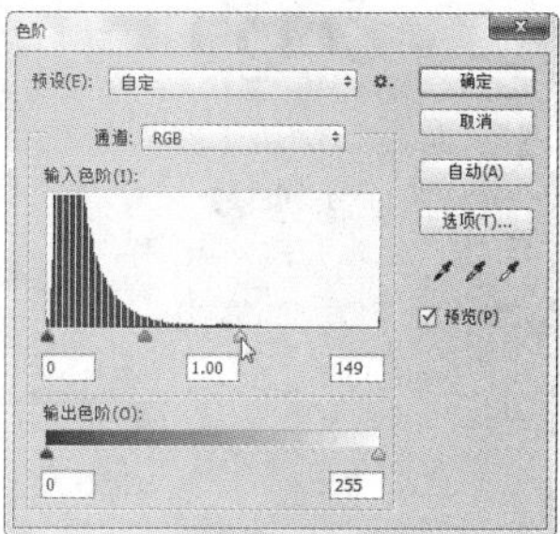

图 12-154　　图 12-155

图 12-156

08 选择并显示“高光”图层，如图 12-157 所示，执行“滤镜 > 素描 > 铬黄”命令，应用该滤镜，如图 12-158 和图 12-159 所示。

图 12-157

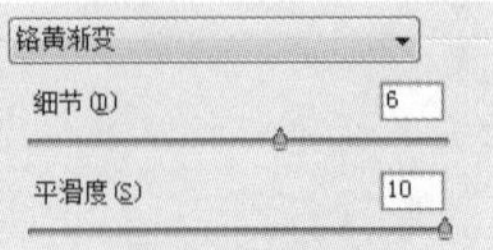

图 12-158

图 12-159

09 将该图层的混合模式设置为“滤色”，如图 12-160 所示。按 Ctrl+L 快捷键，打开“色阶”对话框，将直方图下方两个端点的滑块向中间拖曳，增加对比度，如图 12-161 和图 12-162 所示。

图 12-160

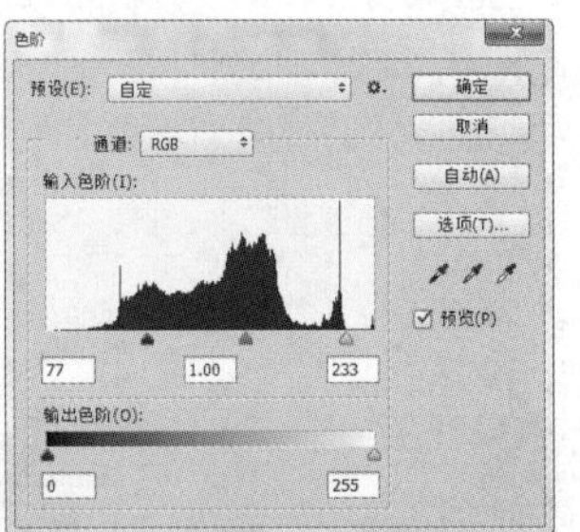

图 12-161

图 12-162

10 选择并显示“手”图层，单击“图层”面板顶部的 按钮，锁定该图层的透明区域，如图 12-163 所示。按 D 键，恢复默认的前景色和背景色，按 Ctrl+Delete 快捷键，填充背景色，使手图像成为白色，设置该图层的不透明度为 90%，如图 12-164 和图 12-165 所示。由于锁定了图层的透明区域，颜色不会填充到手外面。

图 12-163

图 12-164

图 12-165

11 为了使冰雕呈现更加真实的透明质感，需要复制一些键盘图像放在手下面，让键盘透过冰雕隐约可见。选择并只显示“背景”图层，隐藏其他图层，如图 12-166 所示，选择矩形选框工具，在工具选项栏中设置羽化为 3 像素，选择手右侧的键盘，如图 12-167 所示。

图 12-166

图 12-167

12 按 Ctrl+J 快捷键，将选中的图像复制到一个新的图层中。使用移动工具将其拖至手上，如图 12-168 所示。按住 Alt 键并向右拖曳鼠标，再复制出一个图层，如图 12-169 所示。

图 12-168

图 12-169

13 按 Ctrl+E 快捷键，将两个键盘图层合并，然后放到“手”图层的上方，并设置不透明度为 46%，如图 12-170 所示。按 Alt+Ctrl+G 快捷键，创建剪切蒙版，将键盘的显示范围限定在手中，然后显示所有图层，如图 12-171 和图 12-172 所示。

图 12-170

图 12-171

图 12-172

14 在“图层 1”上面新建一个图层。将前景色设置为白色，选择画笔工具 （柔角），沿手的轮廓绘制一圈白色的边线。降低该图层的不透明度（设置为 33%），如图 12-173 和图 12-174 所示。

图 12-173

图 12-174

15 选择“高光”图层，按住 Ctrl 键并单击其缩览图，载入选区，如图 12-175 所示。单击“调整”面板中的 按钮，创建“色相 / 饱和度”调整图层，将手调整为蓝色，选区会转换到调整图层的蒙版中，使调整图层只对手有效，而不会影响背景图像，如图 12-176 和图 12-177 所示。

图 12-175

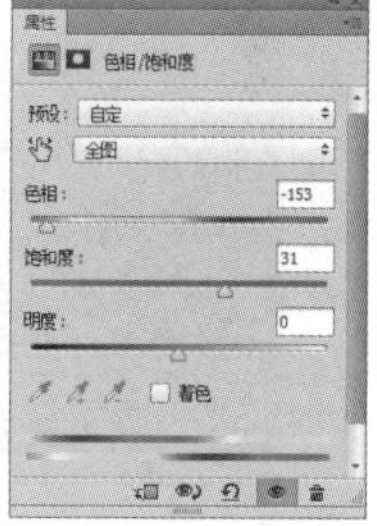

图 12-176

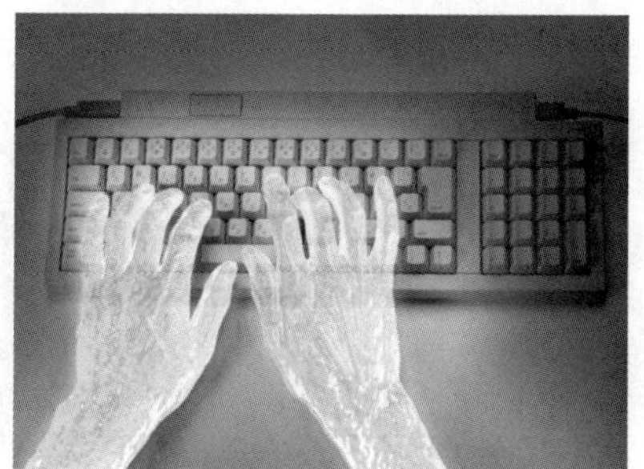

图 12-177

12.8 绚丽光效

01 按 Ctrl+O 快捷键，打开素材文件，如图 12-178 所示。

图 12-178

02 单击“图层”面板底部的 按钮，新建一个图层。选择渐变工具，单击工具选项栏中的径向渐变按钮，打开渐变下拉面板，选择“透明彩虹渐变”，如图 12-179 所示。在画面右上方拖曳鼠标创建渐变，如图 12-180 所示。

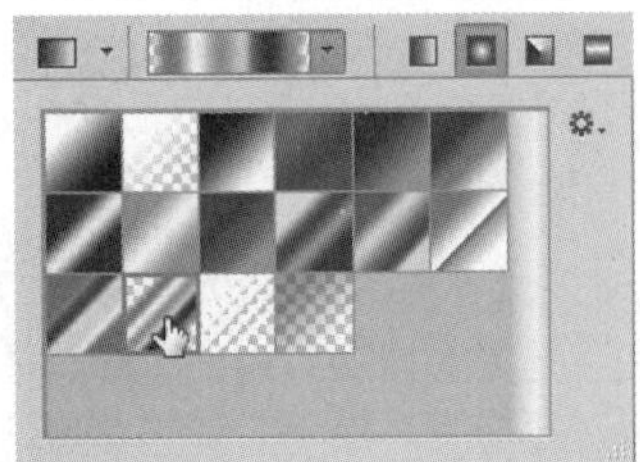

图 12-179

图 12-180

03 设置该图层的混合模式为“柔光”，不透明度为 70%，如图 12-181 和图 12-182 所示。

图 12-181

图 12-182

04 单击“图层”面板底部的 按钮，新建一个图层组。在图层组的名称上双击，并命名为“粉红色”，如图 12-183 所示。选择钢笔工具，在工具选项栏中选择“形状”选项，在画面中绘制一个路径形状，如图 12-184 所示。

图 12-183

图 12-184

05 在“图层”面板中设置该图层的填充不透明度为 0%，如图 12-185 所示。双击该图层，打开“图层样式”对话框，在左侧列表中选择“内发光”效果，设置参数如图 12-186 所示，效果如图 12-187 所示。

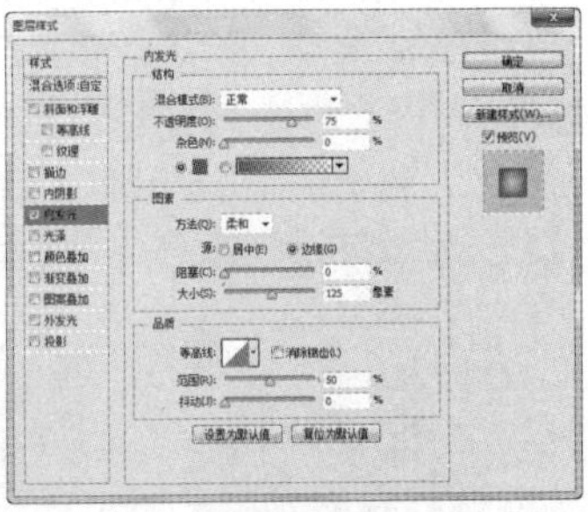

图 12-185

图 12-186

图 12-187

06 使用椭圆工具并按住 Shift 键绘制一个稍小的圆形，按住 Alt 键并将“形状 1”图层后面的效果图标 fx 拖至“形状 2”，复制图层效果。双击“内发光”效果，如图 12-188 所示。修改大小参数为 70 像素，如图 12-189 所示，减小发光范围，效果如图 12-190 所示。

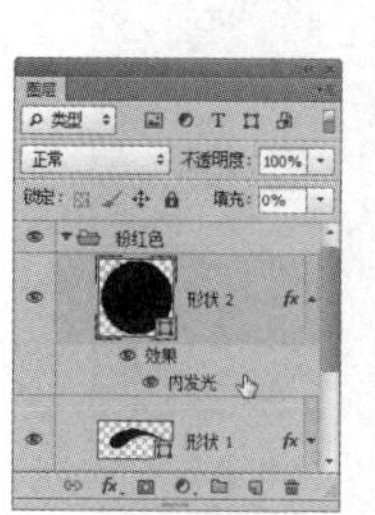

图 12-188

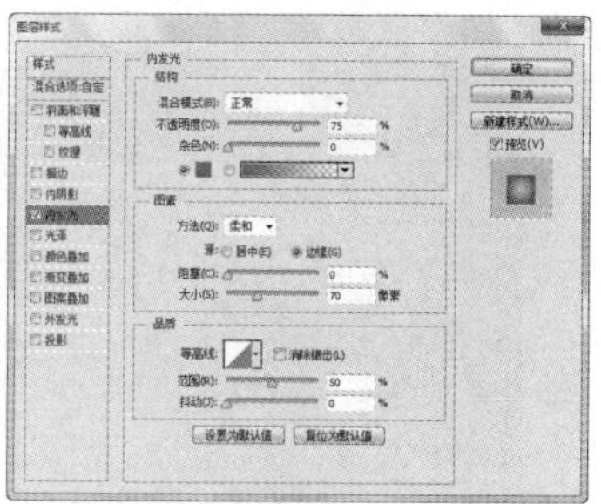

图 12-189

图 12-190

07 选择“形状 1”图层，按 Ctrl+J 快捷键，复制该图层，按 Ctrl+T 快捷键，显示定界框，右击，在弹出的快捷菜单中选择“垂直翻转”命令，将图形翻转，并适当缩小，如图 12-191 所示。

图 12-191

08 接下来要通过复制、变换的方法制作出更多的图形，而图形的颜色则要通过修改“图层样式”中的内发光颜色来改变。新建一个名称为“黄色”的图层组。将前面制作好的图形复制一个，拖至该组中，如图 12-192 所示。将图形放大。双击图层后面的效果图标 fx，打开“图层样式”对话框，选择“内发光”效果，单击颜色按钮打开“拾色器”对话框，将发光颜色设置为黄色，如图 12-193 ～图 12-195 所示。

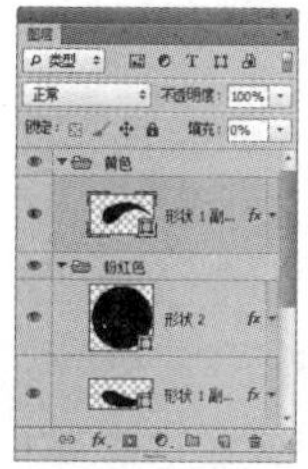

图 12-192

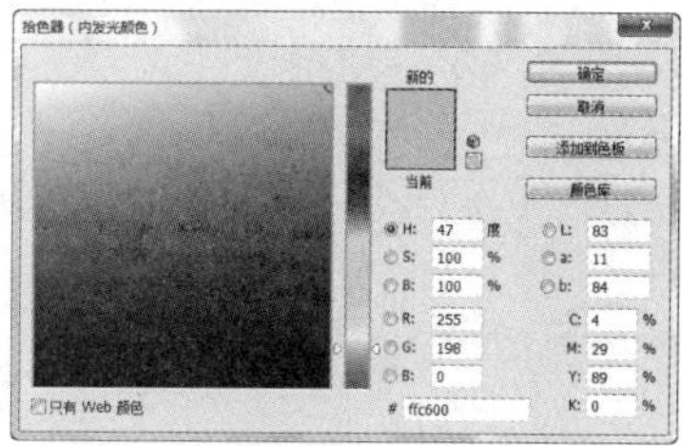

图 12-193

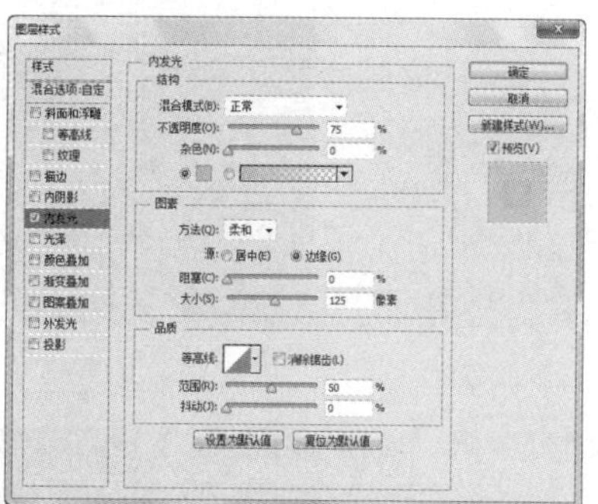

图 12-194

图 12-195

09 复制黄色图形，调整大小及角度，组成如图 12-196 所示的效果。用同样方法制作出蓝色、深蓝色、绿色、紫色和红色的图形，使画面丰富绚烂，如图 12-197 所示。

图 12-196

图 12-197

10 将前景色设置为白色。选择渐变工具，单击径向渐变按钮，在渐变下拉面板中选择“前景色到透明渐变”，如图 12-198 所示。新建一个图层，在发光图形上面创建径向渐变，如图 12-199 所示，设置混合模式为“叠加”，在画面中添加更多渐变，形成闪亮发光的特效，如图 12-200 和图 12-201 所示。

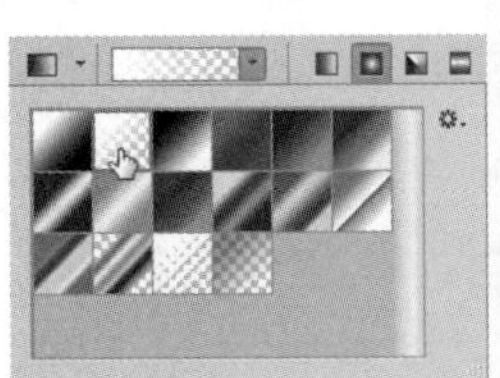

图 12-198

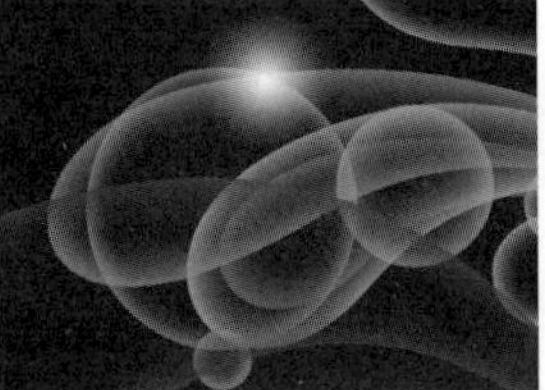

图 12-199

图 12-200

图 12-201

11 打开一个素材文件，如图 12-202 所示，使用移动工具将星星和文字拖至当前文档中，完成后的效果如图 12-203 所示。

图 12-202

图 12-203

12.9 创意合成

01 打开素材文件，如图 12-204 所示。单击“路径”面板中的按钮，新建一个路径层。使用钢笔工具绘制出人物的面部轮廓，如图 12-205 和图 12-206 所示。按 Ctrl+Enter 键，将路径转换为选区，如图 12-207 所示。

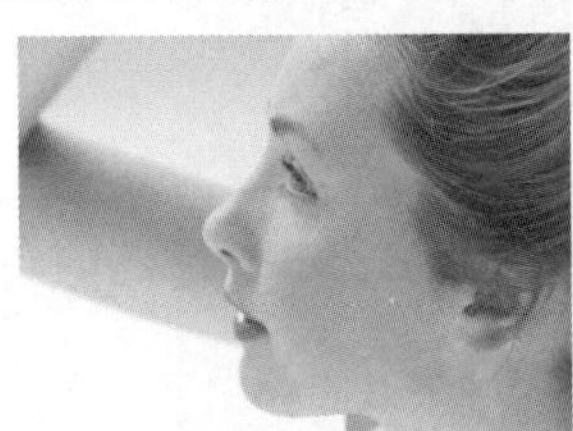

图 12-204

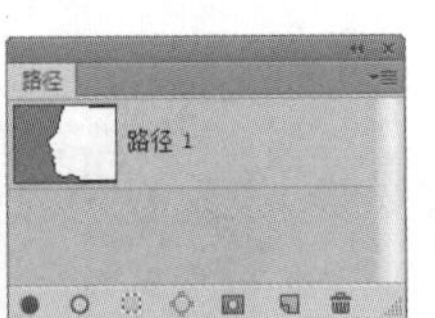

图 12-205

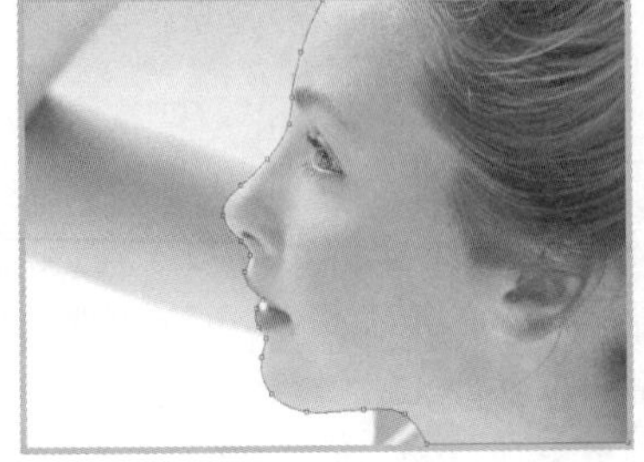

图 12-206

图 12-207

02 按 Ctrl+N 快捷键，打开“新建”对话框，在“文档类型”下拉列表中选择“国际标准纸张”，创建一个 A4 大小的 RGB 文件。

03 使用渐变工具填充渐变，如图 12-208 所示。切换到人物文档，使用移动工具将人物移动到渐变文档中。按 Ctrl+T 快捷键，显示定界框，在定界框外拖曳鼠标将图像旋转，如图 12-209 所示。

图 12-208

图 12-209

04 打开素材文件，如图 12-210 所示。将海水图像拖至当前文档中，按 Ctrl+T 快捷键，显示定界框，通过自由变换将图像朝逆时针方向旋转，如图 12-211 所示。

图 12-210

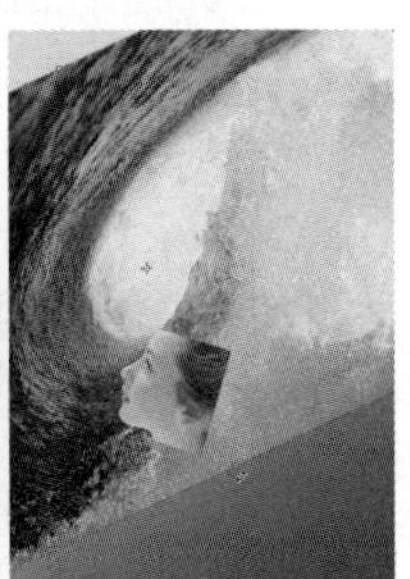
图 12-211

05 将人物与海水所在的图层重命名。选择“人物”图层，单击 按钮，添加蒙版，使用画笔工具（柔角为 200 像素）在人物图像的边缘涂抹黑色，使其隐藏，只显示面部，如图 12-212 和图 12-213 所示。

图 12-212

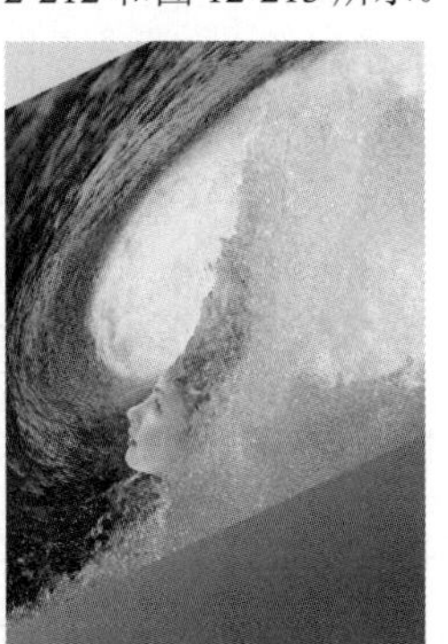
图 12-213

06 按住 Alt 键并单击“海水”图层前面的图标，将其他图层隐藏，如图 12-214 所示。执行“选择 > 色彩范围”命令，打开“色彩范围”对话框，选择“图像”选项，将光标放在预览框中，在蓝色区域单击，选取蓝色图像，如图 12-215 所示；单击“选择范围”选项，此时预览框中的图像以灰度显示，其中，白色部分代表了被选择的区域，调整颜色容差参数为 66，如图 12-216 所示，单击“确定”按钮，创建选区，如图 12-217 所示。

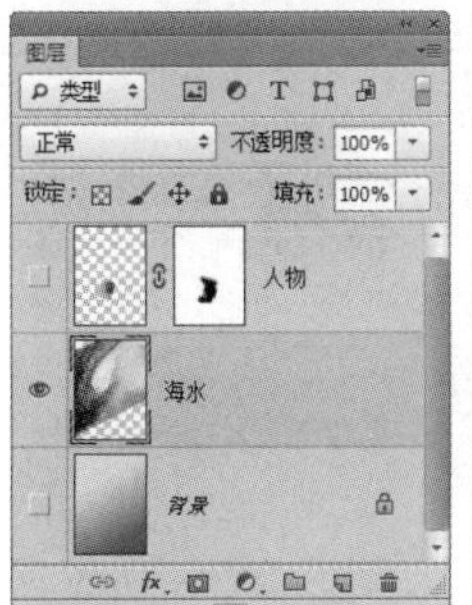

图 12-214

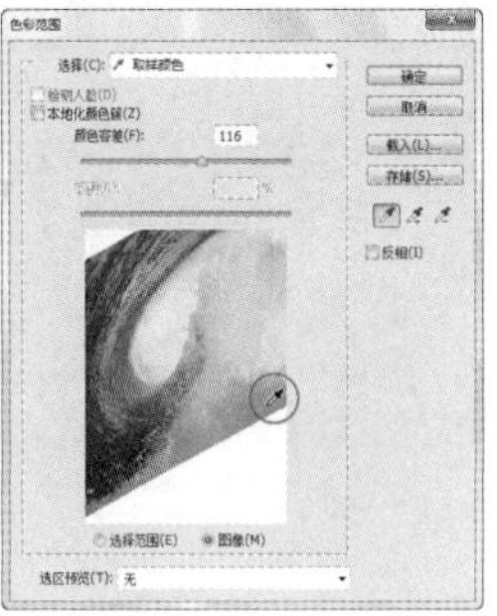
图 12-215

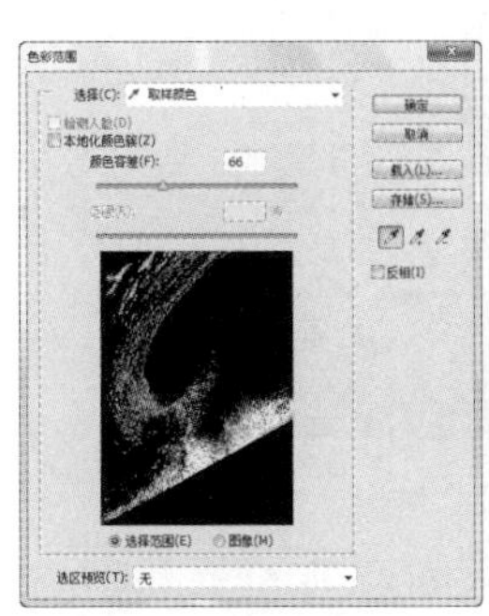
图 12-216

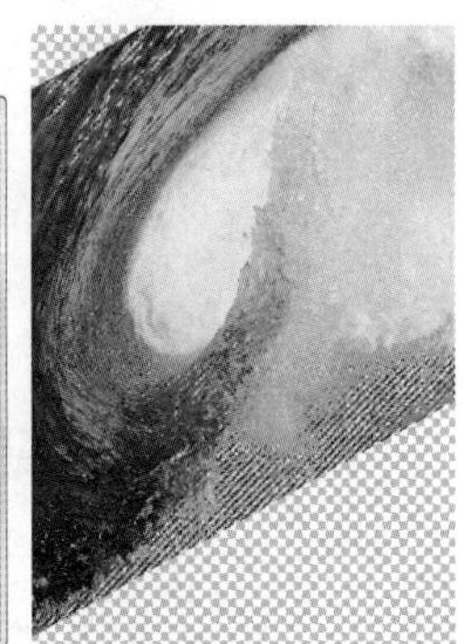
图 12-217

07 按住 Alt 键并单击 按钮，创建一个反相的蒙版，将选区内的图像隐藏，即遮盖蓝色的背景，使这部分区域只显示海浪激起的水花，显示其他两个图层后的效果如图 12-218 和图 12-219 所示。

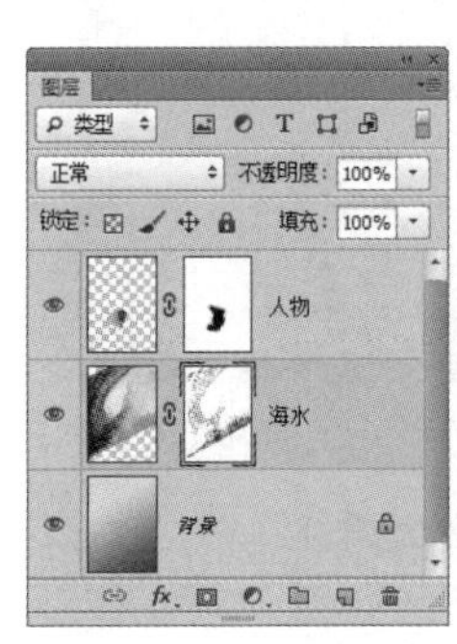

图 12-218

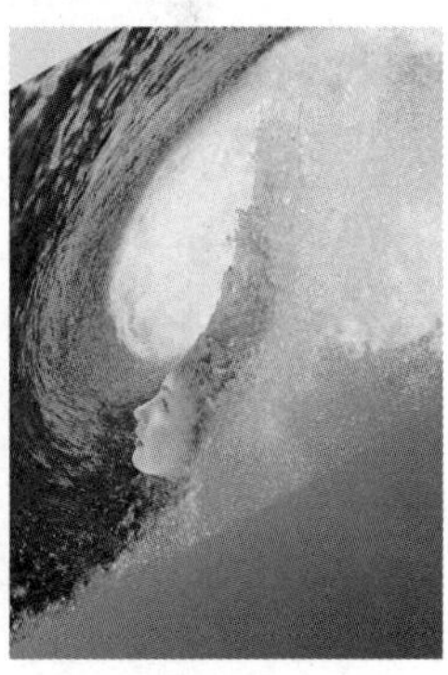
图 12-219

08 使用画笔工具（柔角为 300 像素）在蒙版中涂抹黑色，将深色的海水部分隐藏，如图 12-220 所示。将画笔工具的不透明度设置为 20%，按 [键，将画笔调小，继续编辑蒙版，在海水边缘处涂抹，使图像与背景的渐变颜色融合，如图 12-221 和图 12-222 所示。

图 12-220

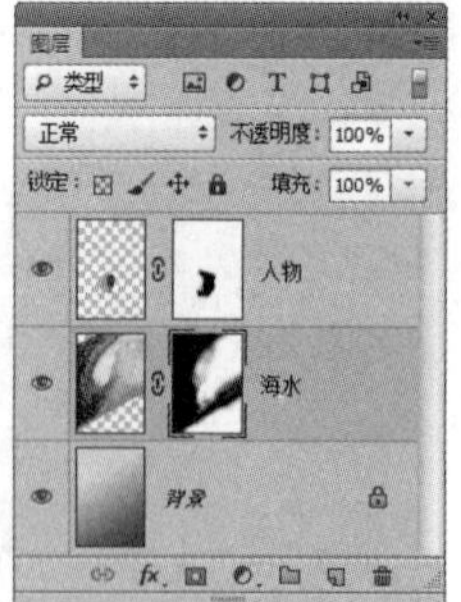

图 12-221

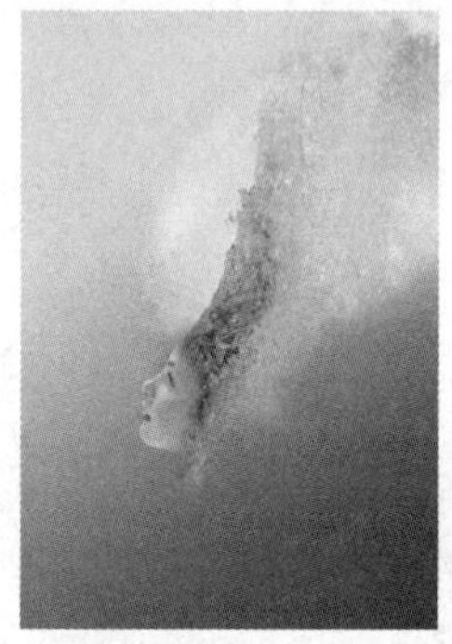

图 12-222

09 单击“调整”面板中的按钮，创建“通道混合器”调整图层，在“输出通道”下拉列表中选择“红”，并设置参数，如图12-223所示；再分别选择“绿”和“蓝”通道，设置参数，如图12-224和图12-225所示。

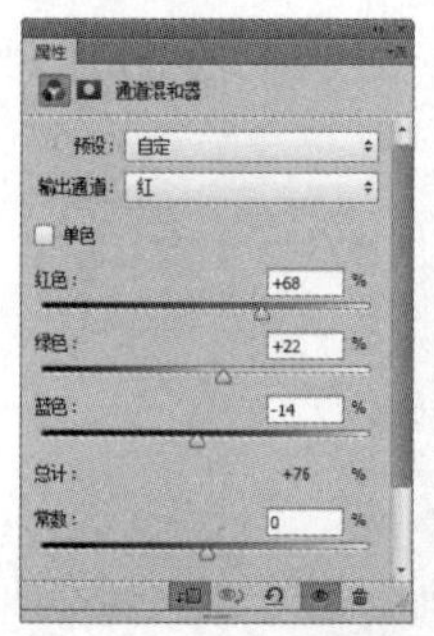

图 12-223

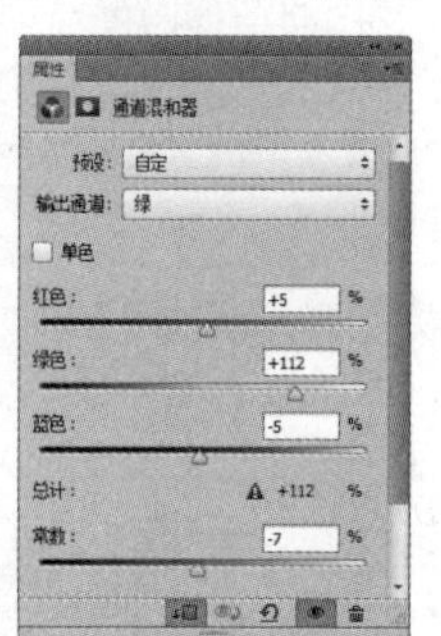

图 12-224

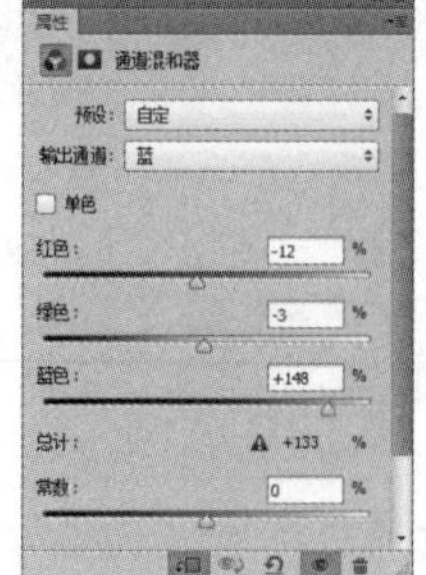

图 12-225

10 通过添加调整图层，调整人物面部的颜色，使其与画面色调统一。按Alt+Ctrl+G快捷键，创建剪切蒙版，使调整图层仅作用于“人物”图层，不对背景的海水产生影响，如图12-226和图12-227所示。

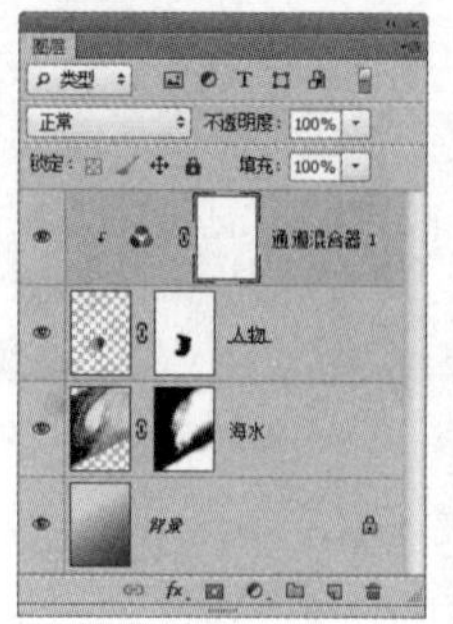

图 12-226

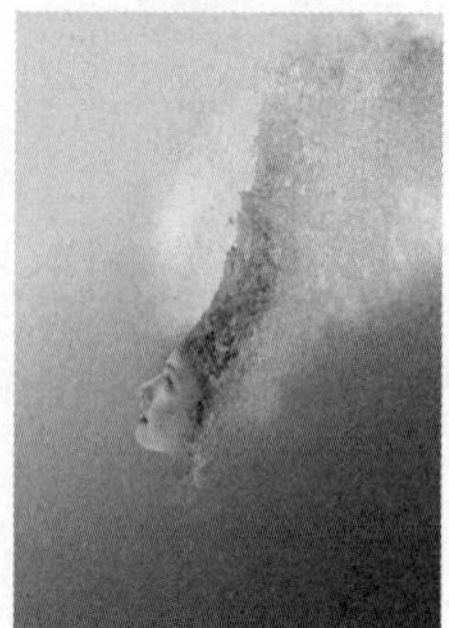

图 12-227

11 单击“调整”面板中的按钮，创建“色阶”调整图层，并设置参数，如图12-228所示。按Alt+Ctrl+G快捷键，创建剪切蒙版，使色阶调整图层仅作用于“人物”图层，效果如图12-229所示。

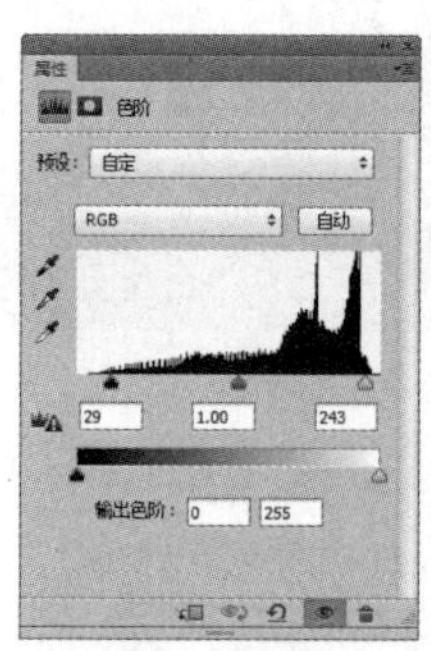

图 12-228

图 12-229

12 使用吸管工具在海水的深蓝色上单击，拾取该颜色作为前景色，使用画笔工具在面部周围涂抹蓝色，为嘴唇涂抹粉色。选择橡皮擦工具，将工具的不透明度设置为20%，适当进行擦除，使颜色变薄。按Alt+Ctrl+G快捷键，创建剪切蒙版，使超出面部区域的颜色不会显示在画面中，如图12-230和图12-231所示。

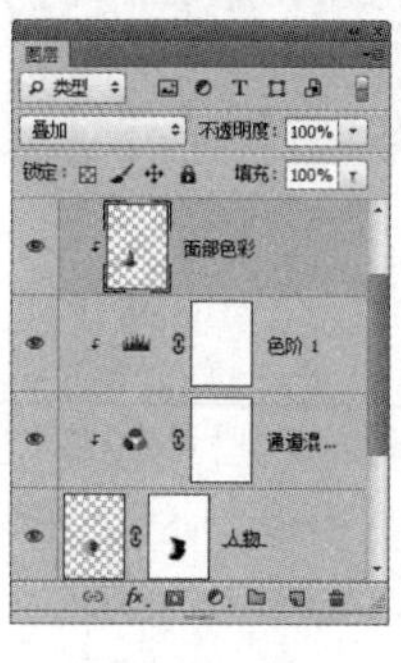

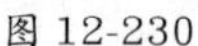

图 12-230

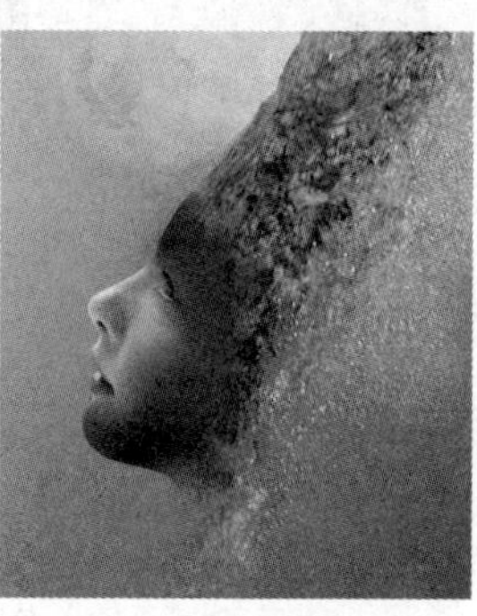

图 12-231

13 设置该图层的混合模式为“叠加”。人物的面部涂抹蓝色后，肤色与海水之间产生逐渐过渡、自然融合的效果。还可以使用画笔工具继续编辑图像，添加颜色，使面部边缘呈现蓝色，越靠近颧骨部分颜色越薄，产生通透的效果，如图 12-232 所示。

图 12-232

提示：

在图像合成中通过混合模式改变素材颜色，使混合效果更加绚丽是一种经常使用的方法。设置混合模式后，如果发现颜色与海水不协调，可以按 Ctrl+U 快捷键打开“色相 / 饱和度”对话框，拖曳滑块对颜色进行调整，选中“预览”选项，观察图像效果，找到与海水最为协调的颜色。

14 新建一个图层，命名为“浅色”。将前景色调整为浅灰色（R232,G238,B246）。选择渐变工具，在渐变下拉面板选择“前景色到透明渐变”选项，由画面左上角向画面中心拖曳鼠标填充渐变色，如图 12-233 和图 12-234 所示。

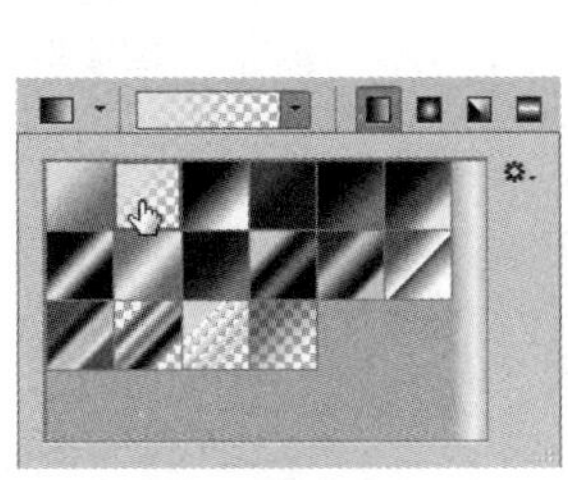

图 12-233

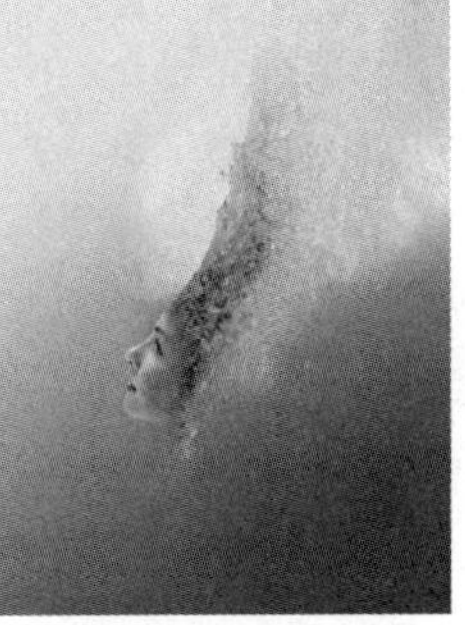

图 12-234

15 选择“海水”图层，按住 Alt 键并单击“海水”图层前面的图标，将其他图层隐藏。按住 Shift 键并单击该图层的蒙版缩览图，暂时停用图层蒙版，如图 12-235 所示，这样做是为了使海水图像完全显示在窗口中。需要启用蒙版时，可以按住 Shift 键并单击图层蒙版。

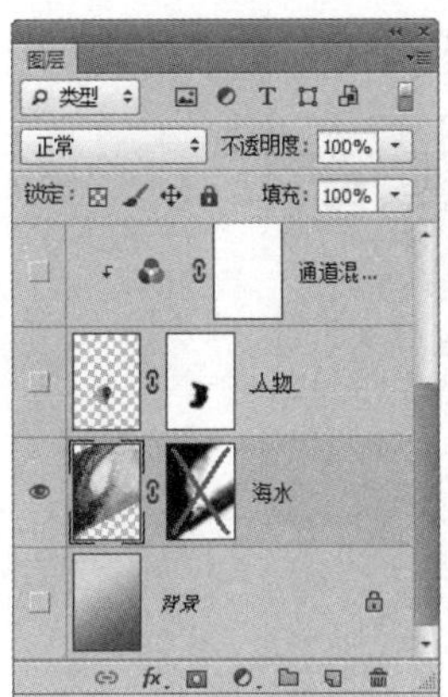

图 12-235

16 执行“选择 > 色彩范围”命令，打开“色彩范围”对话框，将光标移动到图像中，在浪花最亮的区域单击，进行取样，将颜色容差设置为 100，如图 12-236 所示，单击“确定”按钮，创建选区，如图 12-237 所示。

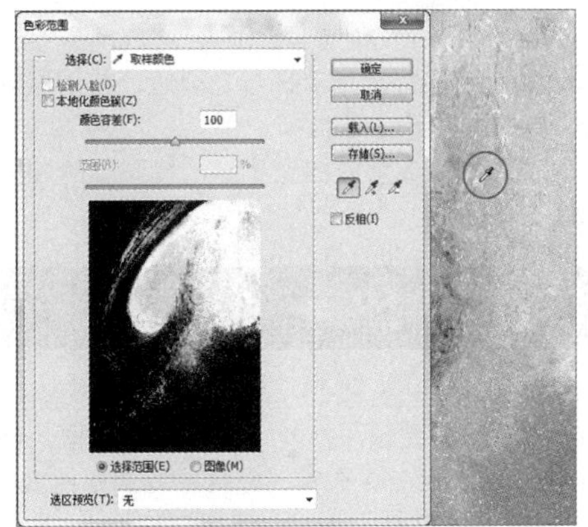

图 12-236

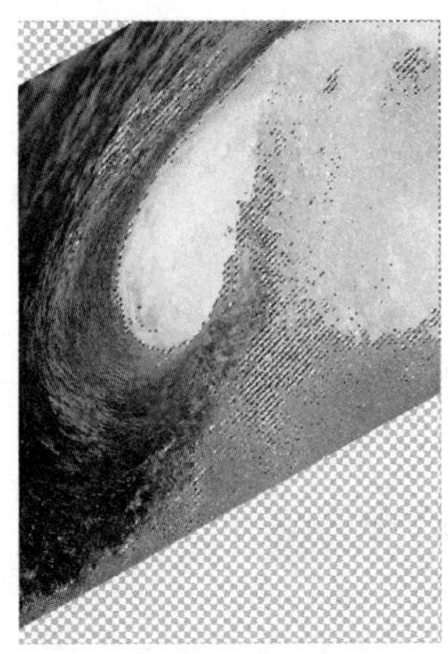

图 12-237

17 按 Ctrl+J 快捷键，复制选区内的图像，如图 12-238 所示。可以先隐藏“海水”图层，查看一下抠图效果，如图 12-239 所示。图像中只需保留飞溅起的水花。

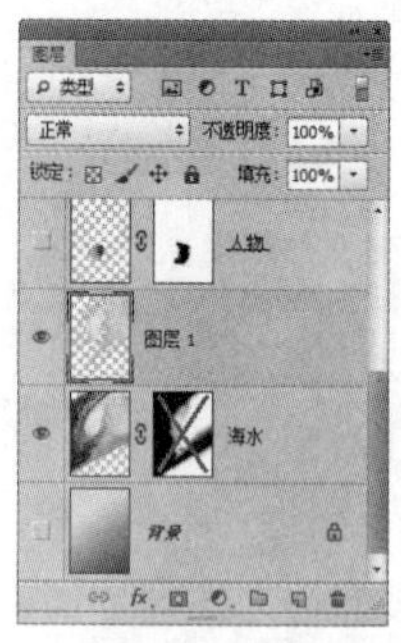

图 12-238

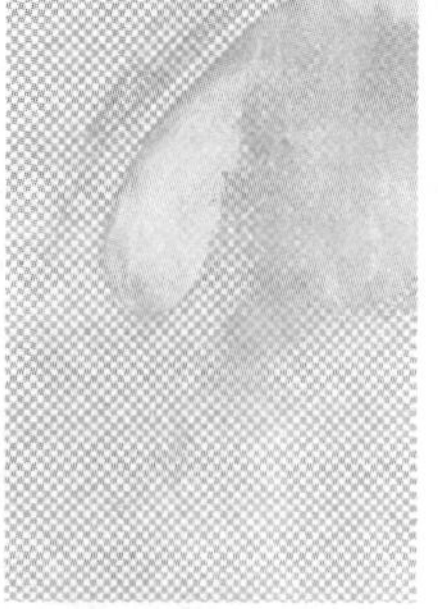

图 12-239

提示：

使用 Ctrl+J 快捷键复制选区内的图像时，如果当前图层是蒙版的工作状态，将无法使用该快捷键。可以单击当前图层的图像缩览图，进入图像的编辑状态，然后再使用该快捷键。

18 按 Shift+Ctrl+] 快捷键，将“图层 1”移动到“图层”面板的最上方。显示所有图层及蒙版，使用橡皮擦工具（柔角为 300 像素、不透明度为 20%），将“图层 1”中多余的图像擦除，使图像的融合效果更加自然，该图层主要起到加亮水花的作用，如图 12-240 和图 12-241 所示，完成后的效果如图 12-242 所示。

图 12-240

图 12-241

图 12-242

12.10 时装画

01 按 Ctrl+N 快捷键，打开“新建”对话框，创建一个 185 毫米 ×260 毫米、分辨率为 300 像素 / 英寸的 RGB 模式文档。

02 单击“路径”面板中的创建新路径按钮，创建一个路径层，修改名称为“线条”，如图 12-243 所示。使用钢笔工具绘制人物的动态轮廓线，在绘制的过程中，可以按住 Ctrl 键转换为直接选择工具调整锚点的位置，效果如图 12-244 所示。

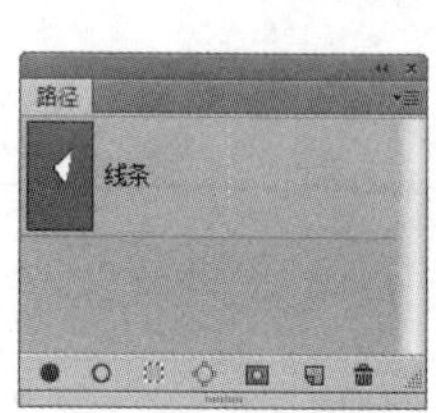

图 12-243

图 12-244

提示：

由于钢笔工具是用来绘制路径图形的，所以在同一个路径层上绘制不同线段时往往会出现两条线段首尾相连的现象，给绘制带来不必要的麻烦。如果在绘制完一条线段后按住 Ctrl 键并在画面中单击，然后释放 Ctrl 键再接着绘制，就不会出现这种情况了。

03 动态轮廓绘制好后，继续绘制细节部分线条来使画面更加丰富，如图 12-245 ～图 12-247 所示。

图 12-245

图 12-246

图 12-247

04 新建一个图层，如图 12-248 所示。选择画笔工具（尖角为 1 像素），单击“路径”面板中的用画笔描边路径按钮，描边“线条”路径，生成一个临时线条图层，作为下面绘制图形的参考，如图 12-249 所示。

图 12-248　图 12-249

05 新建一个“颜色轮廓”路径层，如图 12-250 所示。选择钢笔工具，单击工具选项栏中的合并形状按钮，绘制出需要填充颜色的区域，小面积或者封闭区域除外，如图 12-251 所示。

图 12-250　图 12-251

06 在“路径”面板的空白区域单击，隐藏所有路径。将“图层 1”拖至按钮上删除，再新建一个图层，命名为“线条”，如图 12-252 所示。在“路径”面板中选择“线条”路径层，在画面中显示该层中的所有路径，使用路径选择工具选择其中的一段路径，如图 12-253 所示。

图 12-252　图 12-253

07 将前景色设置为浅蓝色（R174,G205,B207）。选择画笔工具（尖角为 4 像素），打开“画笔”面板，设置大小的动态控制为“渐隐”，参数为 500，如图 12-254 所示。单击“路径”面板中的用画笔描边路径按钮，从头发线条开始描边路径，如图 12-255 所示。

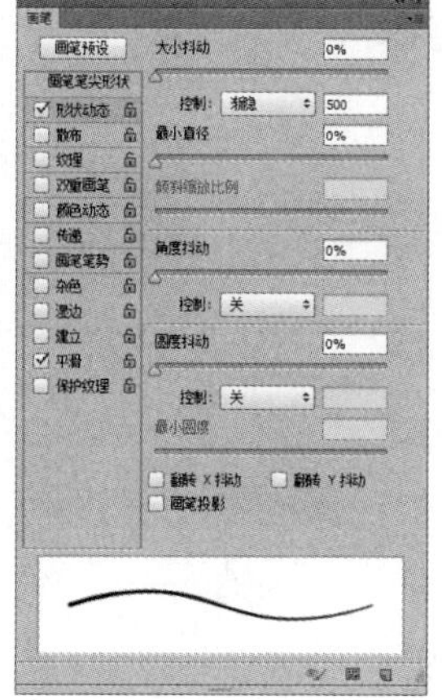

图 12-254　图 12-255

08 采用同样方法，适当调整画笔大小以及渐隐参数继续绘制，在描绘头饰时，需将画笔的大小动态控制恢复为“关”。在“路径”面板空白处单击，隐藏路径以查看线描效果，如图 12-256 所示。将前景色调整为深棕色（R138,G75,B46），绘制皮肤线条，如图 12-257 所示。

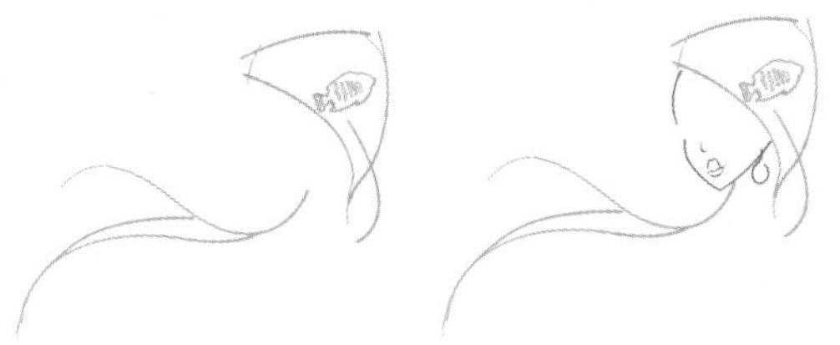

图 12-256　图 12-257

09 选择耳环子路径，如图 12-258 所示。设置画笔的大小动态控制为“钢笔压力”，如图 12-259 所示。

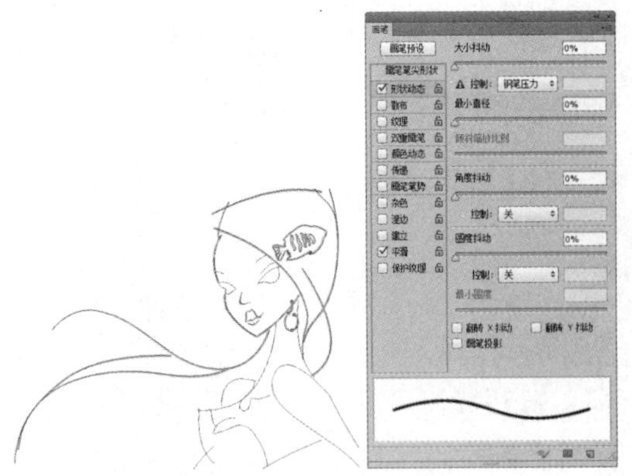

图 12-258　　图 12-259

10 调整画笔大小为 8 像素，执行“编辑 > 描边”命令，在打开的对话框中选中“模拟压力”选项，如图 12-260 所示，再次描边耳环路径，效果如图 12-261 所示。

图 12-260

图 12-261

11 采用同样的方法处理“线条”图层，当一种画笔式样描边不能达到线条效果时，可以采用绘制耳环的方法通过重复描边来达到目的。例如，先将“控制”设置为“渐隐”进行描边，然后再设置为“钢笔压力”进行描边，如图 12-262 所示（背部线条）。如图 12-263 所示的左腿线条则是将画笔的大小动态控制恢复为“关”进行描边，再设置为“钢笔压力”重复描边，绘制完的线条效果如图 12-264 所示。

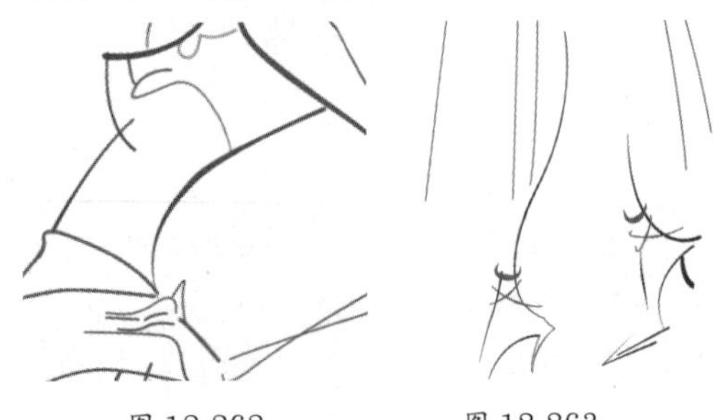

图 12-262　　图 12-263

图 12-264

12 按住 Ctrl 键并单击“图层”面板中的按钮，在“线条”图层下面创建一个“粉红 1”图层。将前景色设置为粉红色（R255,G194,B199）。选择“颜色轮廓”路径，使用路径选择工具选择其中的一个形状图形，如图 12-265 所示，单击“路径”面板中的按钮，填充路径区域，如图 12-266 所示。

图 12-265　　图 12-266

13 新建“粉红 2”图层，采用同样的方法在另外一个形状路径内填充粉红色，如图 12-267 和图 12-268 所示。

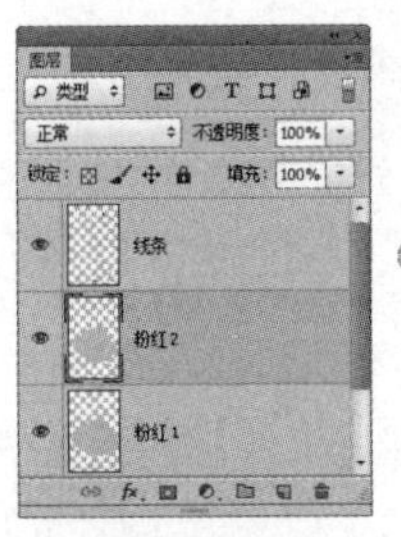

图 12-267　　图 12-268

14 修改“粉红 1”图层的不透明度为 38%，如图 12-269 和图 12-270 所示。

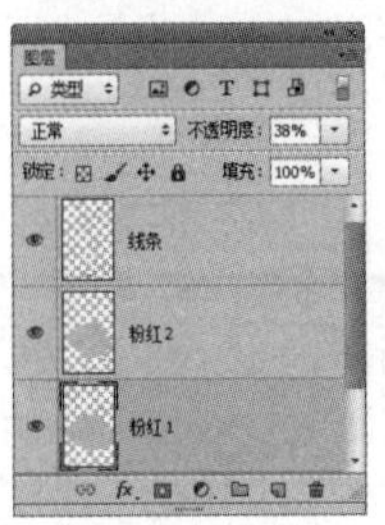

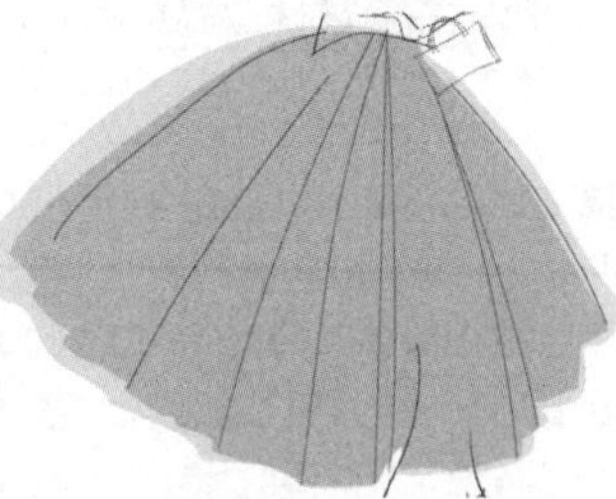

图 12-269　　图 12-270

15 选择“线条”图层，使用魔棒工具选择腰带区域，如图 12-271 所示，执行“选择 > 修改 > 扩展”命令，扩展 1 像素选区，如图 12-272 所示。选择“粉红 2”图层，按 Alt+Delete 快捷键，为其填充前景色，如图 12-273 所示。

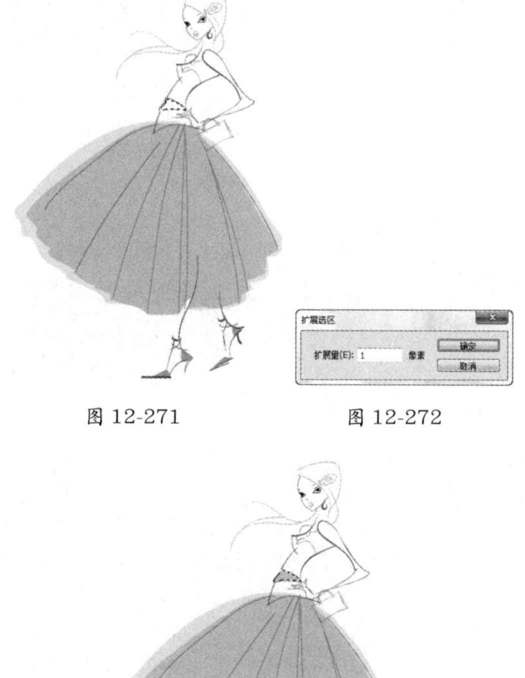

图 12-271　　图 12-272

图 12-273

16 新建一个“头发”图层，将前景色设置为浅黄色（R237,G222,B193）。选择“颜色轮廓”路径，使用路径选择工具选择其中的头发图形，如图 12-274 所示，单击“路径”面板中的按钮，填充路径区域，如图 12-275 所示。

图 12-274

图 12-275

17 在“路径”面板中新建一个路径层，命名为“结构”。使用钢笔工具绘制皮肤区域路径，绘制时应与线条错开一定的区域，使线条显得轻松随意，如图 12-276 和图 12-277 所示。将前景色设置为皮肤色（R241,G212,B198），单击“路径”面板中的按钮，填充路径区域，如图 12-278 所示。

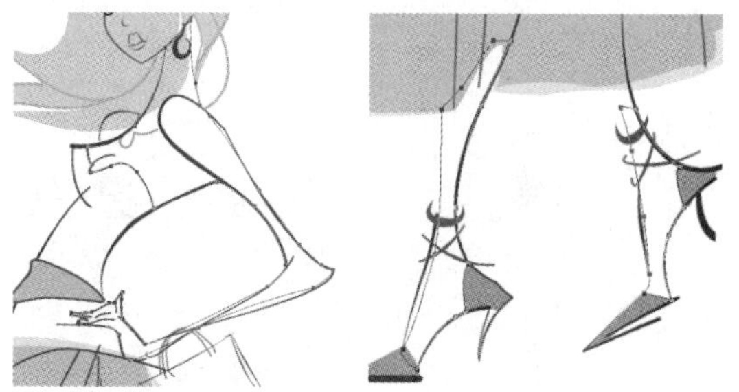

图 12-276　　图 12-277

图 12-278

18 面部的颜色处理可以通过先载入选区，然后扩展选区（扩展量为 1 像素），再使用画笔工具涂抹的方法来绘制，如图 12-279 所示。创建“饰品”图层，采用同样的方法绘制相应的颜色，如图 12-280 所示。

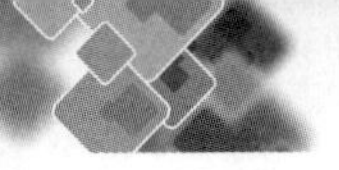

图 12-279　　图 12-280

19 使用钢笔工具，在衣物的褶皱和头发等的转折处绘制轮廓形状，如图 12-281 所示。新建一个“结构”图层，分别用适当的颜色填充各个结构路径，使画面更富于变化，如图 12-282 所示。

图 12-281　　图 12-282

20 选择“线条”路径，使用路径选择工具选取其中部分线段路径，如图 12-283 所示。将前景色设置为白色，采用前面绘制“线条”图层的方法绘制所选路径，如图 12-284 所示。

图 12-283　　图 12-284

21 使用橡皮擦工具擦除遮挡住脸、肩和手的部分颜色，如图 12-285 ～图 12-288 所示。

图 12-285　　图 12-286

图 12-287　　图 12-288

22 选择“线条”图层，使用魔棒工具选择脸部区域，执行“选择 > 修改 > 扩展”命令，扩展选区（扩展量为 1 像素）。新建一个“细节”图层，将前景色设置为粉红色（R237,G142,B148）。使用柔角画笔工具（不透明度为 20%）在人物的眼睛部位绘制眼部周围的红晕，取消选择后的效果如图 12-289 所示。使用多边形套索工具在双肩处创建选区，同样绘制部分红晕，如图 12-290 所示。

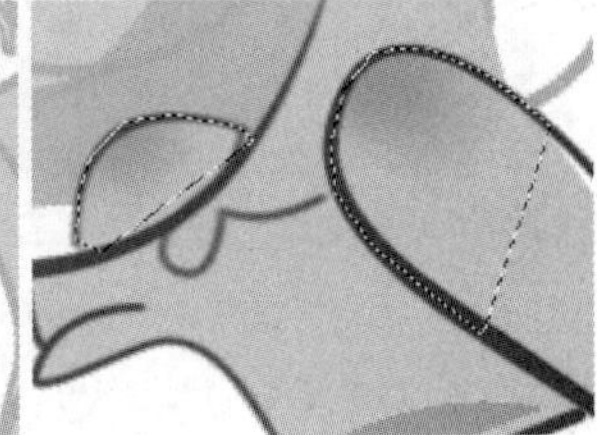

图 12-289　　图 12-290

23 将画笔的笔尖调整为尖角，采用相同的方法绘制面部其他细节及项链，如图 12-291 所示。使用涂抹工具（强度为 80%）涂抹出眼睫毛，如图 12-292 所示。

图 12-291　　图 12-292

24 在“结构”图层下面创建一个“花纹”图层，将前景色设置为紫色（R196,G109,B142）。使用尖角画笔点出不同大小、不同颜色的圆点。使用橡皮擦工具擦除头饰和腰带轮廓外的花纹，如图12-293所示。最后使用橡皮擦工具（尖角，不透明度为10%）处理“线条”图层，使线条更富于变化，效果如图12-294所示。

图 12-293　　　图 12-294

12.11 鼠绘超写实跑车

12.11.1 绘制车身

01 打开素材文件，如图12-295所示。该文件中包含了跑车各个部分的路径轮廓，如图12-296所示。

图 12-295　　　图 12-296

02 单击“图层”面板底部的按钮，创建一个图层组，命名为“车身”。单击按钮，创建一个名称为“轮廓”的图层，如图12-297所示。单击“路径”面板中的“轮廓”路径，如图12-298所示。将前景色设置为深灰色（R71,G71,B71），单击“路径”面板底部的按钮，用前景色填充路径，如图12-299所示。

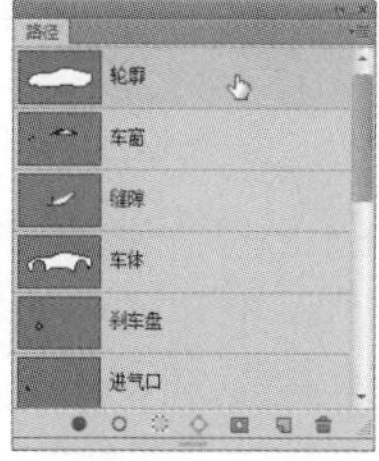

图 12-297　　　图 12-298

图 12-299

03 单击“图层”面板中的按钮，在“轮廓”图层上方新建一个名称为“车体”的图层，如图12-300所示。按住Ctrl键并单击“路径”面板中的“车体”路径，载入选区，如图12-301所示。将前景色设置为红色，背景色为深红色。选择渐变工具，在选区内填充线性渐变，如图12-302所示。

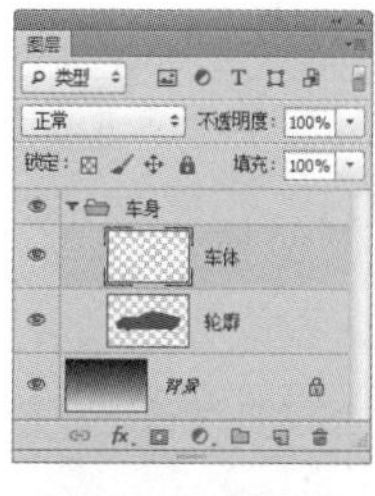

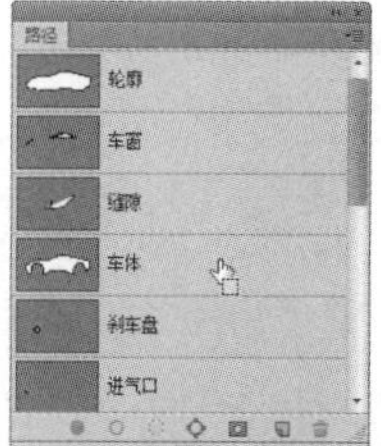

图 12-300　　　图 12-301

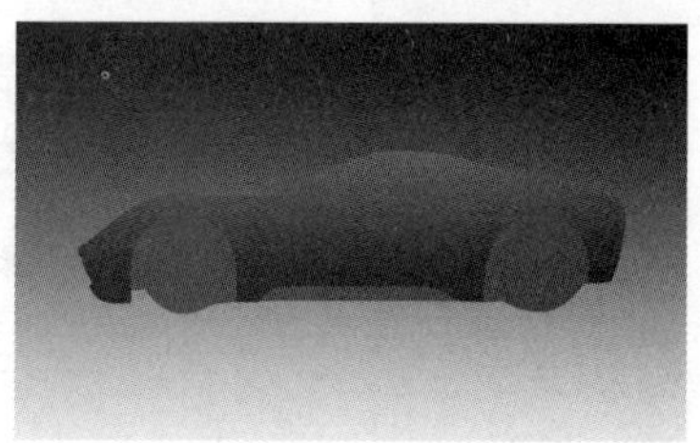

图 12-302

04 创建新的图层，分别对“车窗”和“暗影”路径进行填充，如图 12-303 和图 12-304 所示。

图 12-303

图 12-304

05 将“暗影”图层的不透明度设置为 50%，使车身呈现光影变化，如图 12-305 和图 12-306 所示。

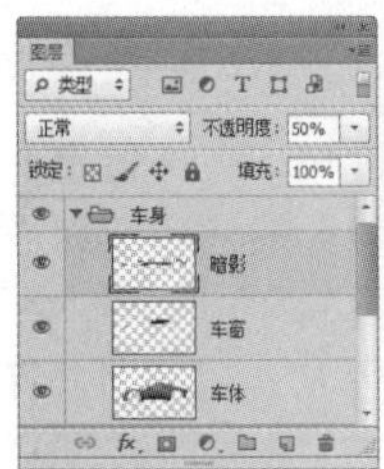

图 12-305　　图 12-306

06 选择“车体”图层。使用椭圆选框工具 并按住 Shift 键创建一个选区，如图 12-307 所示。选择减淡工具 （柔角为 90 像素，范围为中间调，曝光度为 10%），涂抹选区内的图像，绘制出跑车前轮的挡板，如图 12-308 所示。

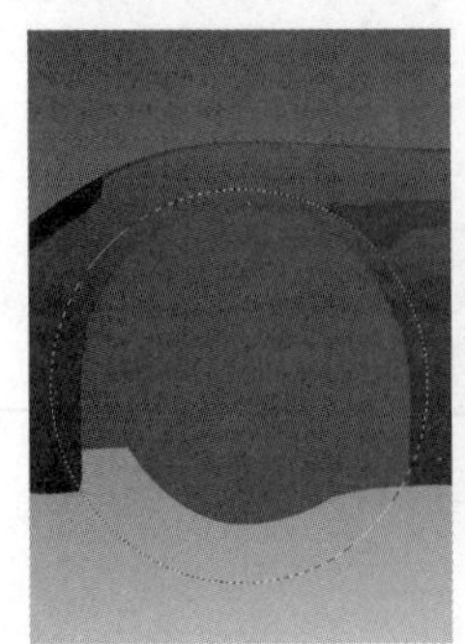

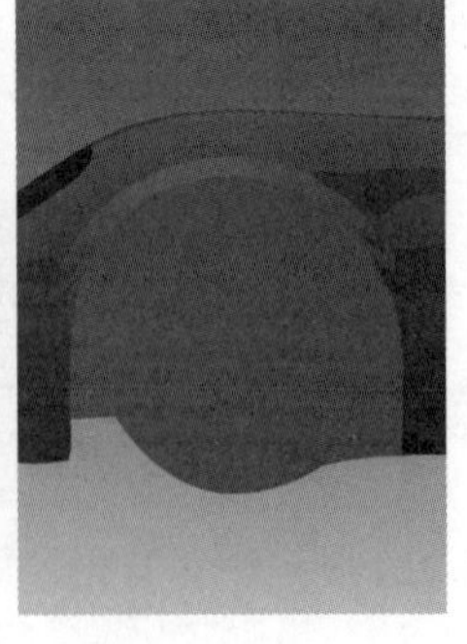

图 12-307　　图 12-308

07 选择加深工具 （范围为中间调，曝光度为 10%），涂抹边缘部分，表现出挡板的厚度，如图 12-309 所示。用相同方法绘制出后轮的挡板，如图 12-310 所示。

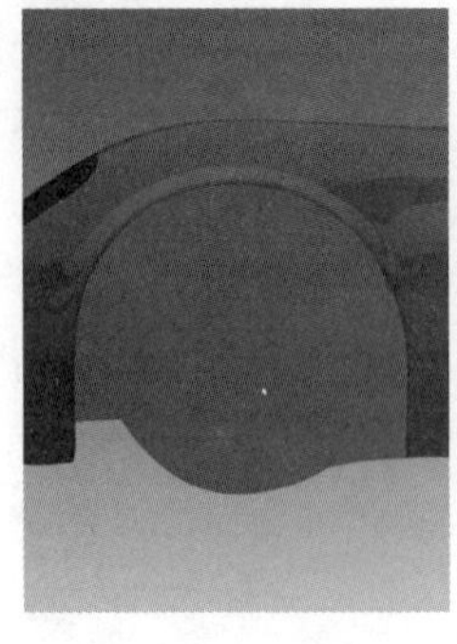

图 12-309　　图 12-310

08 在“车体”图层上面新建一个名称为“车体高光”的图层。选择钢笔工具 ，在工具选项栏中选择“路径”选项，沿车体的曲线绘制一条路径，如图 12-311 所示。将前景色设置为白色。选择画笔工具 ，单击“路径”面板底部的 按钮对车体进行描边，如图 12-312 所示。

图 12-311

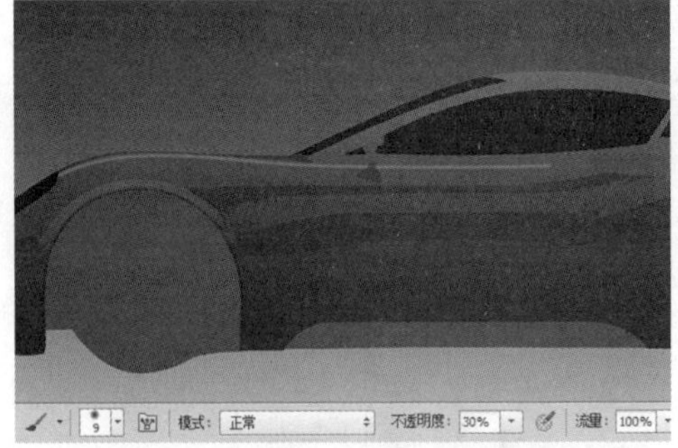

图 12-312

09 按住 Alt 键并单击“路径”面板中的 按钮，在弹出的对话框中选中“模拟压力”选项，如图 12-313 所示，用画笔工具对路径再次描边。然后用橡皮擦工具 涂抹图形，对高光图形进行修正，使右侧的线条变细，如图 12-314 所示。

图 12-313

图 12-314

10 用相同的方法绘制出其他区域的高光，如图 12-315 所示。在“车窗”图层上方新建一个名称为“车灯亮光”的图层。用钢笔工具绘制一个图形，如图 12-316 所示。按 Ctrl+Enter 键将路径转换为选区，在选区内填充白色，按 Ctrl+D 快捷键取消选区。用模糊工具涂抹图形边缘，将图形适当柔化，如图 12-317 所示。

图 12-315

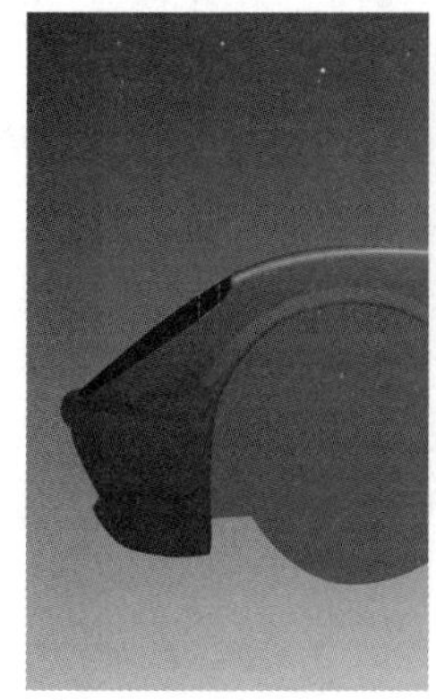

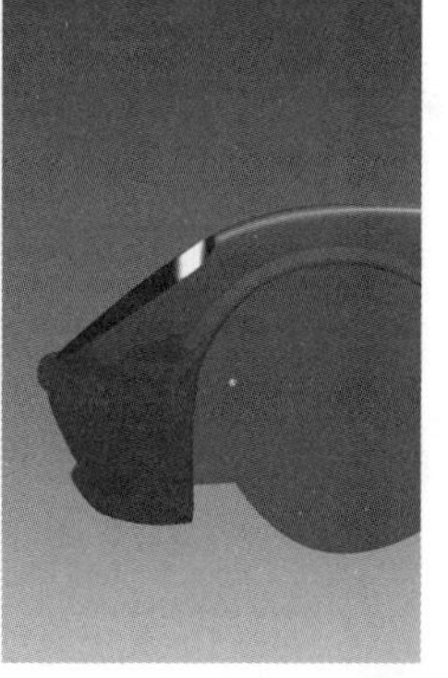

图 12-316　　图 12-317

11 选择“车体”图层。用减淡工具和加深工具涂抹车窗部分，绘制出后视镜图形。用相同的方法绘制出车体整体的明暗效果，如图 12-318 所示。

图 12-318

提示：

可以创建选区对涂抹范围进行限制。选区的形状可以用钢笔工具绘制对应的路径图形，然后按 Ctrl+Enter 快捷键转换得到。

12 选择加深工具，在工具选项栏中设置参数，如图 12-319 所示。

图 12-319

13 选择“缝隙”路径，如图 12-320 所示。按住 Alt 键并单击“路径”面板中的按钮，弹出“描边路径”对话框，在下拉列表中选择加深工具，并取消选中“模拟压力”选项，如图 12-321 所示，单击“确定”按钮，用加深工具沿路径描边，绘制出车门与车体间的缝隙，如图 12-322 所示。选择吸管工具，在缝隙边缘单击，拾取缝隙周围车体的颜色，用画笔工具涂抹加深部分，对“缝隙”进行修正，如图 12-323 所示。

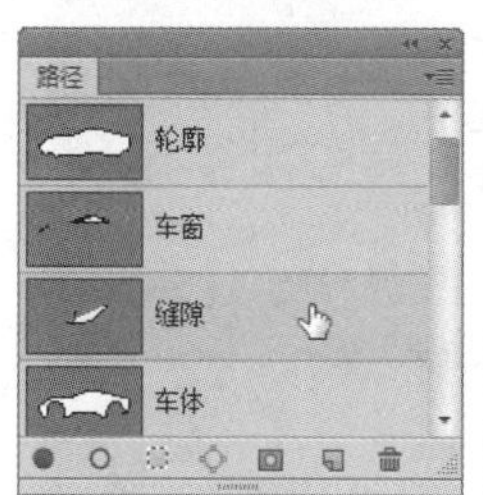

图 12-320　　图 12-321

图 12-322　　图 12-323

14 使用路径选择工具，在画面中单击“缝隙”路径，将其选中，按两次→键，将路径向右移动，然后用减淡工具绘制出缝隙处的高光，再用画笔工具进行修正，如图 12-324 所示。

图 12-324

15 分别单击“路径”面板中汽车各部分的路径，然后载入选区，或填色，或用减淡和加深工具涂抹选区内的图像，绘制出明暗效果，如图 12-325 ～图 12-328 所示。

图 12-325

图 12-326

图 12-327

图 12-328

12.11.2 制作车轮

01 在“车身”图层组上新建一个名称为“车轮”的图层组，再创建一个名称为“前轮毂”的图层，如图 12-329 所示。按住 Ctrl 键并单击“轮毂”路径，载入选区，在选区内填充浅青色（R230,G237,B238），如图 12-330 所示。

图 12-329

图 12-330

02 选择椭圆工具，在工具选项栏中选择“路径”选项，单击按钮，在下拉菜单中选择“合并形状”选项。按住 Shift 键绘制 5 个相同大小的圆形，并使之排列成正五边形，如图 12-331 所示。按 Ctrl+Enter 快捷键转换为选区，分别用减淡工具和加深工具涂抹选区内的图像，绘制出轮毂上的螺丝，如图 12-332 所示。

图 12-331

图 12-332

提示：

创建 5 个圆形路径后，可以用多边形工具绘制一个正五边形，然后用路径选择工具将圆的圆心与正五边形的顶点对齐，这样就可以将 5 个圆形排成正五边形的形状。

03 用相同的方法绘制出轮毂中心部分的立体形状，如图 12-333 和图 12-334 所示。

图 12-333

图 12-334

04 双击该图层，打开“图层样式”对话框，在左侧列表分别选择“投影”和“斜面和浮雕”选项，设置参数如图 12-335 和图 12-336 所示，效果如图 12-337 所示。

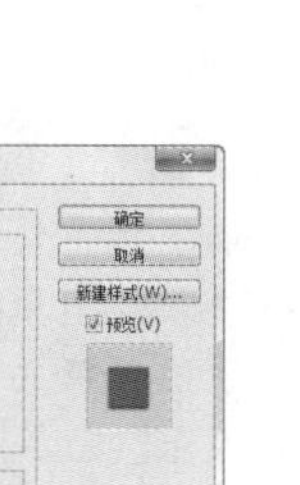

图 12-335

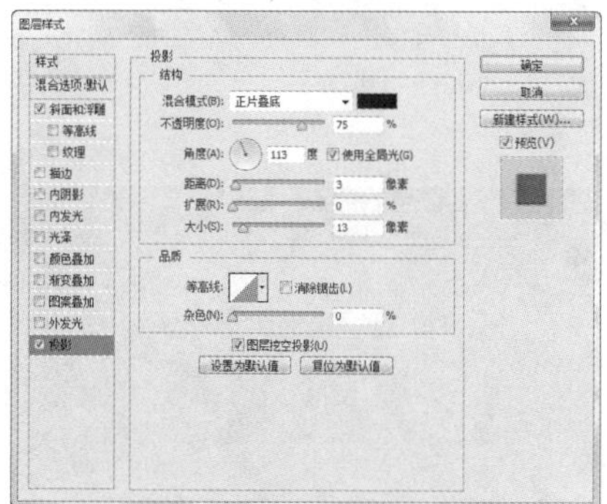

图 12-336

图 12-337

05 绘制车轮部分，如图 12-338 和图 12-339 所示。

图 12-338　　图 12-339

06 绘制刹车盘，并为其添加“斜面和浮雕”效果，使刹车盘呈现立体感，如图 12-340～图 12-342 所示。

图 12-340

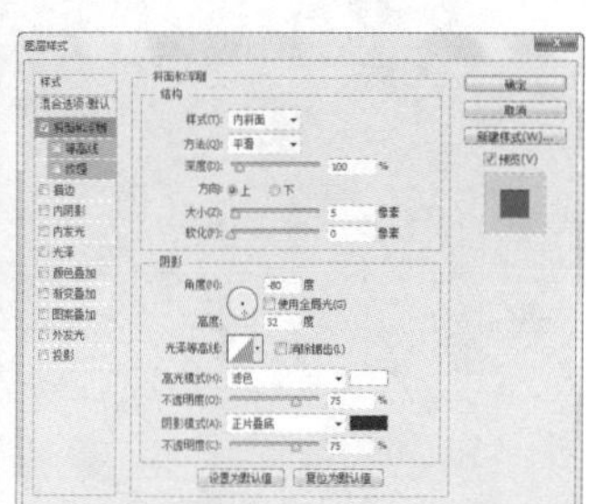

图 12-341

图 12-342

07 新建一个图层。选择椭圆工具，在工具选项栏中选择“像素”选项，按住 Shift 键绘制 4 个相同大小的圆形，如图 12-343 所示。按住 Alt 键并在该图层前面的眼睛图标上单击，隐藏除该图层外的所有图层。用矩形选框工具将这 4 个圆形选取，执行“编辑 > 定义画笔预设”命令，将它们定义为画笔，如图 12-344 所示。按 Delete 键，删除选区内的图形。

图 12-343

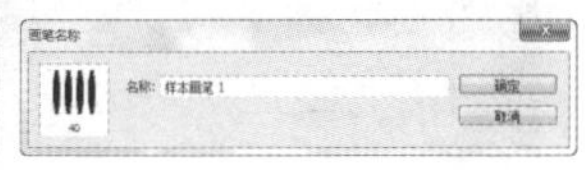

图 12-344

08 选择画笔工具，按 F5 键打开“画笔”面板，选择自定义的画笔，设置参数如图 12-345 和图 12-346 所示。选中“路径”面板中的“刹车盘花纹”路径，单击按钮对路径进行描边，效果如图 12-347 所示。

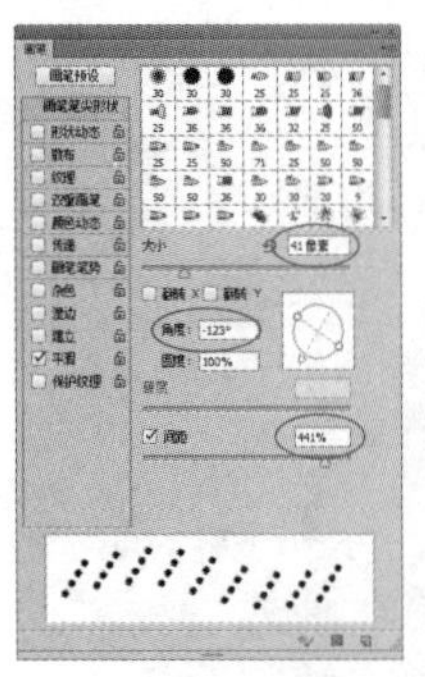

图 12-345

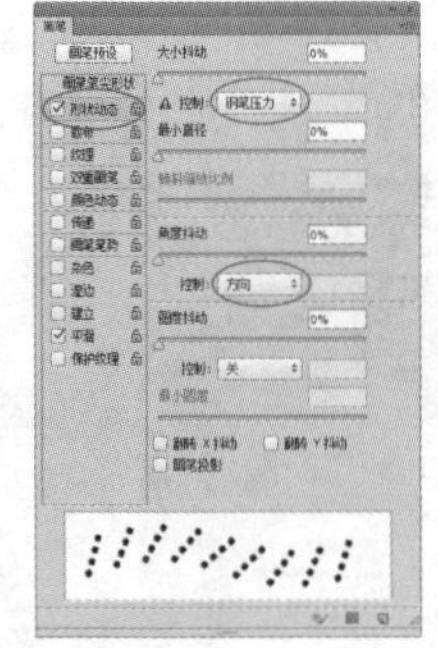

图 12-346

图 12-347

09 双击该图层，打开“图层样式”对话框，添加“投影”效果，如图 12-348 和图 12-349 所示。

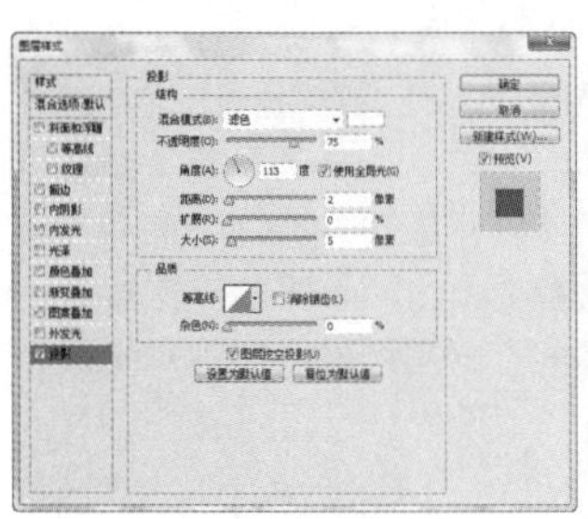

图 12-348

图 12-349

10 继续完善车轮的细节。制作完前面的车轮后，可以拖曳“车轮”图层组到“图层”面板底部的 按钮上进行复制，再使用移动工具 将其移至汽车尾部，效果如图 12-350 所示。

图 12-350

11 在“背景”图层上方新建一个名称为“投影”的图层。用钢笔工具 绘制出投影的形状，如图 12-351 所示。按 Ctrl+Enter 快捷键将路径转换为选区，将前景色设置为黑色，按 Alt+Delete 快捷键，在选区内填充黑色，按 Ctrl+D 快捷键，取消选择，如图 12-352 所示。

图 12-351

图 12-352

12 执行“滤镜 > 模糊 > 动感模糊”命令，打开“动感模糊”对话框，设置参数如图 12-353 所示，对投影进行模糊处理，效果如图 12-354 所示。

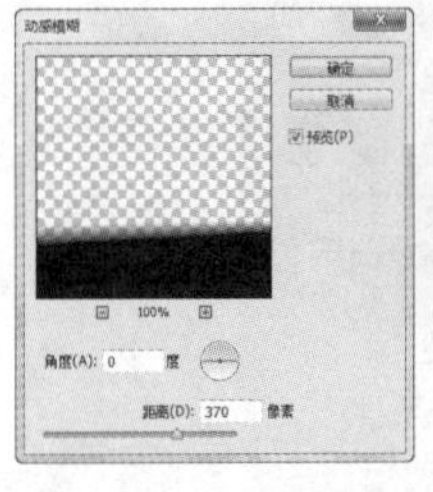

图 12-353

图 12-354

13 用模糊工具 涂抹投影的边缘，使其更加柔化，最终效果如图 12-355 所示。

图 12-355

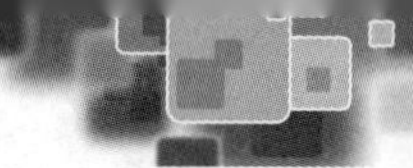

12.12 手机主题图标设计

12.12.1 制作界面背景

01 按 Ctrl+N 快捷键，打开“新建”对话框，设置参数，如图 12-356 所示，创建一个文档。单击“图层”面板中的 按钮，新建一个图层，修改图层的名称为“衬底”，如图 12-357 所示。

02 选择渐变工具，打开“渐变编辑器”，调整颜色为深橙（R123,G58,B31）、橙（R237,G114,B26）、深橙（R123,G58,B31），如图 12-358 所示。按住 Shift 键（锁定水平方向）并拖曳鼠标，填充渐变，如图 12-359 所示。

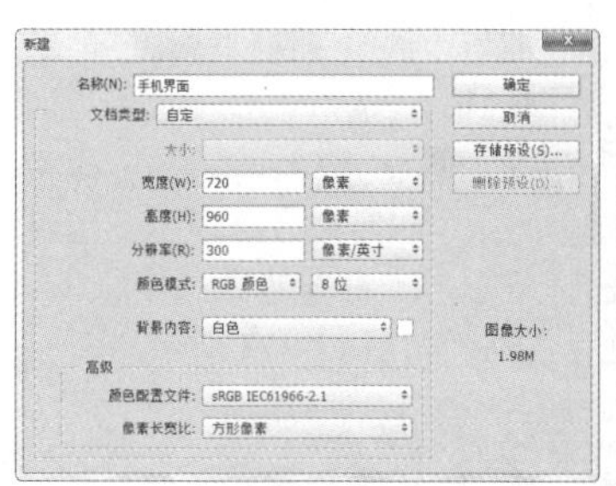

图 12-356

图 12-357

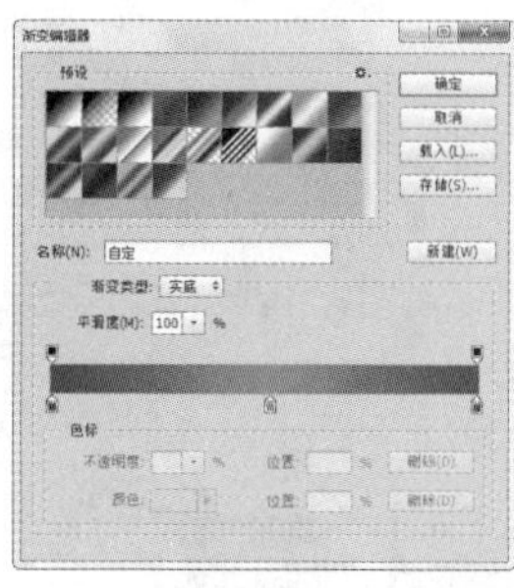

图 12-358

图 12-359

03 双击该图层，打开“图层样式”对话框，添加“图案叠加”效果，单击“图案”选项右侧的按钮，打开下拉面板，如图 12-360 所示，单击面板右上角的 按钮，在打开的菜单中选择“图案”命令，加载该图案库，选择如图 12-361 所示的图案，并设置参数，效果如图 12-362 所示。

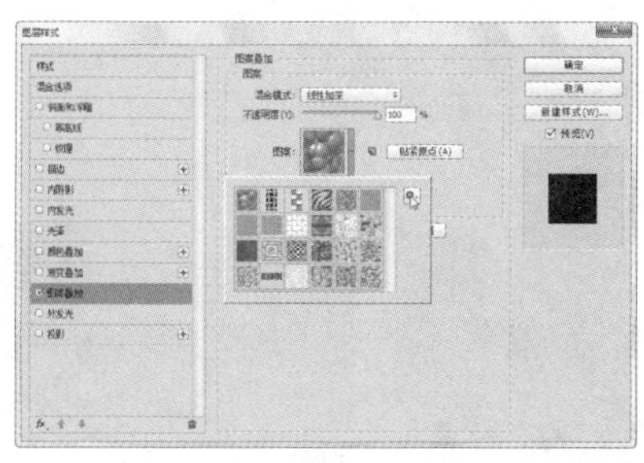

图 12-360

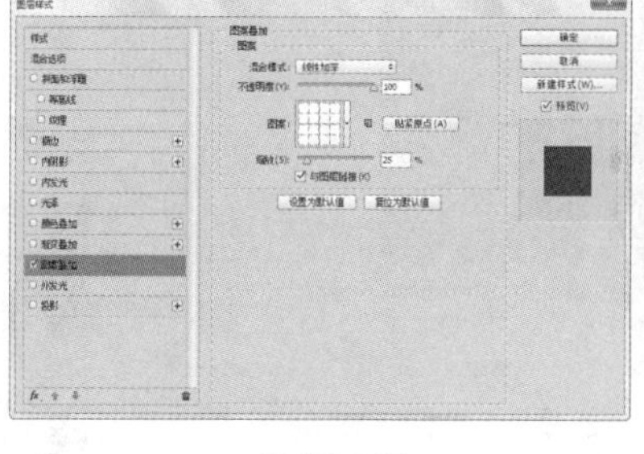

图 12-361

图 12-362

04 单击“图层”面板中的创建新组按钮，在“衬底”图层上面新建一个图层组，修改图层组的名称为“界面上部”，如图 12-363 所示。选择矩形工具，单击工具选项栏中的按钮，在打开的下拉列表中选择“路径”选项，在画面中绘制一个矩形形状，如图 12-364 所示。

图 12-363

图 12-364

12.12.2 制作电量和信号图标

01 单击“图层”面板中的 按钮，打开下拉菜单，选择“渐变”命令，打开“渐变填充”对话框，设置角度为0度，如图12-365所示，单击渐变色条，打开“渐变编辑器”，设置渐变色，如图12-366所示，单击“确定”按钮，返回“渐变填充”对话框，单击“确定”按钮关闭对话框，添加渐变填充图层，效果如图12-367所示。

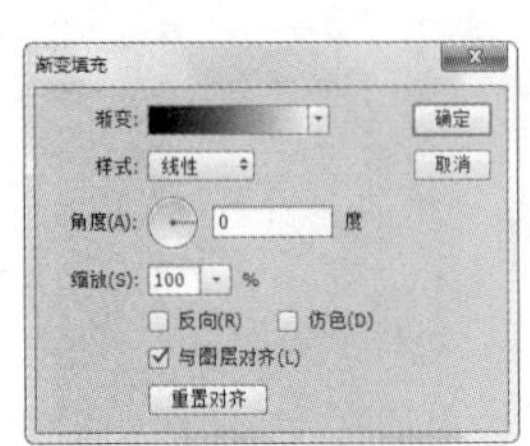

图 12-365

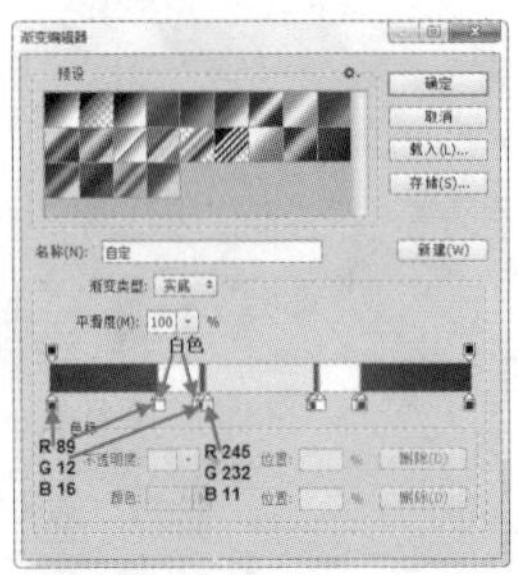

图 12-366

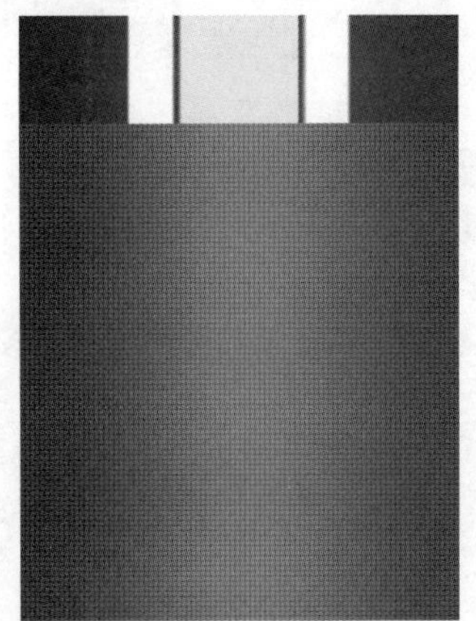

图 12-367

02 为该图层添加“投影”效果，如图12-368和图12-369所示。修改该图层的名称为“头盔条纹”，如图12-370所示。

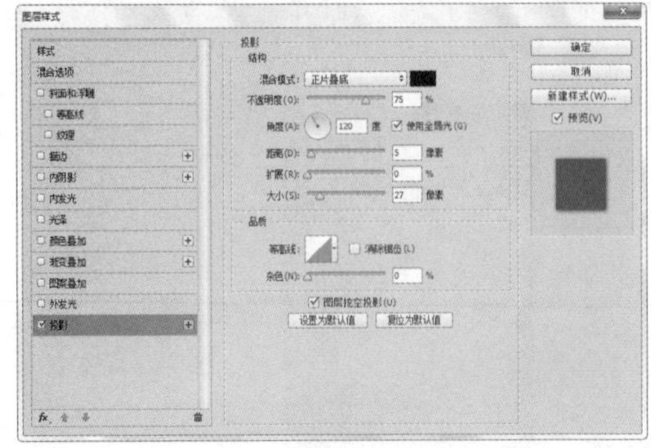

图 12-368

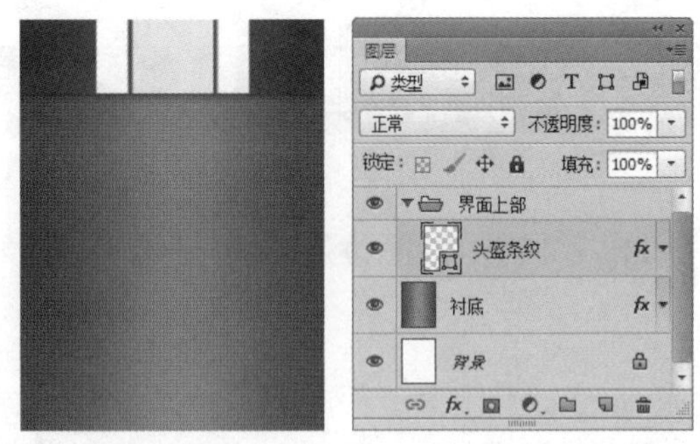

图 12-369　　图 12-370

03 在“头盔条纹”图层上面新建一个名称为“指示衬底”的图层，如图12-371所示。选择圆角矩形工具 ，单击工具选项栏中的 按钮，在打开的下拉列表中选择“路径”选项， 单击工具选项栏中的添加到形状区域按钮 ，再将半径设置为60像素，在画面中绘制圆角矩形，如图12-372所示。用路径选择工具 单击圆角矩形，将其选中，按住Alt键并拖曳形状，进行复制，如图12-373所示。

图 12-371

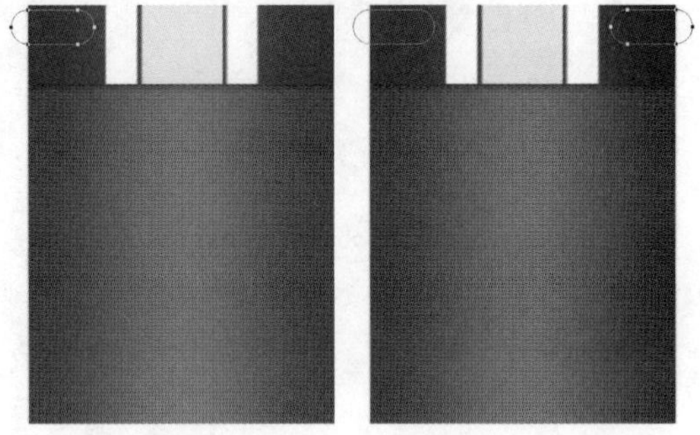

图 12-372　　图 12-373

04 单击“图层”面板中的 按钮，在打开的下拉菜单中选择“渐变”命令，打开“渐变填充”对话框，单击渐变色条，打开“渐变编辑器”，设置渐变色为橙（R178,G115,B31）、黄（R244,G233,B41）、橙（R178,G115,B31）、橙（R200,G155,B26）、白，如图12-374所示。单击“确定”按钮，返回“渐变填充”对话框，单击“确定”按钮关闭对话框，效果如图12-375所示。

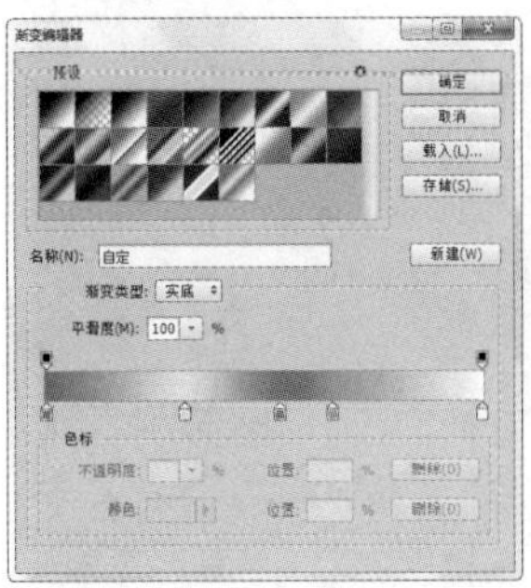

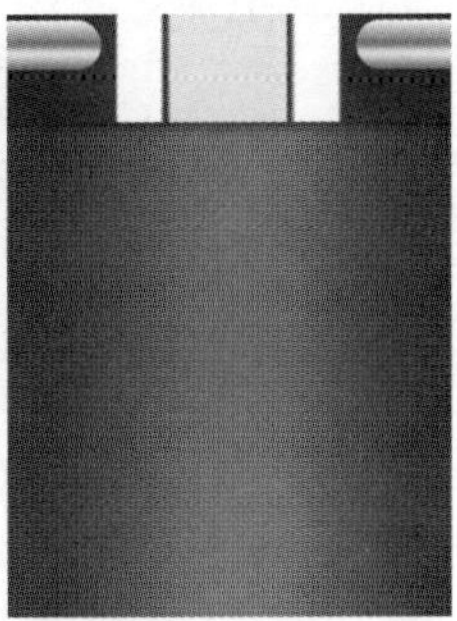

图 12-374　　　　图 12-375

05 再为该图层添加“投影”和“内发光”效果，如图 12-376～图 12-378 所示。

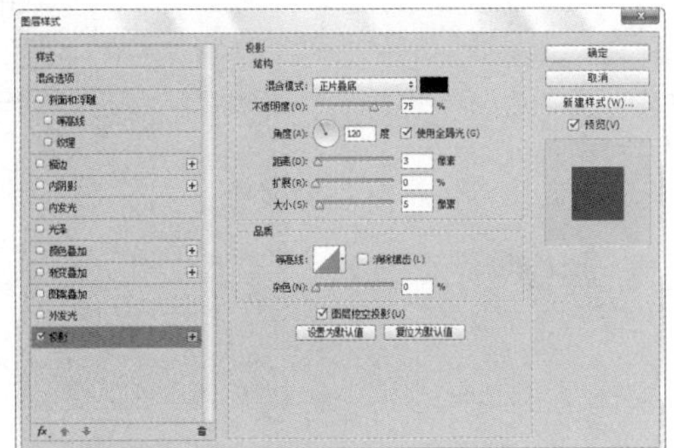

图 12-376

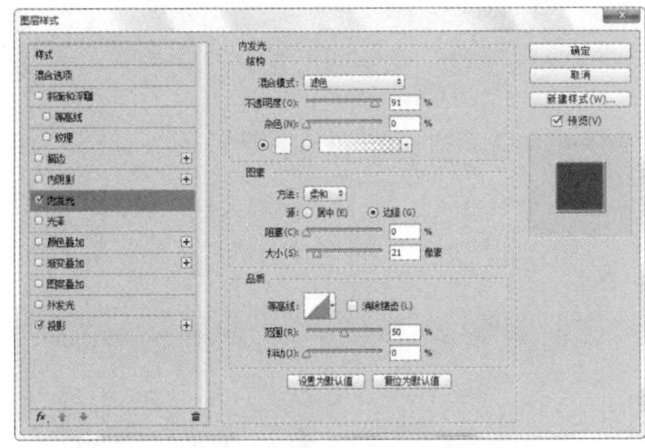

图 12-377

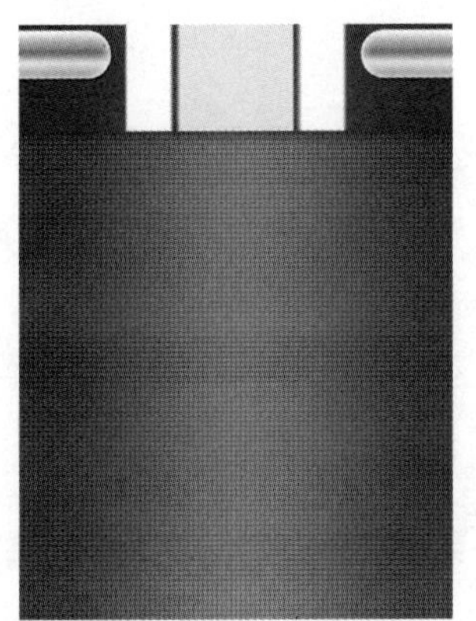

图 12-378

06 选择矩形工具，在画面中绘制矩形，如图 12-379 所示。单击“图层”面板中的按钮，打开下拉菜单，选择“纯色”命令，打开“拾取实色”对话框，将颜色设置为白色，如图 12-380 所示，单击“确定”按钮，为矩形添加白色的纯色填充图层，如图 12-381 所示。修改图层的名称为“状态指示”，如图 12-382 所示。

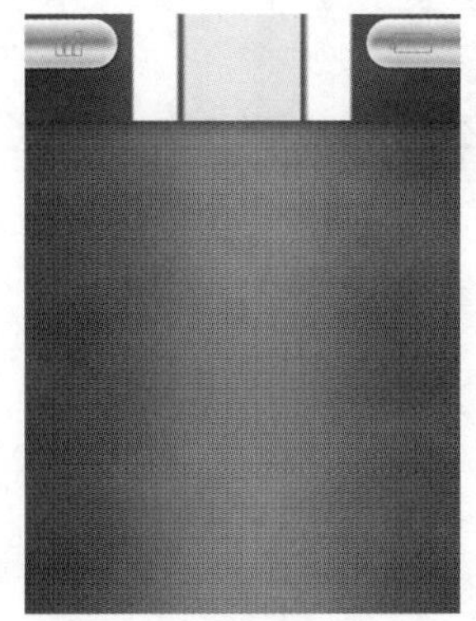

图 12-379

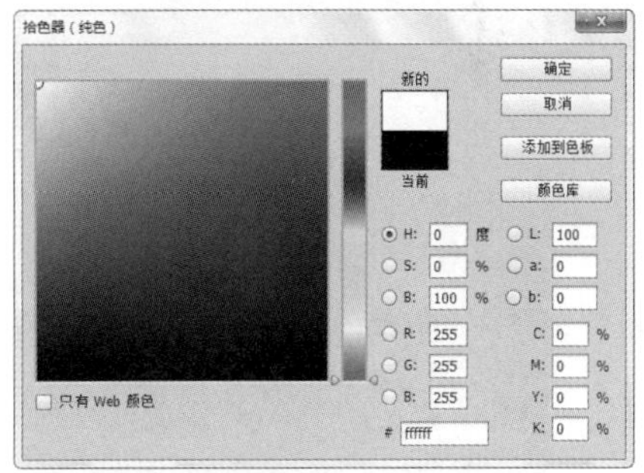

图 12-380

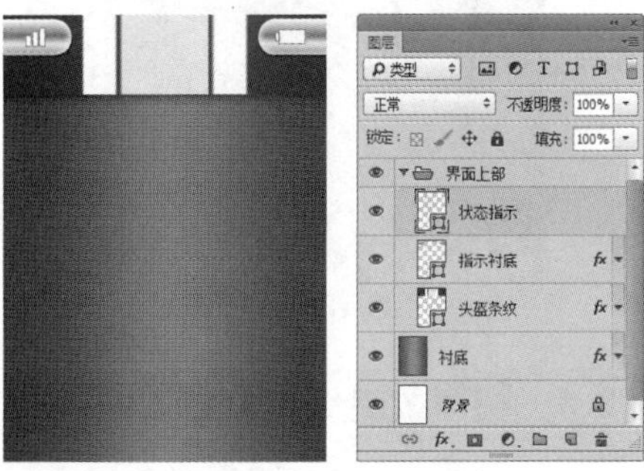

图 12-381　　　　图 12-382

07 选择矩形工具，单击工具选项栏中的与选区交叉按钮，单击“状态指示”图层的矢量蒙版缩略图，进入路径编辑模式，绘制一个矩形，与前一个图形进行路径运算，如图 12-383 所示。按住 Ctrl 键并拖曳锚点，适当调整矩形的形状，如图 12-384 所示。为该图层添加“外发光”效果，如图 12-385 和图 12-386 所示。

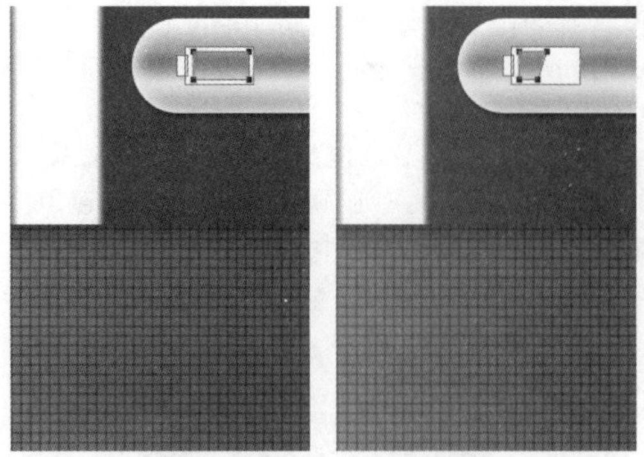

图 12-383　　图 12-384

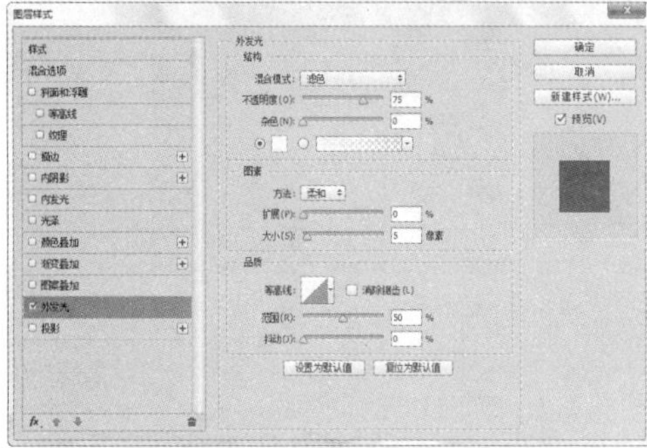

图 12-385

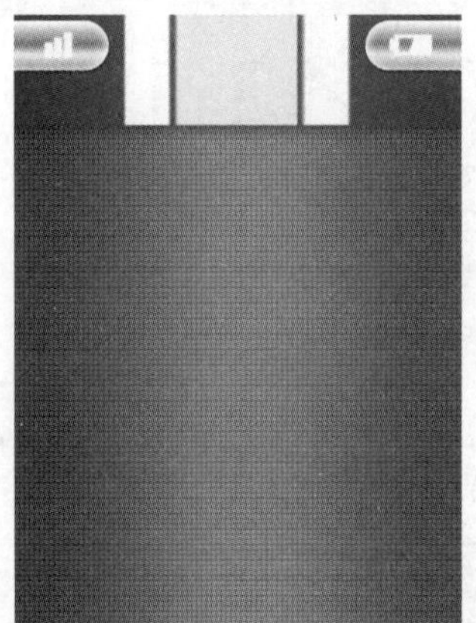

图 12-386

12.12.3 制作金属部件和显示时间

01 在“状态指示”图层下方新建一个名称为“金属件”的图层。如图 12-387 所示。用使用矩形工具 绘制一个矩形，如图 12-388 所示。单击图层面板中的 按钮，打开下拉菜单，为矩形添加一个铜色的渐变填充图层，渐变色为深棕色（R113,G53,B28）、浅棕色（R200、G166、B19）、深棕色（R113,G53,B28）、米白色（R251,G239,B185）、深棕色（R113,G53,B28），如图 12-389 所示，效果如图 12-390 所示。

图 12-387

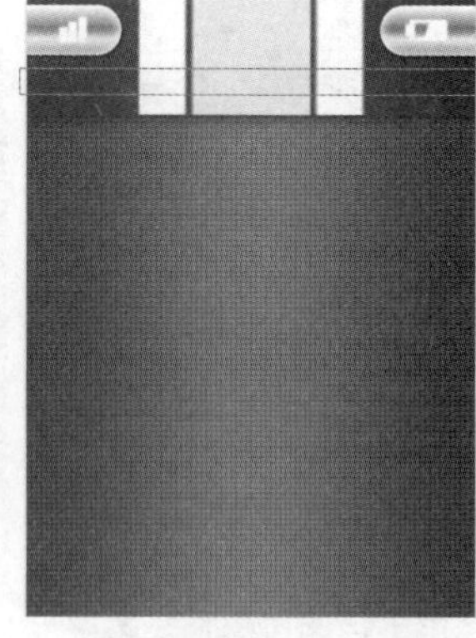

图 12-388

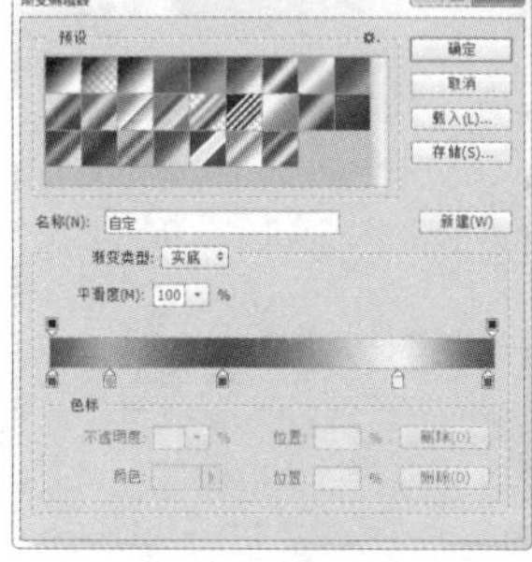

图 12-389　　图 12-390

02 为该图层添加“投影”和“内发光”效果，如图 12-391 ～图 12-393 所示。

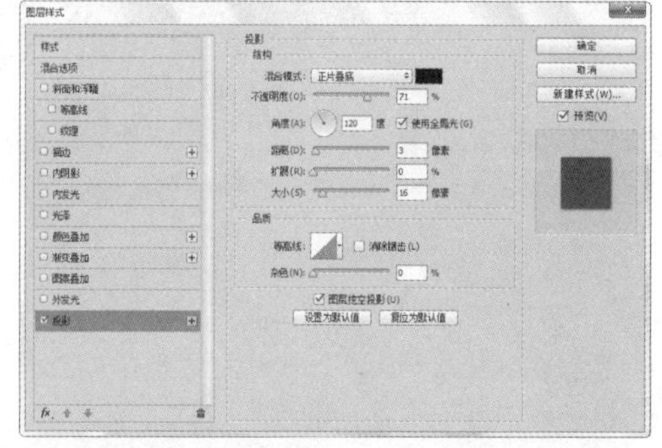

图 12-391

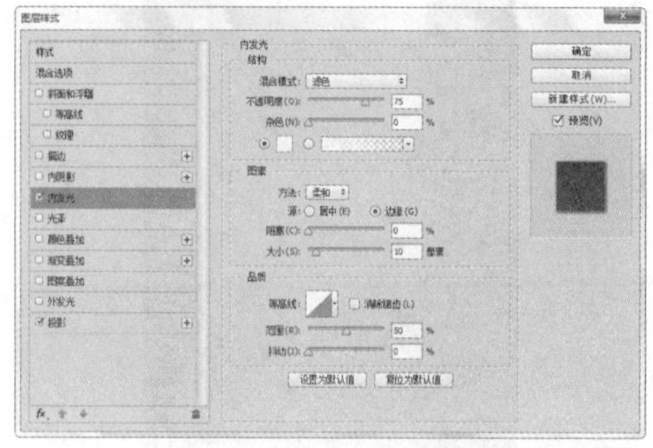

图 12-392

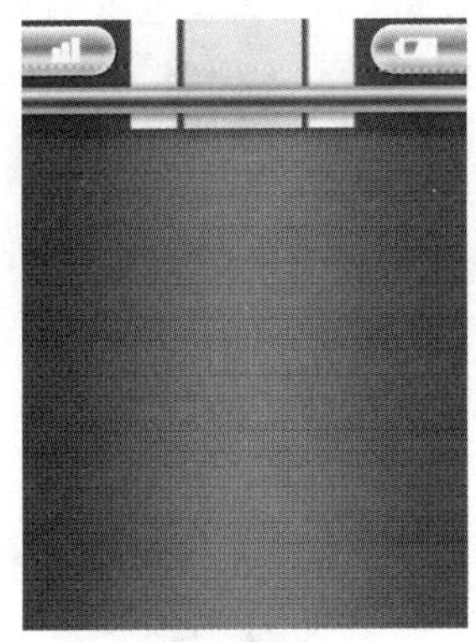

图 12-393

03 按 Ctrl+J 快捷键，复制“金属件”图层。单击“金属件 拷贝”图层的矢量蒙版缩览图，用圆角矩形工具（半径为 30 像素）绘制一个圆角矩形，如图 12-394 所示。使用路径选择工具单击复制图层中的矩形形状，按 Delete 键将其删除，如图 12-395 所示。将该图层放在“金属件”图层的下面，修改图层的名称为“金属件 2”，如图 12-396 和图 12-397 所示。

图 12-394　　图 12-395

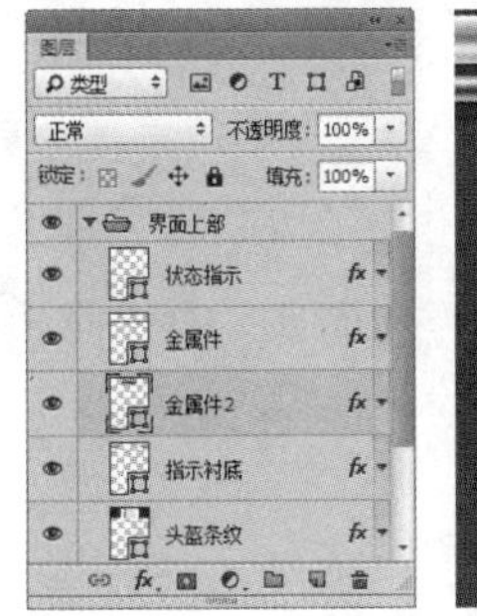

图 12-396　　图 12-397

04 选择椭圆工具，按住 Shift 键绘制一个圆形，如图 12-398 所示。单击按钮，打开下拉菜单，为圆形添加“灰色 - 白色”的渐变填充图层，渐变色设置为“深灰 - 浅灰色”，如图 12-399 和图 12-400 所示。使用路径选择工具单击圆形，按住 Alt 键并拖曳鼠标，将圆形复制，并放在“金属件 2”图形的右侧，如图 12-401 所示。

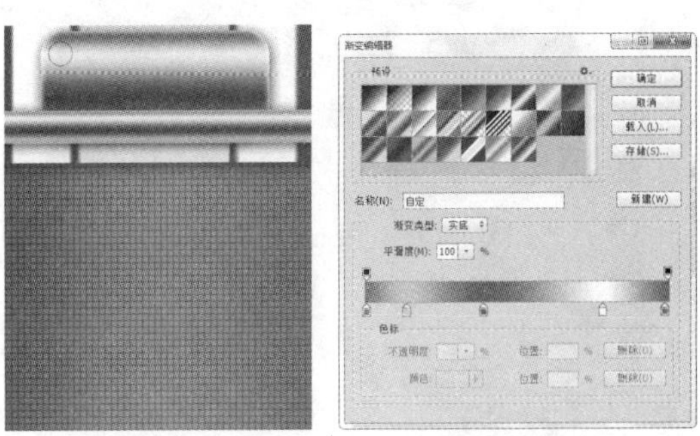

图 12-398　　图 12-399

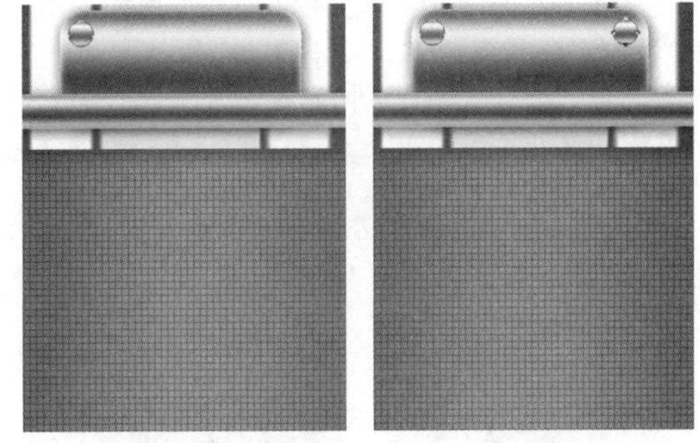

图 12-400　　图 12-401

05 为该图层添加“投影”和“斜面和浮雕”效果，如图 12-402～图 12-404 所示。修改图层的名称为“铆钉”，如图 12-405 所示。

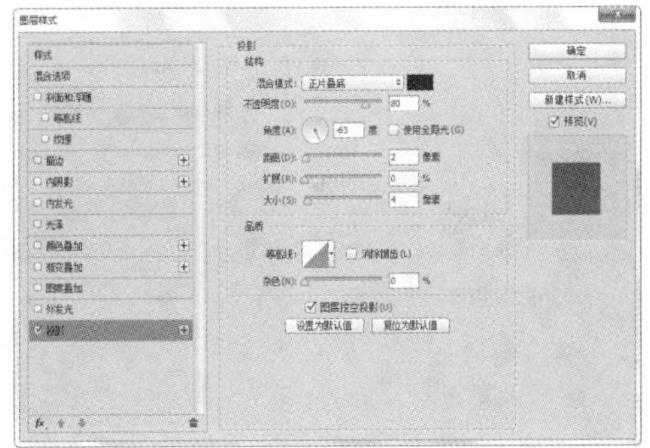

图 12-402

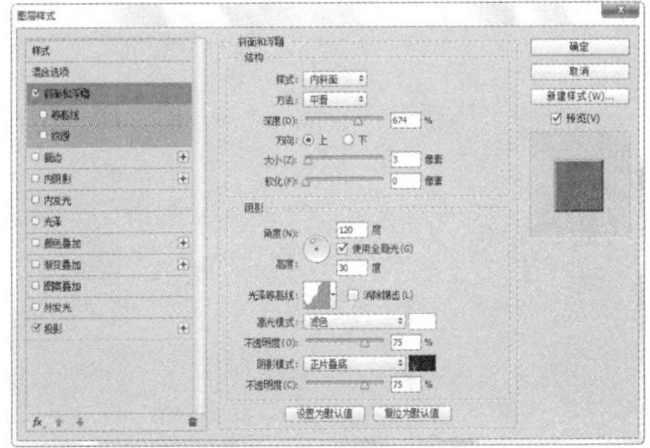

图 12-403

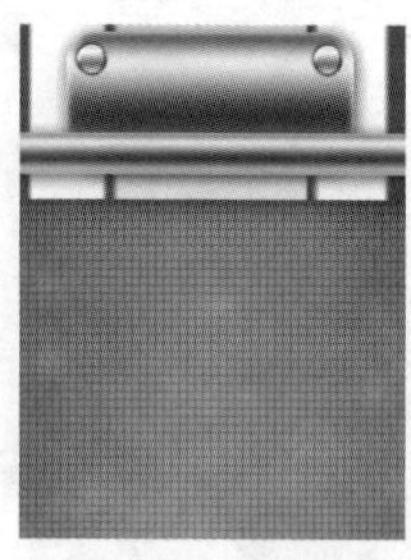

图 12-404

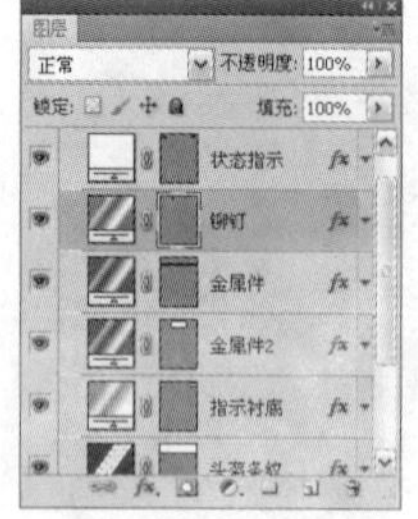

图 12-405

06 在“状态指示”图层上面新建一个名称为“显示屏”的图层，如图 12-406 所示。使用圆角矩形工具绘制一个圆角矩形，如图 12-407 所示。单击按钮，打开下拉菜单，为圆角矩形添加一个渐变填充图层，渐变色设置为橙（R237,G111,B25）、棕色（R155,G72,B35）、橙（R237,G111,B25）、浅橙（R245,G176,B121），如图 12-408 和图 12-409 所示。

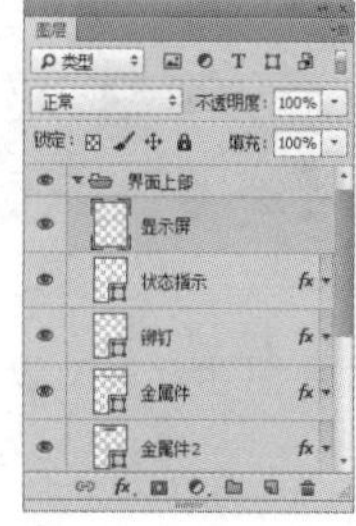

图 12-406

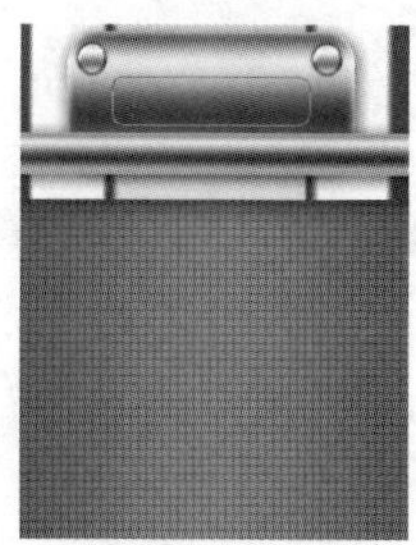

图 12-407

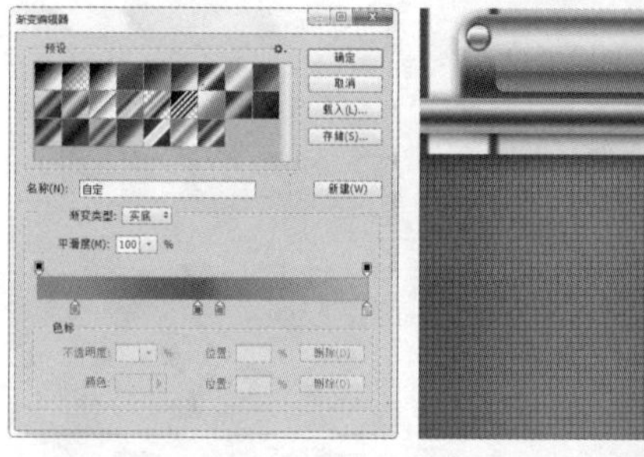

图 12-408　　图 12-409

07 为该图层添加“内阴影”和“内发光”效果，如图 12-410～图 12-412 所示。

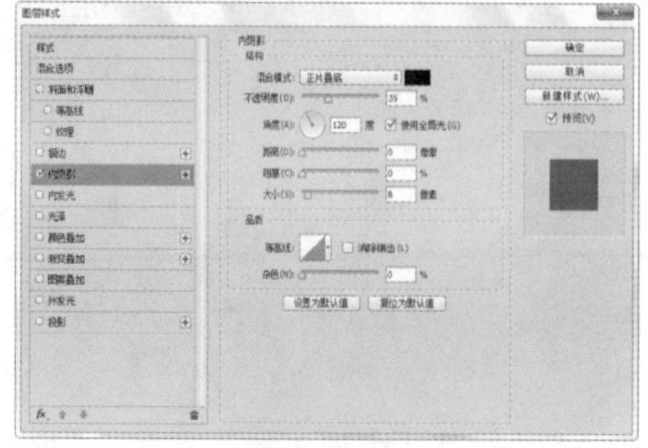

图 12-410

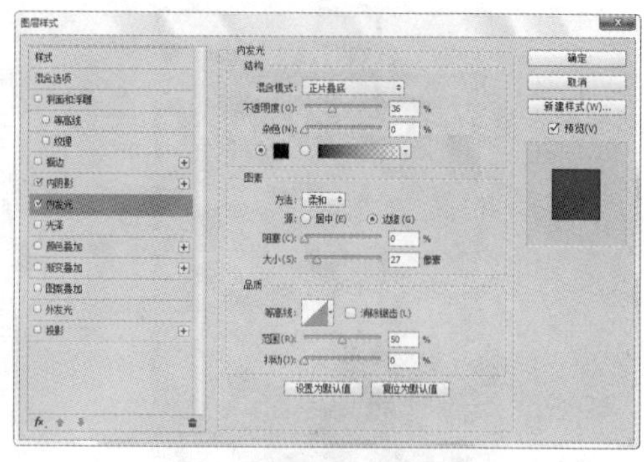

图 12-411

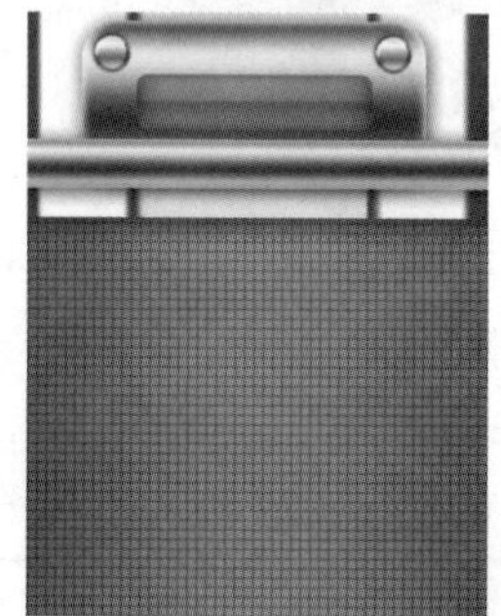

图 12-412

08 选择横排文字工具，打开“字符”面板设置字体和大小，如图 12-413 所示，在画面中输入文字，如图 12-414 所示。为该图层添加“外发光”效果，如图 12-415 和图 12-416 所示。

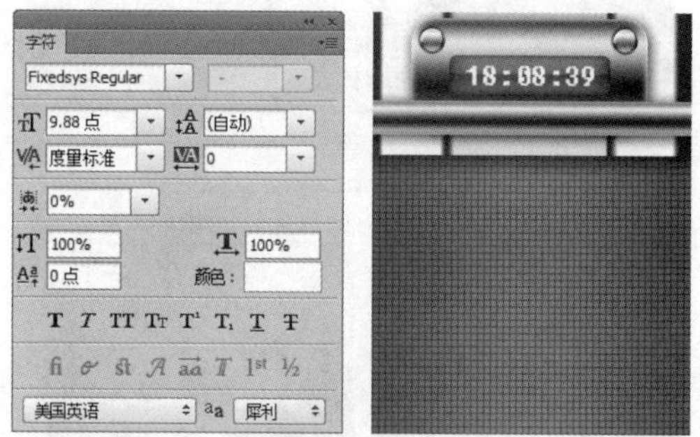

图 12-413　　图 12-414

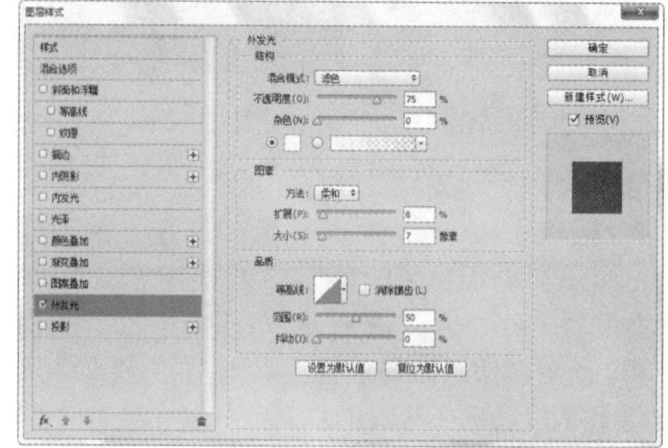

图 12-415

图 12-416

12.12.4 制作金属护具

01 在"界面上部"图层组下方新建一个名称为"界面下部"的图层组。按住 Alt 键，将"金属件"图层拖至"界面下部"图层组中，进行复制，如图 12-417 和图 12-418 所示。在"金属件 拷贝"图层上右击，在弹出的快捷菜单中选择"栅格化图层"命令，将形状图形转换为普通图像，如图 12-419 所示。

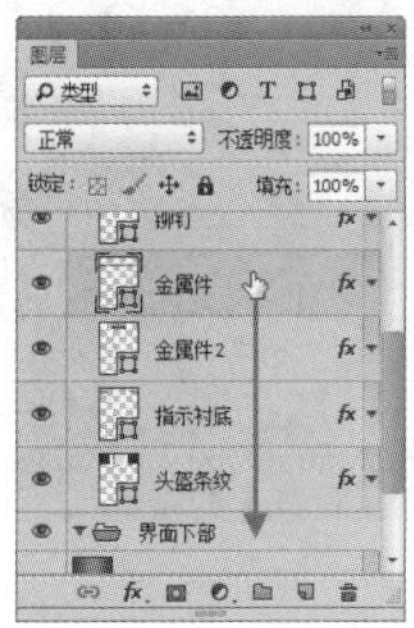

图 12-417

图 12-418

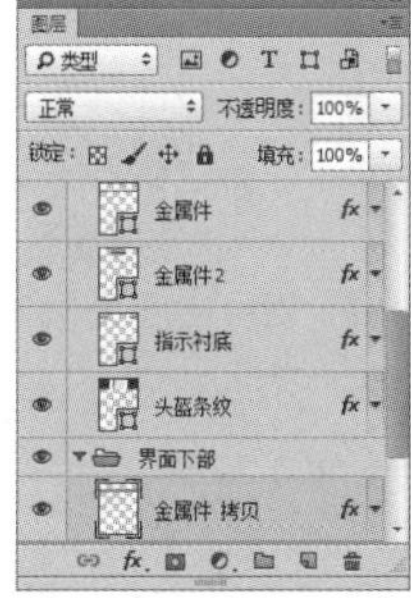

图 12-419

02 在"金属件 拷贝"图层上右击，在弹出的快捷菜单中选择"清除图层样式"命令，删除图层样式。执行"编辑 > 变换 > 变形"命令，显示变形网格，如图 12-420 所示，拖曳控制点，对图像进行变形，如图 12-421 所示。按 Enter 键确认，如图 12-422 所示。

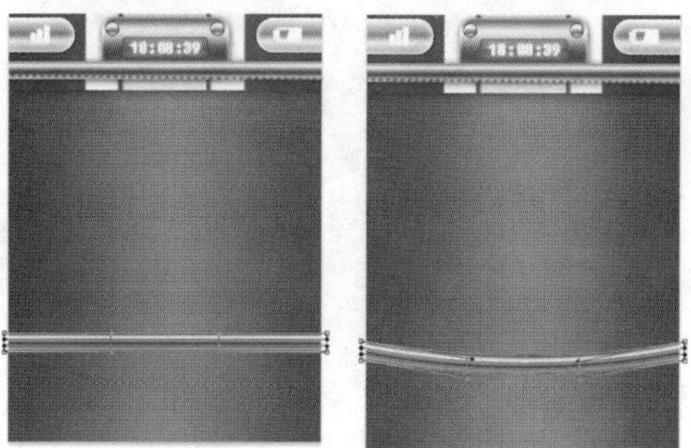

图 12-420　　图 12-421

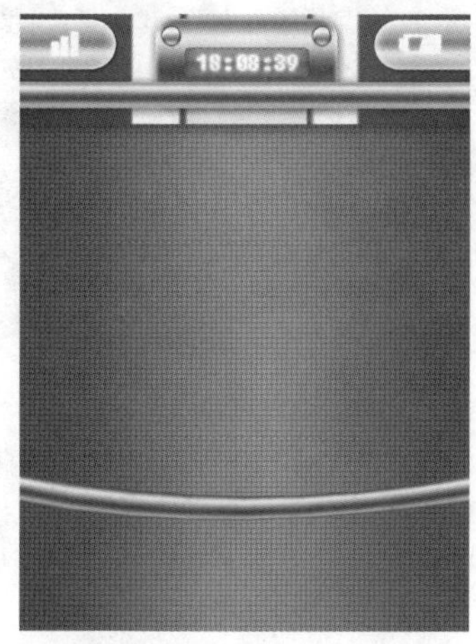

图 12-422

03 修改图层的名称为"护具 1"。按住 Alt 键并拖曳图像进行复制，将其放在"护具 1"下方，如图 12-423 和图 12-424 所示。

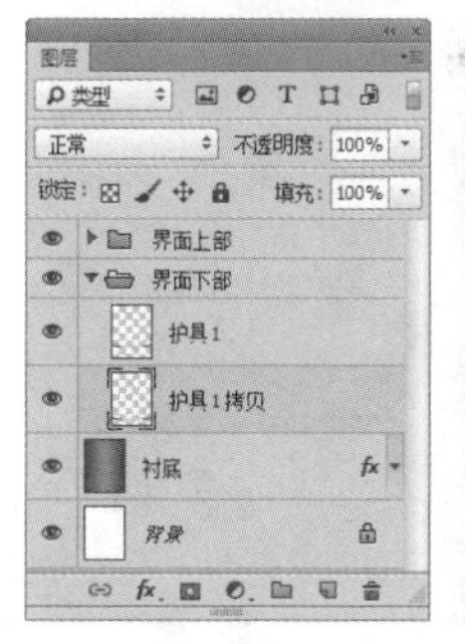

图 12-423

图 12-424

04 按住 Alt 键并拖曳再次复制，将图层放到"界面下部"图层组中，栅格化图层，并删除图层样式，修改图层的名称为"护具 2"。按 Ctrl+T 快捷键，显示定界框，拖曳控制点将图像适当旋转，按住 Ctrl 键并拖曳控制点，对图形进行适当变形，如图 12-425 所示。单击"图层"面板中的 按钮，添加图层蒙版，使用尖角画笔工具 在画面中涂抹黑色，将图像适当隐藏，如图 12-426 和图 12-427 所示。采用相同方法制作其他图像，如图 12-428 所示。

图 12-425

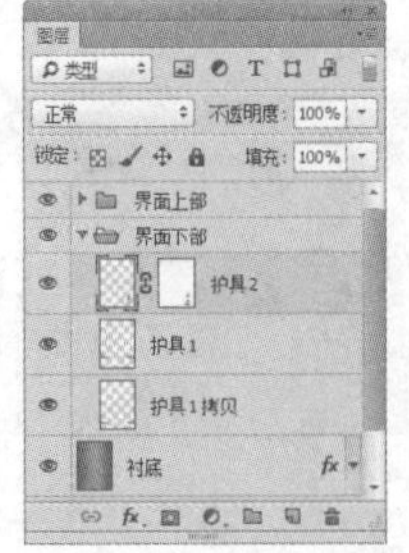

图 12-426

图 12-427

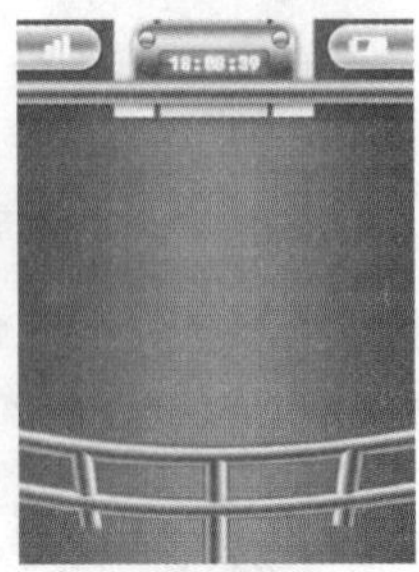

图 12-428

05 按住 Shift 键并单击“护具 2 拷贝 2”图层和“护具 1 拷贝”图层，选择全部护具图层，按 Ctrl+G 快捷键，将所选图层创建到一个图层组中，修改图层组的名称为“护具”，如图 12-429 所示。按住 Alt 键，将“金属件 2”图层拖至“界面下部”图层组中，放在“护具”图层组上面，修改图层的名称为“按钮”，如图 12-430 所示。单击“按钮”图层的矢量蒙版缩略图，进入形状编辑状态，使用直接选择工具修改路径的形状，如图 12-431 所示。

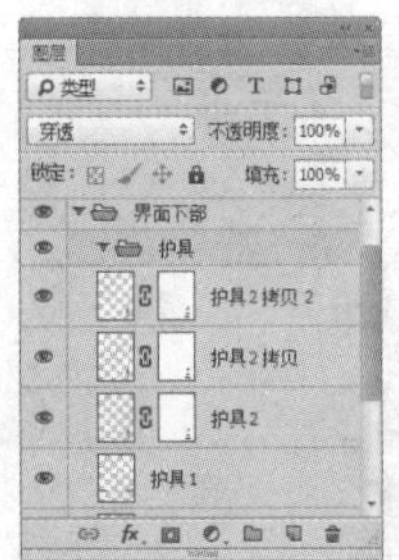

图 12-429

图 12-430

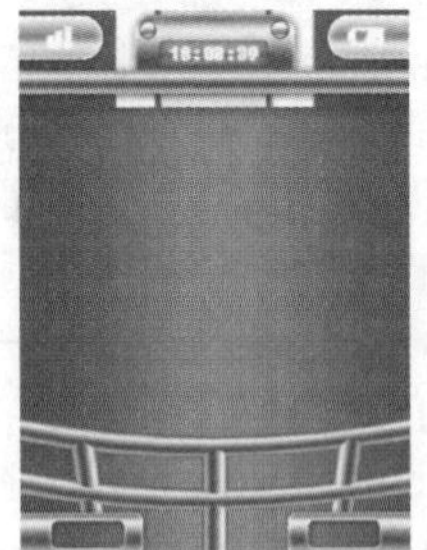

图 12-431

06 选择横排文字工具，打开“字符”面板，设置文字颜色为黄色，字体参数如图 12-432 所示，在画面中输入文字，如图 12-433 所示。在“护具”图层组下面新建一个名称为“加深效果”的图层，将前景色设置为黑色，使用画笔工具在画面中涂抹，对图像进行加深处理，修改图层的不透明度为 50%，如图 12-434 和图 12-435 所示。

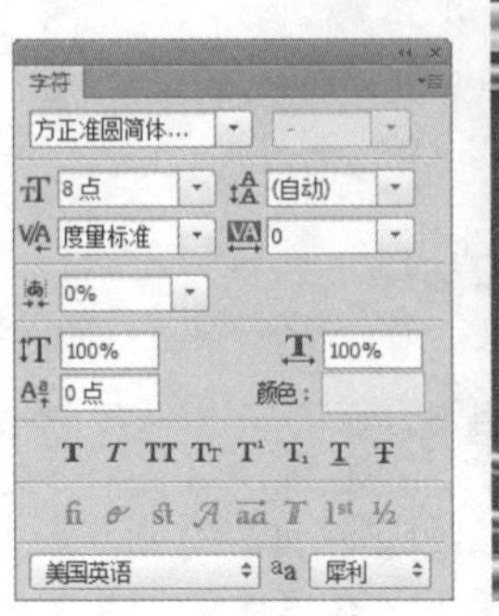

图 12-432

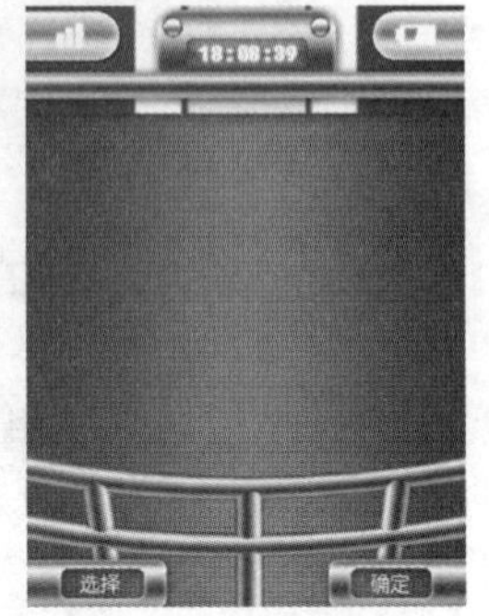

图 12-433

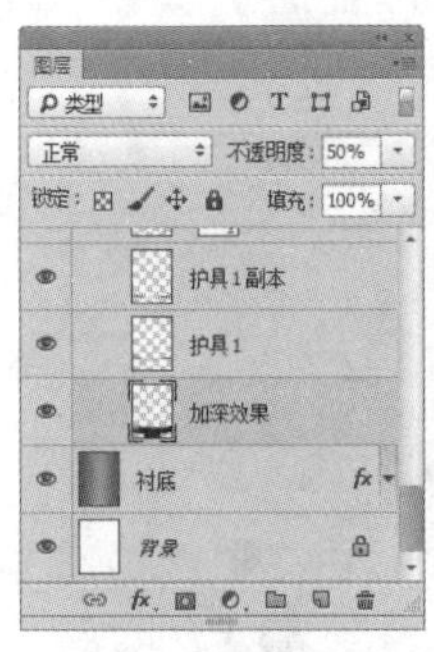

图 12-434

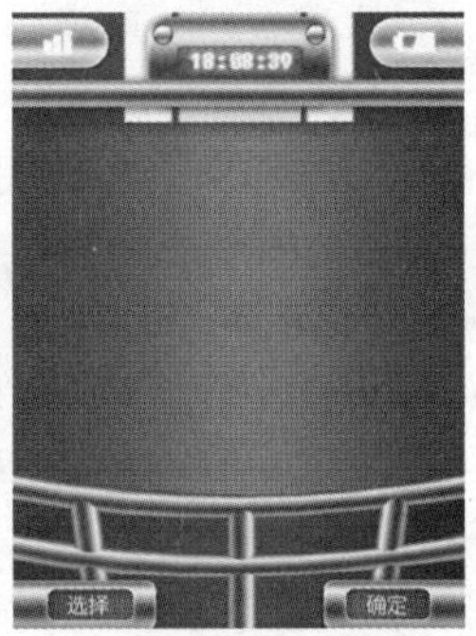

图 12-435

12.12.5 制作图标效果

01 打开素材文件，如图 12-436 所示。将图标图层全部拖至“手机界面”图层中，按 Ctrl+G 快捷键，将所选图层创建到一个新的图层组中，修改组的名称为“图标”，如图 12-437 和图 12-438 所示。

图 12-436

图 12-437　　图 12-438

02 按住 Alt 键，将“金属件”图层拖至“图标”图层组中，进行复制，修改图层的名称为“选择框”，如图 12-439 所示。使用钢笔工具和其他路径编辑工具，将路径修改为 4 个 L 状图形，如图 12-440 所示。在“信息”图层下方新建一个名称为“荧光”的图层，如图 12-441 所示，填充“黄色 - 透明”的径向渐变，如图 12-442 所示。

图 12-439　　图 12-440

图 12-441　　图 12-442

提示：

选择框可以是任何形状的，也可以不用形状，而用颜色、亮度、大小等效果来表现，只要能体现出图标被选中的状态即可。

03 在“选择框”图层上方新建一个名称为“标签”的图层，如图 12-443 所示。使用矩形工具绘制一个矩形，如图 12-444 所示。单击“图层”面板中的按钮，打开下拉菜单，为矩形形状添加渐变填充图层，设置渐变色为“透明 - 橙色”（R238,G120,B27），如图 12-445 和图 12-446 所示。

图 12-443　　图 12-444

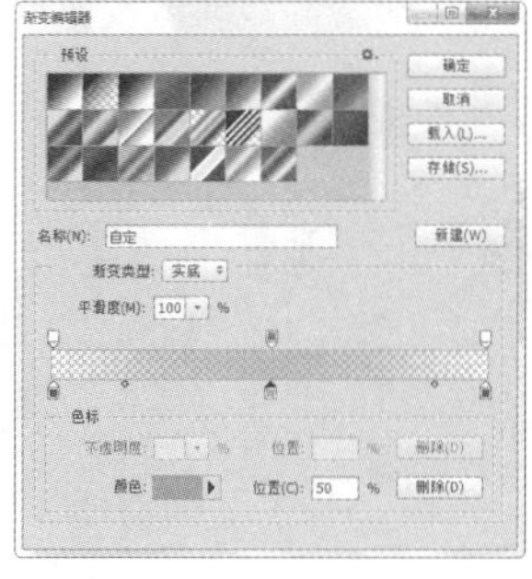

图 12-445　　图 12-446

04 使用横排文字工具 T 输入文字。将文字图层放在“标签”图层的上方，效果如图 12-447 所示。打开素材文件，将文件中的“图标”图层组拖至“手机界面”文档中，隐藏之前的图标，效果如图 12-448 所示。

图 12-447　　图 12-448